现代国外城市中心商务区研究与规划

王朝晖　李秋实　编译
吴庆洲　校

中国建筑工业出版社

前　言

近年来，城市中心商务区（CBD）❶逐渐为我国城市规划、经济地理等有关学科和部门的人士所关注，这种现象的产生主要是我国改革开放、经济腾飞的结果。一方面，开放国门使我国各产业（尤其第三产业）面临世界性竞争及与世界经济接轨的局面，改造或新建城市中心商务区，是参与世界经济竞争，迎接世界经济挑战的必要的物质基础；另一方面，我国正在从计划经济向市场经济过渡，城市因此发生巨变，与此相应，城市中心区的土地价格、用地功能、空间结构及交通模式等，都在产生深刻的变化，学习借鉴国外城市 CBD 研究和建设的经验将有助于我们更好地顺应这一形势。

CBD 这一概念于 20 世纪初由美国学者首先提出。国外对 CBD 的研究在 20 世纪 50～60 年代已趋成熟，各国学者对 CBD 做了较全面的研究，取得了丰硕的成果，出现了墨菲、范斯、荷乌德等一批著名学者和一批重要著作。后来，西方城市中心区出现的衰退，分解中心化和新旧产业转换造成了市中心的不明朗局面，有关人士对 CBD 的研究兴趣相应减少，20 世纪 70～80 年代发表的 CBD 论著明显减少。近年来，CBD 出现了新的情况，但多处于不稳定的发展阶段，有关研究成果不多。尽管如此，由于我国对中心商务区的研究方兴未艾，加之城市发展水平较低，学习和借鉴国外早年的 CBD 发展经验仍有一定的实际意义。

本书的目的就在于通过介绍国外 CBD 的研究情况和成果，使我们对国外 CBD 有较全面的了解，以发展我国自己的 CBD 研究，为改革开放服务。

本书分为两篇：CBD 研究和 CBD 规划和实例研究，共九章。全书所选择的参考资料的时间跨度较大，编译者力争概括国外发表的有关 CBD 的大部分重要研究成果。但是因为个人能力和我国国情所限，不可能穷尽所有有价值的研究资料，而且错误在所难免，请热心的读者指正。

王朝晖　李秋实
1995 年 3 月一稿
2001 年 9 月二稿

---

❶ 中心商务区：英文全称 Central Business District，简写为 CBD。本书下文中"CBD"和"中心商务区"相互等同，为求简洁，多用"CBD"。

另，国内学者对 Central Business District 一词有多种译法，如："城市中心区"，楚义芳，《城市规划》1992.3；"中心商贸区"，宋启林，《国外城市规划》1993.2；"中心商业区"，阎小培等，《城市问题》1993.4；"商务办公中心区"，黄富厢，《上海城市规划》；"中心商务区"，徐巨洲，《城市规划》1993.3，李芳，《国外 CBD 研究及规划实例简介》；"商务中心区"，周岚，《城市规划》1993.6；"商业中心区"，章兴泉，《城市规划》1993.1 等等。1987 年由中国城乡建设环境保护部和美国住房与城市发展部联合出版的《住房城市规划与建筑管理词汇》第 42、43 页将"CBD"译为"商业中心区"。编译者认为，将"CBD"译作"中心商业事务区"比较贴切，而"中心商务区"更为简洁、合适。

目 录

前 言

上 篇

第一章　CBD 简介 3
　　第一节　CBD 的基本特征 3
　　第二节　城市结构理论与 CBD 4

第二章　CBD 研究概况 8
　　第一节　给 CBD 定界的一些尝试 8
　　第二节　中心商务指数技术 16
　　第三节　人口普查局 CBD 25
　　第四节　CBD 核—框理论 30
　　第五节　开普敦 CBD 研究 41
　　第六节　其他 CBD 研究 47
　　第七节　变化的 CBD 55

第三章　CBD 的主要特征 67
　　第一节　CBD 的规模 67
　　第二节　CBD 的用地功能 83
　　第三节　CBD 的内部结构 91
　　第四节　CBD 的形状 97
　　第五节　CBD 的外部关系 101

第四章　CBD 与城市郊区化 103
　　第一节　市中心区的功能变化 103
　　第二节　大城市行政管理办公处的郊区化 107
　　第三节　市中心购物与郊区购物 109

第五章　CBD 的其他方面 111
　　第一节　CBD 与交通 111
　　第二节　CBD 内的工业 129
　　第三节　CBD 与摩天大楼分区法 132

第六章	**CBD 的未来** ··· 137
	第一节　当代 CBD 的变化 ··· 137
	第二节　预测 CBD 的发展 ··· 147

下　篇

第七章	**悉尼 CBD 的研究与规划** ··· 157
	第一节　CBD 的办公功能 ··· 159
	第二节　CBD 的零售功能 ··· 171
	第三节　CBD 的其他功能 ··· 176
	第四节　CBD 的规划对策 ··· 177
	第五节　CBD 交通 ··· 182

第八章	**对巴尔的摩和汉堡 CBD 的比较研究** ····························· 204
	第一节　市中心的重要性 ··· 204
	第二节　中心地区和 CBD 的定界 ································ 212
	第三节　空间结构分析 ··· 219
	第四节　CBD 与次中心来访者 ····································· 239
	第五节　市中心和次中心：活动与态度 ······················· 252
	第六节　CBD 底层功能的变化 ····································· 258

第九章	**伦敦道克兰区的城市设计** ··· 268
	第一节　概况 ··· 268
	第二节　道克兰区基础设施建设 ································· 275
	第三节　道克兰区的城市设计方法 ····························· 279
	第四节　多格岛实例研究 ··· 287
	第五节　成败论 ··· 308

主要参考书目 ·· 318
人名、地名中英文对照表 ·· 319
致谢 ·· 325

上　篇

第一章 CBD 简介

中心商务区是现代城市中重要的地区，国外人们习惯上称之为"市中心"。人们还曾用"零售区"、"中心商业区"、"市中心商务区"、"中心地区"和"城市核"等名称来称呼此类地区，但是"中心商务区"（或简称"CBD"）这一名称越来越流行，尤其在美国已成为相当一部分市民的词汇[1]。一般来说，市民大都了解这类地区在他们城市中的位置，并对其范围和内容有一个大略的印象。

第一节 CBD 的基本特征

CBD 四周没有围墙，虽然城市中可能会有引导人们进入市中心的路标，但是人们从未看到过"你正进入 CBD"的路标，这并不意味着对 CBD 的研究无从下手。过去，CBD 一直被认为是城市中一个不太确定的地区，但有确定的特点。其特点体现在：CBD 具有中心性，至少在可达性方面如此；它比城市其他地区有更密集的高楼大厦，因为它通常拥有城市中绝大多数的办公场所和大型零售商店；它是机动车和人行交通最集中的地区；它比城市其他地方的土地价格更高，在此收取的租金比别处更高；它能将整个城市地区的市民活动和所有种族、所有阶层的人士吸引至此，等等。

CBD 这个地区从来都不是静态的。约 20 世纪初以前，市中心是一个多功能的地区——含居住、商业、工业、公共机构等。但随着时间的流逝，该区内过度拥挤和衰退首先使居住功能减少，稍后导致了工业和批发业的减少，因为市中心的土地价格对这些低密度的用地功能来说过于昂贵。

如今尽管商业类功能几乎已经占据了 CBD 内所有的用地，但变化仍在继续。某些设施正在减少，而某些设施正在更新或增加。CBD 的某些部分正在恶化的同时，其他部分却随城市的更新正处在复兴的过程中。

在 CBD 内，零售商业功能和办公功能占主导地位，这形成了该区自身的基本特征，但是在 CBD 内这些功能的集中模式有明显的差别。在 CBD 内，从最密集的商业活动场所或最高的土地价格地段出发，朝向非确定边界通常存在一种不规则的活动密度和地价分级模式。CBD 的边缘更像一个区而不是一条线。实际上每个 CBD 的边界都是概念性的。

CBD 缺少完全一致性同样反映在该区某些功能产生分区化[2]的趋势上，主要表现为在 CBD 内会形成金融区、旅馆区、剧院区、百货商店区、夜总会集中区及其他专门设施区。CBD 同样存在某种竖向分区，通常绝大多数零售业集中在低的楼层，而办公功能集中在更高

---

[1] 市中心：downtown；中心地区：central crea；中心商务区：central business district，缩写成 CBD；零售区：retail business section；中心商业区：central commercial district；城市核：urban core；市中心商务区：downtown business district。在美国，"市中心"有时也指某个大城市地区的中心城市；在英国，人们常用"中心地区"一词代替 CBD。

[2] 指某类功能聚集在一起，形成 CBD 内的亚区。

楼层。

虽然CBD的名字本身具有中心性的含意，但它却有可能远离城市的地理中心位置，尤其在水体阻碍城市匀称发展的港口城市更是如此。CBD一般是城市中主要的交通中心，是城市中最易到达的地区，在此意义上可以说它具有中心性，甚至在港口城市也一样。

与CBD的基本可达性❶相关的是它在城市地区内占据的中心性次序比任何其他商业区都更高。这种中心性意味着CBD集中了各种能快速便捷地为其整个服务地区服务的设施。

总结起来，CBD具有如下基本特征：首先，CBD具有城市地区（乃至全国、世界）中最高的中心性，也就是说，CBD所提供的所有货物和各种服务具有最高水准，CBD是城市精华最集中的所在，在CBD从事的交易和交流都是最高档次的；其次，CBD具有城市地区中最多的人流量，是城市地区中白天人口最多的地方，并因具有最高的中心性，信息交流量也最大，它的全天人口聚集量最高，24小时人口变化值也最高；第三，CBD具有最便捷的可达性和最大的拥挤程度，具有城市地区最发达的内部交通和外部交通联系，CBD给予办事者以单位时间内最高的通达机会，并因此使CBD的拥挤程度（人流、车流）在城市地区中最高；第四，CBD具有最高的服务集中性，CBD能提供包括经济、管理、娱乐、文化乃至行政等多方面的服务。同时，CBD具有城市地区最集中、档次最高的零售业；第五，CBD具有最高的土地价格和租金，其中，商业用地的价格或租金通常超出金融、保险等经济性服务和大公司总部、政府各部门管理性服务的用地价格或租金，其中以围绕峰值地价交叉点❷的用地地价和租金为最高。

随着越来越多的人逐步认识到CBD的存在，该地区获得了双重声望。一方面正如已指出的那样，它是一个最高级的地区，是城市的精华，是城市与城市生活的象征，它的繁荣或至少是商业活动的繁荣是不容置疑的；另一方面，CBD又存在不可否认的困难，飞涨的地价和随之增长的租金已经在困扰这一地区，同时在欧美各地，购物中心远离市中心遍地开花，也严重削弱了中心区的商业活动。除此之外，CBD还存在费用过高及可达性受到阻碍等问题，除了在中心区和附近的街道存在严重拥挤外，停车设施也令人不满。鉴于CBD的这些困难，CBD能如此吸引地理学家、社会学家及规划师的研究兴趣也就不足为奇了。

第二节　城市结构理论与CBD

对CBD进行研究显然需要了解一些相关理论，下面概括地介绍一下与CBD有关的城市结构理论。

半个世纪前美国社会学家欧内斯特·伯吉斯认为，美国城市可以看成是从城市中心开始，由五个同心圆区组成的，它们是：1) CBD；2) 过渡区；3) 工人住宅区；4) 居住区；5) 通勤者区。他在1929年对CBD的描述是："CBD——位于城市中心。城市商业、社会及城市生活的中心都在CBD内"。他认为该区的心脏是城市中心的零售区，包括百货店、时装店、办公建筑、俱乐部、银行、旅馆、剧院、博物馆等，是城市经济、社会、市民和政治生活的中心。

无疑伯吉斯的模型认为城市的发展是沿着建成区的广阔边缘扩展而产生的，例如，沿着

---

❶ 可达性：此概念意味着到达某地区或设施的难易程度，反映道路建设和运行水平。
❷ 此概念详解见第二章第一节。

CBD的外缘带。但是近年来，许多城市CBD的发展已经在减慢或者受阻，伯吉斯的边缘发展论受到放射状发展趋势理论的批评。

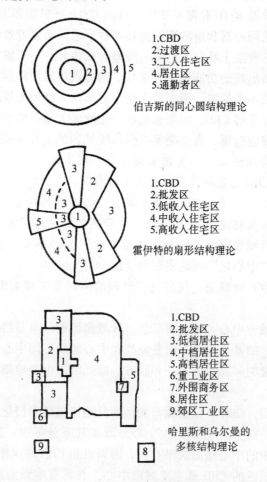

图1-1 有关城市结构图解

伯吉斯理论的主要批评者是美国学者霍默·霍伊特。他提出了一种新的理论，在伯吉斯的模型中加入了两个新的元素：土地价格和租金的影响；城市发展模式中主要交通路线的影响。他指出，在城市发展中，城市中心内土地竞争使地价升高，以至于只有商业才能负担得起土地费用，故CBD才能形成。

霍伊特认为土地价格和租金从城市中心逐渐向外下降，但是这种下降趋势不是沿整个同心圆面，而是沿主要交通路线发展。通过对许多城市的研究，霍伊特进一步指出沿这些交通线的发展特征是由相似的用地功能模式和特征形成的，其结果是，在不同地区向城市外缘放射的不同类型和特征的功能产生一种星形的城市发展模式，因此在任何地区中高租金的居住区将向在同一地区的城市边缘移动发展。和同心圆理论一样，霍伊特的扇形理论没有对商业和工业用地功能给予充分的关注，这一理论最适合反映居住区的发展趋势。

第三种理论是城市发展的多核理论，它不像同心圆理论和扇形理论那样，不是只围绕一个简单的CBD核发展的理论。多核理论认为可能在城市发展之初就存在许多核，这些核随着城市自我演化及专门化的过程而发展。核的个数因城市而不同，但总趋势是核越来越多，某些大型核更专门化。在大城市中，各种核可能会产生差别，而CBD的某些部分会成为

CBD 的亚核，或本身就是大城市的一个核。金融区、剧院区、旅馆区和其他区是城市 CBD 中可辨别的亚核。

多核理论首先由美国学者 R·D·麦肯齐提出，再因 C·D·哈里斯和 E·L·乌尔曼进行的深入研究而闻名。多核理论比同心圆和扇形理论更具弹性，它并不是着意针对现行的城市结构来创造一个简单的模型，它有益于唤起人们对一种事实的注意：一个城市地区可能会有许多中心，且在现存核内会发展出新的功能中心和亚核。伯吉斯和霍伊特的理论意味着每一个土地功能区围绕某个单一的核不断发展，而多核理论则更为深入细致地描绘了城市结构。

上述三种理论都有益于了解 CBD。如果你处在一个欧美大城市的中心并被大型的办公建筑、百货店、银行和许多商店包围，你会确实感到你所见到的正在印证伯吉斯的 CBD 理论。走出这一高层商务区，你会发现城市功能越来越混合，将出现一个人口密集区和低档住宅区，也就是说你已穿过了 CBD 心脏而进入伯吉斯的过渡区。

CBD 本身可作为城市的一个核，如果城市足够大，CBD 还可能会有旅馆区和剧院区等。简言之，同心圆和扇形理论仅在说明 CBD 与整个城市结构的关系时才会论及 CBD，人们在运用多核理论时只能像分析城市那样来分析市中心。对于 CBD 研究，这些城市结构理论仅在某些方面是中肯的，而"中心地"理论则更为全面。

在此我们不深入讨论中心地理论，仅着重于该理论为何及怎样有助于我们对 CBD 的了解。

中心地理论认为，区域有中心，中心有等级。区域集聚的结果是结节中心，即中心地出现。服务是城市（中心地）的基本职能，服务业处在中心地的不同中心地。中心地的重要性不同，高级中心地提供大量的和高级的商品和服务，而低级的中心地则只能提供少量的，低级的商品和服务。

根据中心地理论来理解，CBD 不仅是城市的，而且是区域的专门化零售中心，在该区域中，城市也被作为中心地。在 CBD 外围，次中心分散在其服务区中，这些次中心的数量和次序与城市作为更大区域中的中心地的次序有关，因而也和 CBD 的次序有关。

我们可以假设在某个地区的 CBD 是主要城市中心，并具有本章前面所列举的最高级的特征：高中心性、高楼大厦、繁忙的机动车和人行交通、高地价和高租金，具有吸引更广泛的地区、吸引所有地方团体及不同阶层人士的能力。如果一个城市比其次一级城市具备更高的中心地级，那么其 CBD 将提供次级城市 CBD 所不能提供的货物和服务。

中心地理论同样适用于不同规模的对象。有人认为，城市中存在一种零售场所等级，在此意义上，CBD 仅是可以在某个城市中心能被认知的中心地之一。在 20 世纪 30 年代中期，美国学者马尔克姆·普劳弗特发表了说明此观点的城市零售结构分类模式理论，他列出了五种零售场所等级——CBD、外围商业中心、主要商业街、邻里商业街和独立的商店群，并指出它们在城市中是分级分布的（尽管那种线性的、沿交通线分布的零售业不是确切的中心地）。

后来汉斯·卡罗尔将中心地等级的理论应用于瑞士的苏黎世市，他将苏黎世市零售结构分为四个层次：地方商业区（低序位）、邻里商业区（低序位）、地区性商业区（中序位）[1]、CBD（高序位）。布赖恩·贝里也认为城市内部商业模式具有基本的中心地特征。

---

[1] 卡罗尔和普劳弗特的理论分别发表于 20 世纪中期和 30 年代，当时的商业区混合了商业和办公、服务等功能，但以商业零售为主，故仍将这些名词译为"商业区"。

CBD 是城市中最高级的中心地，在所有商业区中序位是最高层的，这意味着它提供的货物和服务可以超过任何比它次一级的商业区。且作为城市的最高级中心地，CBD 占据了最具可达性的位置，而其他商业区则降级到较为不利的位置。CBD 是由整个城市及其服务地区的最易到达的设施形成的集中区，因此它非常吸引专门零售、大型银行、先进的服务及其他功能，以至于城市各区乃至更小的邻近城市的人们都来此享受这一优势。总的来说，CBD 比城市任何其他商业区都能提供更大范围的货物和服务。

中心地理论确实比同心圆、扇形及多核理论更有助于我们了解城市商业结构。它同时又是一种更有局限的、过于讲究的表达。前三种城市结构理论强调了 CBD 的中心性，但对其商业用地功能并未专门甚至根本没有认真地考虑。中心地理论与多核理论关系最密切，都直接关注商业结构。综合几种理论来看，城市的商业结构可以认为是由一个主要中心地和许多次级中心地组成，并沿主要交通干线形成线性发展的系统。比较而言，中心地理论较全面地提供了一个了解 CBD 零售及服务的优势和卓越位置的理论框架。

第二章 CBD 研究概况

本章将介绍国外一些有影响的 CBD 研究，主要包括 CBI 指数技术、美国人口普查局 CBD 研究、CBD 核框理论等。这些研究将涉及美国、欧洲国家、澳大利亚、南非等国城市的 CBD。

第一节 给 CBD 定界的一些尝试

鉴于 CBD 是一个地区，因此在研究任何城市的 CBD 时，第一步就是将 CBD 在地图上定出界线。一般认为在城市中心存在一个重要的点，它对巡逻的警察和中心区人士来说都很熟悉，这就是峰值地价交叉点[1]。

峰值地价交叉点是平均地价最高的临街地段所包围的街道的交叉点。在欧美，各种商店（百货店、五分一角商店、药店、雪茄店和银行等）通常在此点附近地区；另一种标志是在上班时间的高峰期间此地行人最多。从此点开始，商业活动的密集程度向城市边缘逐步下降，但在各方向下降程度不一。紧靠峰值地价交叉点的地区，人们一般称之为"商业核"，或者是"硬核"，商业密集的"舌形"地区一般都沿主要交通干线由此向外扩展。可以认为峰值地价交叉点是一个方便的研究 CBD 的参照点。

深入考查一下围绕峰值地价交叉点的广阔地区很有必要。在大规模的城市中，该峰值点一般被一个已建成的商店、银行及办公区包围。同时，这个区在地理上相当居中，或至少在可达性方面很容易被认作为城市 CBD 的部分。紧密围绕峰值地价交叉点周围的地区可称为"显 CBD"。

在市中心可以很容易辨别出城市的"显 CBD"部分。当人们沿街道自"显 CBD"向外移动时，原本连续不断的商业功能可能会突然结束，可能出现一、两栋住宅，然后是一、两个工厂。人们可能会认为这一定是 CBD 的边界，但就在这时又会出现少数商店和办公建筑，于是人们认识到 CBD 边界是不确定的，但它是有序的、破碎的，是一个区而不是一条线。在美国的州府城市，一个停车场或一群办公建筑可能会成为 CBD 在一条线性边界上的结束点，但更常见的是 CBD 的边缘是一条带或一个区。

CBD 边界的这种带形特性已为城市研究者所关注。这一带形区域有一个有趣的特点：典型的低质。因此，沃尔特·费里在 20 世纪 20 年代早期撰文将 CBD 的边界归纳为："通常是位于城市 CBD 与周围居住区之间的萎缩区……"。1946 年罗伯特·迪金森将 CBD 边界描述为一个恶化了的看似很邋遢的地区，此区在许多情况下无力支撑起繁荣的商业活动。CBD 边缘商业设施点缀于多户住宅区[2]和供寄宿的房屋区内，多年来就是在这一地区安排了许多城市复兴开发项目。

---

[1] 峰值地价交叉点：peak land-value intersection，简称 PLVI。
[2] 多户住宅：设有多套供各户家庭日常居住使用的建筑物，又称集合住宅、公寓。

费里同时注意到在 CBD 边界与"城乡中间区"❶边缘之间有趣的相似现象。他指出这两者分别是包括两种用地功能——CBD 边缘的商业与居住地区，城乡中间区边缘的农业与居住地区。这两种边界或边缘地区都是协调与矛盾的地区，表现了现代城市高度的动态品质。两区中都存在产生贫民窟的趋势。

CBD 边界区的位置，或 CBD 真实的边界在地图上如何确定呢？很显然，没有确切的方法。简单的实地观察不能得到满意的结果，如果某两个人从城市中心向外步行，各自观察，将不可能得出完全一致的 CBD 边界。

目前，地理学家、社会学家、经济学家、城市规划师和其他各界人士都已进行了有关 CBD 内涵的研究，并已在很大程度上获得了一定成果。但对每项研究来说，针对的是何种特定的地区，这些边界如何确定？或是否可以说，为什么这些地区值得研究呢？

在城市规划办公室里，这些细节可能不会很受关注，因为 CBD 规划研究的结果通常仅仅是用于土地使用规划。城市规划人员多少是凭自己的主观臆想划定他们所在城市的 CBD 边界。然而如果某位城市研究者希望他的研究在总体层面得出有关 CBD 的推论，定界将变得很重要；当研究人员正在进行某项关系到许多城市，并希望通过多个 CBD 对比来得出有关 CBD 普遍规律的研究时，定界的作用尤其关键。

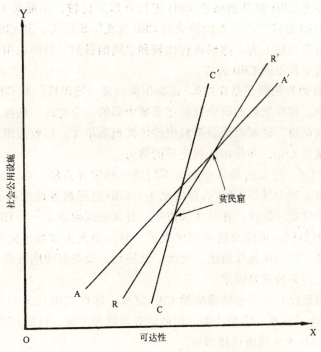

图 2-1 可达性与用地功能之间的关系图解
AA'：农业用地　RR'：居住用地　CC'：商业用地
资料来源：Walter Firey, "Elological Considerations in Planning for Rurban Fringes", American Sociological Review 11: Fig. 1.

---

❶ 城乡中间区：在城市以外，不在农村的地区。

一、假设的边界

我们先考察一下那些过去几十年中欧美国家发表的针对所谓CBD的研究。在这些研究中，有些是地理学家对一些城市的研究，如美国学者乔治·哈特曼比较了许多CBD，并因此做出评价CBD情况的概括。但是这些主要针对CBD的研究无一进行更深入的努力来发展或使用一种确定的CBD定界方法。在每项研究实例中，研究地区的范围仅仅是假设的，或是当地市民认同的对CBD范围的看法。

一个假设边界的例子是在20世纪40年代由美国社会学者厄尔·约翰逊完成的对芝加哥的研究，该研究的目标是从由大城市现存的社区继承的早期城市布局中找出芝加哥CBD用地功能模式中的连贯性特征。约翰逊的中心推论是："在CBD内，每一种经济形式都对应一种独特的用地功能模式，两者不仅是暂时的共同存在现象，也是因果相连的现象。"

约翰逊选择进行研究的地区"边界确定为：北为芝加哥河主河道；西为同一河流的南支流；南为罗斯福路（第12街）；东从罗斯福路经由密歇根大街至伦道夫路，并从伦道夫路的博阿比法院至芝加哥河的主河道。因此在北边和西边，其边界由自然物界定，南边和东边则为人工界定。"

约翰逊对芝加哥CBD的定界方法看起来已经符合他的研究需要，但以此法为基础的一些推论并不能将芝加哥CBD和其他城市CBD进行合理的比较，不能对CBD进行一般性概括，因为约翰逊的CBD是以"广为人们接受的CBD含义"来定义，其CBD边界据称是"广为人知"的，这样做不确切。为了达到进行比较和总结的目的，需要运用某些标准以及合理客观的定界技术来确定真正的CBD边界。

另一个假设CBD边界的例子是在约翰·雷那尔斯所著《城市核：对CBD用地功能变化的探索性研究》一书中。雷那尔斯的研究针对在费城中部的一个地区，他称为"费城中心区"，研究中所谓的"标准街坊"是城市记录资料中的传统地图单元，已被使用多年。显然，他没能客观地比较其他城市CBD，并作出任何定界的努力。

假设CBD边界的另一种做法是某些地方部门的一些定界方法。在大多数情况下，城市规划部门发表一张表示某个城市CBD范围的地图。CBD已经被各地方机构定界，但各地和各部门在方法上几乎没有一致性。在某些城市中，分区条例确定了一个CBD，而消防部门使用另一种不同的CBD范围，可能交通条例又是另一种。绝大多数城市使用一条简单的CBD边界，通常是根据城市的街区界线做出。河流、铁路线，及类似的地物和对界内用地功能的大致了解是形成这类边界的重要因素。

上述事例中几乎都没有试图去精确地给CBD定界。宣称CBD的外界是"当地人广泛了解的"，该区的范围由"直观"感受产生，如此定界显然很主观，可能对当地有一定合理性，但这类方法确定的CBD无从横向比较研究。

二、贸易总额与定界

20世纪30年代，在美国国家人口普查局有关CBD定界的一项研究中使用了"贸易总额"这一概念，当年由马尔科姆·普劳弗特负责对费城商务区进行研究，为了确定"市内商务区"的范围，研究者使用了"街区临街面的销售额"一词，该词是指一个街区中每一边的所有临街商店的年销售总额。一个普通的街区有四条边，如果在某条边没有任何设施的话，这条边的销售额就是零。对CBD的外部区，使用的街区临街面销售额低限为7.5万美元，而CBD的内部区则以30万美元的最低限销售额来划定界线。虽然在别的城市使用这种方法时，销售额标准将会大为不同；但这一设想无疑很有启发性。

普劳弗特在其研究中仅使用"零售额"一种参数，更有利于为商业中心定界而不是为 CBD 定界，因为在 CBD 中许多商务活动不能作为零售贸易类来计算。在给商业中心定界时，零售贸易额显然是首要的。作为人口普查工作的地理学研究人员，普劳弗特在进行研究时指出，对任何城市来说，可以有偿地让人口普查局提供一张地图，图上不仅反映零售贸易，也反映服务和批发贸易的营业总额。同样，若知道城市中心区内每个街区的每边的贸易总额，要对整个街坊进行研究的话，这些资料可以以街区为单位总结起来。但是撇开投入的时间、花费及在使用调查资料时一些确定的限制外，这一方法还有其他的局限性，比如它缺少对办公面积的计算（如大型石油公司的办公总部），还缺少对银行和其他在 CBD 中很重要的商务活动的有关计算，同样也很难看出可以作为比较各 CBD 的基础的贸易额是如何从这些形形色色的设施如商店、银行和公司总部中得到的。

三、人口分布和定界

无论是直接使用还是以居住单元为单位来使用人口资料，都是可以考虑的另一种可能的定界法。这是因为 CBD 基本上缺少永久性居民，原因是欧美各国在城市中用于城市中心区的投资多集中为商业类，商业用地功能挤走了居住单元，原在 CBD 居住的居民一般都集中到了该区的外缘。

以实际的居民就寝地为基础的人口资料可从人口普查地区资料取得，但是在美国，在那些规模平均为 50~60 个街区的城市中，这类地区的人口普查基本单元的用地规模太大，以至于不能以这些单元进而以人口作为基础来为一个地区精确定界。而且，在美国按人口普查标准划定的标准地区都包含数千居民，但数千居民对确定一个可能实际上缺乏居住人口的地区太多了。美国人口普查局同样也根据普查街区来取得人口数，街区当然基本上是标准的城市街区，这种街区显然比起标准地区来是一种更好的规模单元。

有两种稍有差别的人口地图可资选用，使用简单的人口街区地点图❶ 是其一。在一张人口地点图上，CBD 将基本上表现为空白的区域，明显地被一条人口密集带包围。第二种人口街区地图则着重围绕人口空白区的低质区：破旧的下等地区、廉价租住所、小旅馆区等。但是充其量由这类低质区围合的空白区只是一个很粗略的类似 CBD 的地区，并且在地点图上很难确定一条线。

将每个街区的人口除以该街区的面积，以此为依据可以制作出一张较为客观的地图。然而在欧美，街区面积的资料在一般城市很难找到。同时，研究人员必须确定一个合理的密度范围（单位是人/千 m^2），该范围可以帮助确定哪些包围峰值地价交叉点的街区可以属于 CBD 或不属于 CBD。

把缺乏居住人口作为 CBD 定界的根据，其基础有严重的缺陷。无论是使用简单的人口街区地点图还是街区人口密度地图，都会具有类似于建筑高度法（见本节第六小节）的缺陷。在地图中心附近的空白区，虽然它们可能主要是因为中心商务活动产生的情况，但工厂、公园、大型公立学校及其他用地都能产生相同的效果。因此，无论哪种人口地图，空白的中心区都可能夸大 CBD 的范围，无法获得较合理的 CBD 边界。

四、知觉研究与 CBD 定界

20 世纪六、七十年代有人提倡一种更为正规的以地方意见为根据的测定方法：知觉研究。以知觉为基础的构想对地理学不是什么新鲜东西，但是它被赋予了新的意义。对 CBD

---

❶ 地点图：dot map，表示某种对象的相对密度的地理分布地图。

这样的概念，这些提倡者认为不可能被确切地定义，在城市中该区的范围仅固定在人们的想象中。以这一理论为出发点，将城市中心区地图交给各种当地居民，诸如街上行人或商店服务员，询问每个人观念中的 CBD 界线，将结果平均即形成一条边界。

以此方法获得的界线很有趣，因为它以一种不明确的方式反映了人们看到的城市（对观察者而言）的 CBD 范围。但是地区居民非正式产生的意见看起来很难为不同的 CBD 定界，不能产生可比性而得出统一概括，因此这种方法也具片面性。

五、机动车交通流和行人流量

机动车交通流和行人流量反映了人们在街道上的活动，提供了另一种可能的 CBD 定界方法，它们有时也用来为商业投资者确定土地价格。某些研究人员认为，在从峰值地价交叉点引出的每条街上的 CBD 边界，可以用每个距离单元所记录的最小流量来确定。

交通流方法可能被轻易地予以否定，因为它作为一种定界技术的可能性在基础上具有一些很明显的缺点。虽然在有些城市过境交通流可以用高峰交叉点[1]的方法定出线路，在其他城市（这类城市的数目正在增长），流行的趋势是安排交通线路，这样可以避免高峰点，并禁止在白天公共汽车行驶时间内在市中心区的街道上停车。因此，在城市中心区交通量通常很少与商务活动量有密切关系，同时不同城市在此方面有不同政策，故很难看出交通流会有助于建立一种合理的有利于比较不同城市 CBD 的定界基础。

行人流量方法则更为可行，因为人们在街上的移动是产生 CBD 特征的功能的基础，一个使用计算器并定点在合适的交叉点的实地工作人员收集这些资料时，可以不费太大的功夫。这类计算有时被一些公司用来为计划开设新商店调查潜在的顾客数量。每个距离单元的最小流量可用来确定 CBD 的边界，结果可能是一系列的点，每个点都是在一条从市中心引出的主要街道上的点，这些点可以用某种方式连接起来，从而给 CBD 定界。如果将每个城市的这种能确定这类点的数值转换成与那个城市最高行人流量的百分比，则可用每条街对应的百分比来给 CBD 定界。按这样的方法进行工作时，可以以街区为单元，由此而得出的地区将会是一群连续的街区。

上述的这些步骤表面上没有什么难以克服的困难，但是行人流量方法具有和以街区为单元的人口密度和建筑密度为基础的方法一样的障碍，因为行人可能包括来往于保留在市中心区的工厂的工人或中心区高级中学的学生，在行人流量的研究中，这类困难可以通过适当的流量时间选择而部分地克服，选择适当的时间能避免这些特殊的非中心商务活动的行人进入计算。目前正流行使用适当时间段的航空照片，在照片上直接计算出行人流量。

六、建筑高度与定界

对漫不经心的观察者来说，能想到的一种可能的 CBD 定界手段几乎本能地就是建筑高度。CBD 内的建筑一般比城市其他任何地区的建筑都高。无疑人们可能都有过在城市风景照片中从远方看城市的经历，人们可以注意到通常市中心的塔楼高出城市的其他部分，如芝加哥、纽约的天际线尤其以这种情形著名。

看来可以用建筑的高度作为一种基础来标明 CBD 边界。这一方法可在地块基础上进行，但是地块通常在规模上不规则，在地价最高的那些地块上建筑高度很少有规律地分级，因此最后产生的边界线会极不规则，几乎不可能完整地产生一条简单的线。更好的方法是计算以

---

[1] 高峰交叉点：表示在高峰小时内不同方向的交通相交的点。

地块为单元的建筑高度，整个地块的数值用高度的平均值来表示，可将地块上的总楼面面积❶除以地块的底层面积而获得。在计算中可省略小路。

然而从另一方面来讲，无论是用地块还是用街区，建筑高度地图都没有反映用地功能，工厂、公寓楼和其他非中心商务功能可以以高度的名义与中心商务功能并列。因此，建筑高度在决定 CBD 边界时显然具有既定的局限性，有待深入研究修正。

七、商业指数与定界

精确的定界方法是可能的。在美国这类研究开始之前，一些斯堪的纳维亚地理学家就已尝试探讨了精确的定界技术。

例如 W·威廉·奥尔逊提出了一种分析瑞典首都斯德哥尔摩 CBD 的方法，他不仅将买卖货物定义为零售贸易，也将饮食、娱乐和寄宿规定为零售贸易，他使用了"商店出租指数"❷一词，规定该指数由一栋建筑的商店租金总额除以建筑物面街的长度而获得。他将该指数看成是商业活动强度的一种数字表达，并将此指数在斯德哥尔摩中心购物区的地图上以图表形式表现出来，图表的形式为长方形，底边为每一幢建筑物的临街面，垂直方向表示商店出租指数（单位为克朗/m）。

两位挪威地理学家在研究挪威首都奥斯陆的居住与工作场所问题时，因无法获得奥尔逊在斯德哥尔摩使用过的商店出租资料，因此改用了总贸易额方法。除了垂直维是总贸易额数值的百分比外，他们的"贸易指数"在地图上的表达与奥尔逊的商店出租指数类似。

乍一看，用最小商店出租指数或贸易指数值可标定其他欧美国家城市的 CBD 外界，然而，这两种方法所需的资料如果收集不到，就无法实现，且这两种研究强调的基础太依赖购物，而购物仅是 CBD 活动的一部分。也许上述的方法更适合于北欧地区。

八、以地价资料为基础定界

在前面曾指出，CBD 比城市的其他任何地区所征收的地价和租金都高，这是有记录的事实。显然 CBD 高地价的特点不是抽象的，因为任何城市的市中心都被一个高地价地区所包围，这一地区包括 CBD，这种地价和土地使用功能之间的紧密关系及所征地地价或租金资料似乎可以用来给一个城市的 CBD 定界。

对绝大多数欧美城市来说，地价和建筑楼价都已有资料，但楼价并不从峰值点开始规则分级，此外它们本身经常变化。因此，可以认为地价更适于发展成一种 CBD 定界技术。

城市中心区的地价通常以临街面长度为基础进行计算。在计算某个特定的地块或地带价格时，应该用调整因子来计算不同的地块或地带的进深的影响和角落影响❸，因为在街上尤其在商业区的临街面确实比该地块靠后的部分具有大得多的商业价值。因此地块的相对价格比起其规模大小来说更为依赖它们在商业街的临街面。有的研究者为了调整地块规模的不平均状态，将沿街地块的进深调整到一个统一的 100 英尺（30.5m）的进深，这样可做出表格来简化研究过程。

将这些中心区的资料画在一张地图上时，要确定 CBD 边界仍有困难，因为还要进行一种武断的调整：选择一种看起来最能与 CBD 的边界相关的价格。这种价位可能已在有些研究中提出来了。在 20 世纪 50 年代，美国麻省伍斯特市的规划部门领导人查尔斯·唐纳曾将沿街面

---

❶ 楼面面积：floor space，即我国所谓"建筑面积"。
❷ 商店出租指数：shop rent index。
❸ 角落影响：指因位于道路交叉口或接近交叉口而引起的地价增值。

长度征收地价归纳到一个统一的 100 英尺进深，给 CBD 定界。唐纳使用分地块价格和他在规划工作中的经验来确定他的 CBD 边界：大于或等于 300 美元的地价的地块为 CBD 外围界线，同时定界的 CBD"硬核"包括了所有沿街面地价为 2000 美元以上的地块（图 2-2）。

图 2-2　50 年代早期由查尔斯·唐纳定界的伍斯特市 CBD
注：图中黑色为市政厅，图中未表示峰值地价交叉点，它大致在市政厅西北方向。
资料来源：Raymond E. Murphy and J. E. Vance, Jr., "Delimiting the CBD", *Economic Geography* 30（1954），Fig. 2.

当然，这种方法仍存在估价资料可靠性的问题。虽然即使在任何一座城市里，估价过程中都会存在相当大的差异，并且即使假设任何一个城市的资料都是以一个合理的一致的手法取得，但在这类实践中仍会因城市不同而产生既定的巨大差别。因此就当然不能期望估价资料对不同城市的 CBD 定界都产生类似的用途。伍斯特市 CBD 使用的 300 美元价格极限可能不完全适合其他欧美国家一些有其本身估价特点的城市进行 CBD 定界。

不过这些困难可以通过百分比系统来克服。用 100 代表 100 英尺进深的最高地价，其他地块的地价可由与峰值地块价格相比而得出的百分比来表示。如果将百分比相同的地块用线连起来，便可以得到一系列的线，它们形成类似的圈层状。但是在决定可以用来标明 CBD 边界的极限地价时仍存在困难。当有关研究人者在几个城市的 CBD 使用此技术时，发现地价高于峰值地块价格 5% 的地块似乎更能表示真实的 CBD（见图 3-23）。这样的指数系统也许能用来估算每个城市的征地价格，并可得到不同城市的合理的、可比较的 CBD。

地价定量技术无需土地使用地图，所得出的 CBD 界线具有良好的结构。但是任何以地价为基础的方法本身都存在缺点，如在一些城市中，资料不便收集，或因别的原因，地方当局不愿意提供地价材料；另一个困难是免税财产，如学校、教堂和公共建筑，通常不进行地价评估。地价地图上若保留这么多空白，将很难画出一条流畅、连续的边界。

对地价法来说至少还有两个别的障碍。如果不合理进行土地估价，不反映建筑高度（然而确实需要考虑这一垂直方面），而且因为地价法具有和前述定量方法同样的缺点（它并未区别用地功能类别），就完全有可能将一个工厂地块或一个公寓楼地块定为高价地块，并因此使这些非中心商务类的功能包括在CBD内。但这个问题看来不易在CBD中心产生，而在CBD边界附近此类问题可能产生，因为在此这些非中心商务功能绝大多数能成功地与中心商务功能竞争土地，中心商务功能则会沿着CBD边界扩展到低地价地区。

九、标明边界的设施种类

另一种简单的CBD定界法是以某些很少在CBD内出现的设施种类趋向于在或靠近其边界集中这一事实为基础。超级市场、汽车购物中心、加油站、候车场和停车库、大型家具店、出租宿舍都属于具备这种特点的用地类型。但是这些设施与边界有些关系不太明了，尤其难以确定它们是否真的集中在CBD边缘，地图上CBD的空白区有的部分也可能是这些设施中的某一种。

从各方面来说，边缘设施与一种可行的CBD定界方法相处甚远，它们主要的作用是可以在从城市中心外延的主要街道上定出一条初步的粗略边界，以供研究者选择研究地区范围使用。

十、就业模式与定界

如果可以获得在办公场所、零售店及服务设施中的就业人口数，并将此在地图上表示出来，这可能会形成一种令人满意的CBD定界法的基础。斯堪的纳维亚地理学家在他们的城市研究中经常在地图上使用这类资料来表示不同的工业及商业设施的种类，在美国虽然在多数城市可获得工厂的地址和大概的就业人数，但商业设施资料一般得不到。以合理的工作速度去收集这类资料以便客观地给CBD定界必将付出艰苦的努力。因不同国情和实际情况产生的差别使该法没有普遍性。

十一、用地功能和定界

从CBD的定义看，CBD内的功能必须具备相应特点，因此，以用地功能为基础可以发展出一种定界技术，它能弥补前述一些方法的局限，后面的章节将全面介绍这一方法。将用地功能与其他技术适当结合，可以定出合理而完善的CBD界线。

十二、中心商务功能连续性的中断

前面许多CBD定界基础大都与中心商务功能连续性的中断有关，因此有一种定界方法就是从市中心那些毫无疑问是CBD的地区出发向城市的边缘步行，仔细地观察用地功能情况来确定CBD边界。在从峰值地价交叉点引出的每条街上，商店和办公建筑在一开始基本上没有中断，但后来将会逐渐让位给居住、工厂、公园及那些肯定不是中心商务类的其他功能。可以在每一条从中心向外放射出的街上标出表示这些功能的点。

"连续性的中断"这一设想的简洁性使之具有吸引力，但这实际上已决定了它的局限性，因为每个中断都带有不少附属于它的特殊性。将这类中断与地图联系起来确定一片完整而连续的CBD地区的整个定界过程掺杂了太多的个人判断，以至于没有两个人可能得出有关同一城市的非常一致的CBD边界。本方法的借鉴意义在于它强调区别中心和非中心商务功能是给CBD定界的基础。

十三、中心商务类街区临街面

另一种不需要城市中心区很完整的用地功能地图的可能的定界技术，牵涉到围绕峰值地价交叉点的主要街道上临街面的用地功能情况。这一 CBD 定界法由 A·E·帕金斯在对美国纳什维尔市的"零售商业区"的研究中使用过他的方法是垂直向分层、水平向分地块，使用字母和数字来表示每种设施的种类。帕金斯的研究对象是纳什维尔市的主要市中心商业街，但他最终未界定出一个地区。

为了给 CBD 定界，可以街区为单元来计算功能指数，街区如果在围绕峰值地价交叉点的连续群中，并具有足够高比例的中心商务设施的话，就可以认为它是 CBD 的一部分。

第二节 中心商务指数技术

本节将介绍 CBD 指数定界法，此法亦称为墨菲与范斯技术，简称 CBI 法[①] 这是目前在 CBD 研究中最具影响力的一项技术，于 1954 年由美国城市研究学者 R·E·墨菲和 J·E·范斯提出，他们的研究主要针对美国九个中等规模的城市。运用 CBI 法需要城市建成区的土地使用地图，地图的范围应超出围绕峰值地价交叉点的被当然地作为 CBD 的地区范围。另外，该技术需要区分中心商务功能，和尽管在中心区但在特征上不是中心商务功能的用地功能之间的差别。最后的计算是以街区为单元，在中心商务功能用地总量基础上进行，每个街区得出两个指数，CBD 就被确定为是由那些符合确定的指数值，属于围绕峰值地价交叉点的连续街区中的一部分，并符合所定原则特征的街区所组成。下面详细介绍此定界法，并对它进行评价。

一、中心商务功能的定义

墨菲和范斯认为，在美国城市中并非在 CBD 出现的所有用地功能都应属于 CBD。残存的教堂被中心商务类开发所包围，服装厂仍附着在 CBD 边缘，批发市场的装货平台上仍有大卡车排队，以及地方法院等都代表着一种与下列情景很不相同的画面：即由百货店、公司总部、办公楼及其他显然属于中心区零售、商务集合体的设施形成的聚集现象。在中心商务与非中心商务之间的这种差别，对提出 CBD 定界技术是很基本的。

真正基本的中心商务活动看来是商品零售服务及各种金融与办公功能活动。所有种类的零售商店、提供服务的商社、银行和其他金融机构，以及办公建筑形成的聚集，是典型的城市中心，并且这些设施在特征上可以看做具有中心商业服务功能。类似的商店、商社和办公场所在城市其他地方也有，但它们通常在 CBD 内最集中。这些设施围绕峰值地价交叉点并为整个城市服务，而不是为某一区或某一部分人服务，它们集中在有限的空间内，这些设施特征就是本指数法中对该区定界的基础。

相反，有些用地功能尽管有时在 CBD 中也存在，但在特征上并不被墨菲和范斯考虑作为中心商务功能，批发业（含贮存）就是其中之一，它们更靠近铁路和穿越城市的高速公路，而不是靠近中心，这首先不是一种中心商务功能。更明显的非中心商务功能是工厂和居住单元（私人住宅、公寓和出租宿舍），偶尔也会出现在 CBD 内。

缺乏通常的利润动机而被排除在中心商务功能以外的是教堂及其他宗教设施、公共和其他非赢利性学校、市政和政府大楼、公园、诸如兄弟会的住处等团体设施和一些别的功能设施。上述设施具有实用功能，当然它们也会产生非直接的附属性商务活动。在有的城市，它们给 CBD 增加了特点和魅力，如中心公园、大众花园、建筑形式优美的市政厅、教堂或州

[①] CBI 法：the central business index technique 的缩写，意为中心商务指数技术。

议会大厦等。墨菲和范斯认为在一般 CBD 中，这类不合标准的功能被淹没在商业海洋中，它们增加拥挤并因此增加 CBD 的问题，却又不能形成 CBD 的最基本特征。

可能有人提出零售业的有些种类虽然在 CBD 中存在但在特征上是非中心商务功能。确实，超级市场、加油站、售车行很少在大型城市 CBD 中出现，但墨菲等人认为如果必须将零售从中心商务功能中排除，就必然面临定界技术中没有必要的一整套中心性判断。因此，在 CBI 法中，所有的零售业都被列入中心商务功能，而批发业及工业被列入非中心商务功能。

工业类功能作为非中心商务功能的例外是城市报纸业。因为各种企业常在报纸上卖广告，印刷报纸并出售，整个操作过程都密切关系到其他中心商务活动过程，因此报纸被认作是中心商务功能集合的一部分，正如商店零售日常货物、商社提供办公附属设备及服务一样。

专业性办公大楼，如地方或区域性的保险机构办公楼、石油公司、电话公司，通常会均匀分布在城市各处，但它们在种类上和其他 CBD 办公相似，并且肯定它们会因为与那些属于 CBD 的银行、律师事务所、旅馆及餐馆等地段有联系而获利。因此，它们应属于中心商务设施。

墨菲和范斯总结认为在 CBD 内绝大多数用地功能无疑在特征上属于中心商务类，但在一定程度上还存在非中心商务类功能，它们是：

1) 永久性居住（包括公寓和出租宿舍）；
2) 政府和公共建筑（包括公园和公共学校，具有市、县、州和联邦政府功能的设施）；
3) 某些组织机构设施（教堂、兄弟会、学院等）；
4) 工业设施（报业除外）；
5) 有仓储的批发业、商业仓库；
6) 闲置建筑或商店；
7) 空地块；
8) 铁路线和编组站。

上述这些被认为特征上是非中心商务性质的功能都一定程度地存在于 CBD 中。但它们中有些功能被认为不会对真正的中心商务功能起副作用，如永久性居住和工业设施，尤其是政府类用地功能和可能会或多或少地增加市中心吸引力的个别非中心商务功能。非中心商务与中心商务功能之间的差别对于本定界法是基本的，只有将商务功能分为中心和非中心两大类，才能进行 CBI 法的下面步骤。

二、地图绘制过程

墨菲和范斯认为给 CBD 定界最好以用地功能地图为基础。要绘制地图的地区在本节开始已提过：围绕峰值地价交叉点的地区显然属于 CBD，同时还要定出一条宽得能足以包括那些应该属于 CBD 的地带。在这一地图绘制过程中，一层以上商店应作适当考虑。CBD 涉及三维，区内的任何用地功能强度计算必须将垂直维包括在其中，上层商店的用地功能就像底层商店用地功能一样是 CBD 地图的一部分。

墨菲等人指出最好使用比例为 1:200 的地块线地图着手 CBD 定界绘图，1:100 或更大比例地图会使在图上计算面积时增加很多工作量，而小于 1:200 的比例又无法表现充足的细部。这种 1:200 表示了地块线的底图通常可从规划当局或一些城市机构中得到，或直接放大、缩小已得到的地图。

墨菲等人进行地图绘制工作的最后成果是三张关于城市中心区的用地功能地图：一张是底层；一张是第二层；一张是二层以上层，此图表示第三层和更高楼层用地功能的情况。

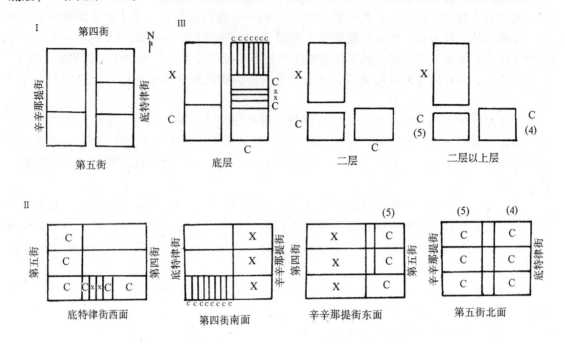

图 2-3　塔尔萨市市中心一个街区的调查成果
Ⅰ—街区地块线平面图；Ⅱ—侧面图；Ⅲ—最终三张用地功能图
（每张侧面图都是观察者面对街区从左至右绘出）
资料来源：Raymond E. Murphy and J. E. Vance, Jr., "Delimiting the CBD",
Economic Geography 30 (1954), Fig. 5.

在美国有些 CBD 中，有些地下层是独立的中心商务单元，如杂货店、餐馆、擦鞋营业室、书店及诸如此类的商店。但这类地下室商店和商行通常只是偶尔有之，难以进入这种定界技术基础的场地地图计算，如果要将该区作为一个整体来定界的话可忽略它们。但如果试图要得到完整的 CBD 楼层空间利用清单，地下层功能情况似乎也应列入。毫无疑问 CBD 地下层利用的程度及性质会给调查研究制造有趣的课题。

工作时只要简单地将用地功能分为中心商务类和非中心商务类，在图上以字母"C"和"X"来代表，就可以用用地功能地图给 CBD 定界。为了更清楚地说明此法，墨菲等人以 1950 年美国塔尔萨市市中心的一个街区为例来表示有关细节，第Ⅰ部分表示街区的平面，第Ⅱ部分为侧立面（见图 2-3 及表 2-1）。

对图 2-3 中塔尔萨市街区的测量与计算　　　　　　　　　　表 2-1

第一层		第二层		三层及以上层			街区总计	
功能	面积	功能	面积	功能	面积	调整值	功能	面积
C	0.350	C	0.350	C	0.350×4	1.400	C	4.935
C	0.385	C	0.315	C	0.315×5	1.575	X	2.135
X	0.665	X	0.665	X	0.665	0.665	总计	7.070

续表

第一层		第二层		三层及以上层			街区总计	
功能	面积	功能	面积	功能	面积	调整值	功能	面积
C	0.050	—	—	—	—	—		
C	0.050	—	—	—	—	—		
C	0.050	—	—	—	—	—		
C	0.050	—	—	—	—	—		
C	0.050	—	—	—	—	—		
C	0.050	—	—	—	—	—		
C	0.050	—	—	—	—	—		
C	0.140	—	—	—	—	—		
X	0.070	—	—	—	—	—		
X	0.070	—	—	—	—	—		
C	0.070	—	—	—	—	—		
总计	2.100		1.330			3.640	总面积	= 7.070

注：中心商务高度指数 = "C"面积÷底层面积 = 4.935÷2.100 = 2.4
　　中心商务密度指数 = ("C"面积÷总楼面面积)×100% = 4.935÷7.070×100% = 69.8%
　　测量从西南角街区第一个用地功能单元开始，绕街区顺时针进行。
　　图 2-3 是原 1:200 图纸的 80%大小，本表中面积数单位为平方英寸，可能面积数与原图纸有出入，但因主要是计算指数，取得了比例关系即可。

资料来源：Raymond E. Murphy and J. E. Vance, Jr., "Delimiting the CBD", *Economic Geography* 30 (1954), Table-Measurement and calculations shown in Fig. 5.

墨菲等人认为在记录建筑的实际用地功能情况时，侧立面是一种有效的方法，他们建议可以对人口至少 10 万以上的美国城市进行市中心区的地图绘制，侧立面被设计成通常的线性图表。水平的比例和底图一样，图表上两条线之间的间距定为一层，这种侧立面图每层的每一种非中心商务单元用"X"表示，中心商务功能用"C"表示。尽管侧立面图表示了一个街区的四条边的情况，但在通常实地调查中是以一系列街区沿某条街的同一边来画侧立面图，其他街也按此法绘出，这样积累的资料在工作中被转化为一、二和三层以上层的地图。

当时，美国小城市中可能超过三层高的建筑很少，这种情况下绘侧立面图就没有必要，替代方法是在实地将一层的地图画出，再使用一种分数编码。一个简单的"C"或"X"只表示一层，能表达每一土地使用单元情况。如果是两层，就需要有两个字母的分数，下面的字母代表下层，上面的字母代表第二层的楼层使用情况。譬如在被调查的空间单元中有一栋五层楼的建筑，沿街为商店，二层为办公，再上面为公寓，这种情况就可以这样表示：C 上划一条线，上面写 C，上面再划一线，上面写"X（3）"。三张最终成果图看起来就像其侧立面一样。

图 2-3 的第Ⅲ部分表示以标准的绘图过程得出的三张塔尔萨市街区用地功能图，它们是省略了详细方法的最终绘图成果。有时用地功能并不严格地与地块线有关，尽管地块线可作为参考。在上述街区实例中，底层地图与最初的地块线相去甚远。例如，第四街与底特律街之间的转角地块被分为七种设施和功能。

还可以使用地图更清楚地说明每个土地使用单元的垂直维只有一层时的情况。停车地块（不管是赢利还是非赢利性）都被绘成一层的"C"，空的地块绘成一层的"X"，所绘地图就当做某个建筑占据了整个地块，除非该建筑远离临街面。不过若第二层或以上层的建筑面积总和少于地块总面积，就应记录建筑在一层以上的真实情况。

二层以上层的地图是对三层及以上层楼面利用的归纳，二层以上层的利用情况通常很规则，因此这种归纳法是可行的。在地图中，一个字母仅代表第三层的使用情况，除非给出一个数字。如果超过三层，就以一个数字表示，这就表明计算了有多少层和第三层的使用情况相同。因此图2-3中的更高层地图中，字母"X"表示在辛辛那提街和第四街转角处的建筑为三层高，而顶层是非中心商务功能。"C（5）"表明在辛辛那提街和第五街转角中心商务功能占据了某栋七层大楼的三层至七层。

当然有可能在第三层以上的楼层的功能和下层功能有差别，如果差别是确实而明显的话，该功能就应进入计算。例如假定一栋五层建筑下三层为百货大楼，上两层为兄弟会或公寓，在图上最简单的表示方法是以"C（3）"表示中心商务功能占据二层以上层的楼层空间的1/3，以"X（2）"表示非中心商务功能占据二层以上层的楼层空间的2/3。绘制三张地图并不是想表示每一层中心商务和非中心商务设施的精确分布模式，而仅仅是为了形成CBD定界法计算的基础，并且整个方法必须以实地勘测为基础。绘图过程中的细节过多会增加绘图时间，从而有碍该技术的运用。因此，二层以上层的使用情况通常可以适当地通过在街的对面向上查看，或多数情况下根据查阅该建筑前厅的指南来决定。

以上已用一个简单的街区来清楚地说明了侧立面及地图形成的方法，在实践中侧立面图可将一系列街区沿某条街的同一边绘制，最终工作成果不是一张独立街区数字地图而是整个城市中心区的三张地图（一层、二层、二层以上层）在比较研究中，对大城市每张图可分为几张分图。

在运用CBI法时，非中心商务功能——政府设施（虽然没有出现在图2-3的街区中）和其他非中心商务设施一样以"X"符号表示，又以一定的方式在地图上予以标明。墨菲和范斯在使用该法时对一些政府建筑运用了一条专门规则，在本节后面将列出这一规则和其他专门规则。

为了达到给CBD定界这一目标，必须完全将所有土地类分为"C"（中心商务类）及"X"（非中心商务类）。然而在绘图过程中可能不会全部只用"C"和"X"，而是使用用地功能的详细分类细目。墨菲与范斯教授在发展CBI法时，对美国九个CBD研究中使用了分类细目，他们在实勘中运用了字母组合和颜色，以便于收集资料。墨菲等人在对九个CBD研究中使用的详细用地功能分类是美国式的分类，详见本书表3-5。在运用CBI法时，每一个详细用地功能分类都必须归入"C"或"X"类之中。

城市在进行更新时，CBD定界将遇到特殊困难，城市更新活动在CBD外围相当普遍，造成困难是因为这些地区的开发计划仍在半终结阶段，通常，规划的功能足以完全定出每个街区是否是或将是CBD的一部分，但对某些街区来说，需要工作人员精心研究其规划甚至一些训练有素的猜想。

三、计算功能面积

确定了功能分类之后，下一步就是计算其面积。计算功能面积涉及三张地图上的总楼面面积、底层面积、被调查地区每个街区的中心商务楼面面积。按地块记录情况，按街区进行统计，CBD则由街区单元集合而成。

使用地块可以比用街区得到一条肌理更良好的CBD界线，而分解街区在一定程度上有类似作用。地块本身具有良好的规律，但一些地块太小以至于它们所产生的高度不规则，使研究人员几乎不可能画出一条简单的界线。墨菲等人认为最好在整个过程中排除主观做法，但每个城市中街区的规模、形状各不一样，任何试图分解街区的努力都会具有同样的非客观效果。以地块为单元和分解街区还会带来一个问题，即这类过程意味着高度精确而 CBI 法只是一种近似法。鉴于上述原因，所有计算应以街区为单元进行而非更小单元，这样 CBD 才能被认为是由一群连续的街区形成的。

有时难以决定一个街区的具体界线，大概对此问题最好的解决办法是以有名字的街道为界来确定街区边界。在绝大多数美国城市研究工作中这是一条规则，但偶尔也有点麻烦，因为术语上存在地方习惯。墨菲和范斯认为最好坚持"有名字的街道"原则，在完全可能的情况下，作适当调整以适合当地情况，并应经常记住城市与城市之间保持可比性的重要。

三张地图上的所有计算都以楼面面积为基础。可假定所有楼层为一个相同的高度，以便在计算中省略高度因子。建议进行计算时在透明纸上用有 1 英寸刻度的方块模板或描图纸。空地块或停车地块作为一层高，因此一个街区的底层楼面面积就是底层面积减去小巷面积，第二层楼面面积即街区中所有建筑的二层楼面面积总和，再上层楼面面积就是二层以上的所有楼面面积总和，计算出面积后再制成表格。如在图 2-3 和表 2-1 中所示，从街区的东南角开始顺时针绕街区进行计算，这种有规律的工作过程，使后来的校核得以简化。只要工作底图和测量准确，功能计算就比较容易、准确。

四、两个重要比率与 CBD 定界规则

下一步是计算地图中每个街区的两个重要比率。第一个是中心商务高度指数（CBHI）[1]，即假设整个街区的中心商务功能的楼面面积被均匀地分配到整个街区，将整个街区所有层的中心商务功能楼面面积值除以底层面积值即得出中心商务高度指数：

$$\text{CBHI} = \frac{\text{中心商务楼面面积}}{\text{底层面积}}$$

第二个比率是中心商务密度指数（CBII）[2]，即中心商务功能面积占街区所有楼面面积的比例，该指数是街区内所有楼层的中心商务楼面面积与所有楼面面积的百分比：

$$\text{CBII} = \frac{\text{中心商务楼面面积}}{\text{总楼面面积}} \times 100\%$$

举例见图 2-3 中塔尔萨市街区的 CBHI 为 2.4，CBII 为 69.16%。

墨菲和范斯认为这两个指数都是必须的。比如不能将中心商务高度指数大于等于 1 的街区简单地确定为在 CBD 内，如果某个街区的中心商务高度指数为 2，意味着中心商务功能的楼面面积相当于一栋占据整个街区的两层建筑，似乎应认为这个街区在 CBD 内，但是中心商务高度指数不能显示中心商务功能面积占整个街区楼面面积的百分比。尽管刚才提到中心商务高度指数为 2，这一结果只说明整个街区被两层的中心商务功能占领，上面可能有四层公寓或四层工厂，而将某个有更多面积被非中心商务功能占领的街区划在 CBD 内看来不合适。当街区能满足最小为 50% 的中心商务密度指数，同时满足前述的中心商务高度指数值时，可划入 CBD 中，因为这意味着在街区内至少有一半楼面面积为中心商务功能占用。

而仅以中心商务密度指数为基础来定界也存在缺陷：没有计算中心商务楼层空间的面积。某街区的中心商务密度指数为 50%，似乎可以包括在 CBD 中，但 50% 的指数又可以由

---

[1] 中心商务高度指数：Central Business Height Index，缩写成 CBHI；
[2] 中心商务密度指数：Central Business Intensity Index，缩写成 CBII。

一栋只占街区用地一半、全部为中心商务功能的一层建筑，而将另一半街区空着所得到。当然这样的街区不符合CBD要求。因此仅有中心商务密度指数不能满足要求，对某个CBD的街区必须同时满足两个指数才合格。

定界值必须以许多合理的实地观察经验为基础。在研究CBI方法基础的工作中，墨菲和范斯等人在进行了大量实地考察后，才确定CBD街区的中心商务高度指数必须不少于1，即街区中心商务功能的总楼面面积至少相当于一栋覆盖整个街区的一层建筑的面积。同时确定CBD街区的中心商务密度指数必须为50%，甚至更高，即在所有楼面面积中，中心商务功能所占的比例必须是50%或更多。

给CBD定界关系到CBHI、CBII和峰值地价交叉点，同时需要运用下列规则：

1）一个CBD街区，其CBHI值必须至少为1，CBII值必须至少为50%，必须是围绕峰值地价交叉点连续的并能满足上述指数要求的街区中的一个。某个街区只在一个角上和另一个街区相接，就被认为是连续的。

2）被满足指数要求的街区所包围，但本身不满足指数要求的街区可作为CBD的一部分。

3）与满足上述要求的街区相连或连续，全部被下列建筑占据的街区可包括在CBD内，即市政厅或其他市政办公建筑、市政礼堂、警察或消防总部、邮政中心办公楼。在美国某些城市必须加入下列政府设施：县城中的县政府办公大楼、州府的州府大楼、邮局、联邦大楼以及其活动与城市及地区密切相关的联邦法院或其他联邦办公建筑。上面所述的这类政府建筑所占据的用地不应超过一个CBD普通街区的规模，且不应将一群这样的政府建筑分开。正如某些州府那样，占据几个在CBD边界上的街区的一大片州府建筑群可认为是在CBD之外。

4）若在规则3中说到的建筑只占据某个与标准的CBD街区相连续的街区的一部分，并且若这些设施所内含的中心商务功能能满足两个指数要求，这个街区可认为是CBD的一部分。

5）位于铁路线与高速公路边上的街区不被认为与CBD的主要街区相连，除非铁路线与高速公路完全在地下或架空，并有自由通道通往CBD的主要地区。

上述规则或许只适用美国的中等城市，在其他地区或城市运用时都必须进行适当调整。

五、对CBI法的评价

首先，应强调在任何城市中运用此法得出的边界都不是该城市的CBD边界，因为前面已指出"CBD"只是一个概念，而且CBD的边界无疑是一个区，而根据CBI法定出的边界是一条线。但是依此法定出界的地区应该包括了城市CBD的绝大部分，可以相信这一边界接近CBD的带形边界。因此在每个城市使用该法，按同样指数和同样规则画出边界，在不同城市中定出边界的地区适于相互比较。这一模型是经验主义式的。

CBI法有一定的缺点。例如，以街区单元定界，在不同城市或甚至同一城市，街区的形状和街区规模都不相同，对长而窄的街区运用该技术就有困难。如果城市街区的规模太大，CBI法则不是很现实。对任何合理的定界法来说，调查地带都不能太大。

CBI法以主观地将功能分为中心商务类和非中心商务类的分类法为基础，这种分类法难以取得所有研究人员的认同。譬如，有些中心邮电办公楼、市政厅、县城中的县政府被定为中心商务功能，但它们和其他政府建筑很难说有本质区别，它们没有通常的赢利动机，与通常的中心商务活动存在差别。在CBI法中对它们没有专门规则，它们只能大概地归属于中心商务活动。

另一点是如何看待商业性停车。在对9个美国城市研究中,墨菲和范斯将商业性停车地点作为一层中心商务功能,但是认为它们不是一种很密集的商业功能,他们提出一个商业性停车场可考虑为相当于其他中心商务活动的半层。

本法还有一个因子没有进入计算,即两个具有相同指数的街区,其中一个可能由更低档次的设施占据,而这种质差可能会影响CBD定界。旅馆是这类典型之一,一座10层的旅馆在城市中可能是最好的旅馆,但也可能是明显的低档旅馆。某间珠宝店可能经营时髦的、高级的物品,但另一间具有相同土地使用分类性质的店却可能处在比体面区档次更低区域的边缘。这类差别应在CBD定界时考虑,但很难客观地量化。

同样,CBI法是以一系列规模有限的城市为基础的,此法可能对人口2.5万人或更少的城市有严重缺陷。在这么小的城市中,仅有少数几个街区能满足所需指数值,排除或包括一个简单街区,可能意味着会对CBD的规模大小产生巨大影响。在小城市中街区形状的因素同样重要,如果某街区长而窄,从主要街道上以垂直方向向居住区扩展,其指数绝对不会达到本法中所定CBD街区所需的指数值。这样,绝大多数主要商务地区可能会排除在外,实际上看来很难相信这么小的地区会有和10万人口以上城市概念相同的CBD。

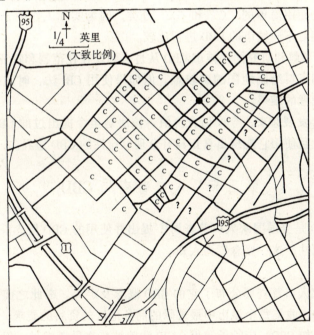

图2-4 普罗威登斯市中心,经过快速实地考察绘出CBD的大致范围

注:黑点为峰值地价交叉点。

资料来源:Raymond E. Murphy, *The Central Business District*,
Aldine·Ahterton, Inc.(1972), Figure 3.4.

在大城市运用CBI法给CBD定界的实例不多,但无疑曾使用过CBI法,使用者常调整此法使之适应他们自己城市的需要。CBI法可能在大城市中不仅能为CBD本身,也可为重要商务次中心的研究服务。

CBI定界法是现实合理的,除了小城市和某些大城市外,都较适用。虽然有的学者如赫伯特和卡特都认为 CBI 法对中等城市也有一定的困难，但实际上依据此法可以迅速展开工作，对实地工作人员来说，在具有一定经验后可能只要瞥上一眼就能判断出某街区是否毫无疑问地满足了 CBD 指数，这样就只剩下一小群有疑问的街区需要进行仔细研究。图 2-4 表示了在实地用几个小时确定的美国普罗威登斯市 CBD 的大致范围。这种初步的实地考察可以只占用 CBI 法全部时间中的一小部分。地图上的大黑点表示峰值地价交叉点，每个满足 CBII 和 CBHI 及相关需求的街区用一个字母"C"表示，有问号的街区表示需要进行深入研究。绝大多数这类有问题的街区都集中在 CBD 的南部和东南部，它们绝大多数是专业的旧珠宝加工厂和与工厂相邻的商业性停车场。沿韦斯明斯特街由多兰斯街向帝国街方向是一条步行购物街。当然，一系列高强度的实地工作对完整地确定 CBD 边界，决定用地功能及其他 CBD 特征仍然是必须的。这类初步的调查无疑替代了 CBI 技术推荐的基础。CBI 法能够满足不同的客观需求，因此由不同研究人员对不同城市定界都具相当的可比性，从而总结出有关 CBD 的普遍规律。当然普遍规律的详细程度将取决于地图的详细程度。

可比性因素很重要。对那些仅仅关心他们自己城市的研究人员来说，这样的定界法可能只具有很小的作用。当地市民认同的 CBD 边界可能是合理的，但无法与其他城市的 CBD 进行比较，因此还是需要使用一种标准的定界技术。在 CBI 法中使用详细的用地功能分类也是必要的，这当然不是使用简单的"C"和"X"分类，因为实际工作中千差万别的用地功能只有详细归纳，才能对不同城市的 CBD 进行比较。

CBI 法还有助于了解和研究同一城市 CBD 从过去到现在在范围和特征上的变化。一般来说要获得充足的早期资料绘制地图的确较难，但如果使用 CBI 法，时间间隔不超过 10～20 年，则可获得令人满意的结果。

CBI 法在 1950 年发展起来，今天仍有价值，该法是至今提出过的 CBD 定界方法中最可行、最实际的方法，且使用它能得出真正具有合理可比性的 CBD 边界。

第三节 人口普查局 CBD

人口普查局 CBD 是美国国家人口普查局❶提出并使用的 CBD 概念。鉴于美国国家人口普查局所具有的权威性，这一概念广为人知。

一、概念

1954 年美国国家人口普查局公布了它的 CBD 概念及定界。在此之前普查局为了能满足有关地方不断增加的、收集每个城市中最忙碌的商务地区的资料的要求，认为有必要将这些地区中的某些部分（如 CBD）应给予定界。CBI 法曾被普查局考虑过，但这需要大量的实地工作，他们考虑用更为简单的办法。

人口普查局决定将其 CBD 系统以人口普查区段❷为基础。在美国，在地方普查局人口普查区段协会协助下，已对绝大多数 5 万人以上的城市进行了区段的定界，而且许多城市都已将整个标准大城市统计地区❸进行了区段定界。因为人口普查区段概念是普查局 CBD 定

---

❶ 美国国家人口普查局：the United States Bureau of the Census，每 10 年普查一次人口。
❷ 人口普查区段：Census Tracts，详解见下文。
❸ 标准大城市统计地区：Standard Metropolitan Statiscal Areas，又称"标准都会区"，刘君祖的《英汉情报辞典》解释为：依统计学表示的在日常生活上与大都市有关系的地区范围。

界法的基础之一，故先对人口普查区段进行简要解释。

按美国国家人口普查局的做法，人口普查区段是为人口普查目的而将大城市和大城市地区分为更小的地区，各区的人口总数应大概相等，每一地区包括 2500～8000 位居民，理想的是约 4000 位居民。每一个人口普查区段是以由容易辨认的街道包围的人口普查细目区组成，这样使人口普查人员可以在实地辨认边界。因此，人口普查区段边界以街道、高速公路、铁路、河流、运河及类似的地物或正式的永久性行政界线来确定，形成大型屏障的实体——悬崖或峭坡，某条宽河或某条主要大街——也可作为主要的边界。区段的边界应尽可能是永久的，这样在长时间内区段变化情况能进行前后对比。

划分区段基本的要求是围合的每个区段尽可能地具有同质的人口特征，诸如种族、原国籍、经济状态及居住条件等。但因为不可能完全满足所有的标准，在一般城市中，人口普查区段通常通过某种折衷办法来划分。给区段定界的实际工作可由城市规划部门或其他部门在地方人口普查区段委员会的指导下进行，这种做法会影响普查局的调查结果。

前面仅是对人口普查区段的简要介绍，再详细的资料可以从美国普查局最新的人口普查区段年鉴中获取。

对普查局来说，只有先对"中心商务区"进行定界，才能使用一系列的商务统计资料进行统计。这一定界行动是普查局在人口普查区段协会协作下于 1954 年在美国所有有 CBD 的城市中同时进行完成的。这些协会能提供各种地方性帮助，例如，商业公司、报社、规划机构、福利组织和地方政府部门的帮助。

国家人口普查局的局长在一封给各地人口普查区段协会的信中谈到给 CBD 定界的目的是："为了将 CBD 与在中心城市的其他地区就商务活动的变化进行对比提供一种基础。"因为当时不存在普遍接受的能确定 CBD 应包括或排除什么的规则，故普查局 (1) 确定了有关 CBD 的普遍特征，即 CBD 是一个高地价的地区，一个高度集中了零售、办公、剧院、旅馆、服务性商业的地区，一个有密集交通流的地区；(2) 要求 CBD 通常应按现存的区段线为准，即它应包括一个或多个人口普查区段。

以人口普查区段为基本单元给 CBD 定界，使普查局 CBD 可能包括没有满足普查局第一标准的地区，或排除满足第一标准的地区。用区段边界作为 CBD 边界，可长时间保持不变，具有最大的可比性。某些城市以前确定了 CBD 边界，或在实际上能符合普查局对 CBD 要求的地区，已被采纳到该计划中。某些地方协会在将其城市的 CBD 划定在某个区段内的过程中，并未严格地遵照通常为区段所确定的人口限制，因此该区段的人口可能会少于通常的 2500 人最低限。但在实际情况中，现存 CBD 区段中的居民都超过了 2500 人。

在每个人口等于或大于 10 万人口的城市中，地方人口普查区段协会及其上级协会按上述指导原则和建议进行工作。他们召开会议并在各种情况下得出某种结论，进而综合判断出某一区段或区段群最能代表他们城市的 CBD。在人口普查区段框架的限制内，此方法是运用直觉技术的产物，定界的地区具有特殊的研究价值和界线。

1958 年，美国绝大部分城市在《CBD 普查手册》中发表了有关普查局 CBD 的资料，1963 年及以后，普查局的 CBD 资料发表在《主要零售中心手册》上。这里有必要区别普查局的 CBD 和主要零售中心❶之间的明确差别：普查局的 CBD 是主要零售中心的一种，它是某城市地区的主要零售中心，是最主要的一个；主要零售中心的通常定义是集中的零售商店

---

❶ 主要零售中心：Major Retail Centers。

群（位于标准的大城市统计地区之内，），包括了主要公共性购物店，通常是百货店。

人们可在美国的零售中心手册中得到有关普查局 CBD 的资料。手册中的资料按设施、销售、工资名册及一般零售商店的付酬雇员数量等给出，列出以下 10 项：1）建筑材料、金属制品及农业设备销售店；2）一般销售类商店；3）食品店；4）汽车销售店；5）加油服务站；6）装饰及服饰品店；7）家用家具和设备店；8）餐、饮店；9）药店和私营诊所；10）杂货零售店。这些资料有利于以表格的形式来分析标准大城市统计地区的主要零售中心。

例如，对美国宾夕法尼亚州标准的大城市统计地区的主要零售中心的商务统计，显示出该州匹茨堡市的标准大城市地区和自治城市❶的规模，以及普查局 CBD 的情况（图 2-5）。对一些小城市，地图仅表示了 1967 年的情况，但对匹茨堡及其范围内的其他城市，还包括了一张可供对比的 1963 年地图。另一张地图则显示了匹茨堡的自治城市、普查局的 CBD（在图上是一个点）、大城市的内部的主要零售中心情况（图 2-6）。

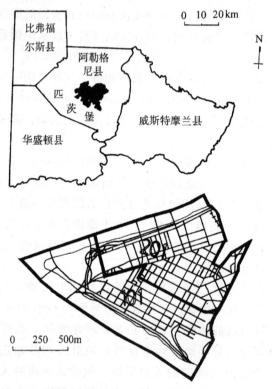

图 2-5　美国宾夕法尼亚州匹茨堡 1967 年商务
调查中的标准大城市地区（上图）和 CBD（下图）

像商业统计资料一样，CBD 统计资料在美国不能出版任何泄露私人设施或商业组织的操作运行资料。但公布某一种商业设施的数量并不是泄密行为。

二、普查局 CBD 的研究价值

在美国，从 1954 年起每隔四年发表一次的普查局 CBD 统计的出版物为几项研究的调查打开了大门。在绝大多数情况下这些研究都涉及回归分析。下面简要介绍三个研究实例，表明普查局 CBD 资料对 CBD 研究的价值。第四节还将详细介绍一项较有影响的利用普查局

---

❶　自治城市：corporate city，大城市地区中享有特权的城镇，或有权选举一个议会或议员的城市。

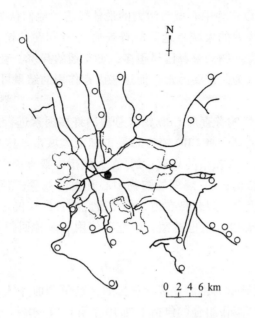

图 2-6　1967 年商务调查手册中的匹茨堡地图
注：点划线范围为匹茨堡市，黑点为 CBD，
空心圈为主要零售中心。

CBD 资料进行的研究。

（一）比较普查局 CBD 的专门指数

1960 年，美国学者罗伯特·雷诺兹将每一个普查局 CBD 零售群的销售百分比进行技术处理，并通过比较每个普查局 CBD 的百分比和全国的百分比，得出一个比较普查局 CBD 的专门指数。他总共使用了 90 个城市 1954 年商业统计中的普查局 CBD 零售业销售资料，在几个方面从普查局 CBD 中发现了一个有关零售特性的规律。雷诺兹的发现是：虽然在每个研究的城市中一般购物或服饰用品店看来都是专门化的一个方向，但是大城市普查局 CBD 比小城市普查局 CBD 更专门化。

雷诺兹还通过研究提出了"专门化率"和"专门化系数"[1] 这两个概念，他认为如果要运用销售额计算这两个指数，过去使用的就业资料已不能满足要求，而需要更精确的专门零售资料。就业资料一般不在普查局 CBD 资料中出版。雷诺兹指出大城市普查局 CBD 零售业比小城市的更为专门化，因为小城市普查局 CBD 的商业统计包括食品店和汽车商行的销售统计，而在大城市中这些销售活动大都在邻里购物中心和汽车行中进行。但是城市规模与专门化之间的相互关系远没有想象的那么密切，例如，90 个被研究的美国城市中，较小城市之一艾伦敦市，其 CBD 零售专门化程度排名第一，但其后却是达拉斯和圣路易斯这样较大的城市；而城市规模很大的路易斯维尔和波士顿则是那些其普查局 CBD 并不很专门化的大城市的突出代表。

（二）空间变量与 CBD 销售

在 1963 年发表的一项研究中，美国学者罗纳德·博伊斯和 W·A·V·克拉克一开始就指出

---

[1] 专门化率：coefficents of specialization；专门化系数：specialty quotients。

普查局CBD零售销售额可以作为中心城市活力的最佳标志。他们认为，除了大致的倾向外，人们对为什么有同样人口规模的大城市地区的普查局CBD却在其销售总额上相差悬殊知之甚少。他们认为，有关这类问题的解释已经很多，如交通的拥挤、衰退和城市病以及公共交通所起作用的下降等均被认为是首要因素，而这些因素作用的结果可以因大城市的形态和功能特征的不同而产生差异。

至1963年还没有人对影响普查局CBD销售总量的许多因素进行规范分析，更无人使用变量概念。博伊斯和克拉克试图将CBD销售总量占标准大城市地区销售额的百分比与以下五种变量形成某种关系：1）大城市的规模；2）在大城市中普查局CBD的中心性；3）已建成的大城市地区的形态和结构；4）规划的购物中心开发的数量；5）普查局CBD的办公面积总额。当然有许多其他因素可以包括在内，但是研究的目的仅仅是为了确定上述五种形态和空间变量如何影响普查局CBD销售总额。研究者使用了多种回归分析来研究它们之间的关系。

（三）CBD的零售组合

美国学者罗恩·拉斯沃姆认为由商业统计得出的普查局CBD十大零售群的总销售额对相当数量的分析有益。这一"零售组合"包括下列10个群：1）木材、建筑材料、金属、农业机械商店；2）大型商店；3）食品店；4）汽车行；5）加油站；6）服饰及装饰品店；7）家具、家用装饰、设备商店；8）餐、饮店；9）药店，私人诊所；10）其他零售店。但拉斯沃姆认为这种零售组合会因时间产生变化，很难得到一致的资料。

拉斯沃姆认为他的研究充实了荷乌德、博伯斯、克拉克和雷诺兹等学者的研究。拉斯沃姆认同由荷乌德和博伊斯提出的观点，即零售群中的某些种类看来非常重要：日用品、服装、家具和餐饮。他将这四种零售业总称为GAFE群❶，并对1958年的GAFE群进行了相当详细的分析。如果GAFE零售群基本上包括了CBD零售业组成的重要成分，那么使用这些GAFE销售资料将为测量某个CBD内零售业销售情况提供一种接近真实的可比较的途径。拉斯沃姆调查了这个零售群自1948年至1958年的变化，他得出的结论是：整个GAFE零售群销售情况会随四种零售业和标准大城市地区人口之间的关系及四种零售业本身的变化而变化。他的研究使用了简单线性回归分析，这一研究强调动态方面。

三、对普查局CBD理论的评价

普查局CBD对有限的研究目的来说是一种方便的定义。总的来说，它为比较大城市地区CBD内的商业活动变化提供了一种基础。但是普查局CBD无论如何是一种可用性有限的概念。

普查局CBD的基础是进行主观的定界。地方人口普查区段协会接受不同的地方分会的建议来确定哪些区段应属于CBD，因此普查局CBD更是一种地方意见的表现，而不是任何合理的定界技术的客观结果。

人口普查区段也不能完全合理地匹配CBD地区，它们最初仅是为记录比一般CBD要大的单元的城市地区人口而设立的。一般CBD强调的是针对整个零售商业和相关服务业，但人口普查区段是针对有4000人左右的实际居住人口，为了实现这一目标，绝大多数区段包括了不少的居住街区。如果按CBI法的定义，这些街区不属于CBD。

---

❶ GAFE群：即由前述四种零售英文的第一个字母缩写而成，其英文全称为 general merchandise, apparel, furnite, eating-drinking.

这种方法上的差别可以解释为什么墨菲和范斯的 CBD 比相应的普查局 CBD（图 2-7）的居住人口更少。普查局 CBD 在物质规模上通常比 CBI 法定界的 CBD 要大得多。在此我们将普查局 CBD 确定的凤凰城 CBD、马萨诸塞州伍斯特市 CBD 与在 50 年代用 CBI 法定界的 CBD 作比较，图上 CBI 法确定的地区用实线表示，黑点是峰值地价交叉点，每个图形的外界即是普查局 CBD 的外界，这两座城市都像美国其他半数以上的拥有普查局 CBD 的城市那样有"单区段"❶ 普查局 CBD。据城市街区资料统计显示：伍斯特市的普查局 CBD 具有三倍于由 CBI 法定界的 CBD 的居住人口，这一差别在两个凤凰城 CBD 中更大。可能是因为墨菲和范斯定界的 CBD 缺乏居住街区，某些人称墨菲和范斯的 CBI 法为"硬核法"。简而言之，人口普查区段单元对一种真正意义的 CBD 定界法来说简单而粗糙。

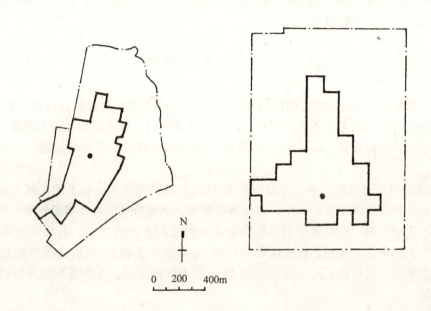

图 2-7　右为亚利桑那州凤凰城 CBD，左为马萨诸塞州伍斯特市 CBD
注：黑点为 PLVA，粗实线范围为用墨菲和范斯技术
定界的 CBD，细虚线范围为人口普查局 CBD。

资料来源：Raymond E. Murphy, *The Central Business District*, Aldine Ahterton, Inc.（1972），Figure 7.3.

在使用方面，普查局 CBD 具有几个明显的局限。由于面积不是确定普查局 CBD 的要素，若以面积为基础，或以每个单元的面积为基础，这些区段单元就不能进行比较。在普查局 CBD 内，商业总额或总额的增减，可能会与标准大城市统计地区人口、城市人口或城市化人口成比例，但永远不能与普查局 CBD 的人口成比例。这一特征反映出普查局 CBD 缺少地区性或地理品质，而正是这些品质形成了多数以普查局 CBD 为基础的研究的特征，要指出的是本节选取的三个研究都未使用地图。

普查局 CBD 是一种非定形单元，为商业资料统计设计的单元对普查局 CBD 整个地区分析对比有利，但是因为不可能了解其内部的街区，故无从知道普查局 CBD 的内部差别。

人口普查局明确宣称使用区段给 CBD 定界意味着在普查局 CBD 内存在一些"不能适合一

---

❶ 单区段：one-tract，指只有一个人口普查区段。

种严格定义"的 CBD 的用地,而有些符合这种定义的地区会有一小部分被排除在外。然而实际上这类缺陷并不会大大改变普查局 CBD 测量的质量,因为城市的大部分中心商务活动已包括在内,被排除的仅是市中心区商务总量的一小部分。因为普查局 CBD 关心的仅是单一的商业总额,故将空地或居住区包括在 CBD 内亦无太大关系。普查局 CBD 人口区段单元法的捍卫者还指出普查区段的相对持久性和附带获得的许多其他资料对某些研究非常有用。

普查局没有时间和经费去进行一场深入的实地的 CBD 定界工作。他们选择的区段单元可能代表了一种方便的解决方式,但是不能作为一种试图给 CBD 定界的科学方式。区段构想无疑是一种简化处理的方式造成的,并能够适合它们的目标。普查局选择一个区段或几个区段作为 CBD,这已经给假定地区一个确定的认可了,故人们喜欢说这就是真正的 CBD。普查局的 CBD 概念对不同城市的中心商务区作为形态单元的比较未提出任何统一基础,因此不能得出某种精确的概括总结。

第四节　CBD 核—框理论

有不少学者早已注意到 CBD 没有确定的边界,但有一个可容易分辨的高密集发展地区,在市中心不同地区之间的差别明显,用地功能强度极端不同。有人认为,最为密集的区域是在相对有限的面积中高度集中的"核",核内分布着绝大多数中心商务类功能,可称为 CBD 的"核"。

美国 CBD 核的垂直尺度不断上升是因为 19 世纪后期交通及建造技术的发展。在轧制钢结构形成之前,建筑仅限于五、六层,因为重力要求,下部分楼层墙体需要加厚。同样,在电气化铁路线出现之前,中心区劳动力被限制在步行或马车距离之内。电梯在加强 CBD 的垂直高度时扮演了重要的角色。垂直高度被昌西·哈里斯和爱德华·乌尔曼认为是 CBD 的主要特征之一。下列段落摘取了过去有关 CBD 核及框的历史认识,作为荷乌德与博伊斯"核—框理论"的介绍。

一、CBD 核

(一) 对 CBD 核的历史认识

第一次对 CBD 核及其内部日间密度及活动的极度集中进行的研究,是"纽约及其周围的地区性调查"。该报告发表于 1927 年,作者黑格指出当时所有纽约股票交易城市成员为 970 位,除了 5 位外,都集中在下曼哈顿金融核中福尔顿街以南。这一金融区仅有 47.8 万 m^2 的底层建筑面积,却包括了全纽约 70% 的全国性公司。一年后哈罗德·路易斯在研究纽约城的运输与交通问题时,研究了在百老汇附近和 52 街的影剧院的高度集中现象,它们形成城市的影剧院区,超过全纽约 60% 的影剧院是在那个交叉点的 300m 半径范围内,而全纽约几乎所有影剧院都在 600m 半径内。1931 年汤姆生·亚当斯研究了纽约城 10 层以上建筑的集中现象,它们实际上都集中在市中心金融区或一个约 2.6km^2 的三角形中,大致范围为宾夕法尼亚铁路总站、大中心车站和联邦广场三点连线所围成的区域。

霍伊特 1933 年发表了有关芝加哥 CBD 的研究报告。他发现在芝加哥的 CBD 核内垂直发展迅速。1893 年卢普地区(基本上是 CBD 核)被大量 6 层建筑占据着,有 18.5% 的核内建筑为 6 层以上建筑,至 1923 年是 65%,在 1893 年至 1933 年这 40 年间仅 6 层建筑就增加了 112 万 m^3,6 层以上建筑增加了 1120 万 m^3(假如按平均层高 3.5m 算,所增加的建筑面积分别为 32 万 m^2 和 320 万 m^2)。卢普的平均垂直规模在这期间内上升两倍,其水平规模却仍未变化。芝加哥 CBD 核在一百多年内并未超出 2.6km² 的地区范围，当然这可能还因为其自然屏障和高架铁路环线的限制。

霍伊特同样注意到其他大城市中心核集结的剧烈程度，并认识到核不仅是个商业买卖场所，也是一个"指导与控制市政及商业活动的地方"。从 1939 年霍伊特发表的用地功能研究来看，可注意到美国堪萨斯州恩波里亚市的 CBD 包括几乎与洛杉矶 CBD 数目相同的街区，而 1930 年洛杉矶的人口比恩波里亚大 100 倍，两个城市 CBD 核规模的惟一差别是垂直规模。

CBD 核的垂直高度及高度聚集特征，连同其内的活动集中程度，许多文章都谈到过，但人们发现 CBD 核的水平规模却不直接与城市和城市地区人口成比例。

1931 年冯·克里夫对从约 1.6km 之外拍摄的 8 个美国俄亥俄州的城市 CBD 核的照片轮廓进行研究，8 个城市中有小到只有几百人的小镇，大至克里夫兰市。它们侧立面的差别是巨大的，而 5 个超过 8000 人口的城市，其水平规模大致相同。霍伊特同样观察到 CBD 核非常明显，由摩天大楼所形成的天际线很清楚，给人印象深刻。

不过，对 CBD 核垂直规模的完整评价，仅在大量使用航空照片后才得以发展（图 2-8）。通过使用航空照片，路易斯注意到 1928 年纽约市"下城中心"及"上城中心"商业区的高度集中程度。在另一项研究中，约翰·雷那尔斯指出："这个中心集中的位置和范围可以一下子通过非常密集的建筑观察到，尤其从空中更容易看到。"墨菲和范斯在讨论塔尔萨中心区航空照片时，虽然注意到公寓住房和其他种类的非中心商业设施可能同样会是高层建筑，但仍得出了类似的观点。

中心核的高度集中，也可以通过步行交通计算得以证实，因为核内人流高度集中。20 世纪 20 年代后期温泽里克在对圣路易斯市中心的步行者调查中指出，该城 CBD 核由一片六、七个街区组成的地区形成。1931 年、1946 年、1954 年在相似场地条件下进行的盐湖城市步行者调查，指明了其 CBD 核地区包括 4 个完整街区，在每边还有半个街区，总计为 8 个完整街区的面积。这个区面积比墨菲等人在 1955 年定界的盐湖城的"硬核"要小些。西雅图的步行者流向图显示出核地区约为 18 个街区，并有一个由 6 到 8 个街区组成的小型独立的金融亚核。

随着起始—终点调查的逐步采用，能更为清楚地证实有关市中心集中和 CBD 核的高度集中现象，在能正确选择市中心的交通调查区及 CBD 内面积小得足以显示很高差别的地区，

图 2-8　几个 CBD 核的鸟瞰（一）

图 2-8 几个 CBD 核的鸟瞰（二）

可以看到明显的高峰交通集中现象。无论是以汽车或步行方式到达中心区，都存在高峰集中现象。例如，在费城 CBD 核的商业与零售区，所有方式的每单元土地面积的出行生成量是 CBD 其他地方的 6 倍（图 2-9）。在圣路易斯市的中心交通大量区，面积比 CBD 核稍大一些，从航空照片上看，平均是周围地区交通生成量的 6 倍。达拉斯具有在汽车时代发展的新型城市的特点，其商业及事务核的每单元土地面积的交通生成量是附近中心区所有出行方式的交通生成量的两倍。

研究停车现象同样揭示出 CBD 核的高度集中。当然停车需求是以期望的出行模式为本的，例如在休斯敦，有大量停车要求的地区实际上集中在 150 个街区的 20 个内，而这些街区在调查中被认定形成了 CBD。

雷那尔斯对费城中心区进行了分析，并有一些有关活动集中的发现。雷那尔斯研究使用的空间利用资料覆盖了城市的 398 个街区，面积为 $8.08km^2$，这些街区被称为"费城中心区"。这一面积范围提供了在城市中心地区比较商务活动及密度的充足范围。在中心区内，一半的商业设施坐落在 35 个街区内，占地仅为中心区总面积的 12%。零售活动，除了一条独立的购物街出售最畅销的日用品外，大致被集中在 40 个街区内。事务性服务（普通商业办公活动）基本上集中在中心区的 21 个街区内，仅有四个街区在边缘位置进行高度专门化的事务活动。在比较 1934 年和 1947 年这两年中心活动群的设施及占用面积后，雷那尔斯指

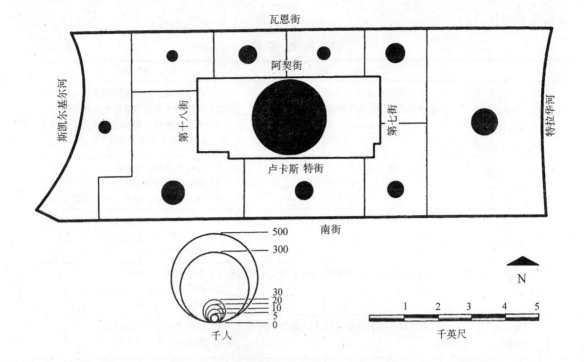

图 2-9　每天进入费城中心各区的人数

资料来源：Edgar M. Horwood and Ronald R. Boyce, *Studies of the Central Business District and Urban Freeway Development*, University of Washington Press (1959), Figure 2-2.

出三种主要 CBD 核活动的集中存在实质性增长（事务服务、顾客服务、零售）。

荷乌德与博伊斯的 CBD 核—框理论认为墨菲和范斯的 CBD 研究基本上以设计并检验一种给 CBD 核定界的方法为目的。荷乌德等人认为墨菲和范斯使用的 CBD 一词等同于"硬核"，墨菲等人认识到一个"硬核"的存在，即是区别于 CBD 其他部分的那部分。可将墨菲等人的结论中与核的规模有关的论述简要列出：1）他们研究的九个城市 CBD 核的平均楼面面积为 71.9 万 m^2，平均底层面积为 46.9 万 m^2，平均为 30 个街区；2）九个核区的平均长度为 1160m，平均宽为 640m；3）在城市化地区人口与核的底层面积之间无明显的相互关系。总的来说，墨菲等人指出了 CBD 核内活动的高度集中，正像其他前面已提到的研究者所指出的那样。

（二）CBD 核定义

荷乌德和博伊斯认为在城市分析中使用的"中心区"、"CBD"、"中央地区"、"城市中心"、"中心核"和"CBD 核"等词，精确性很小，词汇已被搞混，产生混淆是因为许多研究者的主观结论造成的。他们还认为，除了普查局的 CBD 定义之外，很少有人对术语词汇付诸用心，甚至连墨菲和范斯这样在本领域中工作最深入的人也没有专门定义 CBD，仅仅说明"该区的基本功能是以赢利为目的的货物零售和服务，还包括各种办公功能"。

荷乌德等人指出前述的资料已经形成了一个大致框架，CBD 核作为 CBD 核—框理论的一部分，应给予专门定义，并且不能使用诸如墨菲和范斯使用过的指数这类求助于测量的数字参数。CBD 核的定义应该确定它是 CBD 内的一个独立的区，在操作层面上涉及建立"单元—面积"分析的一般过程，如"街区"或"区"之类，以及专门的数字标准。这些数字标准会根据精确度的变化而变化。荷乌德等人将 CBD 核定义为 CBD 的中心部分，它包括表 2-2

中的组成部分。

CBD 核 的 组 成 表 2-2

	定 义	一 般 特 征
密集的 用地功能	在大城市综合体中土地使用最密集，社会和经济活动最集中的地区	1）多层建筑、高层建筑为主 2）每单元用地面积零售生产率最高 3）土地使用特点由办公、零售、顾客服务、旅馆、剧院和银行形成
广为伸展的 垂直规模	大城市综合体中最高的建筑区	1）从空中观察易于辨别 2）由电梯进行垂直联系 3）向垂直增长，而非水平方向增长
有限的 水平规模	受步行距离限制的水平规模尺度	1）最大水平规模在各水平方向很少超过 1.6km（1英里）范围 2）适合步行模式
有限的 水平变化	不受城市人口分布影响（或很少）的水平运动	1）很缓和的水平变化 2）同化区及废弃区长时间固定在几个街区内
集中的 日间人口	在大城市综合体中日间人口最集中的地区	1）步行交通最集中的位置 2）缺乏永久性居住人口
城市间公共 交通的焦点	城市公共交通系统集中的地区	整个城市主要的公共交通换乘处
专门化功 能的中心	商务、政府和工业企业总部办公楼的集中点	1）各种功能使办公空间得以密集使用 2）专门化的专业及商店服务的中心
由内部结构 决定的边界	不是由自然屏障，仅由步行规模距离限定的 CBD 核边界	1）步行者与设施之间的联系主宰水平向扩展的趋势 2）较为依赖公共交通的侧向发展

资料来源：Edgar M. Horwood and Ronald R. Boyce, *Studies of the Central Business District and Urban Freeway Development*, University of Washington Press (1959), Table 2-Ⅰ.

  表 2-2 中 CBD 核的组成部分在下列几方面有别于墨菲和范斯对 CBD 核的定义：1）核一框理论为零售贸易建立了一个生产率标准，必须满足最低值才能属于 CBD 核，这一值将以每平方英尺的零售销售额来表示。CBD 核将排除生产率低的零售楼层空间，诸如在绝大多数城市中发现的"废弃区"（详见第三章第三节）就是这类空间，CBD 核不包括这一地区。2）CBD 核一框理论包括了 CBD 核内的政府办公面积，荷乌德等人认为这是 CBD 核特有的功能。3）规定非街边停车和汽车销售服务不作为核的功能，因为在核内汽车失去了作用。例如，如果非街边停车作为底特律 CBD 的一部分的话，将会使核的面积翻一倍。实际上，核内的停车地块通常只给经营者提供了一种暂时的收入，他在等待收益更高和更好的用地功能。停车修理场所同样不能满足 CBD 核内功能要求，它增加了步行者与汽车的矛盾。

  前述的 CBD 核定义并未提到内部功能亚核的存在，这些亚核可能会是政府办公、金融、时装店、剧院等形成的中心。例如，在底特律，CBD 核被分为明确的零售和金融区；在芝加哥，著名的金融亚核占据沿拉塞立街的一些街区；纽约的金融亚核完全从零售、娱乐和办公区内分离出来；费城有两个明显的靠近政府和金融活动的零售中心（图 2-10）。核一框相对关系的情况表示在图 2-11 和图 2-12 中。

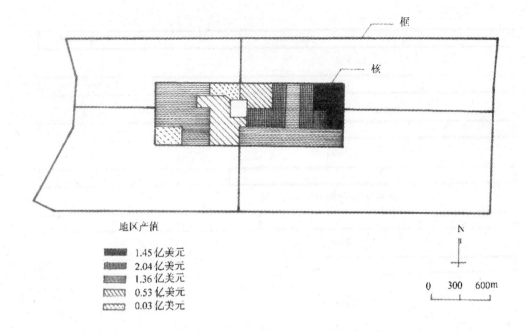

图 2-10 费城市中心的零售业产值
资料来源：Edgar M. Horwood and Ronald R. Boyce, *Studies of the Central Business District and Urban Freeway Development*, University of Washington Press (1959), Figure 2-3.

正是在这些 CBD 核内亚核的边界之间，独特或非成群的活动得以发展，这些活动大都是下列形式，如电话交换大楼、法院、旅馆和图书馆等等，有时它们是早期遗留下来的过时建筑如教堂或兄弟会设施。上述所有的设施通常只和其他 CBD 核的设施存在有限的联系，通常它们是亚区边界的成因，而不是影响因素。在 CBD 核内不太可能找到边界会陡然终止的亚核。在这个人员最集中的地区，空间主要由办公和零售贸易设施占据。

二、CBD 框

（一）对 CBD 框的历史认识

当 CBD 核被作为许多专门研究的目标时，围绕它的中心地区（前面称之为 CBD 框或框）却很少给予注意。实际上 CBD 框作为一个区的概念是第一次由荷乌德和博伊斯提出，甚至在墨菲和范斯等人进行的研究中都几乎没有专门指出包围 CBD 核的那些功能，而且墨菲等人甚至没有讨论界定 CBD 核的这个区是一个明显的区或甚至是 CBD 的一部分。

1925 年 B·E·帕克和 E·W·伯吉斯在其著作《城市》中将围绕中心焦点地区的部分称为"过渡区"，他们认为这是一个高地价地区，因为这儿几乎是中心位置，其特征是有废弃的建筑（因为年代久远和技术过时）。在这一过渡区中的建筑可追溯到马车时代，并距城市中心仅为步行距离。正是在此区中有大量的移民定居，他们几乎都是从核中住宅迁出的——主要是因为商业的发展使居民无法负担得起在 CBD 核内的高租金。尽管他们的理论假设 CBD 核会扩展进入这一过渡区中，但是帕克和伯吉斯并未涉及 CBD 核旁边有限生长的，即紧紧围绕核周围地区的结点的发展范围，或从 CBD 核延伸出来的废弃区的发展情况等（在框中，CBD 核的微妙运动削弱了这些废弃区，它们比起 CBD 核内用地的物质分布更为不同）。

随着汽车的普及，有仓库的批发业、仓储、服务业、轻工业等活动在选择位置时产生了更多的自由度，这类活动开始在 CBD 框的各种地区开始聚集。这一发展在美国南部、中部

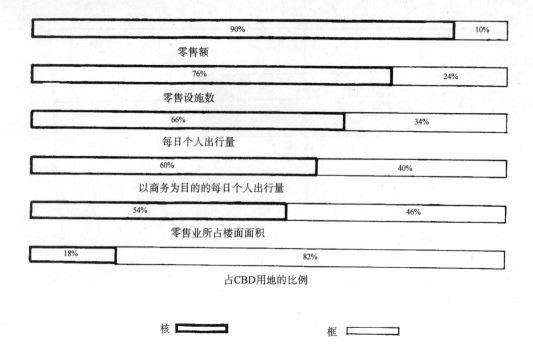

图 2-11 费城 CBD 的框与核比较

资料来源：Edgar M. Horwood and Ronald R. Boyce, *Studies of the Central Business District and Urban Freeway Development*, University of Washington Press (1959), Figure 2-4.

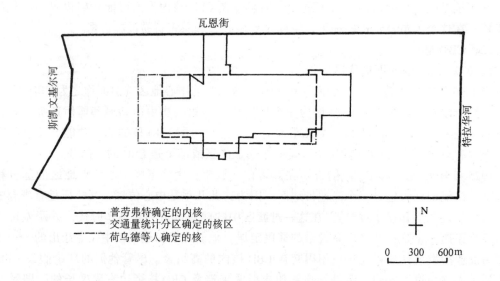

图 2-12 费城核的比较

资料来源：Edgar M. Horwood and Ronald R. Boyce, *Studies of the Central Business District and Urban Freeway Development*, University of Washington Press (1959), Figure 2-5.

和东部各州的新城市中最为明显,这些城市中CBD框内的居住单元已完全被这类非居住类活动的聚集所取代。

至1945年,哈里斯和乌尔曼考查并描述了CBD的各类重要商务中心,他们发现零售、金融和办公区在CBD核内,而"汽车行"业、批发业以及轻工业在其周围地区。哈里斯和乌尔曼没有将CBD框作为一个从CBD核分离出来的地区,而是作为几个不同的"区"来讨论。

1956年辛辛那提城市规划委员会将"CBD核"与"框"等词汇运用到一项研究中。虽然他们使用了这一术语,但并未进行任何有关CBD空间组成概念的分析,也没提出任何定义,只是清楚地认识到了CBD具有核、框的结构。

(二) CBD框定义

虽然有人已认识到CBD框内一些活动的特征有点像CBD核内的那样,但是框内活动仍被广泛地看做是分离的结❶,诸如轻工业、批发、交通设施形成的结,而不仅仅是CBD结构的一个组成部分。然而核—框理论的目的不仅是描述CBD核框中活动的相互区别,而是描述分别属于核和框的不同功能的地理及历史分布情况。

在美国,CBD框是一种在典型发展情况下产生的规范地区,并可以确切地与城市的其他地区进行区别。CBD框应作为城市一个重要的功能组成部分,其组成在表2-3中列出:

CBD框的组成 表2-3

	定 义	一 般 特 征
半密集的 用地功能	CBD核外最密集的非零售用地功能区	1) 建筑高度按步行可上的规模为准 2) 基地只建满一部分
突出的 功能亚区	围绕CBD核,可观察到的土地利用的结地区	主要以带仓库的批发业、仓库、非街边停车、汽车销售及服务、多家庭住宅、城市间交通总站设施、轻工业和一些学院形成特征的次中心
伸展的 水平规模	依赖汽车装载量和货物处理水平的水平规模	1) 绝大多数设施有非街边停车或码头设施 2) 设施间的运动以汽车为主
没有相互联接的功能亚区	除交通总站之外,基本只与CBD框外的地区相联系的活动结	有与CBD核联系的重要设施(如城市间交通总站、仓库),及外围城市区联系的重要设施(如郊区购物中心和服务业的批发分布点)
由外部结构决定的边界	受自然屏障及内部联系密切的大型同质区影响的边界(同质区,如含有学校、购物和社团设施的居住区)	1) 商业功能通常局限于平坦地区 2) 向破旧的居住区发展的趋势 3) CBD框的功能设施充满高速公路和铁路线间的缝隙

资料来源:Edgar M. Horwood and Ronald R. Boyce, *Studies of the Central Business District and Urban Freeway Development*, University of Washington Press (1959), Table 2-Ⅱ.

(三) 框的定界法

荷乌德和博伊斯未在任何地图上精确定出核或框,在1965年城市学者D·H·戴维斯为南非开普敦市提出了一种为CBD框定界的方法。虽然该法仍未应用于欧美城市,只应用于开普敦,但至少提出了可以发展框定界技术的系统技术。

---

❶ 结:node.依原文可理解为,比点大但比分区小的空间范围。

定界的开普敦框紧紧围绕 CBD 核,被认为由"混合的货物处理和管理活动、公共开放场所及贫民窟"组成,围绕框的除了海岸外,还有一个"内城居住区"。虽然这些功能中没有一种是框专有的,但它们中的五种功能——汽车销售、公共机构与政府、工业、批发和商业仓储——的地理位置都集中在框内,因此在确定框界时,它们被认为是主要的框内用地功能。尽管普通办公集中在 CBD 核内,但它们同样在框的某些区内数量众多。上述六种功能中,公共机构及政府被认为是一种特殊类别,它们通常集中在紧靠 CBD 边界的框的某些区内,另五种功能则分散在框内的各区中。

按戴维斯为开普敦使用的基本方法,主要有以下 CBD 框的定界规则:

1) 框内的街区应至少包括下列功能中的一种:汽车销售、工业、批发、商业仓储和普通办公。这些功能至少占据整个街区楼面面积的 5%。

2) 不符合规则 1),因而不符合框要求的街区,如果整个街区楼面面积的 20% 以上用于居住及学校、街角商店和个人服务设施这类功能的话,将被归纳在内城居住区中。空的住宅

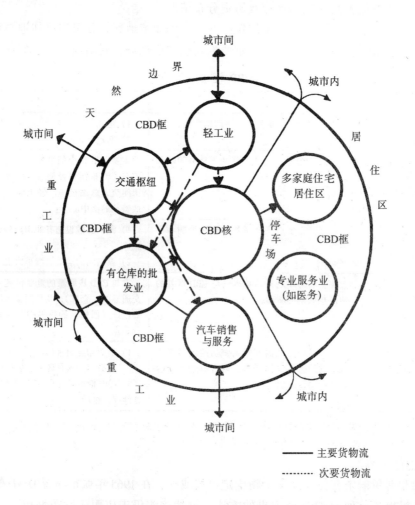

图 2-13 CBD 核与框的图解表达

资料来源:Edgar M. Horwood and Ronald R. Boyce, *Studies of the Central Business District and Urban Freeway Development*, University of Washington Press (1959), Figure 2-6.

也算作为居住功能。

3) 居住功能少于20%和少于规则1) 所列功能5%的街区，可作为既属于框又属于内城居住区。这类街区若仅属于公共机构、政府及组织机构设施用地，则它们应包括在框内。

4) 为了形成一条简单而连续的边界线，内围区和外围区❶应在定界过程中忽略。当某个街区在某一角上打破框时，应将它排除。

当这些规则运用在南非伊丽莎白港市研究时，很显然还需要第5条规则：

5) 一个只有工业的街区，无论该街区是否包括空地，是否能与工业区中的街区相连，都应考虑将其置于工业区中并将其放在框界线的外面。

三、核—框理论的图解表达

核—框理论所定义的CBD功能活动在图2-13中按主要的货物流向用图解形式表达出来了，这种图表仅具有很普通的地理学含意。在框中，功能区表示为结，可能会聚集在某个地区，分散在几个聚簇中或部分分散。它们可能同样会在CBD外围出现，但通常其生产率很低。活动集中的中间地区可能包括不同的功能，有些可能与结有联系，如顾客服务设施等。自然屏障、重工业区及居住区可能形成边界。

四、CBD核与框的区别

除了它们都是CBD的组成部分这一共同点外，无疑CBD核与框的特征差别巨大，虽然两者都有各自的分布地点，在通观核—框理论时，应记住它们实际上是一个单元（即CBD），且它们展示了许多有联系的相互作用功能。另一方面，必须记住CBD核与框本身会分成许多不同的亚区。在核—框理论中，CBD核与框是有区别和独立的功能单元，它们的主要区别见表2-4。

CBD核与框之间的主要差别 表2-4

比 较 因 子	主 要 差 别	
	CBD核	CBD框
土地利用	密集	半密集
场地利用	全部建满	部分建满
建筑种类	相似	不相似
发展方向	向上	水平向外
商务连接	内部的	外部的
停车空间	较缺乏	大致合适
交通模式	步行	机动车
交通中心的服务范围	城市内	城市间
边界决定因素	内部因子	外部因子

资料来源：Edgar M. Horwood and Ronald R. Boyce, *Studies of the Central Business District and Urban Freeway Development*, University of Washington Press (1959), Table 2-Ⅲ.

五、结论

核—框理论并不完善，需要进行更深一步的研究。虽然研究人员已对11个美国城市中围绕CBD核的功能区进行了分析，但是不可能精确描述框的外部边界。同时，缺少框内设施及外围设施的资料，也同样在给CBD外部边界定界时造成了困难。

---

❶ 原文inliers and outliers 没有指明其含义，编译者认为可能分别指靠近CBD框内、外边界、在框外部的带形地区。

核与框是CBD的两个不同地区，它们像所有区一样是抽象概念，只能在被定义的前提下，它们才最便于观察和研究。实际上，城市包括了许多区，核与框是相对重要的地区，因为按不同标准来说它们的边界具有高度协变的特点。核尤其重要，核与框同样与外围购物区没有关系。实际上，所有商务的聚集都可以用核—框理论进行分析。随着越来越多的中心区正在进行城市再开发，越来越有必要按功能簇来调查用地功能关系。这些理论有助于绝大多数涉及CBD的概念性城市规划。

对于研究城市交通和货物运动、中心拥挤、功能设施的安排、商务连接、城市规划和再开发的空间安排等，核—框理论是一种能更好地了解城市的手段，是一种有益的土地使用及功能模式理论。

第五节 开普敦CBD研究

一、对开普敦市CBD的总体研究

墨菲和范斯的CBI法发表之后受到广泛认同，并得以普遍使用。在各种CBD定界技术中，对CBI法最为严格的运用和检验是1959年D·H·戴维斯对南非开普敦CBD的研究。虽然戴维斯的精力主要集中于定界法，但他说明了这类研究何以能导致更深入的对CBD特征和困难的了解。他的论文很长，在此仅介绍主要观点。

戴维斯一开始即讨论开普敦CBD的位置和城市布局（图2-14）。该区占据了由桌山及其东北部、西北部延伸带形成的类似于圆形剧场中心的平坦地区。戴维斯同时描述了开普敦是如何适应这种圆形剧场式地形、其郊区是如何发展的等情况。该城市约有70万人口，因此它比任何一个墨菲等人研究过的九个美国城市都大。就像在大多数港口城市一样，CBD现在已被整个城市地区的发展排挤到离城市地理中心很远的位置，但这个位置一直是在大开普敦地区中最古老和最受限制的地区内。除去开普敦发展上的自然限制外，其CBD有一种天然的对紧密相连的居住区地区施加压力的趋势。面对这种压力，一些CBD内的居住区已退化为患"城市枯萎病"[1]的地区，结果是在仓储、批发设施和小工厂之间点缀着贫民窟。

共有三种屏障阻碍了CBD的扩展。第一种是由山坡所形成的地势起伏，这产生了积极影响，但CBD仅占据了宽阔的"圆形剧场"式中心地区相对小的部分。山势起伏仅对向西北方向发展产生影响。第二种屏障是泰伯湾和沿泰伯湾伸向码头的铁路。1938年至1945年开发佛肖地区为CBD的开发提供了160hm^{2}土地，佛肖地区是指在新邓肯码头和CBD东北角的旧海岸之间的大片开发用地。第三种屏障是人工制造的，在没有物质屏障的东南和西南边上，有不少国家、郡和市政管理性建筑，这使开普敦成为一个重要的政府中心。这些管理性建筑街区基本上不属于CBD，并阻碍CBD的扩展。在CBD扩展方向上另外存在一些具有公共功能的街区，因此直到后来对佛肖地区进行开发时，CBD几乎在所有边界都受到限制，所以向上空发展的趋势正在增加。

戴维斯在对开普敦中心应用CBI技术时未遇到特殊困难，但仍有必要对CBI技术进行三个较小的修改。

第一个修改是不再绘制三张地图（一层、二层和二层以上层），而是四张地图。这一修改很有意义，因为开普敦由许多高楼形成了较可观的垂直规模，额外增加的地图并未直接影

---

[1] 城市枯萎病：urban blight，指因衰退和居住人口外迁造成的环境恶化、毁损。

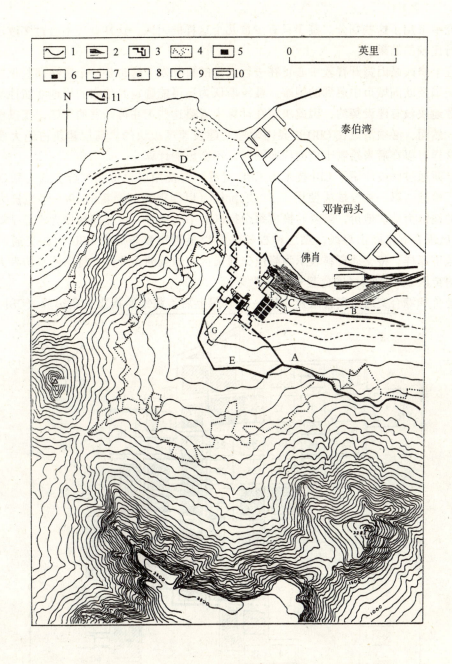

图 2-14 开普敦 CBD 的位置

1—1938 年岸线;2—铁路站场;3—CBD 边界;4—建成区的内边界;
5—CBD 外的政府办公街区;6—圣乔治教堂和学校;7—CBD 内的政府办公街区;
8—古鲁特·科克;9—城堡;10—紧临 CBD 的开放空间;11—城市干道

资料来源:D. Hywel Davies, "Boundary Study as a Tool in CBD Analysis: An Interpretation of Certain Aspects of the Boundary of Cape Town's Central Business District", *Economic Geography* 35 (1959), Fig. 2.

响定界法。

第二个修改是因为开普敦中心有三、四个很长的街区,它们以垂直角度打破 CBD 的边界。戴维斯指出这些街区从内部或 CBD 边界开始,中心商务特征显著减少,它们的面积太大,几乎是开普敦城市中心街区面积的平方值。因为市政当局有划分了长街区的底图,故在

CBD 研究中采用了这些划分。鉴于只有少数几个这样的街区，这样处理不会过多改变与其他 CBD 进行比较的结果。

第三个修改是因为开普敦中心正在进行大量的再开发。这也是一个常在那些正在进行再开发的美国及欧洲城市中遇到的困难。戴维斯认为不可能确定其将来的用地功能性质，因为绝大多数地块没有建设契约，因此决定在计算中省略这些正在再开发的街区，仅以已知事实为基础。然而，必须清楚在 CBD 边界内哪些是建设速度极快的、高层建筑占绝大多数的新街区，这样可以在后来绘制土地使用地图时，不会影响计算。

戴维斯通过修改使用了 CBI 技术为 CBD 定界，再使用以地价和综合交通为基础确定的边界进行检验。第一种校核法使用了 5% 地价线（以能得到的最新的 1945 年地价为基础），开普敦的地价为地块地价，需要转换成每个街区的平均地价，将那些地价大于等于峰值地价 5% 的街区围合起来画出界线。第二种校核法是以最近市政当局在 CBD 内的交通调查为基础，像地价那样，将交通资料表示为峰值交通街区交通量的百分比，将那些来访者人次大于等于峰值街区 20% 的街区围合起来画出界线。

将地价和综合交通量资料绘制在同一张地图上后，戴维斯指出三条边界（CBI 界、5%

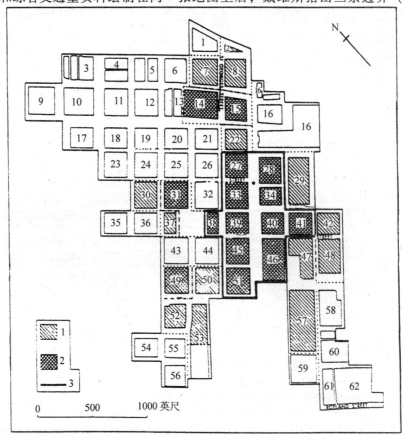

图 2-15　D·H·戴维斯定界的开普敦 CBD
最外界线是整个 CBD 外界，黑点为峰值地价交叉点。
1—运用排除法则后定出的核外街区；2—核内街区；3—核界
资料来源：D. Hywel Davies, "The Hard Core of Cape Town's Central Business District:
An Attempt at Delimitation", *Economic Geography* 36 (1960), Fig. 4.

地价线和20%交通线）之间存在一种令人满意的相互关系，仅在某些地方它们的差别超过一个街区。因为它们是以不同标准为基础的，所以可以认为由CBI法确定的边界被大致证实了（图2-15）。

图2-15还显示了戴维斯对硬核的定界结果。一些街区的设施在理论上不属典型的硬核而被排除在外，有些街区如14、15、31和49街区因不是连续主体的一部分而被排除在外。

戴维斯指出，在某些地区三条界线重合，形成一条单线，在这种情况下，他认为CBD边界是完全可以接受的。但是通常的边界实际上是位于三种边界线中间部分的地区。戴维斯假设是带形边界而非线性边界代表正常的实际情况，并且带形边界按不同标准会成比例变化。他指出在任何CBD研究中以此为基础绘出一系列界线，给所谓CBD周边的"模糊"和"清晰"地区定位并进行检验会非常有价值。

开普敦CBD的边界在分布上存在某种清晰的模式：朝向东南是一条线性边界，其余方向基本上是带形边界特征。戴维斯指出了不同边界的特征。

然后他将边界评价进一步理论化。他指出一般人认为CBD向外生长时，人工屏障多起不正常的作用，但他对这一假设提出了疑问，因为很可能在国外城市的CBD出现屏障是事情的"合理"状态。他认为这是一个重要的问题，比较性研究可以做出解答。

在一般情况下，无论是正常还是异常，在对向外生长几乎没有人工屏障的地方，CBD都会逐渐过渡到一个衰退的城市地区。戴维斯认为在开普敦CBD内存在某些确定的空间设施分布区，这些空间设施分布区比起其他空间设施分布区能更密集更快地得以加强。各种边界之间的结合部宽度不同，有几个城市街区的差别。如果对CBD中心的向外生长趋势进行深入考察，可以发现这些边界可能与CBD内正在形成的压力有关，压力逐渐向外扩展，这些边界会一条压上一条，并合并成一条简单的线性边界。

戴维斯指出开普敦CBD西南保留了一条带形边界，尽管它在东南向受到强烈的限制；同时，东北方向尽管受到旧海岸线的严重限制也保留了一条带形边界。他归纳这种现象产生的原因是两个屏障和一种明显的向外的压力阻碍了带形界线变成线性界线，而CBD向西南和东北发展所受的压力并没有向东南移动。戴维斯坚持认为沿干线向外生长的CBD在干线后面有空隙。CBD向西南和东北发展产生的压力不甚合理，因为这些压力主要沿主要干线传递，而这两个方向缺乏高等级的干线，因此缺乏形成一条线性边界的必要推动力。

CBD向西北部的扩展展示了有带形边界的CBD生长的正常特征。在这个方向上，CBD一条街一条街地通过居住设施改进，进而对零售和其他商业设施进行改善得以稳固发展。CBD带形边界外是众所周知的城市枯萎区，地形坡度的增加和缺乏交通线在此方向已对CBD的发展产生了自然限制。

开普敦CBD的外轮廓形状反映了物质屏障，以及最初确定的城市网格模式。戴维斯讨论了有助于解释CBD外轮廓形状的干道和铁路的发展历程。

接下来戴维斯转向讨论垂直维。在欧美国家的城市CBD中存在一种自然向上发展的趋势，这与高大的现代化办公建筑的中心性及吸引力有关，而且也因为存在明显限制正常水平方向发展的地方正在增加。开普敦市有相当比例的高层建筑，最高的街区不是在CBD中心而是靠近其东南界线，因为那儿水平方向限制最大且"向上建"的压力最大，原因是开普敦通过规划条例对新城市街区高度进行控制。戴维斯发现开普敦CBD垂直维最接近一个修改过的不对称的方尖碑形状。

戴维斯通过寻找CBD的进化痕迹对该区产生更深入的了解。开普敦建成区和CBD建成区之间不存在明显的时间滞后，但两者都已经"稳固而合乎逻辑"。一般人都期望 CBD 的发展朝东向这个开普敦一直越来越依赖的内陆，但实际上 CBD 的发展主要朝向西北部。CBD 发展的这种不对称形态被认为是行政街区及其他公共街区向东南产生的人工限制的深入表现。CBD 向可以扩展的地方扩展，但峰值地价交叉点和硬核并未怎么移动。随着与佛肖地区相交、朝向内陆的新国家大街的建设，峰值地价交叉点可能会向东北部移动。

在"总结"一章中，戴维斯指出了开普敦 CBD 的一些基本问题，他尤其强调由停车和商业装卸货困难过多形成的车和行人交通流的严重问题。在该市的早期规划中，将西南至北、至东向的街道拓宽，将与之十字交叉的路变成相对不重要的窄巷。但是随着对内地依赖的增长，铁路和总站附近的汽车交通仍经由这些交叉街道进入 CBD，而且至今大批 CBD 的通勤者和购物者形成的商业交通流也仍在利用这些十字交叉街道，而这些路已经很不适用。

戴维斯认为开发佛肖地区对此问题提供了惟一可行的解决办法，正在规划的开发项目的一个有利方面是最终将 CBD 朝东北向延长，并使 CBD 地理中心和峰值地价交叉点移动，围绕 CBD 的办公服务设施将空出，而佛肖地区因为有经过国家大街至内地的便捷通道，正从目前的 CBD 内吸引越来越多的商务设施。随着沿坡向上到佛肖的发展，CBD 所受到的压力正在减轻。开普敦确实是一个很少见的城市，它有机会再组织其 CBD，但是显然几乎没有别的 CBD 比开普敦的 CBD 更需要组织。

二、开普敦 CBD 的硬核

戴维斯认为在能形成一定规模的 CBD 的城市中，在紧靠峰值地价交叉点的地区存在某种能集中形成 CBD 特点的趋势。与整个 CBD 的一般情况相比，这种趋势表现为高层建筑、大批集中的中心商务设施、更高的地价、更大的步行流。这一中心地区是 CBD 的精华部分，有时称之为"硬核"[1]。正如有人说过，硬核与整个 CBD 之间的区别在于它们不是一种类型，硬核是 CBD 的心脏。

他指出，可以夸张地说，硬核与 CBD 其他地区有明显的区别，其边界很容易辨别。CBD 的这一区明显比其他地区高出许多，硬核的边界可以通过选择一个适当的值来定出。

当时已经有研究人员曾试图给硬核定界。如在 20 世纪 30 年代马尔科姆·普劳弗德就以销售的街区临街面大小作为工作的基础，给 CBD 硬核定界，他所确定的费城"市内商务区"基本上是该城的硬核。同样查尔斯·唐纳在更早些时候也为马萨诸塞州的伍斯特市定出了一条硬核边界（见图 2-2）。

戴维斯在用地功能基础上定出硬核。但他并未着重研究硬核，他只是对开普敦 CBD 开展了更广泛的研究。

戴维斯已发现墨菲等人的 CBI 法对开普敦 CBD 定界起了很好的作用，因此他认为硬核定界法最好也以同一方法为基础，并提出"更昂贵"的地价限值。要满足符合硬核中的条件，对一个街区来说能满足 CBI 技术中的 CBHI 和 CBII 数值是不够的，还要满足更高的价位。

但戴维斯并未觉得仅使用更高的价位就可以解决问题，他归纳 CBD 作为由 CBI 法界定的区包括了一系列用地功能，而有一些是非典型的 CBD 性质，硬核必须要求更"纯"的中心商务用地功能。故在提高指数值的同时，戴维斯决定省去那些不典型的 CBD 街区，重新

---

[1] 本章上节已谈到荷乌德等人的核—框理论，戴维斯在此未确切给出"硬核"的定义，显然荷乌德等人与戴维斯的理论有些区别，在此保留戴维斯"硬核"的提法。

计算省出这些街区后的 CBHI 和 CBII 值。

下列是戴维斯确定的非典型 CBD 性质的设施：1）非严格的中心商务类设施，但按 CBI 法可按特殊原则包括在 CBD 内的地方政府及市政设施。戴维斯感到这些特殊原则在给硬核定界时太宽松。2）那些需要在 CBD 内，具有很少的中心性，并要靠近 CBD 边缘以便从大面积低价土地中获利的设施。这些设施如果出现在硬核内，则被认作是非典型的硬核功能。戴维斯举例指出电影院和旅馆即是这种类型。3）那些低档廉价的零售设施，尽管它们的质次很难测量，也无从参照 CBI 法中的标准参数，但戴维斯仍建议在给硬核定界时要以某种方式将零售设施的质次进行量化。他认为这是必要的，尤其在百货店中，他发现那些靠近峰值地价交叉点的设施向来自整个城市聚集区的顾客提供了广阔的、总水平档次高的货物，而那些位于 CBD 边缘的设施看来主要功能是起近郊商店的作用，为城市衰退区中的低收入居民和从更远郊来的顾客提供服务。戴维斯指出在实地调查中发现这两类百货店（分别围绕峰值地价交叉点和 CBD 边缘）有相当大的区别。

戴维斯的定界过程第一步是确定 CBHI 和 CBII 的限定值，为硬核初步定界。因为硬核中建筑很高，硬核的边缘一般是在视觉形象很明显的地方。他决定按街区数量来绘制 CBHI 和 CBII 值地图，以考察是否有某种"斜线中断"（见图 2-16），以便揭示出建议的限定值。很明显，从能画出边界的地图中，按 CBHI 值为 4.0 和 CBII 值为 80%（图 2-16）可画出一条硬核的初步界线。戴维斯按这种做法排除了孤立的地块，但包括了那些虽然不符合所需限值但被符合要求的街区包围的街区，这样就获得一条连续的边界线。

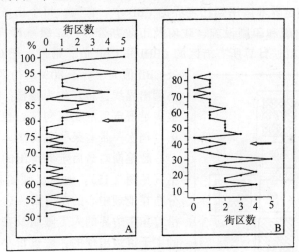

图 2-16　CBHI 和 CBII 值出现"斜线中断"
注：箭头所示，这些值用于硬核初步定界。
来源：D. Hywel Davies, "The Hard Core of Cape Town's Central Business District: An Attempt at Delimitation", *Economic Geography* 36 (1960), Fig. 1.

在最终结果图中，CBII 边界包括了比 CBHI 边界大得多的地区。戴维斯指出根据对当地的了解，很清楚后者更接近真正的界线，这就看出两个中心商务指数而不是一个在硬核定量技术中起重要作用，或说明将 CBII 为 80% 做限制值可能太低。

戴维斯在硬核定界过程中遵循与 CBD 定界相似的过程，同时用 30% 的地价线代替 5% 线作为限制值、以峰值地块来访者的 80% 米代替 30% 为基础交通边界，省去了零星街区以形成两条连续的边界线。这两个值确定的硬核范围，与使用经过修改的 CBI 法所定界线能很好地吻合，这种吻合证实定界方法合理而令人满意。

戴维斯下一步工作是进行实地考察校核开普敦的硬核边界在实地仔细检查在图上定出的边界并根据视觉形象和地方知识对它进行调整，在实地观察到的硬核比用其他方法得出的硬核更小。

戴维斯认为有必要确定是按全部还是按部分视觉形象来调整硬核边界，因为两种边界都是以用地功能为基础，戴维斯觉得只能通过对每个街区的用地功能进行仔细检查才能得到较合乎实际的结果。

硬核中有些街区被戴维斯确定的十二种 CBD 用地功能中的七、八种功能占据，一些街区被不需要极端中心性的设施占据，包括电影院、旅馆、企业总部大楼、报纸出版和印刷设施，戴维斯指出在一般情况下这些用地功能属于非典型的硬核功能。另外，既有政府及市政办公这类真正非中心商务类功能占据的街区，也有被比在峰值地价交叉点附近的百货店提供货物档次更低的百货店占据的街区。

在调整过的 CBI 法边界和视觉形象边界之间总共存在 14 个街区的差别。这 14 个街区中，绝大多数街区的设施在理论上被认为是非典型 CBD 设施。戴维斯认为这一发现证实了视觉形象边界更为合理，并说明有关 CBHI 值和 CBII 值应重新计算的结论。仅仅为确定硬核界线这个目的而将非典型商业设施及非中心商务类的设施计算为"X"，这被作为一条特殊规则而接受，重新计算按此进行。

戴维斯将其硬核定界术运用到已定界的 CBD 中。首先，每个街区除电影院、旅馆、企业总部大楼、报纸出版和印刷设施、政府及市政办公和"二级"百货店计算为"X"或非 CBD 功能之外，按 CBI 法计算所有街区的 CBHI 和 CBII 值。第二，把 CBHI 值大于等于 4.00 及 CBII 值大于等于 80% 的街区在省略了零星商店后再画出界线，将其作为硬核。低于限定值的街区如被满足限定值的街区包围，也属于硬核。确定百货店"档次"带有某些主观性。

戴维斯对最后定界得出的开普敦硬核进行了概括（见图 2-15）。他指出硬核在 CBD 内，非对称地分布在地理中心的东南面。这一位置反映了 CBD 是沿着东南边界的人工限制及在这个通向郊区及内陆的主干道边出现的。硬核很小，仅占据了整个 CBD 面积的 16%。硬核的形态较紧凑，类似于一个生硬的十字架，其主轴沿爱德丽街向东北——西南方向延伸。

峰值地价交叉点在开普敦硬核的东北部（见图 2-15 中的黑点），戴维斯对这一位置作了分析，即在硬核东北部存在一个孤立的商务区，它可能是本节前面指出过的一个例子，即有这样的趋势：当 CBD 向高档次居住区（在本例中位于南面）扩展时，峰值地价交叉点的运动会滞后，并远离铁路和工业区（不久前还位于北部的海边）。戴维斯继续

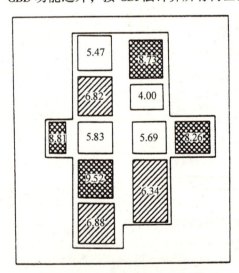

图 2-17 开普敦硬核的高度指数
每个街区的平均高度用两位小数表示。
没有阴影的为总高度指数小于
6.00 的街区，交叉线表示 6.00～8.00 的街区，
黑色表示 8.00 以上的街区。
资料来源：D. Hywel Davies, "The Hard Core of Cape Town's Central Business District:
An Attempt at Delimitation",
Economic Geography 36 (1960), Fig. 5D.

指出东北方向的开发使峰值地价交叉点将沿爱德丽街那个方向移动。

对日高峰来访者的分析证实硬核的东北部仍是主要的活动区，由市政机构进行的对汽车行的研究更进一步证实了爱德丽街轴线的重要性及硬核东北部终点的重要性。戴维斯指出交通资料的主要价值在于显示了硬核的生硬十字架形状是以交通流轴线为基础的。

在另一张图中，戴维斯揭示了尽管硬核中的建筑形成了城市中最高的主体，但最高的建筑不是在硬核中心而是在其边缘（见图 2-17）。他解释这种情况是暂时的，表明现在是重建该城 CBD 的过渡阶段。过渡还表现在城市中 19 世纪与 20 世纪各种建筑风格的混合。

第六节 其他 CBD 研究

对开普敦 CBD 的研究仅是一系列中心区研究中的一个。在开普敦研究的同时，彼得·斯科特调查了澳大利亚的 CBD，几年后 B·S·杨出版了关于对南非伊丽莎白港 CBD 的研究，哈姆·德比利研究了莫桑比克首都马普托的 CBD，H·卡特和 G·罗利在 1966 年的研究将 CBD 研究带到英国。这些 CBD 研究有各自的特点，下面进行简要介绍。

一、澳大利亚的 CBD

彼得·斯科特于 1959 年发表了他对澳大利亚 CBD 的研究成果。斯科特指出第二次世界大战后，澳大利亚大城市在交通拥挤、零售贸易及与郊区的竞争等方面的进程已赶上了美国城市，澳大利亚大城市中商务公司更愿在郊区开设分部而不是在他们市中心的地点上扩大规模，并且美国式的小型地区性购物中心已在城市地区出现，同时市政府当局正在尽力阻止贸易活动转向郊区进行的潮流。

斯科特对 14 个澳大利亚城市中心区进行实地调查，其中包括六座州府城市。他的论文主要讨论了占澳大利亚人口近一半多的六座州府城市的 CBD，对这些 CBD 他都运用 CBI 法给其定界，但他对个别 CBD 的研究主要是"对 CBD 内部底层结构的分析"。

在给这些 CBD 定界时，斯科特的主要困难是给街区下定义。在本书所描述的 CBI 定界法中，规定以有名字的街道来确定街区。斯科特在运用此规则时遇到了困难，墨尔本市和阿得雷德市中心被无数命名了的横巷和大街打乱，使用这些命名了的巷道和大街作为确定街区的街道，即使与 CBI 法的初衷不相吻合，但可以区别出用地功能的差别，所以斯科特决定将它们全部作为街区边界。

定界了的 CBD 一般沿主要的大街延长，其面积规模与城市规模成一定比例扩大（见图 2-18 和表 2-5）。

澳大利亚州府城市的城市人口与 CBD 特点　　　　　表 2-5

城　市	悉　尼	墨尔本	布里斯班	阿得雷德	珀　斯	霍巴特
1954 年人口（千人）	1863	1524	502	484	349	95
CBD 面积（万 m²）	175	182	138	111	96	40
峰值地价交叉点与地理中心的距离（m）	87	200	200	143	33	87

资料来源：Peter Scott, "The Australian CBD", *Economic Geography* 35 (1959), Table—Metropolitan population and CBD characteristics of the Australian state capital cities.

斯科特指出这几个澳大利亚城市的 CBD 若按人口规模的比例来说，它们比墨菲和范斯在九个城市研究中的美国城市的 CBD 要小得多。与墨尔本 CBD 产生明显对照的是悉尼 CBD，它

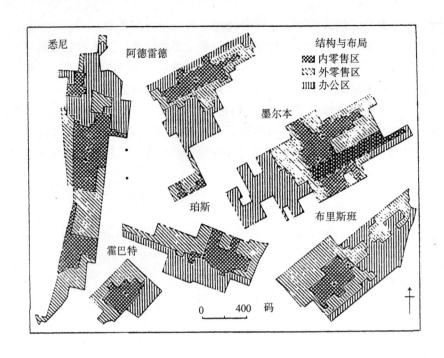

图 2-18 斯科特定界的澳大利亚六个州府城市 CBD
注：黑点为地理中心，黑圈为峰值地价交叉点。
资料来源：Peter Scott, "The Australian CBD", *Economic Geography* 35 (1959), Fig. 2.

被各种屏障牢牢地限制住了，因此它占据的地区面积更小，而垂直开发更多，用地功能差别更尖锐，交通拥挤更严重，尤其在办公区，街道走向和建筑高度几乎不存在什么合理的关系。因为 CBD 距城市的地理中心较远，悉尼同样受到郊区竞争的伤害，在这方面悉尼比除了霍巴特之外的其他城市都不利。布里斯班 CBD 虽然恰好位于该市的地理中心，但却像悉尼那样完全被自然屏障包围，这六个城市中没有其他城市像悉尼和布里斯班那样存在横穿其主要轴线的屏障。只有在人口超过 100 万的悉尼和墨尔本市 CBD，才有一种明显的向上发展趋势。

斯科特使用三种用地功能和分区为基础来划分每个 CBD——内零售区、外零售区及办公区（图 2-18），墨尔本则有一个内零售和办公区形成的混合区。因为斯科特无意计算这些区的面积，所以他用有非中心商务功能的缓冲地带（块）来简化边界。内零售区相对紧凑而密集，并以出售"个人必需品"的商店及位置居中为特征，在研究中它们按照百货店群、杂货店及妇女服装店群集结的密集程度来定界。外零售区则主要是出售家用物品和服务性的商店，但是因为这些店与内零售区商店差别很大，故外零售区显得更不连续。悉尼和阿得雷德都有次级内零售区，绝大多数由低档次的商店组成，但在悉尼这种次级内零售区位于一个连续的商店区内，而在阿得雷德这种次级内零售区则被办公区从主要商业区割断。通常，内零售区不会在 CBD 边界出现。

斯科特讨论了澳大利亚 CBD 中零售区和办公区的位置，峰值地价交叉点与地理中心的相对位置变化，以及不同零售及办公设施的分布模式。在此他使用了出租理论的一些概念，假定一系列零售店的支付租金能力是从硬核向外减弱。他对中心购物区每类零售店分布的分析运用了重心计算法，测算出该重心到由百货店的主要分布点确定的零售重心的距离。

斯科特后来对 CBD 的零售业进行了更为深入的研究，并于 1970 年和 1972 年提出了有关研究报告。他于 1970 年运用"出价—租金"理论❶ 阐述 CBD 内部结构中零售业的空间分布，再于 1972 年为 CBD 内的零售业布局提出了一个结构模式，这个模式提出零售业主的区位选择不是仅仅受一个距离因子，而是受三种不同类型的可达性因子的影响。这三种可达性是一般可达性、干道可达性和特殊可达性。传统的城市中心购物活动受一般可达性的影响最大，通常与顾客的分布相关；其他商务功能，如汽车行、咖啡馆等与进入市中心的交通干道紧密相关，受第二种可达性影响最大；而娱乐设施、家具展销店或产品市场等特殊功能的区位与场地、历史背景或环境条件相关，受特殊可达性的影响最大。三种可达性综合影响 CBD 的零售结构形成。

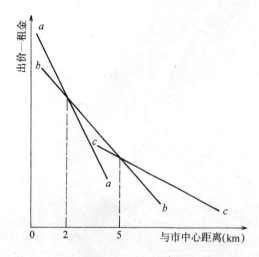

图 2-19　阿隆索的出价—租金/距离关系图解

图中 a、b、c 分别代表三种功能。它们中 a 距中心最近，

租金比降最大；c 距中心最远，租金比降最小。

资料来源：Duncan Sim, Chang in the City Centre, Great Britain, 1982, Fig. 1. 1.

二、南非伊丽莎白港的 CBD

伊丽莎白港有 27.5 万人，对其 CBD 研究由 B·S·杨于 1961 年写成论文。在对伊丽莎白港 CBD 的绘图过程中，杨严格按最初 CBI 法确定的几个步骤进行。

伊丽莎白港处在一处狭窄的、倾斜的海滨低地之上，该低地位于平原边缘的陡坡和阿尔高湾边上的铁路线之间。

与同等规模的欧美城市比较，伊丽莎白港市 CBD 相对该城的规模来说偏小，而且不对称，沿峰值地价交叉点向北延伸的长度是向南方向的 3 倍左右（见图 2-20）。这种形状反映了某些自然及人为屏障影响 CBD 的扩展，它们包括：内陆平原边缘的崖岸；铁路设施、排列整齐的院子、该区海边一侧的港口设施等；东金保留地（一处沿 CBD 西部受保护的开放空间）；以及该区南部的一片公共建筑。在垂直方向也存在一种人为限制，即为了使在保留

---

❶ 参见经济学家阿隆索 1960 年发表的理论。阿隆索认为城市中存在租金比降，即租金会从城市中心向外逐渐下降，其变化受一系列"出价—租金"的影响，其中包括距离、可达性、运行费用等等。在市中心，不同的用地功能具有不同的租金比降，具有最大比降的功能将占据主导地位。因此，阿隆索指出，在 CBD 核内如果办公功能为了获得某一位置而支付了最高租金，比降最大，它将成为主导功能。随着与中心距离的增加，依次将出现的功能是零售、其他商业活动、工业、居住等（图 2-19）。该理论的前提是假设只有一个核心，有一个完善的土地市场。经济学家哈维和理查德逊分别于 1973 年和 1977 年对该理论提出了修改意见。斯科特将其理论作为一种方法使用，进行了修改。

地的东金纪念碑成为永久海景视线焦点而拟定的市政条例,将整个 CBD 的高度限制在 32m 以下。

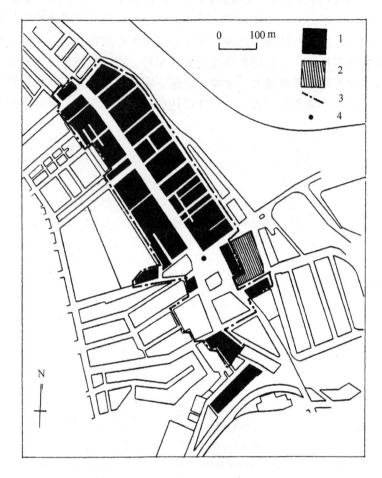

图 2-20 伊丽莎白港 CBD
1—CBHI≥1 和 CBII≥50% 的街区; 2—CBHI≥1 的街区;
3—CBD 边界; 4—峰值地价交叉点
资料来源: B. S. Young, "Aspects of the Central Business District of Port
Elizabeth, Cape Province", Journal for Social Research, May, 1961, Fig. 2.

B·S·杨还为伊丽莎白港的 CBD 划定了各种用地功能区。杨研究得出的各种分区模式将底层功能和以上层功能都计算在内,其方法包括了下列步骤:1) 以底图上的地块为单位绘出底层功能块;2) 将每个地块中底层以上的主要功能绘出地块图;3) 从错综复杂的图中提炼出一系列合理的同类用地功能区;4) 在地图上以符号标明某些专门用地功能的位置,包括交通设施、电影院、家具及家庭服务店、服装店、百货店、汽车服务设施、旅馆、银行、建筑互助协会等,这样来形成前面定界的地区;5) 区分出 CBD 内相对集中的各种用地功能分区。

杨接着对用地功能图进行分析(图 2-21)。CBD 的核即内零售办公区被分为中心区、北区、南区。在缅因街(主要的南北向街道)的东边,绝大多数零售店占据着狭窄的、向东倾斜的低地位置,它们位于比海边斜坡更低的地下层。

批发区的位置并不像美国城市的 CBD 的批发区那样,且美国未将其作为一种中心商务

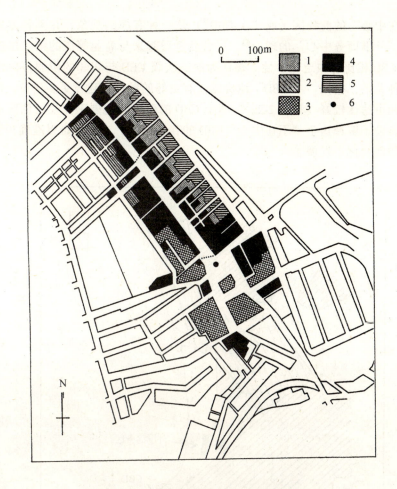

图 2-21 伊丽莎白港 CBD 的用地功能情况
1—批发；2—居住；3—公共使用；4—内零售—办公区；
5—外零售—办公区；6—峰值地价交叉点
资料来源：B. S. Young, "Aspect of the CBD of Port
Elizabeth, Cape Province", Journal for Social Research, May, 1961, Fig. 7

功能。伊丽莎白港 CBD 批发区的产生可以解释为，或至少部分地可以解释为 CBD 内存在低地价但对零售业又不太合适的地点。杨指出"批发业功能不需要为了销售活动而拥有面向主要的人流和交通流干道的临街面，其位置靠近地价较低的地区。"

伊丽莎白港一个有趣的情况是在 CBD 外围出现了一个商务区，杨称之为"一个不在中心的商务区"，它位于 CBD 北部边界的西北方向约 1.6km 远的地方（图 2-22）。杨认为这一"非中心"商务区不能和居住邻里及郊区购物中心混淆，因为它提供了比 CBD 稍为小型化的服务，在某些方面甚至超过了 CBD。目前它还未形成一个和谐相关的整体，并且沿主要街道还布置了仓储、批发及一些工业，但是因为存在足够的中心商务即零售和办公功能，所以可以认为该区是一个中心商务区。比起 CBD 来，它拥有更多的汽车修理店和汽车展示厅，有三个大银行、两个大百货店（这在 CBD 中没有）和一系列的律师、医生、羊毛经纪人租用的办公街区，及其他有中心商务特点的商务行为场所。正如杨所说："法庭和公共市场——都是从 CBD 的中心地区迁来的，加上别的中心商务功能——足以形成伊丽莎白港一个很重要的外围商务中心的核心。"

这个"不在中心"的商务区(或"次 CBD")是一种有趣的现象,在某种方式上它呼应了普劳弗德的"外围商务中心"的理论❶,尽管后者看起来与商业等级的第二层次更为协调一致,与正常 CBD 相比更缺乏竞争性。杨认为他的次级 CBD 与相邻的伊丽莎白港北部地区的工业存在某种关系,它比"主 CBD"地价低,有更好的条件能建设更多建筑,从主要居住区往来的道路和可达性较好(见图 2-22)。两个 CBD 的位置与主要工业及居住区进入城市的线路的关系,有助于解释这个"不在中心"CBD 的存在原因,当时还难以准确预测两个 CBD 的相互关系会如何变化、发展。

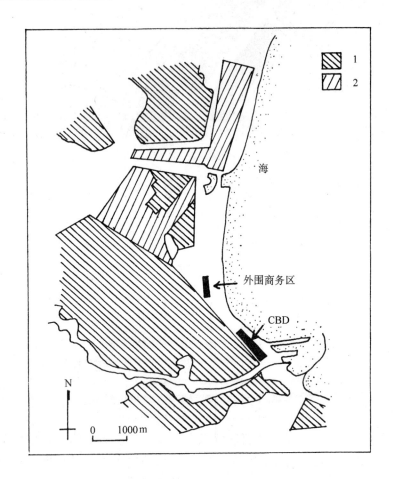

图 2-22 伊丽莎白港 CBD 和外围商务区的相对位置

1—居住;2—工业

资料来源:B. S. Young,"Aspect of the CBD of Port Elizabeth, Cape Province", Journal for Social Research, May, 1961, Fig. 5.

三、马普托市对 CBI 技术的运用

哈姆·德比利于 1962 年发表了对莫桑比克首都马普托市 CBD 的功能结构的研究成果,他认为在该市运用 CBI 法时会出现一些问题。他首先讨论了德拉高湾发展的历史,并进而对城市功能进行详细讨论。他对"核与中心商务区"的讨论曾产生一定影响,尤其是他指出了

---

❶ 参见马尔克姆·普劳弗德所著《城市零售结构》中讨论过的"外围商务中心"理论。

对像马普托这样情况的城市运用 CBI 法存在困难。该市有 10 万～20 万人口，和总结出 CBI 法的九个美国城市相当。

CBI 法必须依赖峰值地价交叉点，并假设地价因地区性而不同。但是在马普托却不存在这种情况，这成为德比利的首要困难。当时，地价在中心区可以很随意地确定，这些土地具有统一的价值。他还认为，房地产买主的选择不是以价格而是以地理位置为基础。

尽管在硬核部分零售业产生了很可观的发展，但一层以上的楼层很少用于零售业，它们被居住单元占领，且城市中只有三栋真正的办公楼。

另一个运用 CBI 法给 CBD 定界的困难是城市中心的多数街区很大，有点像美国的盐湖城。德比利认为："这类街区的中间部分是一个开放的修车店、停车场或难以形容的陋屋及茅屋。"商店与这些空地相距很远，故测量商业楼面面积很不现实。

因有这些困难，德比利提出他的定界法将以包括银行的零售设施占领的临街面为基础，来推算每个街区的商业楼面面积百分比，再使用频率图表来确定使用强度上的变化，这种图表以街区为单位来表示变化的强度。

马普托类似于开普敦，但马普托的 CBD 没有那么拥挤。它们所占据的地区都是平原陆地，但是因为南非和莫桑比克经济水平不一，两个 CBD 发生和发展的情况必然会产生差别。

四、加的夫市的 CBD

下面要介绍的是 1966 年英国人 H·卡特和 G·罗利进行的有关英国加的夫市 CBD 的研究。这个研究不像前面介绍的研究那样，它不是以 CBI 法给 CBD 定界为基础的。

加的夫市在 1961 年有 26.5 万人，比墨菲等人研究的九个美国中等城市的平均规模更大些，但仅为开普敦的 1/3。因为加的夫市比前述美国、澳大利亚和南非的城市都要古老，其悠久的历史使它的 CBD 与美国以及前面讨论过的那些城市 CBD 大为不同。

卡特和罗利在他们的工作中首先寻找一种标准的但是客观的 CBD 定界法。以这一技术为基础，他们希望测量 CBD 的形状、面积、内部构成以及与这些相关的如城市人口、人口和居住的增长率及经济功能的情况。他们希望得出一些能评价 CBD 本质的普遍结论。他们指出，正是因为试图给 CBD 定界、下定义的想法，定界的目的才影响到结论，因为很显然现实中 CBD 不存在一条真正精确的边界。他们认为边界是"一个产品"，"不是 CBD 的本质，而是定义的技术"产物。

由卡特和罗利提出的另一个有趣而基本的观点是 CBD 主要是在本世纪才开始兴旺的，这是因为这一中心地区的物质存在不仅是过去百年来快速城市增长的产品，也是其内部结构复杂过程的一个产品。在西欧，历代的发展力并不是在真空中运行，它们的作用长期存在于城市结构中，在比较西欧及美国的 CBD 定界术时应该牢牢地记住这种历史背景。

在加的夫市的发展中，有两个位置元素很重要。第一个是能提供良好灌溉的，并能制造很干净泉水的冰川平台，这一平台位于塔夫河的东面，能方便地到达河边，此地架桥很方便。第二个位置元素是在塔夫河侧面的导航龙头，这儿是河流与潮汐水相遇的地方。加的夫市的街道布局受该平台控制，圣梅街是平行河流的轴线，主要东西道路在诺曼城堡处并入轴线，使整个城市形状为"T"形。

诺曼城堡和城市的最初位置可追溯到 11 世纪。在 19 世纪中期，加的夫中心所有边界被明显的物质屏障包围，北部是城堡及其保护地，南部是南威尔士铁路，西部是河流及其沼泽低地，东部是连续的墙、运河、码头供应场和塔夫谷铁路线。人口从 1841 年的 1 万人至 1961 年 25 万人的连续增长，给这一中心地区带来了严重的压力，但边界仍保留下来了。在这些外部压力及这些边界的挤压下,加的夫城市区出现了。

卡特和罗利认定用地功能资料为 CBD 定界提供了最为满意的基础。就此,在他们对加的夫市的 CBD 研究中,用地功能调查包括了所有尽可能被认为是在 CBD 内的土地,将底层以上层和底层同时进行绘图工作。他们将零售业和以获利为目的的服务业定义为中心商务功能,用总楼面面积除以底层面积或建筑所在地块面积来计算一个比率,卡特和罗利经过分析认为大于等于 2 的比率可作为给 CBD 定界的参数,最后用三张用地功能地图来检验。

卡特和罗利指出,过去在英国城市的不规则生长模式中产生的英国式城市中心区,已产生了一种统一的街区模式,他们觉得如果他们使用美国 CBI 法的话,会过于概括且不可避免地丧失精确性。

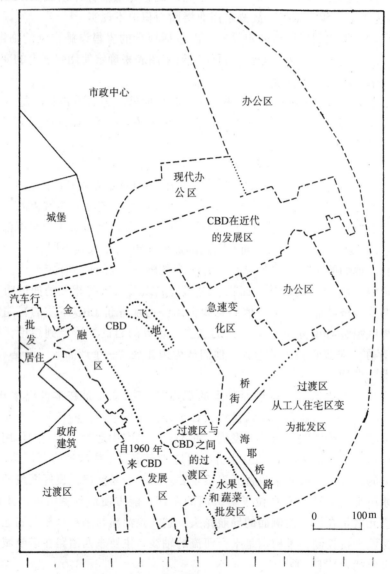

图 2-23 加的夫市中心的分区情况

资料来源:H. Carter and G. Rowley, "The Central Business District of Cardiff", Institute of British Geographers, Transactions, no. 38, pp. 119~134, Fig. 8.

他们调查中心地区的地价并以此为基础绘制地图，正如他们指出的："如将这些值作为客观数据进行计算是很危险的，因为它们只是地价官员的估计"。

因为没有某种现成的技术适合在加的夫市的研究，故研究者使用了几种不同元素进行研究。例如在有些情况下研究商店顾客，以考察这些商店具有何种吸引力能把顾客从城外吸引过来，这种吸引力被认为是真正的 CBD 联系因素。

卡特和罗利的研究成果之一——城市地区地图表明了他们所用方法的另一些特征（见图2-23）。可以认为，伯吉斯和霍伊特的理论已被反映在加的夫市 CBD 的发展模式中。

卡特和罗利使用的方法无疑促进了对城市中心区更深入的了解，这一事实在其他研究中更为清楚，研究中有许多资料能评论加的夫市中心的演化和特征。在结论中作者指出在欧洲每一个城市中心都是长期进化过程的产物，任意地将它从城市定义的文脉中分离是危险的。他们认为在所有组成部分的相互关系中存在有益的研究领域，然而不能指望在加的夫市 CBD 研究中使用的方法能为不同城市提供客观的比较基础。

第七节 变化的 CBD

本节将介绍有关对 CBD 历史发展的研究。首先，讨论费城核的位置变化；再追寻美国哈里斯堡市 CBD 在 3/4 世纪时间内的变化情况；第三，考察在一个半世纪中波士顿 CBD 形成的历程和原因。

一、费城中心的研究

在墨菲和范斯正在对美国的九个 CBD 进行研究时，约翰·雷那尔斯正在进行对费城中心的城市用地功能的调查。在此简介他的研究以及一份费城城市规划委员会的报告。

（一）城市的核

在雷那尔斯 1956 年发表的《城市的核》一书中，主要以费城为目标，阐述了一种不寻常的观点。他的注意力中心是"活动"及"设施"，而不是用地功能单元。作者认为，进行活动的个体和设施形成了城市，活动之间的变化关系表达了它们各自变化的位置要求。

术语学在雷那尔斯的研究中扮演了重要角色。城市用地功能的变化模式被认为是下列这两个元素相互演化的结果：活动和物质场所。他将"设施"定义为一种可识别的商业、居住、政府或类似的场所。作者举例说明杂货链这个活动系统，指出它包含咨询场所、肉摊、日用仓库、各种零售商店以及诸如此类的个体设施。物质场所是相对永久的，而活动的模式及其众多的内部相互关系都在变化，例如某种设施可能占据整栋建筑，另一种设施则连续在城市地区内的可得到位置之间移来移去。

雷那尔斯研究的主要目的是"建立分析城市中心内部发展和变化现象的真实基础，并带有保护并加强城市资源的目的"。该目标主要通过建立并使用三种表现核特征的统计参数来实现：1）集中指数；2）重力中心；3）分散半径。运用这些参数能分析真正靠商业用地功能集中而形成特征的 CBD 的范围及 CBD 的正常扩散范围。雷那尔斯使用这些统计参数来辨别各种商业用地功能的位置特征。他建立了一系列的模型来表述 1934 年至 1949 年间这些功能之间的关系。对某两套模型的比较能显示核变化的特征。

雷那尔斯的研究主要针对费城的核，也针对费城 CBD。为这一地区定界时并未使用专门技术（在其他许多研究中都是这样，CBD 好像都是假设的，可能是没有涉及要与其他城市 CBD 对比）。在对费城的情况进行讨论时，作者讨论了 CBD 内功能分布的定位因素。这些

"行为系统"（定位因素）有助于回答"实体在何处可被认为是在城市地区内"的问题。这些系统与城市活动在三个层次上产生关系：个体、个体或"设施"的集合、"设施"之间的关系即关联。"设施"是研究位置及"设施"之间交通关系的基础。

雷那尔斯提出了 CBD 内各种活动之间存在四种类型的关联，它们是 CBD 形成和发展的内在动因：1) 竞争式的关联，意指 CBD 内同种或相似活动的集结会产生竞争性的关联；2) 补充式的关联，服务于同一市场的相关活动的集结就是因为活动之间具有补充性质的关联；3) 辅助式的关联，不同功能活动的集结，导致了辅助和附属性质活动；4) 商务式的关联，指不同的企业或机构由于依赖于同一供应者而集结在一起。

不像在本书中提到的许多其他研究，《城市的核》着重理论与技术，它使我们对 CBD 和费城中心增加了了解。沿着作者已提出的思路进行深入研究，可能会对 CBD 的用地功能复杂性有更深入的了解。

（二）费城中心的规划研究

在发表《城市的核》以前，雷那尔斯就已和阿尔德森、塞欣斯一道为费城规划委员会进行了费城中心的规划研究。他们写作了一份有关"费城中心区（或称费城 CBD）研究"的报告。与研究有关的资料形成了雷那尔斯等人的图表及统计技术的基础，但是他们的研究有其自身的目的。费城的中心区研究使用了"空间利用方法"，目的是为了预测出 1950 年至 1980 年所有功能种类在费城中心地区的空间需求。他们定义中心区（或 CBD）为"广泛包括大量的面向比邻近居住区更广阔的地区进行服务的重要设施"。

在 1934 年和 1940 年都有费城中心区整体空间利用情况的记录，包括了所有非居住类空间。雷那尔斯等人将设施归属为六种基本的用地功能类别（组成第一功能群）：1) 零售；2) 工业；3) 有仓库的批发业；4) 没有仓库的批发业；5) 商业服务；6) 顾客服务业。他们将这些用地功能组合成第二功能群，分别命名为：工业与含仓库的批发业；商业服务与没有仓库的批发业；零售与顾客服务。鉴于交通的问题，他们再次组合调整出的第三功能群仅包括了两种分类：货物处理设施（含零售、工业和有仓库的批发业），以及非货物处理设施（顾客服务、商业服务和没有仓库的批发业）。

在分析了 1934 年至 1949 年这 15 年间费城中心区的变化后，研究者考查了设施和楼面面积的分项数量。在此基础上，他们发现"零售从业者和制造业从业者在数量上都有所减少，但楼面面积有所增加，批发业数量和面积都有所增加，但是增加的几乎都是没有仓库的批发业。"

二、为过去的 CBD 定界

今天许多人对 CBD 的兴趣毫无疑问在于考察其过去不同时期的范围。但我们如何能为早期的 CBD 定界呢？要达到目的，我们有必要为 CBD 定界绘制一张当时的城市用地功能地图，另一件重要的事情是为这一目的重构过去的用地功能模式。

在 20 世纪 60 年代早期进行的一项研究中，保罗·马丁利试图追溯过去 70 年中美国宾夕法尼亚州哈里斯堡 CBD 边界的变化情况。选择哈里斯堡是因为它不太大，较适合于研究（其城市化地区人口 1960 年为 21 万人），并且因为它在过去 70 年期间在主要的发展方向上有几次重大变化。

马丁利的研究主要针对哈里斯堡 1890 年、1929 年和 1960 年的 CBD，并尽可能使用 CBI 定界法。他在为 1960 年的哈里斯堡 CBD 定界时没有遇到什么困难，因为可以使用当时的实地地图，但 1890 年和 1929 年的 CBD 却是另一回事，幸运的是有些土地使用资料可在桑伯恩火灾保险公司地图上获得。

若不对 CBI 法做适当修改就无法为早期的 CBD 运用 CBI 法。首先，CBHI 值尽管在该技术中很重要，但却被省略了，因为有关底层以上楼层的用地功能资料在桑伯恩地图上不是连续的。鉴于同样的原因，CBII 值仅能以底层功能为基础。最后 CBD 边界线是以在 CBI 定界技术中 CBII 值的 50% 为基础确定的，但这一值是根据在底层楼面而非所有层楼面中心商业活动所占据的楼面面积的比例计算得出。同时，还要进行另一调整，即有必要将 75 年历史中的某些中心商业设施转换为相应的现代设施，诸如将马厩转换为停车场。

马丁利将按原 CBI 法定界的 1960 年哈里斯堡 CBD 和按修改过的定界系统而得出的 1890 年和 1920 年 CBD 相比较，发现前者在面积上比后两者大 10 个街区。修改过的技术看来更不精确，它没有计算底层以上的情况。不过，该法看来已为该区的定界工作做了不少贡献，并被应用在 1890 年、1920 年、1960 年三个哈里斯堡 CBD 的定界中。马丁利认为哈里斯堡现在的 CBD 的起源可追溯到约 1720 年，当时约翰·哈里斯这位城市的开发者确立了该区最初的核心。我们无需了解当时 CBD 的发展和随后迁移的详细情况，但应该考虑 1890 年的边界，该年份是确定 CBD 范围的第一个年份。

马丁利指出在那时 CBD 包括 19 个正方形街区，几乎都沿整个市场街呈长向扩展（图 2-24 和图 2-25），绝大多数中心商务功能分布在市场街及与它交叉的街道上，这类活动在沃纽特街和彻斯纽特街上相对较少。市场街成为 CBD 轴线的首要原因可能是该街端头早期产生的商业，且它最靠近萨斯昆罕纳河。市场街的另一终点是铁路客站，市场街是连接中心商业活动各种焦点最直接的大道。

在 1890 年和 1929 年之间，CBD 继续扩展，在东边加入 11 个正方形街区，在沃纽特街西北增加一小部分（图 2-26）。扩展方向产生的原因无法详细追溯，但是有一些原因是清楚的。市场广场上的市场设施于 1899 年被拆毁，结果市场街上商业设施明显减少。广场东南部的 CBD 变为商业中心，显然是因为 1890 年至 1925 年间在南科特角及彻斯纽特街上建设的两个市场设施产生的作用。当这一地区充满商业设施时，扩展的惟一方向是沃纽特的北部和西部，因为在缪尔堡街有一铁路线，成为向 CBD 东南运动的屏障。工业和交通用地向西和南部进一步完善。仅有一个方向是开放的：佛朗特街和州府所在地之间的北边。

1929 年至 1960 年，CBD 继续自萨斯昆罕纳河与州府土地之间的沃纽特街向北发展，增加了十个街区，有七个街区分散围绕原 CBD 的边界。

目前 CBD 的形状反映了自然与文化的力量。除了萨斯昆罕纳河之外，自然屏障几乎对 CBD 的范围无甚影响，CBD 的绝大部分土地向西逐渐倾斜，从州府建筑群所在的希尔托普向河边倾斜，这一斜坡对开发不产生任何重大的影响。但是人工屏障仍存在，包括朝向东部的铁路线的大面积扩展，一条沿缪尔堡街铺设的铁路线以及在北部的政府建筑群。只有一个方向可以供 CBD 更深入地发展，即在州府用地和萨斯昆罕纳河之间。同时 CBD 仍向北移动。市中心区的两个主要的百货店紧靠第四街及市场街，这两条街是 CBD 向北发展的一种依靠。

马丁利研究时代的变化，一定程度地涉及历史，但是涉及的那段时间有限，并且主要只与 CBD 边界的变化相关，但无疑为我们研究过去时代的 CBD 提供了一种参考方法。

三、波士顿 CBD 的出现

历史地理学者大卫·沃德在一篇 1966 年发表的文章中讨论了工业革命对波士顿 CBD 在面积和复杂性方面的影响。

沃德没有对任何时期的 CBD 提出精确的定界术，他提出了一套主观的对波士顿中心的

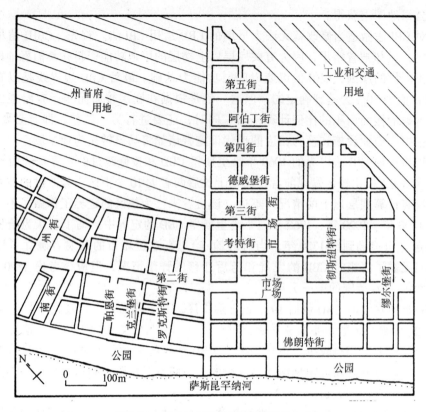

图 2-24　宾夕法尼亚州哈里斯堡市中心

资料来源：Paul F. Mattingly, "Delimitation and Movement of CBD Boundaries through Time: The Harrisburrg Example", The Professional Geegrapher 16 (1964), Fig. 2.

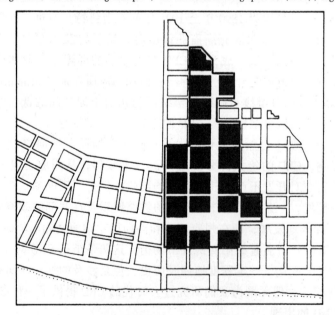

图 2-25　哈里斯堡 1890 年的 CBD

注：黑色为 CBD 街区，比例同图 2-24。

资料来源：同图 2-24。

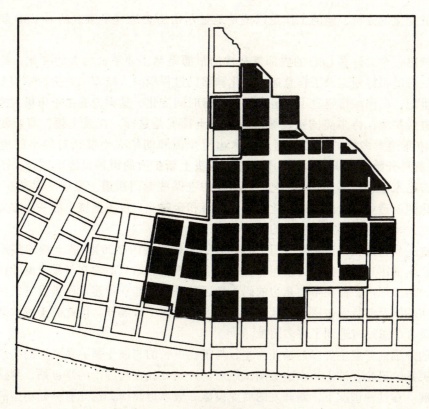

图 2-26 哈里斯堡 1929 年的 CBD
注：黑色为 CBD 街区，比例同图 2-24。
资料来源：同图 2-24。

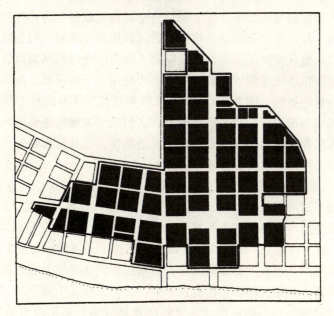

图 2-27 哈里斯堡 1960 年的 CBD
注：黑色为 CBD 街区，比例同图 2-24。
资料来源：同图 2-24。

范围及特征变化的分析,他的工作足以清楚地显示出历史地理学家式的对 CBD 研究方法的特点。

沃德指出,今天许多 CBD 的内部复杂性的根源是与工业革命相关的变化,他认为美国东北部大的海港很好地记录了在急速工业化和移民过程期间大城市中发生的结构变化。

在中世纪,欧洲城市建立了街道市场,随着时间变化,这类设施由于市场大篷或仓库的建立而改进或扩大,许多美国殖民城市包括波士顿就是这样。在波士顿,商业发展了几十年,至 1840 年绝大多数的仓库占据了在水边至州街和朗华夫南部相对较小的地区(图 2-28)。地方贸易开始在从州街以北数不清的小码头上新扩大的市场设施中进行,还有不少商人在他们自己家里进行买卖。手工艺产业则集中在某些专门街道上发展。但是在 19 世纪早期,专业化的制造业及专门化的商业活动(销售和金融业)仅占据城市的一小部分,绝大多数建筑和绝大多数地区都是多功能的。

沃德进一步讨论城市铁路对专门化商业开发的影响(图 2-29)。波士顿的多丘陵、半岛式地形所产生的困难,诸如缺乏空间,使绝大多数铁路总站只能建在与最大商业活动地区有一定距离的建成区内,而在半岛东边的码头地区几乎不可能获得建设所需设施的场地,南边的总站被南端区及弗特希尔居住区从现存小商业活动核中分隔开,因此波士顿铁路公司在这一地区建造 8 个总站时遇到了许多困难。

发达的外围商务业主要以运输业为主,与正在成长的与波士顿关系密切的内地丝绸工业几乎没有关系。班轮在波士顿水边短期试用后,开始寻找在纽约市的终点站,到纽约比到内地更易发展。在这种情况下,新开发的商业设施一般靠近州街,这儿有一处小型的但正在发展的金融和保险公司的聚集地区,它们为运输业提供银行信用和信息服务。

1844 年波士顿有 25 家商业银行、两家储蓄银行及 27 家保险公司,除了三家外全在州街上。在许多情况下沿州街开发的项目,都设置在那些长期混合了居住和贮存功能的建筑中。当成功的商人迁入功能较单一的居住区中时,当初的住宅就转化为银行和保险办公,之后它们被炸毁,在原址上建设专门化的商业建筑。老州街地区变成专一的金融区,这是金融区最初的核心位置,这一地区反映了富有及有影响的人物曾居住过的早期居住区情况。

新的金融区位于市场大篷附近,但与现有水边仓库有一段距离,而且与在弥尔旁和南科乌地区的铁路总站相距更远(图 2-30)。约在 1830 年后几乎所有的波士顿新仓库建筑都出现在金融区南部边缘和州街对面的食品市场附近,它们的巨大规模是美国内战后波士顿运输业繁荣的明证。仓库区靠近金融区和现存水边及铁路总站,它的位置显示出在总站与仓库之间距离很近,具有容易得到信息的优势地位。

随着 1857 年大萧条的到来,波士顿的运输业业务量也相应减少,在内战期间英国船只到岸数的削减加剧了这一萧条,但是其他变化仍在进行。服装、鞋类、家具制造业在发展,为广告和信息业服务的印刷业同样有所扩大。此外,发展的产业还包括早期的手工艺产业,该产业在 19 世纪 50 年代建立了工业作坊,雇佣不熟练工人进行详细分工的制造工作。

皮毛和缝纫机械及其他技术的发明使这类活动迁移到仓库的上层,甚至可进入邻近住宅的顶楼。但是因为新作坊的控制权仍在商人手中,这些工业几个分开的制作过程仍集中在仓库区中。鉴于市场的弹性和不确定性,这类新产业靠近银行信用及市场信息来源是一种优势。

工业活动补充并鼓励了仓库区内的买卖活动及储存,更进一步刺激商业区向南扩展到邻近的居住区中。在佛特山及南端区残存住户迁移到了出租房屋及那些迅速被棚屋填满并变为

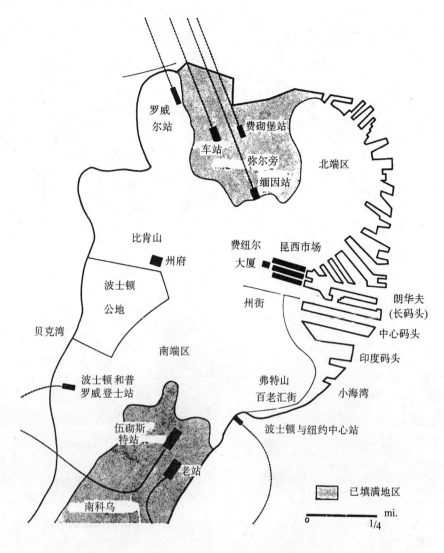

图 2-28　19 世纪中叶波士顿的商业设施

资料来源：David Ward, "The Industrial Revolution and the Emergence of Boston's Central Business District", *Economic Geography* 42 (1966), Fig. 1.

波士顿的一个主要移民中心的地区内。1873 年波士顿大火烧毁了仓库区南边并湮没了该区所有居住功能的最初痕迹。市政当局将这一偶然事件作为一次机会，建设新的更宽的街道，并使城市在整体上更有规律。

佛特山的变化改进了仓库区至南科乌铁路总站的可达性，但是移民住宅仍拥挤在这两个地区之间。大火之后的主要重建时期过后，19 世纪 70 年代中期的萧条延迟了有关部门进一步的行动，仓库区有规律地扩展的需求像是被忽视了。

1875 年仓库区作为 CBD 内最大的亚区，在 19 世纪的最后 10 年继续向南扩展。仓库建筑逐渐用于批发贸易，工业作坊逐步迁向新区，零售业扩大了经济规模，其位置更为灵活自由。随着干货、食品及粮食等地方贸易的扩展，它们需要相当大的进行地区性分配的中心组织调度场所，同时，纺织品及皮毛贸易的规模也有所增加，仓库区变得更大。

随着波士顿 CBD 商业活动的增加，工业活动的减少，那些依靠出租经济的作坊制造工

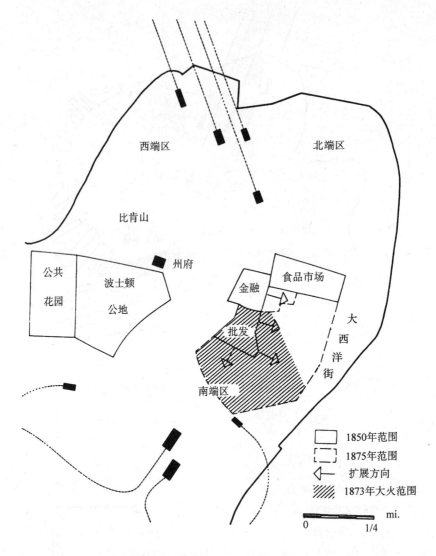

图 2-29　1850 年～1875 年波士顿 CBD 的扩展

资料来源：David Ward, "The Industrial Revolution and the Emergence of Boston's Central Business District", *Economic Geography* 42 (1966), Fig. 3.

业开始出现仓库场地短缺。除了印刷业之外，它们开始迁至新区而不在 CBD 内，例如制鞋业就能将其生产过程及销售活动迁移至广大的郊区，但是制衣业因无法扩大其生产规模，被吸引至北端区及西端区的出租屋区内，那儿犹太移民可获得所谓"血汗工厂"❶的地盘，制衣及制鞋业的批发贸易仍留在仓库区中（图 2-30）。

在州街以北，市场大篷为新食品和粮食贸易提供了有顶的场地。在 19 世纪的最后 25 年中，食品的集散有巨大的增长，因此和干货一道，它们分成了零售及批发两个过程，新鲜食品和粮食贸易从市场大篷里沿水边向州街以南和以北扩展，按过程分解为三个专业化的分区。最初的市场大篷主要集中进行新鲜产品贸易，水边以北为鱼和肉贸易，水边以南为一般

---

❶ 血汗工厂：sweat shop，指在不公平和不卫生条件下进行生产的小型制造业工厂。

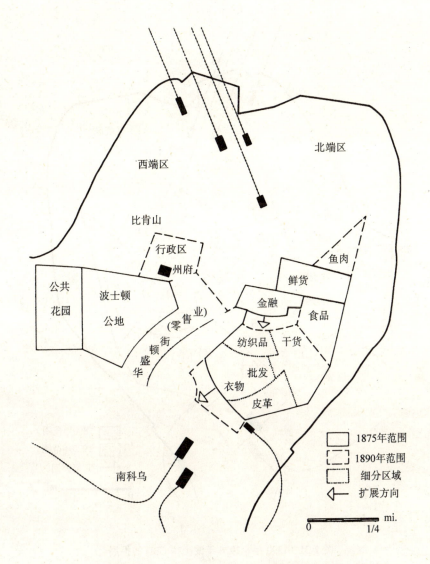

图 2-30 1875 年~1890 年波士顿 CBD 的扩展

资料来源：David Ward, "The Industrial Revolution and the Emergence of Boston's Central Business District", *Economic Geography* 42 (1966), Fig. 4.

买卖和普通粮食贸易。在 1920 年，绝大多数的食物批发市场位于州街的北边并发展到北端区的出租屋区内。

沃德指出仓库区向南扩展是因其北部边缘的金融区的挤压。1875 年金融活动仍集中在州街南边，它们最早出现于 19 世纪 30 年代和 40 年代；到 1895 年，银行和办公业已扩展到邻近的仓库区内；1920 年连羊毛仓库都已让位给金融活动（图 2-31）。公共管理和相关服务业在围绕州府的一小片地区内发展起来，19 世纪末它们向南扩展与新扩大的金融区混合成一片。

19 世纪早期管理与金融的这种密切关系，被城市边缘建立的新州政府设施分开了。在 19 世纪向 20 世纪交替之时，部分产业从中心地区分离出来的结果是使金融、管理及相关的专业服务业密集发展。管理及专业设施向邻近居住区的扩展，因此相应受到抑制。比肯山也像北端区那样，是紧靠商业区边缘的一个永久性居住区，比肯山居住了各种阶层的本土美国

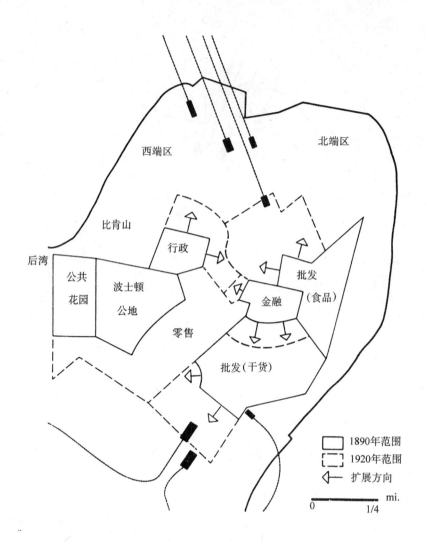

图 2-31　1890 年～1920 年波士顿 CBD 的扩展
资料来源：David Ward, "The Industrial Revolution and the Emergence of Boston's Central Business District", *Economic Geography* 42（1966）, Fig. 5.

人，而北端区则由意大利移民居住。因食品批发市场和商业区的行政管理区无法阻挡相邻的居住区，而且居住区还扩展到州街和弥尔旁铁路总站之间的地区，居住和商业因此长期混杂在一起。

沃德指出，直到 1880 年干货集散才处在代办机构及那些掌握制造过程的部分商人控制中，顾客可以直接从仓库或商店买走这些货物。至 1875 年，日常零售贸易从金融区中分离出来，CBD 内专门化的零售业主要经营成品。在 19 世纪 80 年代，零售价格的下降增加了商人必须获取边界经济效益的压力。随着仓库区内批发贸易的扩展，许多商人开始建立展销屋并开始直接对顾客销售。这些展销屋设置于城市中心区易到达及有吸引力的地方，集中在仓库区和波士顿公地之间。

至 1890 年，绝大多数新式市内电气化有轨电车线路集中在 CBD 中，给 CBD 带来不断增长的就业人源，这也意味着这个区会有更多的零售活动。这个零售区容纳了两种不同的零售活动：1）拥有大范围的日常需求的大规模贸易；2）不经常进行买卖，但需要再扩大规模的专门类零售。

华盛顿街和崔孟特街是将多条市内有轨电车线引入城市中心区和进行最早期零售业开发的两条街。华盛顿街吸引了大规模的百货店，在此零售较专门和较昂贵的物品。至1920年，公地阻碍了零售业向拥有金融和仓库区的CBD的更进一步扩展。零售建筑只能围绕公地南部发展，并开始向密集的贝克湾居住区扩展（图2-31）。居先所有权和波士顿人对波士顿公地地区情感上的依恋挤走了适合零售业的市场，所以影响了波士顿CBD的扩展方向和位置。

在19～20世纪转换之时，在CBD狭窄街道上交通量不断增加，产生了严重的拥挤问题。私营市内有轨电车公司第一个致力减轻正在增长的拥挤问题，建造了一个快速交通系统，包括一条邻近CBD边缘的高架轨道。这条高架轨道不仅为从郊区到CBD提供了一种更方便且更快捷的服务，而且提供了一条将CBD各部分联系起来的环线。1900年至1915年建造了几条进入CBD核心的地铁。但是若要满足日间通勤者的要求，或要大大减轻商业区内日益增长的拥挤程度，交通设施的改进程度仍然不够。高架轨道和地铁的建造、电气化过程刚刚完成、劳力和材料价格迅速增长等因素，使有关公司花费了大量的资金，从而延误了减轻交通拥挤的努力。由于经济窘境及市政府对困难原因的失误判断，有关公司受到限制，无法大力改进交通系统的问题。

广为分散的铁路总站和水边码头设施加重了波士顿CBD内的交通拥挤。在谷物出口贸易下降之后，市政当局对波士顿商业的有关公共调查主要瞄准不适合交通的总站设施，却不是针对有别于国际贸易的地方贸易所具有的交通需求，但这是现代商业区第一次严肃地面对其窘境提出某些解决办法。市政当局后来仅对方便内部交通付诸了有限的努力。

沃德在研究中，尤其对工业革命对波士顿CBD的影响感兴趣，他仅用很小的篇幅来讨论1920年后CBD的问题。他的研究重点探讨了CBD在18世纪至19世纪变化的重要方面。在这段时间内，波士顿市中心从早期的市场大篷和大量水边仓库演化为大为扩展和拥挤的CBD，而这时CBD的金融和零售这类专业功能已占据绝大多数CBD街区。

四、研究CBD变化的方法

绘制并分析静态的CBD比变化的CBD更容易，不过CBD不是静止的，研究该区的变化情况存在一定的困难。

美国学者理查德·雷特克里夫和唐纳德·福利、鲍登等人都曾进行了CBD变化的研究，并探讨了研究CBD变化的方法。雷特克里夫在对麦迪逊CBD的功能变化研究中，定界了两个区：A区，即零售核；B区，即麦迪逊中心的其他地区。他使用城市手册将这两个地区从1920年至1950年30年间记录的用地功能以5年为一段来分析用地功能变化趋势。雷特克里夫使用的是随意选择的边界，整个30年时段边界相同。

福利在尝试确定旧金山湾地区的办公功能是否已郊区化时，并未确定固定的边界，把注意力集中在旧金山及其相邻小城市的市中心。他主要关心1928年至1954年这26年间的变化，并通过向海湾地区公司打电话，与顾问、专家的个人会谈，及有关大城市地区问题的讨论报告来获得资料。

鲍登于1971年对旧金山市CBD的发展进行了分析，他运用贸易指南、照片、报纸和火灾保险地图等资料对1850、1906、1931年三个时间的CBD展开对比，他认为有三种变化方式影响着CBD的空间结构变化：1）周边式增长，即在人口增长较缓慢的情况下，通过增加新的功能或通过已有功能区向外围发展来影响CBD的空间结构；2）爆发式增长，即在城市快速增长时，在短时间内 CBD 迅速扩张，增长发生在同化区内，其功能变化的典型过程是：从金融区开始，向服装业区扩展，再向旅馆业区，CBD 的其他功能区与之相应发生变化以达到新的动态平衡；3）分化式增长，即在城市保持相当长时间的较高发展速度的情况下，各种主要功能将向市中心地区具有其运作优势的特定区位发展，如零售业这类以市场的可达性为主导的功能可能随着消费市场的扩展而扩大并改变分布，而商业办公、公共管理机构及批发业则留在原位置，从而造成不同功能区的更大空间分化。在多数城市，随着时间的推移，这种分化的状态改变很慢，而在特大城市，这种分化将是 CBD 的固有形态。例如，伦敦现在的零售活动中心是从 19 世纪末经过 6 次变化迁移的结果，而纽约过去靠近下曼哈顿金融区的零售中心现已移至中曼哈顿，这两次大迁移的距离分别为 4.8km 和 6.4km。

本章中马丁利和沃德的研究没有上述三个研究中的那种实际目的。马丁利通过对 CBI 法的修改在可比的基础上对 1890 年、1929 年和 1960 年的哈里斯堡 CBD 定界，并因此可以研究该区的位置上的迁移，从而考察出迁移的原因，沃德的研究更完全是历史地理学式的，在对波士顿 CBD 进化的研究中，他没有试图去给该区定界，甚至不以任何精确的词汇描述其范围。相反他强调 CBD 进化及各时期特点之间的进步过程，将其边缘的变化位置主要留给读者自己去推断。

雷那尔斯对费城的研究几乎不能和其他城市比较，因为它主要是针对研究变化的方法，而非变化的专门实例本身。

但是还存在别的研究 CBD 变化的方法，例如用地功能可以通过使用典型的 CBI 法定出完善的 CBD 范围后，对几个时期进行比较，并且可量化变化的情况。当然，当代用地功能的绘图过程很容易，但是难以对早期的同一范围地区画出合理精确的用地功能地图。

另一种可能的研究 CBD 变化的方法是使用美国人口普查局的 CBD 概念。因为人口普查区段的范围通常在每个 10 年时间段上是相同的，它们看来对测量 CBD 的变化很理想。普查局 CBD 所能记录的资料对确定每个时间段零售或其他商业资料的变化很有价值，并且通常的人口普查区段资料都包含人口和居住统计资料。以一个或多个人口普查区段来记录商业资料，甚至以这类资料来研究商业的变化，都能取得令人满意的结果。但是人口普查区段相对于 CBD 这样的地理地区或形态单元，无法合理体现其实质。

第三章　CBD 的主要特征

前面章节使人对 CBD 的一些基本特征有了直观的了解。墨菲、范斯、荷乌德、哈特曼等人经过研究对 CBD 的特征总结出了一定的规律，本章将就 CBD 的规模、用地功能、形状、内部结构和外部关系展开介绍。

第一节　CBD 的规模

对 CBD 规模的研究是有关 CBD 研究的首要问题之一。早年布勒斯和福利曾研究出按美国标准大城市地区人口来计算 CBD 用地规模的方法，他们指出每 1000 人可折合 1200m^2 的 CBD 用地。霍夫梅斯特也曾根据对澳大利亚 CBD 的研究提出影响 CBD 规模的四个要素，即大范围内的商业需求（尤其是对办公面积）、CBD 在大城市地区内的相对位置、CBD 功能活动的分解中心化和各区中心对 CBD 的竞争情况，但他未予以量化。他们的方法和结论多少有点过于简单，这里主要介绍一下通过调查和分析而得出的结果。

一、CBI 法的直观结果

墨菲和范斯通过研究九个美国中等规模城市的 CBD，得出了一系列对 CBD 特征的认识。他们认为一般人的 CBD 规模概念是二维的，计算 CBD 在地面上占据的毛面积不失为表示规模的一种方法。墨菲和范斯分析九个美国城市的结果是：在 50 年代早期的 CBD 用地规模，伍斯特为 35.2 万 m^2，塔尔萨为 55.2 万 m^2，大急流城为 39.4 万 m^2，莫比尔为 29.5 万 m^2，凤凰城为 51.3 万 m^2，罗阿诺克为 31.3 万 m^2，塔克马为 27.4 万 m^2，盐湖城为 76.7 万 m^2，萨克拉门托为 76.2 万 m^2。九个 CBD 的平均用地规模为 46.9 万 m^2。

上面所提到的用地面积仅是对 CBD 规模的简单表达方式，这样的方式能真正说明情况吗？显然不能，因为忽视了高度的因素，CBD 内所有的楼面面积均属于 CBD，因此总楼面面积应该是比用地面积更恰当的表示 CBD 规模的参数。并且因为楼层高度基本上是标准的，所以可以认为一个 CBD 的体积可用它所有楼层的全部面积表示，这个面积可以通过将二层及二层以上的楼面面积加上底层面积而得到。比起简单的用地面积来说，用总楼面面积来表示 CBD 规模的优点在塔尔萨 CBD 特别明显地得到表现，因为塔尔萨市办公建筑的增长造成 CBD 向垂直方向扩展，总楼面面积增加了相当数量，但用地规模变化不大。确实，在任何城市中，CBD 中一栋新的 20 层办公建筑完全不会反映在该区的总用地面积中，但这栋楼肯定会增加 CBD 总楼面面积。

虽然 CBD 的总楼面面积在描述 CBD 规模时比用地面积有所改进，但它们还遗留了一些问题。因为在 CBD 内有相当多的用地功能不属于该区，CBD 内中心商务功能总面积因此成为一种更好的表示 CBD 规模的参数。在 9 个 CBD 的研究中，CBD 内中心商务功能的楼面面积从莫尔比的 30.6 万 m^2 到塔尔萨的 84.1 万 m^2 不等，塔尔萨市中心商务面积的领先反映了它在城市总人口和办公建筑增长量方面领先于其他城市。

在考虑不同城市的 CBD 规模存在多大差别和为什么存在差别时，首先就是决定使用什么基础来定义CBD。不幸的是9个CBD的研究没有涉及很多有关CBD规模与城市规模变化的资料。为了避免太多的变量，研究者所选择的9个城市的规模差别不大，均属美国中等城市（见表3-1）。

美国9个城市及其CBD的情况表　　　表3-1

城市	大急流城	莫比尔	凤凰城	罗阿诺克	萨克拉门托	盐湖城	塔克马	塔尔萨	伍斯特	平均
1960年城市化地区人口（千人）	294	269	552	125	452	349	215	299	225	309
1960年标准大城市地区人口（千人）	363	314	664	159	503	383	322	419	323	383
1960年城市化地区内批发业从业者（人）	5463	3451	9358	2004	6029	7532	2800	7065	3345	5227
1960年城市化地区内零售业从业者（人）	17387	14963	34157	8116	25835	22386	12137	18771	13056	18534
1960年城市化地区内办公室工作人员（人）	16783	15306	31193	7996	35867	23796	11758	21771	14659	19903
CBD用地面积（万m^2）	39.4	29.5	51.3	31.3	76.2	76.7	27.4	55.2	35.2	46.9
CBD底层建筑面积（万m^2）	23.8	20.4	31.1	21.6	44.0	48.9	21.2	32.3	24.1	29.7
CBD总的高度指数	3.320	2.124	1.806	2.337	2.009	2.114	2.336	3.154	2.964	2.422
CBD的CBHI	2.4	1.5	1.5	1.9	1.5	1.5	1.9	2.6	2.0	1.8
CBD的CBII	72.9	70.5	82.0	82.8	73.1	73.0	80.5	82.5	67.9	76.0
CBD内总楼面面积（万m^2）	79.1	43.3	56.2	50.4	92.4	103.4	49.5	101.9	71.5	71.9
CBD内中心商务楼面面积（万m^2）	57.7	30.6	46.1	41.7	67.6	75.4	40.0	84.1	48.6	54.6
CBD平均街区面积（万m^2）	0.70	0.82	0.86	0.70	0.86	2.72	0.64	0.75	0.86	0.99
CBD用地面积占城市化地区面积的百分比	0.33	0.28	0.36	0.35	0.71	0.40	0.17	0.56	0.31	0.39

资料来源：Raymond E. Murphy, *The Central Business District*, Aldine·Ahterton, Inc. (1972), Appendix B.

可以假设CBD的规模会因城市规模的扩大而增加（通常是这样的）。塔尔萨市人口最多，也具有比其他8个CBD更多的中心商务面积，墨菲等人认为可以更加深入地分析这种相对的关系，以便从9个城市中推断出某种结论。

在研究9个城市时墨菲等人首先假设用中心商务总楼面面积可以测定较真实的CBD规模，研究发现这个值直接根据标准大城市统计地区、城市化地区或自治城市的人口的不同而产生变化。墨菲等人认为，尽管这一发现可能值得深入调查，但是尚未发现CBD规模和标准大城市统计地区人口之间存在密切的关系。更令人惊奇的是几乎没有迹象表明CBD规模随城市化地区人口而变化，而在提到的三种地区中，城市化地区通常被认为是最能表现连续的城市地区并因此最能代表真正的城市。但在CBD规模和自治城市人口之间存在一种肯定和相互关系。

很难解释为什么自治城市人口比起城市化地区人口与CBD规模有更为密切的关系。仅有的解释是至少在墨菲等人对9个城市的研究中，城市化地区包括了在中心城市外、远离中心区的建成地区，这些地区都有它们自己的商店，这些外围商店可能会影响中心城市CBD的规模和重要性。这种情况在凤凰城出现过，该城的几个郊区中心大得足可以与中心城市CBD产生严重竞争。

在人口普查局的调查中，发现自治城市的零售及批发业就业者与CBD规模之间存在相当密切的关系。实际上这一关系是如此密切以至于可以在自治城市中用零售与批发就业者的人数来估计某个城市 CBD 的规模,例如,每 1000 名零售贸易就业人员相当于 4.9~5.3 万 m^2 中心商务楼面面积。

墨菲等人认为如果上面提到的关系确实存在,就可以用指数表示出来,例如 CBD 规模/自治城市人口、CBD 规模/零售就业者(自治城市中)、CBD 规模/批发业就业者(自治城市中)。但是,在特大或小型城市的 CBD 中这些比率会相同吗?或者它们会随城市规模而变化吗?如何变?它们会因城市种类如港口城市、工业城市、州府而变吗?在某些城市中使用这种 CBI 法,会得到这些问题的部分答案。但是墨菲和范斯的研究没有回答这些问题。

二、城市规模与 CBD 零售业规模

荷乌德和博伊斯在 CBI 法发表之后,进行了有关 CBD 规模的研究,补充和完善了墨菲等人对 CBD 规模的研究成果,并用量化的方法替代了经验主义式的方法,本节第二、第三小节就是他们的研究成果。荷乌德和博伊斯认为,在美国,零售功能已经是,并无疑将一直是 CBD 的一种首要功能,表现为中等或大型美国城市中心核的非居住类楼层空间有 30% 是零售业占用,并有约 15%~20% 的中心劳动力受雇于这一行业(表 3-2)。零售业除了具有大量出行生成的特征外,还是 CBD 零售中心主要的货流源,而零售货物流动像其他与货物流动有关的功能如工业和有仓库的批发业一样,正在离开市中心,寻求为更广阔的商业及工业区服务。从这些事实来看,研究零售贸易对了解 CBD 的零售空间利用及交通生成和预测尤其重要。

美国部分城市的 CBD 零售业楼面面积　　　　　　　表 3-2

城市名	1950 年标准大城市地区人口(万人)	楼面面积		零售面积占 CBD 楼面面积的百分比(%)
		CBD 总数(万 m^2)	CBD 零售(万 m^2)	
费城	367.1	357.7	107.4	30
辛辛那提	90.4	92.1	27.7	29
凤凰城	33.2	56.2	19.1	38
大急流城	28.8	79.1	20.6	26
萨克拉门托	27.7	92.4	31.4	34
伍斯特	27.6	71.5	21.5	30
塔克马	27.6	49.5	19.8	40
盐湖城	27.5	103.4	31.0	30
塔尔萨	25.2	101.9	23.4	23
莫尔比	23.1	43.3	14.7	34
罗阿诺克	13.3	50.4	19.1	38
普林斯顿	3.0	13.0	3.7	32

注:因为荷乌德等人和墨菲等人的 CBD 范围不同,本表和下表中 CBD 总楼面面积与表 3-1 中 CBD 总楼面面积不一致。

资料来源:Edgar M. Horwood and Ronald R. Boyce, *Studies of the Central Business District and Urban Freeway Development*, University of Washington Press (1959), Table 3-Ⅰ.

中心区零售业的普遍趋势是随着城市规模的增加,外围购物地区的零售业所占百分比增大,而在 CBD 中则是更为专门化的销售和服务的比重越来越大。在小城市,几乎所有购物者都经常光顾 CBD;在大城市,除了 CBD 就业者和邻近居民外,一般市民仅偶尔或为重要购物目的而光顾 CBD。CBD 零售业占城市零售业的比例随城市规模的增加而减少,大城市中零售业分解中心化的速度比小城市快。同时,有证据表明在大、小城市中零售业的分解中心

化比以前显示出更大的增加势头。

拥有私人小汽车不仅可以更广泛地选择购物地点，而且解放了依赖相对固定的交通系统的购物者，尤其是去中心的那部分人。另外，小汽车扩大了零售贸易服务的地区范围，造成在城市外围聚集了更多的零售业，提供了更多的货物和服务，并因此与CBD展开更多方面的竞争。非街边停车（指大型停车场）在外围地区比在市中心增加得更快。另一方面，小汽车也给CBD提出了更多有关专业销售和服务的要求，要求CBD的可达性更高。当小汽车开始产生其影响时，商业分解中心化的一般进程已经在城市中产生了影响，因为分解中心化一般都出现在从居住区至中心购物区的方便的步行距离范围之外。

（一）研究方法

荷乌德等人希望发现在CBD零售业销售总额和城市人口数之间是否存在一种可预测的关系，并量化这种关系。他们希望确认这些关系是否反映出中心区零售业销售额与城市规模存在某种关系，而这个关系可以作为评价某个城市变化的一种标准。他们的研究步骤是这样的：先从69个美国城市中收集1948年和1954年CBD零售业的资料，将每一种CBD零售业都绘出图表进行比较；再在对数坐标上通过最少平方原理获得CBD零售额与人口之间的某种线性关系，并计算能确定各类参数相关值的相关系数（r）。

他们的研究有两个局限：1) CBD没有精确定界；2) 1950年的人口资料同时用在1948年和1954年的零售业资料研究中。荷乌德和博伊斯虽是CBD核—框理论的创立者，但并未提出确定CBD核与框边界的精确方法，即无法得到精确的核与框的边界，他们的研究使用的是美国国家人口普查局定界的CBD边界。人口普查局公布的CBD零售业销售额是指覆盖了整个市中心地区的某个单一人口普查区段或一群区段的销售额，这种以人口普查区段为单元统计销售额的缺陷已为许多研究人员注意到。一般来讲，统计零售业销售额的地区仅限在CBD的核中，而普查局公布的CBD边界包括了大片商业地区，因此包括了那些从空间上和功能上都与核分离的零售活动，例如市中心汽车销售和服务活动，其商业额通常占中心区零售业销售额的百分比相对较大，但是普查局CBD并未统一地将这类活动包括或排除。不过，已有人通过研究，计算出CBD核的零售业销售额约占整个市中心地区零售总额的80%。

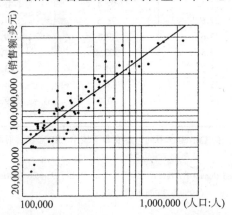

图3-1　1950年城市化地区人口与1948年CBD零售业销售额

资料来源：Edgar M. Horwood and Ronald R. Boyce, *Studies of the Central Business District and Urban Freeway Development*, University of Washington Press (1959), Figure 3-1.

第二种局限产生的原因是无从获得1948年和1954年所需的人口资料，而这两个年代的

CBD 零售业销售额却都要与 1950 年城市化地区人口对应进行比较。如果这样比较，1948 年和 1954 年之间的 CBD 零售业销售额差别就会减小或消失。因此，对 1948 年和 1954 年间人口的变化情况必须有适当的方法进行测算，以求对这种资料缺陷多少有些补偿。

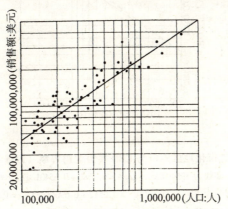

图 3-2　1954 年城市化地区人口与 1948 年 CBD 零售业销售额

资料来源：Edgar M. Horwood and Ronald R. Boyce, *Studies of the Central Business District and Urban Freeway Development*, University of Washington Press (1959), Figure 3-2.

另外，在回归分析中存在固有的统计方法和分析的局限性。

（二）CBD 零售业销售额和城市化地区人口的关系

荷乌德和博伊斯指出 CBD 零售业销售额和城市化地区人口之间的关系是直接的，存在指数关系，即随着城市人口规模增加，CBD 零售业销售额同样增加，但增加速度有变化。例如：20 万人口的城市的 CBD 在 1948 年零售业销售额为 8600 万美元，而有 100 万人口的城市（5 倍于前者）的 CBD 零售业销售额为 2.8 亿美元，约是前者的 2.5 倍。1954 年的 CBD 零售业销售额与城市化地区人口之间的关系近似于 1948 年。在数学坐标上两条线的倾斜度都有所减弱，表明人均的 CBD 销售额都随城市化地区人口的增加而逐渐减少。换句话说，随着城市人口增加，零售业销售额分解中心化趋势更大（见图 3-3 和图 3-4）。

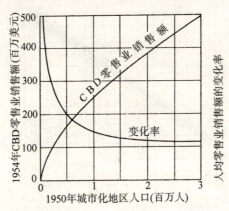

图 3-3　1954 年 CBD 零售业销售额与城市规模

资料来源：Edgar M. Horwood and Ronald R. Boyce, *Studies of the Central Business District and Urban Freeway Development*, University of Washington Press (1959), Figure 3-3.

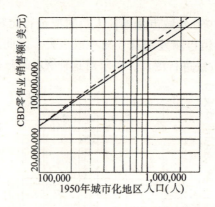

图 3-4　1950 年城市化地区人口与 CBD 零售业销售额（1948 年与 1954 年对比）

注：实线为 1954 年线，LogY = 4.4580 + 0.6540LogX，r = 0.85；

虚线为 1948 年线，LogY = 4.2512 + 0.6966LogX，r = 0.89。

资料来源：Edgar M. Horwood and Ronald R. Boyce, *Studies of the Central Business District and Urban Freeway Development*, University of Washington Press (1959), Figure 3-4.

图 3-4 是有关 1948 年和 1954 年 CBD 零售业销售额和城市化地区人口的比较性图解。随城市化地区人口的增加，销售额分解中心化在增大这一趋势，在这两年都非常明显，但 1954 年更为明显，正如图上显示的线型，其斜度相对平缓。小城市 CBD 零售业销售额没有重大变化，而人口超过 100 万的城市 1954 年比 1948 年销售额下降超过 10%。

两条经验曲线显示 1948 年和 1954 年的相关系数大于 0.85，在图 3-1 和图 3-2 中可看到该相互关系。

（三）人口变化的影响

按荷乌德等人的分析，在 1948 年至 1954 年之间城市化地区的人口变化对中心区零售业销售额的影响可从图 3-5 中估算出来。围绕阴影部分的线是从图 3-3 中演化出来的，显示 1948 年和 1954 年的零售业销售额，每个点针对一个 1950 年城市化地区人口数。另外两条线代表 1948 年和 1954 年城市化地区人口的修正情况。

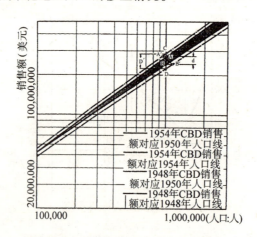

图 3-5　城市化地区人口与 CBD 零售业销售额

资料来源：Edgar M. Horwood and Ronald R. Boyce, *Studies of the Central Business District and Urban Freeway Development*, University of Washington Press (1959), Figure 3-5.

人口修正是以 1950 年至 1955 年间标准大城市地区人口 13.7% 的增长率为基础（每年增长率为 2.75%）。因此，上面的线表示 1948 年修正后的人口，从后一曲线向左移动两倍 2.75% 就代表 1950 年人口数减去两年增长的人口；同样，下面的线代表 1954 年修正后的人口，从前一曲线向右移动四倍 2.75% 以代表 1950 年人口数加上四年增长的人口。假设大城市地区的人口增长百分比相同，将曲线进行平行移动，显然这一假设有一定局限，但因无从得到近年来城市化地区人口的变化百分率，只能如此。

对图 3-5 这样解释：假设一个在 1950 年人口为 100 万的城市，按所有城市的一般经验将其 1948 年 CBD 销售额定于 A 点，1954 年 CBD 销售额定于 B 点，这其间其城市中心区零售业销售额下降约 13%，这一下降用 d 维表示。将计算出的 1948 年人口定于 A′点，1954 年人口定于 B′点，从 A′至 B′的运动形成了两年间 CBD 零售业销售额和人口变化的特征。从修正人口后的影响看 1948 年有 100 万人口的 CBD 销售额为 C 级；1954 年同等规模城市的零售业销售额为 D 级。这样，在 1948 年至 1954 年间，100 万人口的 CBD 销售额减少了 22%，用 D′维表示。换句话说，在纠正人口增长后，在六年期结束时，100 万人城市的 CBD 零售业销售额下降了 22%。

荷乌德和博伊斯指出，上述情况并不是特定城市的情况，它显示了这种规模的城市中 CBD 零售业销售额发生的变化。随着城市规模变小，曲线会收敛，销售额下降的百分比会产生差别，下降的平均百分比从 14% 至 28% 分别对应的城市人口为 100 万至 300 万人，说明随人口变化，中心区零售活动有重大减少。

（四）CBD 销售额与城市地区销售额的关系

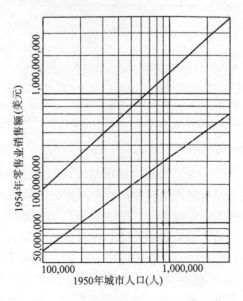

图 3-6　1954 年城市与 CBD 零售业销售额的比较（以 69 座城市经验为基础得出）

注：实线为城市零售额，$LogY = 3.7726 + 0.8959 LogX$，$r = 0.89$；
　　虚线为 CBD 零售额，$LogY = 4.2282 + 0.7138 LogX$，$r = 0.86$。

资料来源：Edgar M. Horwood and Ronald R. Boyce, *Studies of the Central Business District and Urban Freeway Development*, University of Washington Press (1959), Figure 3-6.

这一分析在于揭示 CBD 与整个城市的销售额及城市规模的关系。图 3-6 显示了用 1950 年的人口绘制的 1954 年 CBD 与整个城市销售额的坐标图。本分析的人口已从城市化地区人口转变为城市人口，因为城市化地区的销售额无从获得。专门的点被省略了，但是给出的相关系数（"r"值）显示了类似于前面的集结形态。

城市地区销售额与人口之间的关系显示出和前面图解相似的斜倾特征。斜倾度的减少意味随城市规模的增加，人均销售额也有所下降，可能这是因为在美国紧靠城市外或在邻里设施中的许多郊区贸易中心从中心城市夺走了部分买卖。

图 3-7 显示在坐标上按城市人口值分布情况，CBD 零售业销售额占城市地区销售额的百分比，或换句话说，图 3-6 表示下方曲线的纵坐标与图中上方曲线的纵坐标的百分比关系。对应 10 万人口以下的点可以从图 3-6 中推知。显然，当城市人口达到 0 时，城市地区内销售额的 100% 发生在 CBD 内。

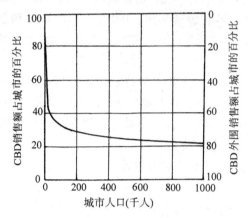

图 3-7　CBD 销售额占城市总销售额的比例

注：曲线下方为 CBD 销售额，曲线上方为 CBD 外围销售额。

资料来源：Edgar M. Horwood and Ronald R. Boyce, *Studies of the Central Business District and Urban Freeway Development*, University of Washington Press (1959), Figure 3-7.

荷乌德和博伊斯指出在图 3-7 中可以观察到，在低于 10 万人口范围内，CBD 销售额占整个城市销售额的百分比随着城市规模的减少迅速增加；但超过 10 万人口的城市随城市规模的增加，CBD 销售额占整个城市销售额百分比的差别很小。从研究中可以看出任何改进城市中心和城市交通系统的措施不大可能会对 CBD 销售额占城市地区的百分比产生根本影响。

荷乌德等人认为随着整个城市规模增加，CBD 在日用品、服装、家具（GAF 群❶）销售方面只能作为一个比外围中心相对吸引力较强的中心。根据研究显示，100 万人口的城市化地区的 CBD 日用品销售额 1954 年比 1948 年下降了约 24%；作为中心区零售贸易主体的 CBD 服装销售正在以比整个 CBD 零售业更快的速度分解中心化；家具销售只占 GAF 群的小部分，其变化趋势与前两者大致相似。

研究显示 CBD 的日用品、服装和家具销售额随城市人口规模的增加而增加，但增加速度却在减少（图 3-8）。CBD 内的日用品销售额随城市化地区人口的增长而增长，其重要性也随之增大，反映了大城市中主要百货店的重要性。人口约在 50 万以下的城市，在服装和家

---

❶ 参见第 75 页有关解释。

具销售比日用品销售相对更重要的市中心内，存在从百货店向专门店转化的趋势；在小城市，专门店可能比百货店更有竞争力。

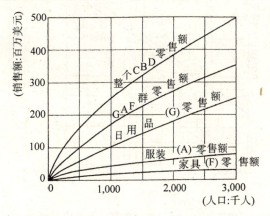

图 3-8　1954 年 CBD 销售额的组成与城市规模（按销售额分）

资料来源：Edgar M. Horwood and Ronald R. Boyce, *Studies of the Central Business District and Urban Freeway Development*, University of Washington Press (1959), Figure 3-14.

图 3-9 表示了 CBD 销售额各组成部分按与 CBD 总销售额的百分比与城市规模形成的关系。

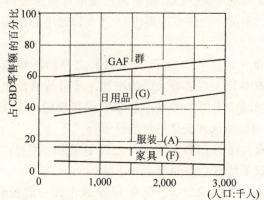

图 3-9　1954 年 CBD 销售额与城市规模（按百分比分）

资料来源：Edgar M. Horwood and Ronald R. Boyce, *Studies of the Central Business District and Urban Freeway Development*, University of Washington Press (1959), Figure 3-15.

荷乌德和博伊斯还指出回归分析仅能描述一般的情况，有必要计算回归分析中产生的偏差值及相对变化（见图 3-10）。研究表明在城市规模及城市类型和 CBD 零售业销售额的相对变化之间没有明显的关系。

（五）结论

荷乌德和博伊斯最后在对 CBD 零售业销售额与城市规模的关系的总结中指出，从 1948 年至 1954 年，CBD 的零售业销售额普遍下降，减少范围从 10 万人口的城市地区的 1%～2% 到 100 万人口城市地区的 14% 不等。同样，CBD 人均零售业销售额也有所减少，从 10 万人口地区的 14% 到 300 万人口地区的 28% 不等。

在任何给定时间点上，大城市比小城市具有更多的市中心零售业销售额，但不直接与人

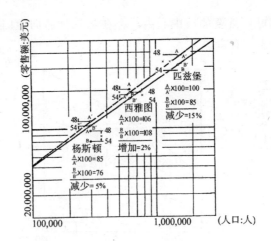

图 3-10　1948~1954 年 CBD 零售额的偏差值和相对变化

注：实线为 1954 年线，虚线为 1948 年线；人口数为 1950 年。
A 点和 B 点分别对应 1948 年和 1954 年的实际 CBD 销售额，
A′点和 B′点分别对应 1948 年和 1954 年的预计 CBD 销售额。

资料来源：Edgar M. Horwood and Ronald R. Boyce, *Studies of the Central Business District and Urban Freeway Development*, University of Washington Press (1959), Figure 3-17.

口规模成比例。随城市规模的增加，CBD 销售额占城市总销售额的百分比下降，但在 15 万人口以上城市变化很小。相反，当城市达到约 15 万人口时中心区销售额会产生从 CBD 向外围地区迁移的重大变化。

在除了小城市（城市化地区人口少于 20 万人）之外的所有城市中，GAF 群销售额占 CBD 总零售业销售额的 60% 以上。随着人口的增加，日用品销售在 GAF 分类中占的比重更大，因为服装销售在一般城市中仍停留在占总 CBD 销售额的一个固定百分比上，GAF 群销售额是 CBD 总零售业销售额情况和变化的最佳指示。

地区性购物中心并未对任何 CBD 零售业产生过多损害。不过，旧的外围购物区的发展及新购物地区的开发导致了城市 CBD 销售额的下降。

1954 年在荷乌德等人分析的城市中，仅有 13 个城市比一般经验线的偏差值超过 33%，约有 40 个城市比预计总值的偏差小于 25%。具有比预计的 CBD 零售业销售额多的城市，通常是具有相当的中心性的中等规模城市，这些城市除了少数外，都不是城市群❶中的一部分。但这并不意味着所有独立的地区性首府的 CBD 销售额都比预计的更多，例如，盐湖城是一个中等规模的城市和地区性首府，从 1948 年至 1954 年 CBD 零售业销售额实际有所下降。显然，独立的大型地区性首府一般都有发展得很好的外围购物区，才能形成一定规模。在偏差值低于一般经验线 25% 的城市中，绝大多数偏差数的产生除因大城市的"零售阴影"❷ 影响外，还有别的原因，且绝大多数这类城市都在工业萧条地区。

如果考虑各种不同地区间的地理和经济差别，CBD 人均零售业销售额几乎不存在相对差别。

---

❶　城市群：conurbations，荷乌德和博伊斯解释为一系列城市组成的大型城市地区。
❷　零售阴影：retail shadow。在某地区，某城市比另一城市吸引的零售业顾客更多，前者夺走了后者部分零售业顾客，就说后者处于前者的"零售阴影"下。

三、城市规模与 CBD 办公面积

荷乌德和博伊斯还研究 CBD 办公规模的有关问题，因为他们认为如果要选择某种使用功能作为 CBD 的特征的话，必将是商务管理、专业服务和政府的功能，这些功能具有相似的中心区办公需求。从几个进行了 CBD 办公空间利用分析的城市看，办公面积占据中心核总楼面面积近 1/3（表 3-3）。如果以每个办公工作人员占用 $14m^2$ 办公楼面面积，每个零售工作人员占用 $42m^2$ 楼面面积为基础进行分析，中心劳动力的分配及高峰小时交通需求的特征可以证实办公空间的相对重要性，它在 CBD 占的比例巨大。虽然许多城市活动（包括了城市地区的管理办公）的分解中心化已经被研究过，却没有在大范围内对城市办公空间的一般变化进行过分析。

美国部分城市的 CBD 办公楼面面积　　　　　　表 3-3

城 市 名	1950 年标准大城市地区人口（万人）	楼 面 面 积		办公面积占 CBD 楼面面积的百分比（%）
		CBD 总数（万 m^2）	CBD 办公（万 m^2）	
费城	367.1	357.7	118.0	33.0
辛辛那提	90.4	326.9①	72.8	22.2
密尔沃基	87.1	289.8	72.9	25.2
凤凰城	33.2	56.2	14.2	25.4
大急流城	28.8	79.1	25.5	32.2
萨克拉门托	27.7	92.4	18.3	19.8
伍斯特	27.6	71.5	21.1	29.5
塔克马	27.6	49.5	10.7	21.6
盐湖城	27.5	103.4	29.9	28.9
塔尔萨	25.2	101.9	42.6	41.8
莫尔比	23.1	43.3	11.7	27.0
罗阿诺克	13.3	50.4	9.5	18.9

① 对照本章表 3-2，此数据有出入，原文未做说明。

资料来源：Edgar M. Horwood and Ronald R. Boyce, *Studies of the Central Business District and Urban Freeway Development*, University of Washington Press (1959), Table 4-Ⅰ.

图 3-11 描述了近 33 年间美国城市 CBD 办公空间的大致情况，CBD 办公面积预计总数在过去几十年间有适度的增长（每年增长约 0.5% 左右）。30 年代早期至晚期办公面积的增加极其明显，可能是因为 1934 年至 1937 年间进入统计的城市数目增多。从 1949 年开始，CBD 办公面积增长加速到约每年 10%。

（一）研究方法

荷乌德和博伊斯指出研究的首要目的是寻求在 CBD 办公面积总量和城市化地区人口之间是否存在一种可预测的关系。如果这关系可以有一定把握地对应某些时间点来表示的话，就可以将这类点进行对比，并进一步推测这种 CBD 办公面积与人口规模之间的关系是否可以作为推测任何城市办公面积的标准。

本研究使用的方法和步骤和前一小节研究城市规模与 CBD 零售业规模之间关系的方法和步骤一样。

荷乌德等人在美国 81 个城市化地区人口超过 10 万人的城市中收集了 1946 年至 1956 年 CBD 办公面积的资料并进行分析，因为这些城市中有 21 个（其城市化地区人口大多数在 20 万以下）资料不连续，故将其从分析中省略掉。这些资料来自 1946 年至 1956 年由美国国家

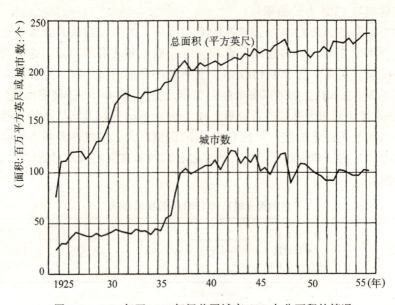

图 3-11 1924 年至 1956 年间美国城市 CBD 办公面积的情况

资料来源：Edgar M. Horwood and Ronald R. Boyce, *Studies of the Central Business District and Urban Freeway Development*, University of Washington Press (1959), Figure 4-1.

美国部分城市 1946 年至 1956 年报告的办公面积（万 m^2） 表 3-4

城 市	1946	1947	1948	1949	1950	1951	1952	1953	1954	1955	1956
纽约	556.6	548.6	554.2	553.3	522.5	565.8	570.2	576.6	595.8	613.9	625.2
芝加哥	254.0	254.6	259.8	258.4	259.4	262.1	257.8	262.7	260.9	258.9	260.6
洛杉矶	95.9	86.9	89.4	77.0	88.1	80.9	81.1	80.7	93.0	88.2	89.7
费城	100.5	99.7	94.7	93.6	93.7	91.2	90.2	90.6	91.5	90.2	96.6
底特律	66.2	70.2	72.5	72.4	71.5	67.3	59.7	61.4	59.1	49.5	51.6
波士顿	51.5	54.3	54.8	57.9	59.0	60.0	63.4	62.0	64.7	60.9	*
旧金山	95.4	101.6	105.5	107.6	107.8	109.8	116.5	117.4	118.9	118.8	123.5
匹兹堡	38.6	37.4	39.8	39.6	39.3	38.0	37.4	45.4	46.7	47.1	47.7
圣路易斯	29.1	29.1	28.2	28.2	28.9	29.6	30.5	30.7	25.7	25.0	22.8
克里夫兰	60.9	61.7	61.3	62.8	62.7	62.2	60.0	60.7	61.9	63.9	63.9
巴尔的摩	14.8	9.8	10.9	10.7	14.0	11.7	16.2	16.5	17.4	17.8	16.0
密尔沃基	10.0	12.7	16.2	17.9	11.1	13.9	8.8	17.4	11.1	14.8	15.5
辛辛那提	19.9	20.2	24.4	23.9	14.5	15.7	17.9	16.6	16.1	18.8	19.0
布法罗	12.3	13.1	13.0	13.3	14.0	14.2	14.3	13.3	13.1	12.1	11.6
休士敦	22.2	22.2	28.7	33.6	29.6	26.9	23.4	30.8	36.8	37.4	37.4
堪萨斯城	22.8	23.5	23.8	23.3	23.5	23.5	24.2	24.4	34.5	26.0	25.8
西雅图	30.7	31.9	32.3	31.7	31.8	33.5	33.7	31.4	31.4	31.6	31.8
达拉斯	26.3	26.3	27.0	*	23.2	24.8	33.9	30.5	32.4	34.7	34.9
新俄勒冈	14.7	13.8	13.0	13.7	13.2	14.4	8.4	10.7	10.7	11.1	11.2
波特兰大	15.0	15.1	16.1	16.9	15.3	15.8	16.0	15.4	15.8	16.6	16.6
亚特兰大	25.7	26.2	26.3	11.1	21.8	9.2	14.3	31.4	33.5	24.3	36.7
印第阿波利斯	20.1	20.0	20.0	19.5	20.0	20.2	20.2	20.3	20.0	20.0	20.6
丹佛	17.4	17.5	18.0	18.0	17.5	17.0	16.8	16.6	16.2	22.5	22.6
奥克拉哈马城	13.8	13.9	14.5	14.2	14.2	13.9	14.8	15.3	15.6	15.6	15.8

注：* 表示数据不完整，未列出。

资料来源：Edgar M. Horwood and Ronald R. Boyce, *Studies of the Central Business District and Urban Freeway Development*, University of Washington Press (1959), Table 4-Ⅲ.

建筑所有者和管理者协会出版的双月刊《摩天楼管理》,包括了其组织成员的全部可出租办公面积的情况。

为检验资料的真实性,研究人员询问了53个城市的地方建筑所有者和管理者协会(53个城市都在标准大城市地区内)。针对有关CBD办公面积整体情况以及未向有关部门报告的CBD办公面积情况进行专门提问。约有一半的询问得到了回答。

另外还考察了诸如城市性质及其中心性等因素,了解同等规模城市之间的CBD办公面积情况的差别。

荷乌德和博伊斯指出本研究有三个主要局限:1)有些资料可能不精确;2)1946年和1956年办公面积的比较使用的都是1950年的人口;3)统计分析的本质缺陷。

因资料在几个方面的不精确造成了第一个局限。首先,办公面积仅以全美建筑所有者及管理者协会的建筑报告为准,而抽样调查揭示仅有70%的CBD办公面积是如实报告的。在另一方面,报告的CBD办公面积比实际的要多,因为统计数包括了CBD外围办公面积。虽然研究者已做出努力改正了许多这类不足,但仍存在相当多的缺陷,这些缺陷只能通过对每个城市进行访问会谈和实地调查才能改正。

第二个局限是源于无法获得许多城市1946年和1956年的人口资料,两个年代的CBD办公面积只能用1950年的城市化地区人口进行比较,当按人口绘图时,1946年和1956年之间的CBD办公面积的差异会消失。为弥补这一局限,可修正人口,对人口变化的修正计算方法已经在前面介绍过(见本节第二小节)。

第三个局限是回归分析中通常固有的局限造成的。

(二) CBD办公面积与城市化地区人口

荷乌德等人首先指出通过对60个美国城市的研究,揭示了办公面积与城市化地区人口之间的关系是直接的,存在指数关系(见图3-12和图3-13),即随着城市的扩大,办公面积有所增加,但是人均办公面积增加的速度更快。应注意人口每增加一个单元,1946年和1956年办公面积数都至少增加两个单元。1946年和1956年的相关系数分别为0.90和0.89(图3-15中的"r"值)。

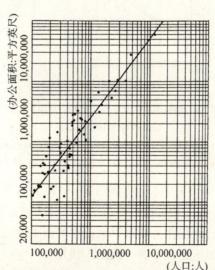

图3-12 1950年城市化地区人口与1946年办公面积

资料来源:Edgar M. Horwood and Ronald R. Boyce, *Studies of the Central Business District and Urban Freeway Development*, University of Washington Press (1959), Figure 4-2.

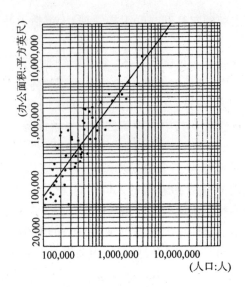

图 3-13　1950 年城市化地区人口与 1956 年办公面积

资料来源：Edgar M. Horwood and Ronald R. Boyce, *Studies of the Central Business District and Urban Freeway Development*, University of Washington Press (1959), Figure 4-2.

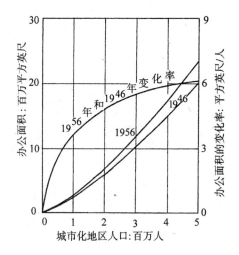

图 3-14　1946 年与 1956 年 CBD 办公面积的比较

注：人口为 1950 年数。

资料来源：Edgar M. Horwood and Ronald R. Boyce, *Studies of the Central Business District and Urban Freeway Development*, University of Washington Press (1959), Figure 4-3.

图 3-14 和图 3-15 表示在未修正人口前，对 1946 年和 1956 年有关情况进行的比较。CBD 内的办公面积从 1946 年至 1956 年稍有增长，但小城市比大城市增加的速度更大。

但是从实际情况看，办公面积在大城市中比在小城市中增加得更快。在数学比例上，最少平方线在上端分散得更远而不是在下端（见图 3-14）。

（三）人口变化的影响

在分析中，CBD 办公面积与人口的关系是以 1950 年的人口资料为基础的，因此 1946 年

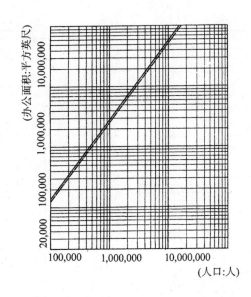

图 3-15　1946 年与 1956 年办公面积的比较

注：实线为 1956 年线，LogY = -1.4514 + 1.3148LogX，r = 0.89；
虚线为 1946 年线，LogY = -1.4721 + 1.3123LogX，r = 0.90。人口为 1950 年数。

资料来源：Edgar M. Horwood and Ronald R. Boyce, *Studies of the Central Business District and Urban Freeway Development*, University of Washington Press（1959），Figure 4-5.

的办公面积是和一个比 1946 年实际人口多的数字进行比较，而 1956 年的办公面积则是和比 1956 年实际人口要小的数字比较。使用 1950 年人口数是因为缺乏 1946 年和 1956 年的人口资料。

可以用本节第二小节用过的修正方法来确定 1946 年至 1956 年城市化地区的人口。图 3-16 显示的是结果，修正方法以 1950 年至 1955 年标准大城市地区人口增加了 13.7%（每年平均为 2.75%）为基础。

荷乌德和博伊斯指出人口修正后再行分析揭示出 1946 年线和 1956 年线几乎互换了位置，换句话说，按调整后的人口进行分析，人均办公面积在 1946 年至 1956 年间不是增加而是下降了，下降幅度从 10 万人口城市地区的 20% 至 300 万人口地区的 9% 不等，即 1956 年城市化地区人口为 300 万人的 CBD 比 1946 年同样规模地区的 CBD 人均办公面积减少 9%。虽然 1946 年城市的人均办公面积要比 1956 年相似地区要高，但是十年间绝大多数城市化地区实际上 CBD 办公面积都有所增加。

荷乌德等人还分析了对 CBD 办公面积研究的回归分析中的偏差值和相对变化（见图 3-16）。

荷乌德和博伊斯认为，除了人口因素之外，至少还有两种因素可以解释城市间的人均办公面积存在差别：1）城市的类型；2）城市的地区重要性程度。人均办公面积的实际情况比预计值低的城市，要么它的某些内部功能，如重工业，占主要地位，使从业者只需要少数办公面积；要么处在拥有许多办公功能的地区性首府的阴影下。例如斯普肯是一个地区性首府，其办公面积比与其城市规模相似的塔克马要大，主要因为塔克马位于西雅图的经济阴影之下，而西雅图是西华盛顿的地区性首府，另外塔克马比斯普肯更接近是一座工业城，因此办公面积少。

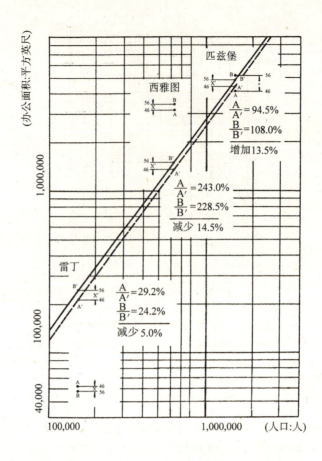

图 3-16　1946~1956 年 CBD 办公面积的偏差值和相对变化

注：实线为 1956 年线，虚线为 1946 年线，人口为 1950 年人口。

A 点和 B 点分别表示 1946 年和 1956 年实际的 CBD 办公空间，

A'点和 B'点分别表示 1946 年和 1956 年预计的 CBD 办公空间。

资料来源：Edgar M. Horwood and Ronald R. Boyce, *Studies of the Central Business District and Urban Freeway Development*, University of Washington Press (1959), Figure 4-6.

各城市办公面积百分比出现差别的原因在没有其他经济资料时很难解释。百分比增加或减少可能因为城市具有的地区重要性程度的差异，或 CBD 内部办公空间特征的差异。为了解并适当地解释这一变化，必须认真调查并研究城市 CBD 办公面积的组成和特征。

（四）结论

在 50 年代末，美国 100 个城市的办公面积约是 2320 万 m^2，从调查中发现所有办公面积约有 70% 是 CBD 办公面积。荷乌德和博伊斯的最后结论是，1946 年至 1956 年间中心区办公面积有所增加，增加幅度在 20 万人口的城市中为 1%~2%，在 300 万人口的城市中为 12%。这些城市 CBD 办公面积的人均值若以估计的 1946 年和 1956 年城市化地区人口为基础，则有所下降，下降幅度与未修正人口时办公面积的增加幅度相同。

荷乌德和博伊斯指出，比一般城市的办公面积多出很多的城市表明它在中心重要性方面地位很高，如地区性首府丹佛、亚特兰大、旧金山、西雅图等，并通常不是大型集合城市的一部分（如那些沿大西洋海岸从波士顿至华盛顿的城市群）。

第二节 CBD 的用地功能

至今已经有许多对 CBD 用地功能的研究,但是能真正总结出 CBD 用地功能模式的比较性研究仍是墨菲和范斯当年的研究。他们在对 9 个城市 CBD 的研究中,发展一种定界技术仅是目的之一,得出概括性结论才是主要目的。他们认为概括用地功能的一些规律比概括 CBD 的规模、形状和地价更有意义。

图 3-17 表示墨菲等人所研究的 9 个美国城市 CBD 内不同功能类别楼面面积的详细情况。每一竖条的不同宽度显示各 CBD 总用地面积经相互比较后的相对大小,这些比较都是以 1952 年和 1953 年期间的场地地图为基础的。图中每一竖条所代表的图案是 CBD 内的用地功能比例,而非整个城市的。例如:萨克拉门托市 CBD 的普通办公就比其他 8 个城市的这一项占的比例小,但这并不意味着该市比其他城市普通办公功能少,也不意味着这种商务活动比别的 CBD 内的这一活动发生得少(有关楼面面积比例的数字资料见表 3-5)。

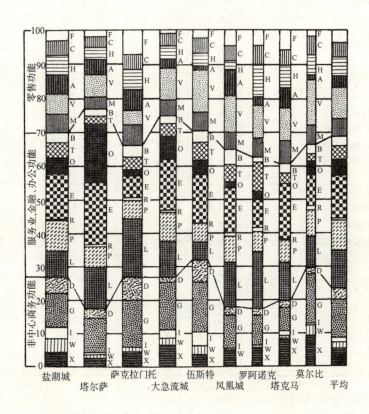

图 3-17 9 个 CBD 中各项功能的楼面面积比例

图中字母代表下列功能:F—食品,C—服装,H—日用品,A—汽车及其用品,V—杂货1,M—其他,B—金融,T—服务贸易,O—总部办公,E—普通办公,R—交通,P—停车,L—临时居住,D—居住,G—公共和组织机构,I—工业,W—批发,X—空地(房)

资料来源:Raymond E. Murphy and J. E. Vance, Jr., "A Comparative Study of Nine Central Business Districts", *Economic Geography* 30 (1954), Fig. 25.

美国9个城市CBD的功能用地比例（%） 表3-5

用地功能		CBD所在城市	大急流城	莫比尔	凤凰城	罗阿诺克	萨克拉门托	盐湖城	塔克马	塔尔萨	伍斯特	九市CBD平均
零售功能		食品										
		FA—餐馆	1.0	1.9	2.0	1.3	3.1	1.8	1.8	1.6	1.5	1.8
		FB—超级市场	—	—	—	0.6	0.4	0.2	0.2	a	0.9	0.3
		FC—普通食品店	0.1	0.1	0.4	0.1	0.1	0.1	a	a	0.2	0.1
		FD—专门食品店	0.2	0.4	1.1	2.2	0.6	0.3	1.8	0.2	0.3	0.8
		FE—熟食店与冷饮室	a	0.1	—	0.2	—	—	—	—	0.1	0.1
		FF—不供坐椅的小酒店	—	a	—	0.1	0.4	—	0.1	—	—	0.1
		FG—酒吧	0.2	—	0.2	a	2.6	1.1	1.6	0.4	0.1	0.7
		F—总计	1.6	2.6	3.7	4.6	7.2	3.5	5.6	2.4	3.1	3.9
		服装										
		CA—女装店	1.7	3.2	1.8	1.6	1.2	1.6	1.7	1.0	1.8	1.7
		CB—男装店	0.9	0.7	1.0	1.8	1.4	1.4	1.5	0.9	0.9	1.2
		CC—家用服装店	0.2	0.3	0.4	0.8	0.4	0.2	0.4	0.5	0.1	0.4
		CD—专门服装店	0.6	—	0.2	0.6	0.7	0.5	0.4	0.1	0.6	0.4
		CE—普通鞋店	0.1	0.2	1.1	0.7	0.5	0.2	0.7	0.1	0.4	0.4
		CF—男、女装店	—	0.3	—	a	—	—	—	0.4	0.4	0.1
		C—总计	3.5	4.7	4.5	5.6	4.2	3.9	4.7	3.0	4.2	4.2
		日用品										
		HA—家具店	2.2	2.3	1.3	5.1	3.5	2.9	3.4	2.4	2.7	2.9
		HB—金属制品和工具店	1.6	3.4	0.9	3.9	2.0	1.8	2.6	1.0	0.5	2.0
		HC—纺织品、地毯、帘布店	0.2	0.1	0.2	0.4	0.4	0.4	0.2	a	0.2	0.2
		HD—煤、油、冰和发热品店	—	0.3	0.1	—	—	0.3	—	0.2	—	0.1
		HE—二手家具和古玩店	—	—	0.1	0.1	0.1	0.5	0.1	a	a	0.1
		H—总计	4.0	6.1	2.6	9.5	6.0	5.6	6.6	3.6	3.7	5.3
		汽车及其用品										
		AA—汽车销售店	0.7	—	2.8	0.1	3.5	1.3	3.8	2.9	0.4	1.7
		AB—服务站或修理厂	0.5	0.6	2.9	1.9	1.9	2.2	1.3	0.7	0.1	1.3
		AC—附件、轮胎或电池店	1.0	0.6	0.3	0.4	0.7	0.8	0.6	0.6	0.1	0.6
		AD—出租店	0.4	—	1.1	a	—	0.3	0.1	0.1	0.6	0.3
		A—总计	2.6	1.2	7.1	2.5	6.1	4.6	5.8	4.3	1.2	3.9
		杂货										
		VA—百货店	7.1	10.3	8.4	7.5	2.9	5.3	7.5	5.2	9.3	7.1
		VB—五分一角店	1.6	2.7	2.0	1.9	0.8	1.1	1.5	0.7	2.7	1.7
		VC—药店	0.4	0.3	0.6	0.5	0.4	0.6	0.6	0.5	0.4	0.5
		VD—雪茄和报店	a	0.2	0.3	a	0.2	a	0.3	0.1	0.2	0.2
		V—总计	9.2	13.5	11.3	10.0	4.3	7.1	9.9	6.5	12.6	9.5
		其他										
		MA—运动、摄影、嗜好、玩具店	0.6	0.8	1.0	0.7	1.0	1.2	1.0	0.4	0.8	0.8
		MB—珠宝、礼品店	0.5	0.6	1.2	0.5	0.8	0.8	0.9	0.4	0.4	0.7
		MC—花店	0.1	0.1	0.1	0.2	a	0.1	0.2	0.1	0.2	0.1
		MD—书店	0.1	a	0.1	a	0.1	0.1	0.2	0.1	0.1	0.1
		ME—办公机械和家具店	0.4	0.3	0.1	0.2	0.3	0.8	0.5	0.3	0.3	0.4
		MF—办公用品和文具店	a	0.8	0.4	0.6	0.1	0.3	0.9	0.6	0.6	0.5
		MG—典当行	—	0.3	0.2	0.3	0.6	0.3	0.3	0.2	a	0.3
		MH—娱乐设施	2.8	2.8	2.1	2.7	3.1	1.8	2.6	0.9	2.8	2.4
		M—总计	4.6	5.8	5.2	5.3	6.1	5.4	6.9	3.4	5.3	5.3

续表

用地功能		CBD所在城市	大急流城	莫比尔	凤凰城	罗阿诺克	萨克拉门托	盐湖城	塔克马	塔尔萨	伍斯特	九市CBD平均
服务—金融—办公功能	金融											
		BA—银行	1.4	1.1	2.5	0.8	1.7	1.0	1.8	1.4	2.1	1.5
		BB—个人贷款部	0.2	0.8	0.7	0.2	0.1	0.7	0.2	0.4	0.3	0.4
		BC—保险机构和房地产办公处	0.7	0.9	1.2	0.8	1.6	0.4	0.8	0.4	1.0	0.9
		BD—证券机构	a	0.1	0.2	—	0.1	0.9	a	0.1	0.2	0.2
		B—总计	2.4	2.9	4.6	1.8	3.5	3.0	2.9	2.3	3.6	3.0
	服务类											
		TA—个人服务店	1.6	1.5	2.7	4.8	1.6	1.4	1.4	0.9	3.1	2.1
		TB—服装服务店	1.0	0.4	0.8	0.7	1.1	0.8	0.7	0.5	0.4	0.7
		TC—日用品服务店	a	a	0.1	a	0.2	0.1	a	0.1	a	0.1
		TD—商业服务店	—	a	0.1	0.8	a	0.2	0.3	0.1	0.4	0.2
		TF—报业出版机构	1.0	—	1.2	1.9	0.6	1.7	0.4	0.5	1.1	1.0
		T—总计	3.7	2.1	4.9	8.3	3.7	4.2	2.9	2.1	5.1	4.1
	总部办公											
		OA—总部办公处	7.1	4.1	2.0	2.9	2.0	5.0	0.2	17.5	4.4	5.0
	普通办公											
		EA—普通办公处	14.9	9.6	13.2	8.1	6.3	13.2	16.4	18.5	14.2	12.7
	交通											
		RA—铁路	0.3	0.1	0.1	0.2	a	0.1	0.1	0.1	a	0.1
		RB—公共汽车站	a	0.7	0.8	0.8	0.7	0.2	0.1	0.2	—	0.4
		RC—航空用地	a	0.2	0.2	0.3	0.2	0.1	0.1	0.4	0.1	0.2
		RD—汽车货运用地	a	—	—	—	0.2	—	—	—	—	0.1
		R—总计	0.6	1.0	1.1	1.3	1.0	0.6	0.4	0.7	0.2	0.8
	停车											
		PA—顾客（免费）停车处	0.8	0.2	0.5	1.0	0.4	0.3	0.3	1.0	0.1	0.5
		PB—商业性（收费）停车处	7.9	7.6	7.3	5.0	4.9	8.8	6.2	5.1	5.5	6.5
		P—总计	8.7	7.8	7.8	6.0	5.3	9.1	6.5	6.1	5.6	7.0
非中心商务类功能	临时居住											
		LA—旅馆和其他临时居住场所	10.5	9.4	13.3	17.0	17.5	7.8	11.8	12.4	5.3	11.7
	居住											
		DA—永久性居住单元	1.8	1.8	2.4	1.9	6.8	4.9	1.8	2.8	6.8	3.4
	公共和组织机构											
		GA—公共建筑	9.5	12.3	8.8	7.1	9.8	9.4	4.2	5.3	9.7	8.5
		GB—组织和慈善机构	4.6	2.5	1.3	2.0	3.8	0.8	2.9	5.1	5.1	3.1
		G—总计	14.1	14.8	10.1	9.1	13.6	10.2	7.1	10.4	14.8	11.6
	工业											
		IA—工业	2.4	0.6	0.5	a	0.6	3.6	1.4	0.5	4.2	1.5
	带仓库的批发业											
		WA—带仓库的批发设施	2.1	2.9	1.5	0.5	1.1	3.7	0.9	1.0	2.6	1.8
	空地（房）											
		XA—闲置的建筑或商店	5.9	6.6	2.9	3.2	4.2	3.6	8.1	2.0	3.3	4.4
		XB—空地	0.6	1.2	0.6	0.6	0.5	0.6	0.2	0.4	0.4	0.6
		XC—商业性仓储用地	0.2	1.6	—	1.9	0.1	0.4	—	0.4	—	0.5
		X—总计	6.7	9.4	3.5	5.7	4.8	4.6	8.3	2.8	3.7	5.5

注：a 表示低于0.1%。

资料来源：Raymond E. Murphy, *The Central Business District*, Aldine·Ahterton, Inc. (1972), Appendix C.

依照CBD的定义，中心商务功能（零售、服务、金融和办公功能）大大超过非中心商务功能及某些别的用地功能，例如工业、批发（带仓储）和永久性居住。非中心商务功能被基本排除，因此它们在CBD内为低比例。另外，使用详细的功能分类才有可能确定不同CBD中某些用地功能的差别（见表3-5）。

9个CBD用地功能的平均情况可能是从研究中得出的最重要的概括。本节介绍的研究成果还包括其他CBD研究的成果。

一、用地功能比例

从表3-5中可以得出详细的CBD用地功能比例的情况。依照墨菲和范斯对CBD用地功能的详细分类法，将CBD用地功能分为三大类：1）零售类用地功能；2）服务、金融、办公类用地功能；3）非中心商务类用地功能。三大类的详细分类见表3-5。

从平均情况看，零售类功能用地占13.4%，服务、金融、办公类功能用地占32.6%，非中心商务类功能用地占35.5%。中心商务类功能用地共计占46%，约是非中心商务类功能的1.3倍。零售类功能用地比例最大占21.9%（罗阿诺克），最小占9.3%（大急流城）；服务、金融、办公类功能用地比例最大为占47.6%（塔尔萨），最小占28.3%（莫比尔）；非中心商务类功能用地比例最大为占44.4%（萨克拉门托），最小占29.9%（塔尔萨）。

根据荷乌德与博伊斯的核—框理论，零售和办公类功能用地分别占中心商务功能用地的30%左右，与墨菲和范斯等人的结论有一定差别。造成差别的原因是，首先，荷乌德等人的比例是扣除了居住类用地功能的，而墨菲等人则没有，所以他们各自的基础不一样；其次，核框理论和CBI法的CBD定界法不同（核框理论甚至没有精确的定界法），所以两种CBD内的中心商务类功能用地的百分比实际上无从比较。有趣的是荷乌德等人和墨菲等人都调查了凤凰城等9个美国城市，读者可以将他们的调查结果做比较（见表3-2、表3-3和表3-5）。

二、用地功能分布[1]

墨菲和范斯等人在研究CBD用地功能分布时，对每个CBD都在醋酸纸上绘制出一种"四个步行区"的模式图，作为对用地功能分布研究的基础。1区是围绕峰值地价交叉点并沿街向外100码（91m）的圆周地区，另三个同心圆区（2区、3区、4区）围绕此区逐圈向外分布，其外边与峰值地价交叉点的距离是200码、300码和400码（分别为183m、274m、366m）。显然，1区是一个围绕峰值地价交叉点的较实在的地区，其他区域则是仅仅围绕1区的用地带。

将绘在醋酸纸上的每个CBD步行区覆盖在用地功能地图上，这样可以按距离区来将用地功能资料列表，计算功能单元的面积。在分析中，每种设施都被看做是完全属于它所在的或所靠近的地区，有问题的情况可归入数值低的区号。这种分析只应用在CBD内离峰值地价交叉点400码的步行距离之内的地区。

9个CBD中只有8个做了用地功能分析，因为在当时罗阿诺克CBD的绘图工作进行太晚，没有进行这方面的研究。对8个CBD的地图分析得出的信息以百分比为基础用图表示出来，图表的一部分代表8个CBD的平均情况（图3-18），可以得到资料的每个CBD都有独立的图表。在每张图的竖条中的用地功能都分成三组：零售商业，服务、金融、办公和非中心商务；而且这些功能组都按顺序将功能种类进行更详细的分类。

利用表3-6可以更深入地考查用地功能随着CBD向外距离的增加产生的变化。围绕峰值

---

[1] 本书第八章介绍了有关CBD用地功能分布的最新研究成果，读者可对照阅读。

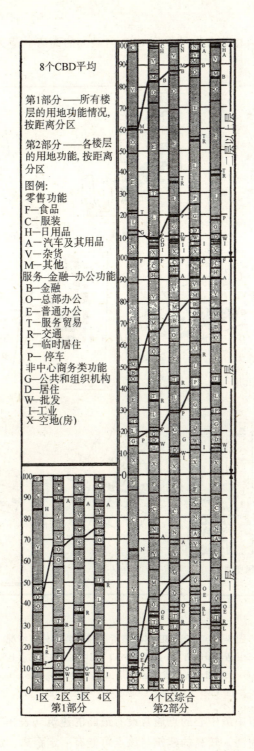

图 3-18 对 8 个 CBD 按距离分区进行用地功能分析

资料来源：Raymond E. Murphy J. E. Vance, Jr., and Bart J. Epstein, "Internal Structure of the CBD", *Economic Geography* 31 (1955), Fig. 3.

地价交叉点的内部区（1区或2区）一般有多处杂货店或百货店（或与这类密切相关的设施如服装店，见图3-19）、银行、药店、五分一角商店、餐馆和各种专门商店。在少数城市，市政厅、公园或公共场所会出现在峰值地价交叉点附近。内部区中的绝大多数商店属于这类商店，它们的规模很大，在此人们可找到 CBD 内最大的商店、最大的药店、最大的五分一角商店等。

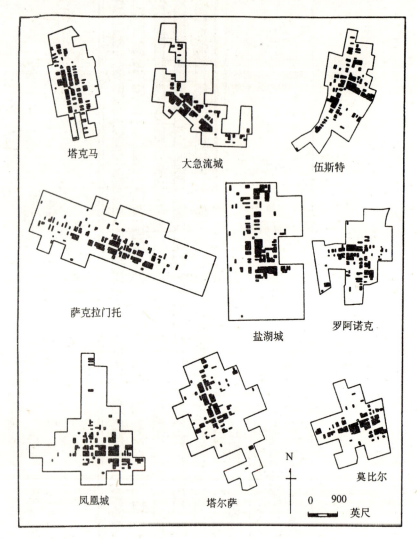

图 3-19　9 个 CBD 内的杂货店和服装店分布情况

注：黑色表示杂货店和服装店，小圆圈为 PLVI（图中在街道交叉点上而非在街区中）。

资料来源：Raymond E. Murphy J. E. Vance, Jr., and Bart J. Epstein, "Internal Structure of the CBD", *Economic Geography* 31 (1955), Fig. 12.

墨菲等人指出，城市中最中心的点通常设有最高的建筑（表 3-7）。炫耀财富的大厦通常出现在峰值地价交叉点周围，较高的建筑与该点可能有一定距离，通常零售服务和金融活动占据这类建筑的底层，办公则占据以上层。有些城市中最高的建筑主要是容纳一个公司的中心或地区性办公总部，然而更常见的是办公建筑包括一系列的小单元，每个单元都进行相当数量的商业活动。银行经常占据峰值地价交叉点的某一角，但更常见的是分布于距峰值地价交叉点 200～300 码的地带中。旅馆同样也是处于这个距离范围内。

美国9个CBD中被各种设施占据的四个区的相对位序 表3-6

功　能	区　号			
	1	2	3	4
零售功能	1	2	3	4
食品	4	3	1	2
服装	1	2	3	4
日用品	4	3	2	1
汽车用品	n.r.	3	2	1
杂货	1	2	3	4
其他	4	1	3	2
服务—金融—办公功能	4	1	2	3
金融	4	2	1	3
总部办公	3	2	1	4
普通办公	3	1	2	4
服务贸易	4	2	3	1
交通	4	3	2	1
临时居住	4	2	3	1
停车	4	2	3	1
非中心商务类功能	4	3	2	1
公共和组织机构	4	3	1	2
居住	n.r.	3	2	1
批发	n.r.	3	2	1
工业	n.r.	1	3	2
空地（房）	1	4	3	2

注：n.r.代表未在区中出现。

资料来源：Raymond E. Murphy and J. E. Vance, Jr., "Delimiting the CBD", *Economic Geography* 30 (1954), Table—Relative rank-order of the four zones in the eight CBDs and.

CBD内6层以上建筑的区位 表3-7

CBD所在城市	各区中6层及6层以上的总楼面面积与各区底层面积之比			
	1区	2区	3区	4区
伍斯特	0.03	0.67	0.26	0.26
大急流城	0.17	0.70	1.41	0.49
盐湖城	0.67	0.25	0.06	0.16
塔克马	0.11	0.33	0.33	0.57
萨克拉门托	0.39	0.13	0.16	0.12
凤凰城	0.00	0.16	0.42	0.22
塔尔萨	1.02	2.08	1.16	0.85
莫比尔	0.00	0.37	0.28	0.00
8个城市平均	0.30	0.59	0.51	0.33

资料来源：Raymond E. Murphy and J. E. Vance, Jr., "Delimiting the CBD", *Economic Geography* 30 (1954), Table—Location by zones of the higher buildings in the CBD.

靠近CBD边缘的建筑如家具店和汽车购物店很常见，它们一般远离中心，有时处在边界之外。在这些地方人们会发现某些同时需要合理便宜的土地但有更多停车面积的用地功能，如汽车销售屋（附带相关的修理和加油站）和超级市场等。这个紧靠CBD边界的地区常常以汽车为主角，尤其在这一延伸地区结束的地方。

CBD 有一个垂直维，尤其在靠近其中心的地方更是明显。随着从地面层向上的距离的增加，零售和相关服务及金融活动占据的楼面面积不断减少，办公功能增加（图 3-18）。办公空间的分布无确定规律可循，在 9 个城市研究中发现，对办公空间的主要需求是新式、更高的办公建筑，在旧建筑中已过时的办公空间闲置比例很大。

三、用地功能关联

距峰值地价交叉点的距离并不是惟一的有助于在 CBD 内找到某种用地功能的参数，如果距离是惟一的参数，典型的 CBD 会由一系列的同心圆区组成，每个区拥有某种单一的功能。这种模式显然已过时，CBD 存在一种令人注目的设施相互关联现象。当然，在某种程度上讲，CBD 内的每一个企业（个体）总的来说是相互依赖的，因为是整个 CBD 的组合才产生了该区所依赖的顾客群。

然而在 CBD 的用地功能关系中，各种设施之间的相互关系比整个 CBD 功能的单纯组合更为重要。例如，存在众所周知的百货店相互靠近布局的趋势，并且在百货店与靠近它设置的商店之间存在可识别的联系，如每个百货店附近都有同样的小商店如服装店、药店、五分一角店等设施。不仅这类商店寻求靠近 CBD 中心那些步行流大的位置，而且它们都因受益于别的商店吸引的顾客而获利甚丰，尤其受益于在一系列商店中占主导地位的百货商店吸引的顾客。

在 CBD 内，其他的用地功能关联也实际存在。出售办公设备和家具的商店通常和办公建筑相连，而律师行、房地产、办公和保释契约代理人机构经常在法院附近聚集成一片。低档剧场和同样低档的设施相连，如典当行、廉价餐馆、低价珠宝和服装商店。较高档次的男士服装店会产生两种相连：或者靠近大百货店，因为在此位置对那些为家里买东西的妇女有吸引力；或者靠近银行和办公建筑，服务于在楼内工作的男士。

总的来说，CBD 内存在以下五种形式的用地功能关联：

1）竞争型功能关联。这是最常见的功能关联形式，即一群性质大致相同的中心商务功能聚集在一起，形成竞争局面。竞争方便了被服务者，使被服务者有多种选择的机会；同时，竞争也加强了知名度，有助于形成该产业繁荣的局面。广义地说，在 CBD 内的同种功能间都存在竞争型关联。

2）共栖型功能关联。指不同种类的功能设施的业务活动依赖一个共同的供应者或共同的顾客，它们相互间不是竞争，而是为了便于业务联系，如前述实例中律师行、房地产、办公和保释契约代理人机构经常在法院附近聚集即是一例。有这类功能关联的设施，虽然多依赖共同的供应者、支配者和顾客，但本身又能独立进行完整的业务活动。

3）互补型功能关联。CBD 内某些功能之间存在相互补充的关系，因彼此间有直接的业务联系而聚集，需开拓共同的市场，如金融、办公功能/广告业/报业等功能就属互补型功能关联。这种功能关联有助于发挥功能互相补充产生的效益。

4）协作型功能关联。指相互间并无多少横向联系的功能聚集于一处，形成一个广泛的服务市场。这些功能设施都拥有各自的供应者和顾客，其聚集本身能方便顾客，各自得益于与别的功能设施的邻近。如饮食、百货、交通、书报、停车、邮电、金融等设施之间的关系就是协作型功能关联。

5）主体型功能关联。指在某些 CBD 内或 CBD 某些特定区域内，以某种大型的功能为主体，各种小规模功能设施聚集形成的关联。这些功能大多依赖长期、稳定的顾客市场，并向顾客提供长期、稳定的服务，功能的提供者和使用者之间存在某种默契。其中，小规模功能依附于大型功能，并靠大型功能吸引的长期、稳定的顾客市场维持运转，当然它们对大型功能也具有补充作用。这种形式的功能关联如花店、酒吧、快餐店、文具店等围绕一个大型办公区即是一例。

功能关联并不仅局限于 CBD 的地面层，同样也存在垂直的功能关联。尤其在办公建筑中，不同种类的办公活动可得益于相互之间的密切关联，律师楼、保险代理机构和房地产机构通常集中在一栋建筑中，只是上下层数不同。

上述观点仅是有关对 CBD 用地功能关联理论的摘要。这种关联形成了 CBD 的特征之一。还有一些更为明显的聚集趋势被注意到，对这种关联的认识是了解 CBD 结构的关键之一。

关联趋势本身也处在变化之中，因为在 CBD 内存在某种更为复杂的因素。例如，饮食店曾经是一种与百货店相连而且妇女购物者经常光顾的典型用地功能，但却正在搬离 CBD，只剩下少数专门食品店（面包店、熟食店、糖果店）。在一些杂货店的变化中可看到同样的趋势。总的来说，那些依赖经常性白天购物的零售类用地功能正在搬出 CBD，在城市中心剩下的是那些依靠非经常性的或高度专门化的买卖的商店。

第三节 CBD 的内部结构

一、内部结构

本书前面章节已经介绍过 CBI 技术、核—框理论、斯科特的 CBD 研究等，都直接提到了 CBD 的内部结构问题。无论这些理论差别多大，但都有一个共同方面，即它们都认为一定规模的 CBD 都会拥有各种各样规模不等的亚区，如零售亚区、金融亚区、娱乐亚区等。因为这些理论已较详细地介绍过，这里只作简要对比。

墨菲和范斯曾将围绕峰值地价交叉点 400 码以内的地区划分成四个距离区（距峰值地价交叉点分别为 100 码、200 码、300 码和 400 码），1 区（100 码区）紧紧围绕峰值地价交叉点，为零售业集中区；2 区（200 码区）为零售服务业及底层为金融业、上部为办公的集中区；3 区（300 码区）以办公为主，银行、旅馆多在此区；4 区（400 码区）为同时需要便宜土地和较多停车面积的用地功能的集中区，如超级市场、家具店等。墨菲等人又认为具体的 CBD 并不会严格遵循这一模式，而且他们的模式所针对的城市仅是美国的中等城市。

斯科特通过研究澳大利亚 6 个州府城市的 CBD，提出 CBD 的内部结构可以划分为三个功能区：内零售区、外零售区和办公区。内零售区主要包括百货店群、杂货店和妇女服装店，外零售区主要是出售家用物品和服务性的商业区，办公区则进行办公事务活动。他指出在某些城市这三个区可能混合，或者产生次级区。在位置上，内零售区一般围绕峰值地价交叉点或城市地理中心，外零售区则不一定围绕内零售区，办公区一般多在 CBD 的一侧发展。斯科特研究的 CBD 都是澳大利亚的州府城市，人口从 9.5 万（霍巴特）至 186.3 万（悉尼，均为 1954 年人口）不等，而且 CBD 的边界都是运用 CBI 法并稍加修改划定的。

B·S·杨在分析伊丽莎白港 CBD 时，指出 CBD 的核被分成了中心区、北区和南区，而在 CBD 的西北部还有一个不在中心的商务区，它拥有的中心商务功能甚至 CBD 都没有。这呼应了普劳弗特的"外围商务区"理论。

核—框理论本身就指明了 CBD 的内部结构，其创立者指出核还会分解成内部功能亚核，如政府、金融、时装、剧院亚核等，框则指"CBD 核外最密集的非零售用地功能区"。参见

图2-13可以直观地了解核—框理论对CBD内部结构的解释。

由上述的这些研究可知，影响一个城市CBD内部结构的因素复杂多样，很难说存在广为认同的固定统一的CBD结构模式。然而，从CBD内部结构来看，客观上存在三个特殊的点，这三个点的位置及其移动对于了解CBD内部结构有重要的意义。第一个"点"是"零售引力中心"，这一点的零售业密度指数和高度指数达到了CBD内的最高值，它表明CBD内的零售业集中分布在这一点的周围；第二个"点"是"办公引力中心"，这一点的办公密度指数和高度指数处于最大值，它是CBD内办公机构最密集的象征；第三个"点"是CBD的"中心点"，它是CBD的地理中心，在这一点上，中心商务活动设施的密度指数和高度指数达到最大，即服务活动的强度最高，同时，该点的地价（通常指楼面出租价格）为全城最高，交通密度也为全城最高。CBD的中心点（PLVI或地理中心）有可能同零售引力中心或办公引力中心重合。

尽管如此，城市研究学者大卫·T·赫伯特和科林·J·托马斯还是在其1982年出版的论著《城市地理学》一书中，总结前人的研究和理论，提出了适用于中等规模城市的概念化CBD模式。他们的基本观点是功能分区，他们提出CBD可分为六个区：

Ⅰ区——专业零售区。该区位于可达性最佳的位置，所售商品和提供的服务等级最高，为广大的城市居民服务。该区通常聚集着百货店和大型连锁店，沿传统的高尚街道布置；

Ⅱ区——次级零售区。与Ⅰ区相连但界线明显，该区集中出售耐用品和日用品，专业性较弱，服务对象是与之紧邻的内城人口而非广大的城市地区人口。通常该区处在中心零售集中区的一侧，有时也围绕Ⅰ区呈不连续分布；

Ⅲ区——商业办公区。其区位相对居中，以金融和保险业集中为主。从历史上讲，此区位于中心位置的原因是这些产业需要最多样化的劳动力市场，随着时间的推移，此区倾向于分布在市中心环境区位更好的地方；

Ⅳ区——娱乐及旅馆区。该区与零售及办公区紧密相连，主要依赖这两个区而进行商业活动；

Ⅴ区——批发及仓储区。最初常位于沿海、河、运河边的交通设施和火车站附近，一般是市中心环境区位吸引力较差的位置，后来在这类地区发展了小规模的轻工业；

Ⅵ区——公共管理及办公机构区。一般位于CBD边缘，与城市发展初期的市政大厦相邻。该区中的机构虽有大量来访者，但因不是商业性的，故无法和中心区的商业设施竞争而失去其中心性的区位。

这一概念化模式，在很大程度上反映了实际情况，当然，实际情况要复杂的多，且因每个城市的具体情况而异。例如，50万人口的城市，商业区不会很大，娱乐及旅馆业也不至于形成一个很独立的区域。而200万人口的特大城市，其CBD的六区齐全。大于200万人口的城市，则可能出现功能区更加分化的趋势，形成分化的CBD形态。更重要的是，这种模式会随着时间而变化。

二、CBD内部结构的动态方面

无疑CBD是动态的，CBD除了其巨额的土地投资和建筑处于相对静止之外都是高度运动的。CBD的情况，虽然可能乍一看是实在而一成不变的，但这不过是瞬间的一瞥，它反映的是原址条件下的过去和经过时代的变化，以及当今经济条件下的现实。

一般CBD中变化的具体细节几乎无法分开说明，但有许多元素有助于将情况理论化。例如，CBD边缘经常波动，此发展，彼萎缩，认识这个地区不是很难。专门的交通设施——

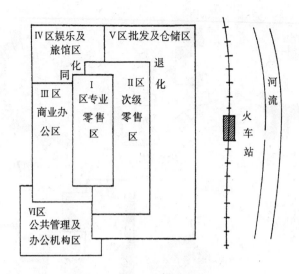

图 3-20 概念化的 CBD 模式图解

资料来源：David T. Herbert and Colin J. Thomas, Urban Geography, John Wiley & Sons, 1982, Figure 6. 15.

港口作业站、铁路站场、早期道路枢纽——通常与城市的初期位置有关，但反过来，正是这种早期开发形成了早期现代 CBD 的核。随着城市的发展，CBD 越来越远离城市中心，整个城市地区及进化的动力与 CBD 的位置和结构大有关系，尤其在港口城市，许多 CBD 的峰值地价交叉点在过去随时代变来变去，这是一个有记录的事实。

曾经有人假设 CBD 随城市发展会扩展，城市不生长它会萎缩，但是墨菲等人指出他们研究的 9 个美国城市 CBD 无助于证实这个假设。所有研究过的 CBD 都显示出沿某种方向发展和沿其他方向减弱的迹象，因此可认为在 CBD 内存在同化区和废弃区（图 3-21）。

有几位学者已指出 CBD 会向具有更高居住质量的区移动，这种过程可以在墨菲等人研究的 9 个美国城市中观察到。但这一运动的原因看来不是由于高档次的居住区对 CBD 有吸引力，而是靠近铁路线附带有低档住宅区中的工业及批发区逐步挤压 CBD 的原因。如果这种运动发生了，必发生在更高档次的居住区的扩展区，实际上这类居住区正面临附近 CBD 内商业对空间更为强烈的竞争。

CBD 在其同化区和废弃区显示出不同的用地功能特征。在同化区中能找到各类专门店、汽车展示屋、银行、总部大楼、专业办公楼和新型旅馆。而在废弃区，人们能找到典当商店、家庭服装商店、酒吧、低档餐馆、公共车站、低档电影院、信用珠宝行、服装和家具店等，这些低档设施部分依赖于前面已说过的功能聚集，因为它们要求相同的经济层次。废弃区多占据着批发区（带仓库）的位置，现在这类批发设施看来要被挤到 CBD 外的工业园去。同化区是 CBD 有希望的地区，而废弃区因为缺乏显赫和支柱性商业设施，不能创造更好的购物场所和服务。

CBD 的规模及形状经常变化。当 CBD 移动时，峰值地价交叉点也在移动。在 9 个美国城市 CBD 中，峰值地价交叉点处在紧靠 CBD 的地理中心不超过 200m 的地方（图 3-22）。如果整个 CBD 位置有变化，地理中心也会移动，最后峰值地价交叉点也会移动。

有必要更深入地考查峰值地价交叉点运动的状态及运动的潜在原因。在这个重要的交叉点上，地价高昂且存在巨大的出行集中，大型投资可以以建筑的形式进行。当 CBD 改变了现有平衡，在别处另产生了一个交通焦点，人们首先不情愿抛弃的是在原来峰值地价交叉点

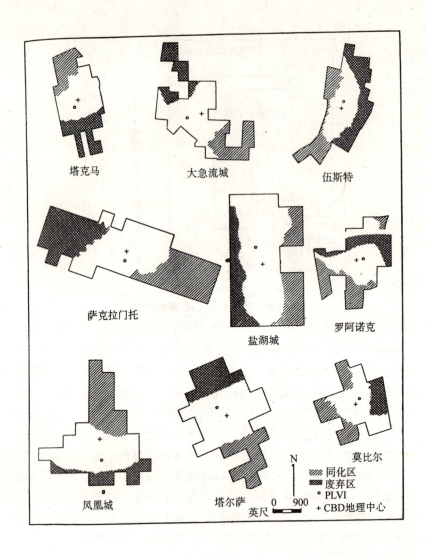

图 3.21 9 个美国城市 CBD 的同化区与废弃区的大致位置
注：假设白色区域仍为静态或相对平衡。
资料来源：Raymond E. Murphy, J. E. Vance, Jr., and Bart J. Epstein, "Internal Structure of the CBD", *Economic Geography* 31 (1955), Fig. 16.

附近的投资，新地址的吸引力很难迅速大起来。最后，当需求足够大时，投资将被置于一个新的交叉点上，它们的出现将有助于使那些地区更富吸引力。

墨菲和范斯指出，峰值地价交叉点的运动不是从一个点到另一点的固定过程，而是一种蛙跳，一次跳一两个街区。几乎没有城市的 CBD 中心区围绕的峰值地价交叉点与从前的那个 CBD 中心区所围绕的一样，具有遗弃的中心是那些靠近水边和铁路站发展起来的城市的独有特征。这种 CBD 中心运动和该区本身移动方式形成的原因，是一个要深入研究的重要课题。

三、地价与 CBD 结构

墨菲和范斯曾考查了 9 个美国城市 CBD 内部结构与 CBD 地价的关系。他们使用的地价是以人们对土地价格的估计为基础，而不是以功能为基础。一个城市的地价地图应表示主要

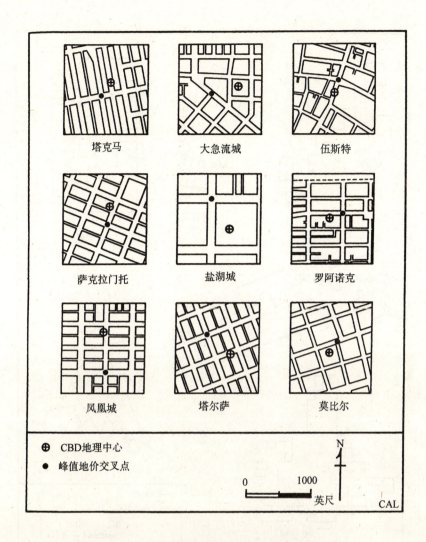

图 3-22　9 个 CBD 的峰值地价交叉点和地理中心
注：黑点峰值地价交叉点，十字为地理中心。

资料来源：Raymond E. Murphy, J. E. Vance, Jr., and Bart J. Epstein, "Internal Structure of the CBD", *Economic Geography* 31 (1955), Fig. 2.

商务区内的最高地价、地块闲置或是被百货店所占的真实情况。

　　鉴于在美国财产价值通常以地块来记录，故选择地块作为地价研究的土地单元。前面章节已指出这几个 CBD 每个都可以画出一条线，该线以内包括所有临街地价等于或大于最高地价的 5% 的地块，且这条 5% 线近似于由 CBI 法定出的 CBD 边界。图 3-23 显示从 9 个城市研究资料中得出的 6 个城市的地价资料（另有 3 个城市地价资料当时无法得到，故只研究 6 个城市：大急流城、凤凰城、萨克拉门托、盐湖城、塔克马和伍斯特的 CBD）。其他百分比线像 5% 线那样画在同一底图上，但没有在图 3-23 中表现出来。在这些城市中，5% 线尽管没有与以用地功能为基础的 CBD 边界准确地吻合，但总的来说没有太大出入。画 5% 线（包括其临街地价相当或大于峰值地价地块地价 5% 的城市地区）和其他百分比线存在很大困难，因为不可能在地图上画出整套的地价线，例如在某些位置可画出完整的地价线，但在其他位置会因无地价的公共用地或其他免税财产地块而中断，因此，绘图过程中经常带有主观的判断。

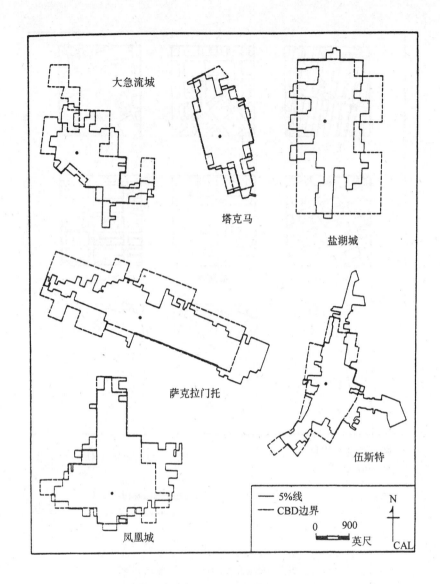

图 3-23　6 个 CBD 中的 5% 地价线与 CBD 边界

注：黑点为 PLVI，虚线为 CBD 边界，实线为 5% 地价线，两条线有时重合。

资料来源：Raymond E. Murphy, J. E. Vance, Jr., and Bart J. Epstein, "Internal Structure of the CBD", *Economic Geography* 31 (1955), Fig. 1.

　　墨菲等人将地价分为 11 个级：最高级为峰值地价（100%），最低级为相当于 5% 但少于 10% 峰值地价，其他级是在 10% 和 100% 峰值地价之间分成的 9 个级。在每个城市中测量并统计每个分级中的总公顷数。

　　墨菲等人指出，研究结果最令人惊奇的是 5% 线内有 3/4 的地区地价少于峰值地价的 20%，仅有略超过 8% 的地区为峰值地价的一半，换句话说，地价先是从峰值地价交叉点随距离增加迅速下降，但越靠近 CBD 边界这种下降趋势越来越平缓。地价曲线的下降有点不规则，但很清楚是凹形的。这种情况可总结为：地价以一种递减速度从峰值地价交叉点随距离增加而递减。

　　当然，这些事实是以 6 个美国城市 CBD 的平均情况为基础的，并且假设是在一个形状基本对称的 CBD 内，而实际上 CBD 的这种对称形状一般很少。研究表明城市中心存在一种完整的地价百分比线不规则地与每个 CBD 外界平行的趋势，换句话说，从峰值地价交叉点开始，地价较均匀地向外减少，虽然 CBD 内沿主要大街的两侧的地价高于平均地价，但地价沿 CBD 轴线减少的速度比沿与轴垂直的方向要更低。对 CBD 内地价的讨论是以峰值地价交叉点的位置为基础，因此必须通过计算来决定这个关键点与 9 个 CBD 的地理中心之间的关系（见图 3-22）。研究表明在 9 个城市中，峰值地价交叉点一般不偏离 CBD 的地理或区位中心约 200m 的地方。在绝大多数情况下，地理中心的位置一般处在从峰值地价交叉点向 CBD 已产生最大的发展的那个方向上（与图 3-21 相比较）。

第四节 CBD 的形状

一、一般概括

1950 年，乔治·哈特曼发表了有关 CBD 形状的论文。

首先，他提出了各种理论化的 CBD 形状模式，如圆形模式、星状模式、钻石模式等，并探讨了这些模式的形成基础及抽象布局的不同。他强调实际上每个 CBD 都拥有一个空间形状，在具体上都是独一无二的。CBD 除了垂直方向的复杂性和不规则性外，人们仍可以分辨出确定的水平方向的地理模式。哈特曼认为这些模式是由自然产生的中心商业活动以同样原理形成的，这些活动选择了城市中与所有内外商务活动密切有关的中心位置。

从各地方实际情况中产生的中心商务区，其实际形状多种多样，正是因为这些地方情况，产生了有区别的 CBD 模式。在不同城市对 CBD 的地理研究应通过对不同地方因素的研究来取得对它最深入的了解，因为这些因素使 CBD 的空间布局产生不同。

哈特曼使用用地功能为基础，对美国约 40 个城市的相关研究资料进行研究，但他以当时的地方地图为基础资料，CBD 界线以地方上给定的为主，而不是他自己定的，这样得出的 CBD 边界几乎难以具有可比性，因此其所提出的 CBD 形状的理论精确性和可比性较弱。尽管如此，他的论文仍是一篇有益的关于 CBD 平面形状的理论式讨论。

相反，墨菲和范斯通过统一定界的 CBD 来研究 CBD 的形状的作法就更吸引人。他们给 9 个美国城市的 CBD 以 CBI 法定界后，9 个 CBD 表现出非常不同的外形差异（见图 3-24）。每条 CBD 界线的详细走向反映了街区形状，并且因为美国大多数城市的街道模式主要为方格网形式，受之影响边界线会出现许多直角。盐湖城的 CBD 边界尤其粗糙，主要是其街区平均规模比其他 8 个 CBD 的街区规模大三倍造成的。墨菲等人指出，如果将地块代替街区作为定界技术的基础，则不同的 CBD 将会出现同样不规则的边界，但边界线会更细腻些（例如见图 2-2）。

粗略地考查一下这 9 个城市 CBD 的边界，不会发现存在星状模式及哈特曼假定的"斜正方形和菱形"模式。星状模式几乎不可能存在，因为 9 个 CBD 所在城市为中等规模，没有足够数量的放射路，不能形成这种星状模式边界。但是因为方格网模式为主要街道模式，并因为在许多情况下 CBD 有两条相交的（并因此呈放射的）主要街道，斜正方形和菱形边界还是有可能出现的。

因为靠近放射路的位置对中心商务功能非常重要，看来将放射状路之间的空间填满而形成一个真正的菱形不大现实。放射路之间的 CBD 用地一开始基本在峰值地价交叉点附近，但随着到中心距离的增加，这些放射路"之间"的地区迅速对中心商务活动失去吸引力，因

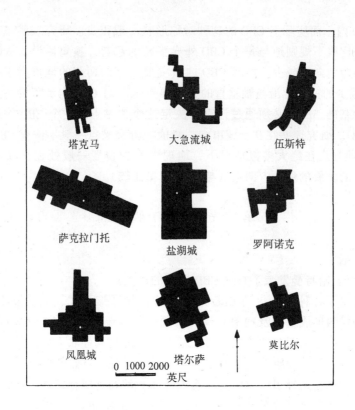

图 3-24 用 CBI 法定界的 9 个 CBD 外形

注：小圆圈为 PLVI。

资料来源：Raymond E. Murphy and J. E. Vance, Jr., "A Comparative Study of Nine Central Business Districts", *Economic Geography* 30（1954）, Fig. 22.

此 CBD 的边界不是假定的菱形边界，更像一个正方形的十字架（见图 3-25），凤凰城 CBD 就是这种形态。虽然在伍斯特的 CBD 形状不大像正方形十字架，主要因为边界线是按 CBI 法以街区为基础画成的，但若是以地块为基础在地图上画出的 CBD 边界，则可以很清楚地看出是正方形十字架（见图 2-2）。在不同城市，沿主要街道从峰值地价交叉点向 CBD 边界引出的带形开发行动，正在使越来越多 CBD 的外形越来越接近正方形十字架，但大城市尤其是有放射路的大城市 CBD 则一般不是正方形十字架的形状。

墨菲等人指出抽象边界的概念无论是正方形十字架还是菱形，都是以两条同等重要的十字交叉路为基础。确实，这种工整的平衡可能在实际情况中不存在，如当两条交叉的大道的重要性相去甚远时，CBD 就沿一个轴呈细长形从中心向外扩展，相对平等的几根平行轴向同一方向延伸形成一个长直的 CBD。9 个城市的 CBD 的外形可作如下分类（见图 3-24）：1）有相当工整的交叉轴，近似于一个正方形十字架——凤凰城、罗阿诺克、莫比尔以及伍斯特的 CBD 在一定程度上呈此形态；2）以一条街为主体形成细长的 CBD——如伍斯特、大急流城和萨克拉门托的 CBD；3）以平行街道为主，与之交叉的街道不那么重要，形成类似街区那样的 CBD——塔尔萨、盐湖城的 CBD，塔克马 CBD 也有点类似。

但是正如已指出的那样，CBD 不是二维的，可以想象它有点像个被修改过的方尖碑。如果 CBD 边界是菱形，方尖碑的底则为正方形，四个角将落在四条放射路上。然而如果 CBD 边界是正方形十字架，这个形体将不再是个标准方尖碑，而是有凹斜面的方尖碑。

图 3-25 CBD 的抽象形状类似于一个正方形十字架

资料来源：Raymond E. Murphy and J. E. Vance, Jr., "A Comparative Study of Nine Central Business Districts", *Economic Geography* 30 (1954), Fig. 24.

墨菲等人提出用公式 $V = 1/3Bh$ 可计算方尖碑的高度[1]，运用这个公式在 9 个 CBD 中，可得出下列每个方尖碑的高度：

塔尔萨 7.8 层；

大急流城 7.2 层；

伍斯特 6.0 层；

罗阿诺克 5.8 层；

塔克马 5.7 层；

盐湖城 4.6 层；

萨克拉门托 4.6 层；

莫比尔 4.5 层；

凤凰城 4.4 层。

方尖碑高度是理论性的，但在比较各个 CBD 时有一定价值。就像办公楼集中增长的塔尔萨和凤凰城形成明显对比那样，总的说来新兴的美国西南部城市比美国其他城市具有更低、平的 CBD，美国南方城市的 CBD 在某些特征方面同其他城市又不一样。今天，CBD 的平均高度因为经济的发展还在增加，尤其是地区性和国际性城市的 CBD 的平均高度增加最快。

二、屏障与 CBD 形状

墨菲和范斯还研究了 CBD 形状与包围它或阻碍它的屏障之间的关系（见图 3-26）。显然 CBD 扩展时一般都会遇到屏障，否则，假设的对称模式可能会更为普遍些。铁路、水体、公园、公共建筑占领的地区及某些明确的其他用地功能，通过在某个方向允许或阻碍 CBD 的发展而影响了 CBD 的形状和范围。在有些情况下，CBD 可能紧挨着屏障，通常是在公共建筑边和公园边，CBD 也可能邻近或包围它们。但有铁路和水体时 CBD 就不是这样，通常是直接跨越其上。在 CBD 和屏障之间通常存在一个主要由非中心商务类用地功能形成的缓冲带。

---

[1] 墨菲和范斯没有解释这一公式，编译者认为 V 代表 CBD 总的中心商务楼面面积，B 代表 CBD 的总用地面积，h 代表方尖碑的高度。

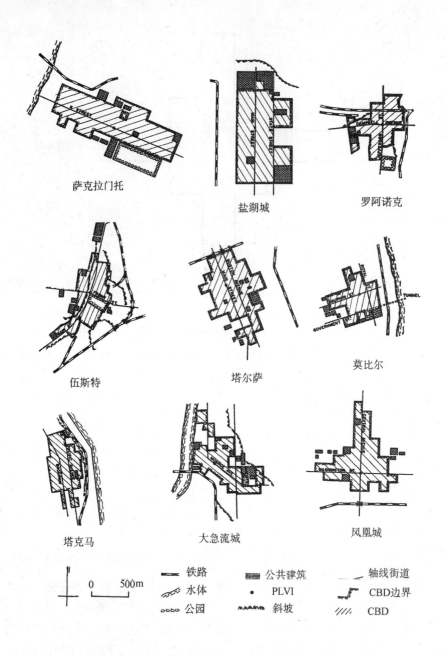

图 3-26 各种屏障在一定方向限制 CBD 扩展，从而影响 CBD 外形
资料来源：Raymond E. Murphy and J. E. Vance, Jr., "A Comparative Study of Nine Central Business Districts", *Economic Geography* 30 (1954), Fig. 23.

墨菲等人指出，应特别重视因地势起伏而形成的屏障。无疑陡坡对 CBD 的可达性进而对 CBD 的发展来说是一个屏障，CBD 可以完全避开这些陡坡，但也有利用它们的情况，比如偶尔会有 CBD 跨越铁路线或在高速路两边发展的例子。

这些屏障对决定 CBD 的形状产生的作用还很难估计。在大急流城和伍斯特市内的两个较高而紧凑的 CBD 中，因为有屏障而受阻；但更高更密集的塔尔萨市 CBD 却没有特别地受明确的屏障的限制。显然，除了自然的屏障外，还存在其他屏障影响 CBD 的扩展，例如，由分区条例和法律形成的一些法规性屏障会限制某个区域内建筑的高度和种类。

有人提出 CBD 的扩展也受距离因素的限制。CBD 被认为是一个"步行区",因为人们常愿意从 CBD 的某地区步行到另一地区,与峰值地价交叉点相距太远的地方不便人们步行到达。在这种规模的美国城市中,CBD 边缘部分有更多的空间用于停车,人们可以使用汽车,故距离因素在边缘不太重要,CBD 边缘区可叫做"汽车主导区"。步行区可称为是 CBD 的硬核,而汽车主导区则是 CBD 硬核之外的部分。

CBD 有一个以其他功能为主,且中心商务楼面面积不能占满整个街区的边缘带,在那些受更为严格限制的或没有屏障的 CBD 内都存在这样的边界。

CBD 还有一个和水平维一样重要的垂直维,但屏障对 CBD 三维形状的影响不甚确切。一般说来,每个城市都有某种影响 CBD 正常扩展的物质实体,其作用以一种不规则的垂直扩展为结果,被水困住的曼哈顿大概就是这种典型例子,许多城市也一定程度地反映了这种影响。然而,很难确切地确定屏障产生的空间限制和垂直扩展之间的关系到底如何,可能诸如地理位置显赫、高楼形成制高点,甚至某人一时兴致等因素都应考虑。

应该承认,从哈特曼到墨菲等人,他们提出的 CBD 形状理论主要针对的是中等规模的欧美城市。对大规模的城市 CBD 形状的研究至今尚为缺乏,但是可以参考哈特曼等人的 CBD 形状理论进行研究。

第五节 CBD 的外部关系

很清楚 CBD 的心脏是中心商务空间功能占据的主要地方,但随着与城市边缘距离的减少,中心商务功能开始减少。虽然沿某些从市中心出来的放射路会存在零售带,中心商务功能占主导的 CBD 也存在外围商务地区,但是市中心的一般规律是商务功能的比例从中心向外逐渐减小,混合功能相应增加,最后出现密集的工业区、大型居住区及可能的物质屏障,当然也可能有商业设施分散布置在其中。

从城市中心向外一定距离,人们就可以到达 CBD 的边界。墨菲和范斯试图通过确定的用地功能指数来确定该边界;荷乌德和博伊斯通过定义用地功能性质来区别 CBD 核与 CBD 框,但他们并未进行量化,因此 CBD 核、框这两个概念在任何特定地区很难实在地区别出来。

讨论 CBD 的外部关系时有三种边界可以供参考:1) 按 CBI 法得出的 CBD 边界;2) 荷乌德和博伊斯的 CBD 核的外界,他们未给出确定边界的精确规则,但比起墨菲和范斯的 CBD 边界更靠近城市中心,因为荷乌德和博伊斯的 CBD 核排除了非街边停车和那些他们认为没有达到每 m^2 高额零售业销售额的地区。商业性和顾客非商业性停车面积包括在墨菲和范斯的 CBD 中,他们没有运用任何有关零售业销售额的生产率标准来界定边界;3) 荷乌德和博伊斯的 CBD 框的外边,这一边界的精确位置不清楚,但显然位于按 CBI 法确定的 CBD 界以外很远的地方。

墨菲和范斯所定的 CBD 外部地带是一个困难重重的地区。这是一个不确定的地区,并不能作为 CBD 的一部分。在伯吉斯之后,理查德·普雷斯顿研究了这个被称为"过渡区"的边界区,在工作的后期唐纳德·格里芬加入到他的研究工作中。该研究主要以下列的三个城市的实地绘图工作为基础:美国弗吉尼亚的理士满、麻省的伍斯特、俄亥俄的杨斯顿。

普雷斯顿等人在每个城市按街区绘出用地功能地图,实地绘图及对资料进行的计算,使之可能按 CBI 法进行 CBD 定界。他们将 CBI 法作了小修改,对 CBD 外围地区的用地功能绘制了地图,该区大得足以包括 CBD 边界之外的那些用地。

为了给过渡区定界,普雷斯顿考虑将用地功能分为两群(表 3-8)。他计算了每一个街区中属于过渡区的用地功能楼面面积所占的百分比和非过渡区用地功能楼面面积所占的百分比,并通过使用频率图表,确定将 30% 作为限定过渡区外边的限制值,即过渡区内街区应具有至少 30% 的楼面面积为过渡区功能,并且是从 CBD 边界向外扩展的连续群中的一部分(这可以说是框的第二种定界法,可与戴维斯的方法进行比较)。

过渡区和非过渡区的用地功能分类表　　　表 3-8

过　渡　区	非　过　渡　区
公共机构	有自然屏障的地区
批发业	永久性居住(含公寓及联立住宅)
仓库	大型开放空间
交通	铁路站
轻工业	重工业
零售业	空地
服务业	空房
金融	
办公	

注:轻、重工业的分类是以哈兰德·巴斯隆梅所著《美国城市的土地利用》为准。
资料来源:Richard E. Preston, "The Zone in Transition: A Study of Urban Land Use Patterns", *Economic Geography* 42 (1966), Table—General types of land occupance.

普雷斯顿等人的地图表示了 3 个城市过渡区的范围,并且在一系列图中表示出每个城市的过渡区中的各种用地功能的不同位置。他们通过一张图加一张表的方法,将整个过渡区中不同功能的相对比例进行综合,得出 3 个城市的过渡区范围。

格里芬和普雷斯顿总结了他们对过渡区概念的研究成果。他们认为该区是一个不连续的带,是从那些零售业不太重要的 CBD 周围同质地区中分离出的以零售业为主的中心。他们建议该区包括下列组成部分:"主动同化区"、"被动同化区"、及"一般静止区",并列出各区对应的专门用地功能类别。

有的学者指出,整个城市都是处在过渡之中,因此普雷斯顿和格里芬的过渡区理论针对性不强,过渡区的功能和边界确定参数都是凭经验确定的。但是这仍不失为一种研究 CBD 外部关系的理论。

第四章　CBD与城市郊区化

从20世纪50年代开始，欧美国家（尤其是美国）因为长期以来形成的城市人口密度过大、城市交通拥挤和环境恶化，在交通、通讯手段现代化的基础上，城市人口、经济出现了离心流动，即郊区化现象。郊区化运动中最受影响的是CBD，大批零售、办公设施迁出CBD，迁往远近郊区，使CBD的功能和活力受到严重的削弱，郊区与CBD产生了竞争。对这一现象已有不少学者做过研究，下面分别就市中心的功能变化、办公和零售业的郊区化研究做一些介绍。

第一节　市中心区的功能变化

50年代早期理查德·雷特克里夫进行了对美国威斯康星州麦迪逊市的研究，主要针对麦迪逊CBD地区的功能变化，他希望通过研究获得对城市中心有实践价值的信息。该研究涉及到了时间元素。

在40~50年代的美国，一种引人注目的城市现象是城市周边的零售业扩展，即在所有城市的外围地区及大城市边缘地区，大型地区性购物开发项目以新的零售购物中心的形式大量出现。这些零售开发在特征上重复了许多中心地区零售设施的模式，并能提供充分的停车场地，而且这些中心比市中心设施距顾客的住所更近。

为解释这种现象产生的原因，雷特克里夫认为通常最站得住脚的假设是周边零售业扩展发生在中心区的扩展地区，在此发生了某些实在的非中心化，一种从中心到外围的分散。按这种假设进行有机延伸，可以认为中心零售区最终在业务总量和地价上会衰减。

坚持变化理论的人认为零售设施在城市周边的发展很少与美国城市地区的人口增长和空间扩展成比例。按此理论进行假设，中心区将继续在生产力和商务总量方面有所增长，但按人口比例可能稍显低些。在50年代的美国，外围零售业开发的突然兴旺不是正常发展过程的暂时形式，这意味着中心区零售商业与城市总零售商业的比例不会持久不变或增加。实际上，按某种历史发展模式来看，随着城市发展，城市中心商业活动比例通常会减少。

分散或非中心性对中心区是好事还是坏事？它会摧毁中心区或至少对财产的拥有者和商人产生严重损害吗？它将如何影响税收？要回答这些问题可以直接检查市中心区的财产总值。有关中心地价的材料不尽合理，在合理的时间跨度内涉及中心产生的贸易变更，并且因为美元的价格变化，对上述问题尤其难以解释清楚。

如果可得到一段足够长时间内这类中心或外围零售店的销售额或净利润的资料，将对研究大为有利。但1935年和1948年的商务调查仅提供了少数几个大城市的对比情况，它们仅代表很短的时间跨度，并且资料显示的零售业范围不够全面。

在对零售业扩展的变化进一步深入研究中，雷特克里夫使用了他称之为"功能分析技术"的方法。对研究提出的问题是：变化发生是在零售业分布的基本变化模式中还是在形成中心零售区的活动模式中？是否这些零售业分布的变化仅在程度方面发生？是否它们只是在城市中某些时候发生的变化的一种连续？或者虽然最终这些变化是必然的，但中心区能否不受到严重伤害？

功能分析技术从考察中心区出现的零售业种类开始。雷特克里夫发现在某段足够长的时间内，零售种类和销售数量的变化情况可能会表现出重要的趋势，某些零售业种类的数量在减少，其他则增加，某些种类则完全消失，而新种类不断出现。正确解释在中心区零售结构中这些变化会有利于 CBD 未来的发展。

为解开这一难题，雷特克里夫对威斯康星州麦迪逊中心区的历史进行分析。1950 年其城市化地区人口为 11 万人。他通过记录并研究 30 年内麦迪逊中心区商业设施的特性及数量的增长和变化，希望能够合理地在两种有关的变化理论之间做出选择，对现象进行合理解释。

他研究的目标是确定在城市的商业结构模式中发生的变化是否损坏了中心区的地位。首先雷特克里夫用形成中心区特点的服务业的有关理论描述这些变化。

雷特克里夫将研究地区——麦迪逊中心区划分为 A 区和 B 区。A 区代表市中心最密集的零售区，即零售核，它包括首都公园和其他一些街区（图 4-1 中带阴影的部分）；B 区包围了 A 区，包括地图上所显示阴影街区之外的部分，也可以深入画出边界，这个边界区混合了居住、商业和公共使用用地功能。这两个区不是以任何很逻辑的基础来定义的，雷特克里夫很少在他的研究中使用 CBD 这个词，但是如果按 CBI 法给麦迪逊 CBD 定界的话，CBD 可能包括了整个 A 区及一部分 B 区。

有关用地功能和中心区情况的历史记录开始于 1921 年，并且以五年左右的间隔继续下来，即于 1925 年、1931 年、1935 年、1941 年、1946 年和 1950 年记录了有关资料。底层非居住类功能共细分为 154 类，按街区进行记录，雷特克里夫分别统计了 A 区和 B 区在每个时间段内每种功能相应的数量（表 4-1）。

麦迪逊中央商务区 A、B 区内不同用地功能的情况　　表 4-1

功能种类	地区	1921 年	1925 年	1931 年	1935 年	1941 年	1946 年	1950 年
会计事务所	A						1	2
	B							1
广告社	A							
	B		1	1	3	2		3
农业器具店	A							
	B	2	1	1	1	1	1	
古董店	A							
	B			1			1	1
家用电器店	A		1	5	4	2	3	2
	B			1	3	2	5	3
建筑事务所	A							
	B			1		·	1	1
事务所（公众类）	A	1	2	2	2	2	2	2
	B	5	7	6	7	8	10	11
事务所（贸易类）	A							1
	B	1		2		1	1	1
汽车配件店	A		3	1	2	1		1
	B		1	3	1			
汽车电池与轮胎店	A	6	2	2	2		2	2
	B	5	7	4				1
汽车车身店	A	1				1		
	B			1	1			

注：表中数字为具体用地功能的类别数。

资料来源：Raymond E. Murphy, *The Central Business District*, Aldine·Ahterton, Inc.(1972), Table 10.1.

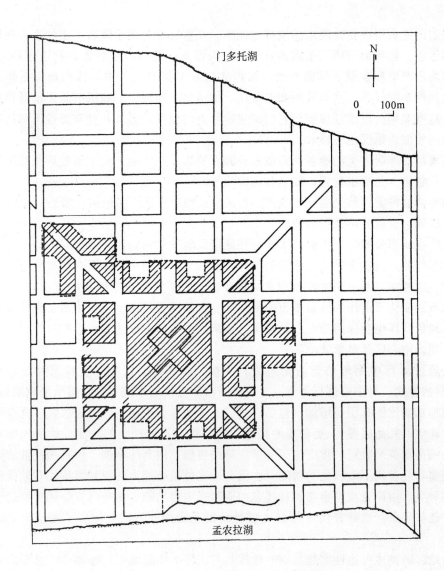

图 4-1 麦迪逊中心区的 A 区与 B 区

注：阴影部分为 A 区，其余部分为 B 区。

资料来源：Richard U. Ratcliff, *The Madison Central Business Area, A Case Study of Functional Change* (Madison: Bureau of Business Research and Service, School of Commerce, University of Wisconsin, 1953) Vol. 1, No. 5, Chart 1 with modifications.

使用底层楼面面积的覆盖率进行研究的局限在于不能确定在中心区上层办公面积的增长情况。办公功能的变化是重要的，但本研究瞄准更为密集的中心类用地功能，尤其是零售服务业，这是"财产拥有者、商人和纳税人最为关心的"。

雷特克里夫在研究中没有将功能分类进行再组合，尽可能坚持最初的功能分类。他同时认识到多年来商业结构模式的变化使零售商店提供的货物和服务的特征产生了变化，如零售杂货店已经有很大的变化，显然坚持最初的分类不能回答这种异常情况，不过它是本研究不得已的方法。

雷特克里夫从有关零售的品种和数量开始研究，得出的结论是 1950 年在中心区底层位置货物和服务的种类和 1925 年没有重大差别，A 区和 B 区都是这样。

雷特克里夫的研究表明在麦迪逊市的发展过程中,在重要性方面下降较突出的是一些居住邻里性质的零售业,包括杂货店、金属器具店、鱼肉市场、药店、售酒店和鞋业修理店。他讨论了超级市场的产生和数量下降的原因,并将 A 区和 B 区对比。中心区内地位下降的另一服务群,包括汽车配件店、汽车轮胎和电池店、加油站、油漆店、墙纸店及运动器具店等,总的说来,这些类别的设施迁移到与它们的主顾靠近的位置。另外几种重要性下降的用地功能与讨论过的相似,原因也一样。

重要性有所增加的非居住类功能包括商业服务和百货店、杂物店、女士服装店及几种专门店——皮毛、礼物店、儿童服装店、鞋店和珠宝店等。

可能有些用地功能种类仍然是静止不变的。A 区中这些功能是烤面包店(零售)、花店、擦鞋店、帽店、剧场、贷款公司及银行等。

麦迪逊中心区在相当长的时间内保持了非居住底层设施数量的稳定,而当时人口一直在增长,然而这种形势并未被认为是某种危险的信号。雷特克里夫指出如果要对城市中心衰败进行正确的研究,应考虑具备不同生产力和支付租金能力的零售业在土地使用方面的变化。研究货物销售比例的变化可以作为检验城市中心运动变化的重要手段。若货物销售额数量长时间稳定不变,地价同样也会保持稳定。他指出,如果这些零售业设施种类正在吸收试图挤进中心地区的公司,中心区就是繁荣的。

雷特克里夫通过 A 区中用地功能的相关资料并按"临街面英尺数"资料来补充那些"商店数量"资料的方式,对中心进行考查。这两种方法研究的结果都显示在整个研究期间,货物销售类的用地功能比例有明显增加(包括百货店、杂物、女士服装、男士服装、儿童服装、鞋、皮毛、珠宝、礼品店等)。更密集的用地功能替代了不太密集的功能。他所列的有关表格中给出的临街面英尺数资料肯定地证实了货物销售额比例有所增加。所有这些都清楚地证实了由更密集功能替代不太密集的功能、由更高的支付租金能力功能种类替代有较低租金支付能力功能种类、由商业或零售功能替代非商业和非零售功能、由专门货物销售替代一般货物销售等趋势现象。这种替代伴随着 A 区地价的稳固增长,因此证实了麦迪逊 CBD 的稳定发展。

麦迪逊中心地区的整体可达性比起其别的地区具有优势,比起城市其他地点,更多的人们可以更快速地到达此地。在可达性测量中,中心区是使最大数量的人们因为最多种的目的能最方便到达的地方。

中心区在满足市民的各种要求方面比城市的其他地区有更多优势。比起城市其他地区,这里服务的种类数量更大,同时,中心区具有这类服务最广泛的组合方式,有比其他地区的式样、价格和质量方面更多种的选择。

如果下列假设正确的话,那么有关中心区衰退的重要标志是丢掉或减少这种优点。该假设是:对绝大多数的顾客来说中心区比外围零售中心要方便,其首要优点有两个方面:1)中心区能提供多种服务;2)中心区能提供选择服务的机会。麦迪逊中心区这些优点减少的原因,显然是交通拥挤和停车困难所造成的。同时,外围购物中心在数量和提供的服务种类等方面都已经扩大了。但是中心区仍然具有使顾客能方便地获得最广泛种类的货物和服务的优点,尤其是在出售的货物种类方面。

雷特克里夫认为维持中心地区的可达性可通过下列几种方法达到:1)通过改善和控制交通路线,更有效地使用街道系统;2)通过加宽和开发过境路来改进街道系统;3)增加停车设施并完善停车控制;4)通过错开开放和关闭时间,并保证夜间购物时间来分解交通系统的负担。

他认为邻近中心区的城市更新可能有助于带来会增加城市中心日间人口的开发活动，如市中心区新办公建筑。有的城市存在雇佣数百名办公职员的大型非零售设施移至郊区的趋势，这可能是对市中心的一种真正威胁，但这有时可通过城市更新活动在市中心为办公提供空间来得以防止，因为无论如何市中心区可为多数雇员提供许多方便。

应再次强调对麦迪逊的研究工作仅是一种实例研究，这类研究的结果不能广泛运用。正如雷特克里夫本人指出的那样，实例研究的结论不一定具有广泛代表性，但因为美国城市的结构存在足够的统一性，因此有些结论又可以广泛运用。

如果麦迪逊具有广泛代表性，可能中心区（CBD）的情况会有希望，因为它们具有方便购物及其相应的优点，其位置使可达性可以一直做为一种优势。尽管可达性受到交通和停车问题及缺乏大量合理就业设施的威胁；但是中心区购物量的相对增长却是令人鼓舞的现象。

第二节 大城市行政管理办公处的郊区化

本章摘要的第二个研究是由美国学者唐纳德·福利进行的，就像雷特克里夫对麦迪逊的研究那样，这也是一个实例研究。它也涉及了时间的变化。虽然它以旧金山湾地区为对象，但它研究的问题却是绝大多数欧美大城市地区都拥有的。雷特克里夫研究零售业的郊区化，福利则调查管理办公处的郊区化及其对市中心的可能影响，因此两个研究都与 CBD 或至少市中心区的健康发展有关。

福利认为如果城市的交通和通讯设施得到改进，居住、零售贸易和服务、工业的郊区化是不可避免的，但是全美国的资料同样也显示行政管理和地区性的办公处同样会迁到市郊地区。管理办公处的郊区化确实对市中心产生了严重的影响，正如雷特克里夫在他的研究中指出的那样，这类办公处本来应该很有助于 CBD 对抗郊区购物中心的竞争。

福利的研究考查了几个主要的方面：1）在旧金山湾地区，上层管理办公处郊区化的程度如何（图 4-2)？2）哪类办公处从市中心地区外迁的可能性最大？3）什么原因影响一个办公场所外迁？4）未来办公处定位趋势如何？

旧金山作为美国西海岸地区的历史性中心，已形成了一个类似于其东部兄弟海边城市的稳定的市中心金融办公区。商业活动、人口及海湾地区的建设正在充满活力地增长。对前述的四个问题的回答可以概括汽车时代成长起来的美国西海岸城市市中心办公功能集中情况，正如美国东海岸的旧城市曾经出现的那样。

有关研究的主要资料来源是：1）1953 年对约 1100 个旧金山湾地区公司或人员在 100 人以上的非政府组织的电话调查；2）与该地区约 60 位顾问专家、管理人员、房地产专家的个人会谈；3）其他有关大城市地区的回顾报告及对类似问题的讨论报告。

福利的研究存在某些局限。在本研究中未考虑政府办公处的定位趋势，仅包括了海湾地区的大公司和机构，而那些小公司虽然也在重要的办公街区内，诸如，法律办公、经纪公司以及工业产品代理商等，但都未包括在内；对有关办公处的细节，诸如面积和办公空间的特点等未进行研究；有关"办公处"和"公司"的表格并未进行量化；商业额总量、办公劳动力规模以及办公空间的总量也未予以考虑，等等。因此显然需要别的方法来补充该研究。

贯穿本研究的市中心地区主要指"中心区"，或"中旧金山"，或"中央地区"，或"海湾地区的中央部分"，它们包括了中旧金山、奥克兰中部和西北部、伯克莱及爱莫威利。福

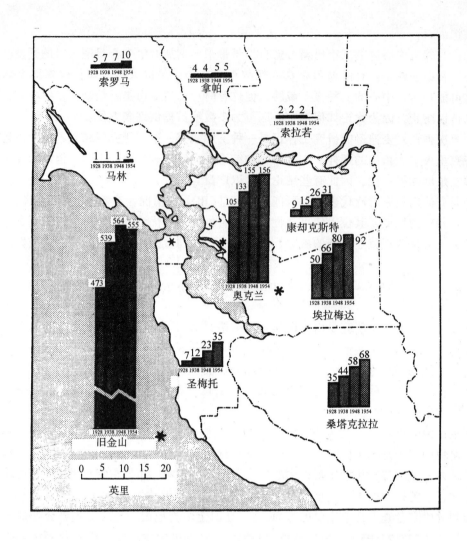

图 4-2 旧金山湾地区 1928 年至 1954 年之间上层管理办公处的增长情况

资料来源：Donald L. Foley, *The Suburbanization of Administrative Offices in the San Francisco Bay Area* Research Report 10, Real Estate Research Program (Berkeley: Buerau of Business and Economic Research, University of California, 1957), Fig. 7 with modifications.

利没有给 CBD 定界，故他的研究仅以一种大致的方式反映 CBD 的情况。

"大公司或机构"被定义为 1953 年在包括 9 个区的海湾地区内雇员超过 100 人的商业或工业公司或非政府组织（他确定共有 1073 个）。

"上层管理办公处"是一种重要的管理办公处，"专门管理办公处"亦是一种重要的管理办公处，在专门的功能、产品或地理方面能有效地在海湾地区运作。

"办公处迁移"是一个过程，指在三个研究时段（1928 年~1938 年，1938 年~1948 年和 1948 年~1954 年）结束时，上层管理办公处的街道地址与时段开始时不在同一个城市街区。

"新的办公处"是指在研究时段结束时不以类似于时段开始时的形式存在的上层管理办公处。

"独立设置的办公处"是管理办公处，它不在任何拥有相对重要的非办公类设施——商店、工厂、仓库、交通总站设施的城市街区内，由公司和机构本身操作。

福利指出在20世纪的第二个25年中，在中旧金山的上层管理办公处占整个海湾地区的比例从1928年的61%降到1954年的49%。与此同时，在相对远郊的地区上层管理办公处数量却在增加。因此在高峰小时从旧金山市中心开车至少用一小时才能到达的办公场所占整个海湾地区的比例从1928年的23%升至1954年的37%。

上层管理办公处搬迁至郊区或在郊区的初次设点几乎都和非办公设施诸如工厂、仓库或交通总站有关。

另外，在郊区设点或搬迁来此的上层公司、大公司的比例显著地增加，即它们更爱在郊区或次中心位置建立一个或更多的办公场所以补充在大城市中心的公司。当某类销售或管理办公处可以设在外围位置时，一般是上层办公处可留在市中心，其财务或研究部门的办公处郊区化，或销售办公处离开中心，或区域性的管理办公处向外移。

重要的上层管理办公处向郊区的迁移比例显得有点微不足道。在研究期间迁移或新设立的725个办公处中只有5个上层办公处是分散在郊区办公的。

海湾地区的中心部分（中旧金山、奥克兰中部和西北部、伯克莱和爱莫威利），管理办公处的集中现象十分显著，约有65%的海湾上层办公处仍在这一中心地区内，49%集中在中旧金山。办公处的规模量化图表显示了办公场所在这一相对中心的地区更为集中。

福利考察了原来在大城市中心区的管理办公处向郊区移动或仍留在中心区的原因，他指出这些原因各不相同，任何简单的能广泛应用的量化模型都是不可能的。

研究表明，将管理办公处迁至郊区的原因是：1）为了很好地与位于郊区的制造厂和其他运作设施产生联系；2）为了减少住在郊区的雇员的上班出行时间；3）为了获得郊区位置拥有的弹性和扩展办公空间的可能性；4）为了以较低的薪水吸引并留住工人；5）为了减少办公场所租金；6）为了逃避市中心的拥挤；7）为了易于到达别的公司。

管理办公处仍留在大城市中心区的原因是：1）能方便地到达中心区和整个大城市地区；2）为了获得中心核中的一流办公空间所拥有的优势；3）为了留在能容易得到办公室劳力（白领工人）的市场内；4）为了能容易地接近海湾地区中心区的商业和专业服务及其他外部经济区；5）为了靠近需要中心区位置优势的诸如百货店和报社等设施；6）为了维持曾经显赫的位置；7）为了使中心区外来者容易找到。

当然许多其他不太肯定的原因也可以产生其他的决定。独立设置的办公处有很大的位置上的选择自由，但是绝大多数上层管理办公处喜欢那些位置因素占统治地位的运作设施。另一个有趣的因素是社团的态度，在海湾地区有些财团试图发展专门的管理办公处，而其他的财团则可能开发居住。

福利报告的第二章主要讨论从1928年至1945年间公司郊区化更为详细的发现，附有说明地图、图表和表格。海湾地区管理办公处的现存地理分布在第三章有所讨论，从公司观点看办公位置则在第四章讨论，这三章在此不做详细陈述。

福利在其报告的最后一章提出了一些预测，指出未来该地区的办公处位置分布，讨论了需要更深入研究的问题，并涉及资料的收集等问题。

第三节 市中心购物与郊区购物

可以认为CBD在50~60年代有点像一个困难区，最严重的问题是来自郊区购物中心的竞争。美国俄亥俄州立大学的C·T·乔纳森试图通过取样调查找出顾客去CBD购物、享受服务和去郊区购物中心的主要原因。他的研究在50年代早期开始进行，主要以俄亥俄州的哥伦布市为对象。

该研究的基本设想是调查居住在哥伦布大城市地区内不同地区的居民对市中心、郊区购物和服务设施的态度，期望籍此确定有不同动机的人们决定使用某处的购物和服务设施时，诸如停车、交通状况和拥挤程度等因素的相对重要性。在某种程度上这一调查像一个实例研究，通过对一个城市地区的研究，寻找解决其他许多城市共存的难题的办法：在与郊区购物中心的竞争中，CBD如何保护自己？

在论文中，"市中心"和"CBD"等词都是指城市的中心区。对这一地区，研究者未经过仔细定界，是一个经过假设或者说是被当地认可的地区，"在哥伦布市，CBD边界北至彻斯纽特街，东至弗斯街，南至缅因街，西至佛朗特街。"

乔纳森寻求解决三个方面的研究难题：1）发现动机因素；2）确定这些因素的比例；3）揭示它们如何影响不同特征的人群在某一地点购物的决定。

问题本身很简单，例如停车的便捷是一个重要动机因素，但还存在许多相关的因素，例如到该区的高速公路的可达性、道路路况、价格，以及在较小范围内可购物种类的广阔幅度，这些因素可能把某些人吸引至CBD；有些人光顾市中心还可能因为别的原因，如激动、拥挤、群居、旅途中的心理刺激等。在另一方面，一些人会故意避开市中心，因为这儿的环境压迫他们或使他们不快。看来相同的元素将影响人们按不同方式形成不同的价值系统，并因此产生有差别的购物习惯。具有不同年龄、性别、教育水平、财富、社会和经济状况以及居住场所的人们，会反过来产生对CBD及外部购物中心的相关吸引力。

研究使用的资料通过会谈接触获得。该研究有两种可行的方法可供选择，一是可以以设施的自然属性为基础，找出服务于不同居民的设施的差异；二是可以调查居民的观点，研究居民如何使用购物设施及为什么使用这些设施的原因，这意味着与居民直接会谈；或者将两种方法组合起来。乔纳森最后决定从居民的观点出发研究。

乔纳森通过实地会谈及统计分析，最后列出有关图表，并系统地选择6个人口普查区段地区进行取样分析。其他统计调查也同样进行类似处理。

对有关购物满意度因素的系统分析指出，哥伦布市中心具有比郊区购物中心先决的优点。从分析看，由CBD提供的优点是：1）可供选择的货物更多；2）在一个时间内有可以干几件事情的可能性；3）低价。市中心最严重的缺点是：1）停车困难；2）环境拥挤；3）交通拥挤。

郊区购物中心最大的优点是离家近，停车容易以及郊区商店更方便安排时间；最大的缺点是郊区购物中心缺少多样货物的选择，第二个缺点是并非所有商业设施都能集中在此，第三是价格太高。

乔纳森的研究得出几个结论。关于不方便程度，90%的人发现在市中心存车不便，调查显示高教育阶层、高收入群和具有城市或大都市背景的人们，以及女性大致比低收入、低教育程度、郊区背景和男性对市中心的购物功能更满意。高的经济阶层比起低阶层来说，市中心能提供更多的货物更能成为一个优点。郊区购物中心缺乏大范围选择对上层人士来说比下层人士更是一种不利因素[1]。

---

[1] 读者可将第八章第四、五节对照本节乔纳森的研究成果进行阅读。

第五章 CBD 的其他方面

第一节 CBD 与交通

形成 CBD 特征的高度集中性已长期反映在它与交通系统的关系上。在欧美的一般城市中，CBD 最初围绕铁路总站发展，在港口城市则在港口附近，后来 CBD 变成高速公路网络的焦点，之后是快速交通系统的中心。CBD 的交通集中性持续至今，但是仍有一些有趣的变化。在许多城市，铁路总站的功能已经弱化，而 CBD 所保持的交通干线的中心作用则被扩大或削弱了。在绝大多数城市，峰值地价交叉点不再是城市中的一个主要的汽车交通交叉点，道路选线的设计一般都避开这一瓶颈。

近来真正的挑战是如何使工作、购物或娱乐的人们便捷地到达和离开 CBD。尽管在欧美城市中公共交通和快速交通系统已普遍使用，但是绝大多数城市中私人小汽车进出 CBD 形成的车流还需要空间，这主要通过采用各种紧急措施解决。单行线成为所有向外扩展的 CBD 的特点，这在限制运行方向的地方尤其流行。同时，用地紧张还反映在停车空间及一些与交通相关的设施短缺上，例如在美国城市中虽然一般都有界定和围住 CBD 的高速公路（内集散环）、停车场和汽车修理场，并有进入 CBD 的公共汽车或其他公交设施，但它们对 CBD 来说越来越不适用。另外，有关 CBD 空间的调整活动是建设形成现代城市 CBD 心脏的步行商业街，有利于排除当今整个城市中心地区的污染和有害烟雾（在许多情况下这也是汽车交通的产物）。因此，尽管 CBD 交通有许多变化，原来的拥挤得到了缓解，但问题仍然很多，有待研究。

一、CBD 日间人口

在美国，对每日人们进出 CBD 的运动的研究兴趣始于 20 世纪初。市中心地区不是居住地区，但白天却相当拥挤，"可能曼哈顿的地块地图看起来平淡无奇，但如果看到在街上的行人，人们通常会认为这是世界上最拥挤的城市"，这一说法可以运用在任何 CBD 中。每天人们早上进入及晚上离开 CBD 都是一种 CBD 交通活动，城市管理者和城市规划师长期以来都在寻找一个简单的公式来测量这一流动，为未来做出规划。

在 50~60 年代，美国人口普查局曾这样定义日间人口："在选择时段中，某标准地区中的日间人口即出现在该地区的上班工作、进入学校、购物、处理个人事务、从一处到另一处的途中，或离家后进行其他活动的人数总和，再加上在该区留在家中的人数。"

不少学者已展开对市中心日间人口这一难题的研究。杰拉尔德·W·布勒斯最先试图描述在 1940 年 5 月份的一个典型工作日里芝加哥 CBD 的日间人口，并分析了从 1926 年至 1946 年日间人口的变化趋势。为了建立日间人口模式，他使用了从三个方面获得的资料：1）市政机构使用的 CBD 小区交通调查；2）补充的起、终点（O—D）调查；3）对大芝加哥的公共交通和公共汽车的运行统计。

布勒斯分析了日间人口的积聚模式、小时频率、停留时间长度、每日和季度频率、白天和夜间的差异及因特殊目的进入 CBD 的总人数。在研究中，他对专门目的出行者进行了简单的分析，包括就业者、永久性居民、旅馆顾客和步行者。但他发现无法对 CBD 内的购物者或对除居住及就业者以外的其他任何人的行动得出统计图表。因此，他决定将步行者作为非居住和就业者的一种参数。托马斯·威尔在对加拿大温尼伯市的日间人口研究中发现了相似的局限：过境和流动人群会给主要资料的收集造成困难。

布勒斯在他对芝加哥 CBD 的日间人口研究中详尽指出了一些有趣的关系。高峰而非顶峰交通流（当白领人士都在其办公室和商店中时）主要集中在高地价地区的百货店和其他商业设施区中。

由美国公共道路局组织的有关进入 CBD 的日间人口的研究更有助于揭示 CBD 日间人口的出行目的等问题。唐纳德·福利创造了一种测量进入 CBD 人数的方法。

在几项对进入 CBD 的人流运动的研究中，因为存在一些严重限制而产生一定的局限性。在几乎所有研究中，CBD 边界都是任意假设的，因此城市之间不可能进行比较。

二、CBD 步行交通模型

如前所述，CBD 日间人口统计和步行交通模式对于研究 CBD 交通情况、解决 CBD 交通问题至关重要。虽然本书第八章将谈到 80 年代末对汉堡 CBD 步行者的调查情况，但研究者没有透露细节。这里主要介绍由北欧学者乔纳·森德尔和马丁·珀西沃于 70 年代提出的 CBD 步行交通模型，这一模型可用来计算 CBD 现在和未来的步行交通量。

他们的研究以瑞典厄勒布鲁市为对象，该市有 9.1 万名居民，是瑞典第五大城市，当时正在致力于给步行交通以优先权。厄勒布鲁市中心（CBD）零售区约 1300m 长，涉及约 10 个街区，二至三个街区宽。图 5-1 显示了在市中心内，零售及其他商业服务功能的楼面面积和主要停车面积的情况（零售功能的楼面面积为有效的净楼面面积）。在 1969 年，零售和其他商业服务功能的实际楼面面积约为 12 万 m^2，可行性研究显示有可能在 1980 年增至 18 万 m^2。

建立步行交通模型的目的在于再现 CBD 平均高峰购物时段的步行交通情况。要考虑的难题是：现有零售单元上的新零售点产生的影响，以及交通距离和步行者使用面积增加的影响。研究将预测容量和有利于步行区未来设计要求评估的发展量化参数，并量化未来机动车和步行交通之间的矛盾情况，评估未来穿越步行街的公共交通线。

（一）假设模型

研究者指出，鉴于传统的重力交通生成模型[1]需要对步行交通行为进行精确和详细的描述（例如行动秩序和阻力值），调查的范围、时间和经费方面都存在困难，必须选择其他方法。假设模型是以这样的假设为基础：一个中等城市步行运动的主要规模特征由在兴趣目标周围的步行者数决定，在本模型中主要指围绕零售和其他商业服务设施活动的人。模型并没有覆盖不同目标之间的来访顺序链，这些链被用简单的形式描述为人们围绕兴趣目标的额外聚集，额外聚集与在城市中心的目标的中心性程度成正比。模型内的其他运动包括从停车场至商店或商业街的目标导向运动，及发源于城市外至市中心的运动等等。这个模型首先通过人工来调查资料，之后又在回归分析的帮助下进行检验。人工检查显示模型精确地描述了 1969 年某段标定的期间内厄勒布鲁 CBD 南部步行交通的密度分配情况。

---

[1] 重力模型：gravity model，系将牛顿的万有引力的法则应用于社会现象，将区间的移动值由各区域的发生、到达交通量及各区间的物理的、时间的、经济的距离等予以说明的模型。

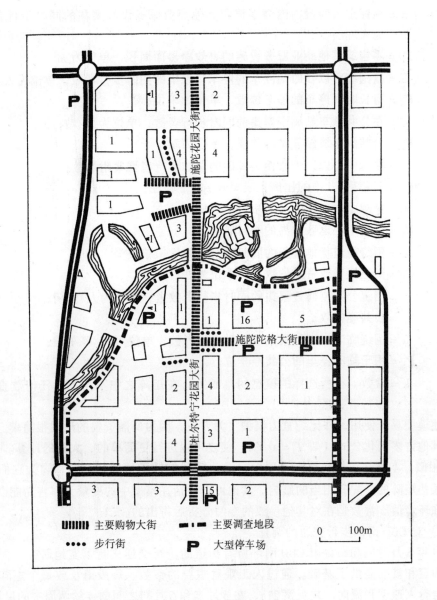

图 5-1　1969 年厄勒布鲁市 CBD
注：图中数字表示有效零售面积（单位：$10^3 m^2$）。

资料来源：Janne Sandahl and Martin Percivail, A Pedestrian Traffic Model for Town Centers, Traffic Quarterly, fig. 2.

为了在系统化公式上进行分析和计算，将市中心划分为一个矩阵系统，每个矩阵呼应一段街区之间的街道长度。商店或其他有效净楼面面积的情况，与包括了商店主要入口的矩阵相关。所有资料，包括最后的步行者数量，以每个矩阵为单元记录。步行交通生成模型以下列等式表示，其中 i 代表街区内的矩阵或街区间的街道长度。

$$T_i = a \cdot Y_i + b \cdot P_i + c \cdot B_i + d \cdot C_i + e \cdot U_i + f \cdot C_i + g \cdot S_i + h \cdot P_{kl} + k$$

其中：T_i = 在矩阵之内的同时步行者数量；

第五章　CBD 的其他方面　113

a = 在标定时间段内围绕零售和其他商业服务设施聚集的同时步行者数,单位为人/m²;

Y_i = 零售或其他商业服务设施的有效净楼面面积,单位为 m²;

b = 指围绕可以长时间停车的停车区聚集的同时步行者数,单位为人/车位;

P_i = 指长时间停车的停车位数,单位为车位;

c = 在公共汽车站周围聚集的同时步行者数,单位为人/站;

B_i = 公共汽车线停靠站的数量,单位为站;

d = 在市中心内以中心性为基础的总的步行者聚集附加数;

C_i = d 在矩阵 i 中的比例,或矩阵 i 的中心性;

e = 穿越中心地区边界的步行交通比;

U_i = 穿越中心地区边界的步行者数量;

f = 围绕街道货摊聚集的同时步行者数量,单位为人/处;

G_i = 街道报摊或货摊的数量,单位为处;

g = 围绕公共座椅处聚集的同时步行者数量,单位为人/座椅;

S_i = 公共座椅数;

h = 围绕临时停车处聚集的同时步行者数,单位为人/停车位;

P_{ki} = 用于临时停车的公共停车位;

k = 常数,在所选择的模型的基础上,在矩阵之中不与上述任何数直接相关的步行者数量。

上述模型易于使用,并比纯重力模型更为方便,因为所需资料的形式很简单。这一模型可能有其他许多简化公式(如 $T_i = a \cdot Y_i$),使之可以进行更简单的、大致的计算。变量 G_i 和 S_i 有些相似,本不必包括在预测模型中,但此模型包括了这两个变量,因为它们在回归分析中对某些矩阵的分配有相当的影响。其他可以包括在模型中的变量为零售功能以外的净楼面面积和环境值。常数是在对其他参数的专门分析后得出的。

(二) 对 CBD 南部步行交通的调查

1969 年 5 月对厄勒布鲁市 CBD 南部所有街道的步行交通进行了实地研究,为假设模型的最后确定和校准提供了基础。通过人工观察主要的参数、每段街长或每个矩阵的步行者数,结合行人速度和流向,共观察 21h,在 5 月末和 6 月初之间的连续两周中的星期三、五、六、日的不同时间进行。图 5-3 显示了 CBD 南部地区在平均高峰购物时段实地观察的步行者数量。显然从图 5-1 与图 5-3 的比较中显示出在大型零售单元的结合部步行者的聚集很明显。

(三) 结果 I ——1969 年厄勒布鲁市 CBD 南部步行交通的一般模型

假设模型中的参数在部分人工调整的基础上,部分通过计算机进行回归分析计算得出。1969 年模型中的变量值除了 C_i 和 U_i 是从回归分析中得出之外,都直接从调查中获得。其中:

Y_i = 49000m² (有效净楼面面积)

P_i = 640 个停车位(长期停车)

B_i = 70 个公共汽车线路的停车站次

C_i = 0.8

U_i = 150 个步行者

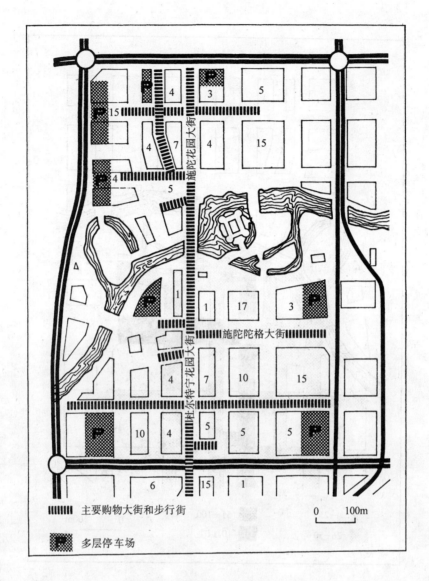

图 5-2 1980 年厄勒布鲁市 CBD

注：图中数字表示有效零售面积（单位：$10^3 m^2$）。

资料来源：同图 5-1，Fig. 3.

G_i = 25 个街道报摊或货摊

S_i = 50 个公共座椅

P_{ki} = 330 个停车位（临时停车）

在步行交通的一般模型中，对调查资料的回归分析结果指示出独立的描述性变量对非独立的研究变量的影响。本实例中的描述性变量是 Y_i、P_i 等等，研究变量是步行者数量 T_i。回归方法是多步骤的回归，是一种曲线调整方法，因此对一个步行者总量的观察值就存在一组与步行交通量吻合的描述性数据，步行交通的变差应尽可能通过假设的变量之间的变差来解释，这样才能计算出所选模型的参数。本回归分析中没有讨论参数间的偶然关系。

参数 C_i 是专门设计的，可用四个不同的次模型来检验。通过下列模型可得出回归分析

图5-3 1969年厄勒布鲁市CBD南部在高峰购物时段中每个矩阵的步行者数（人）
资料来源：同图5-1, Fig. 4.

中可接受的最小偏差值。

$$C_i = \frac{\sum\limits_{j} \dfrac{Y_i Y_j}{(a_{ij})^n}}{\sum\limits_{i}\sum\limits_{j} \dfrac{Y_i Y_j}{(a_{ij})^n}}$$

其中 C_i = 矩阵 i 的相对集中性

a = 矩阵 i 和 j 之间的步行距离

Y_j = 矩阵 j 中零售及其他商业活动的有效净楼面面积

n = 距离因子指数

本模型中独立变量的不同组合通过回归分析来检验。对主模型和次模型，都选择能显示协调变差且最适合观察步行者交通的那些变量。上述变量的完整组合被证实对主模型最合适。

回归参数 a、b 等关系到 1969 年的情况，其值也通过回归分析获得。参数直接从分析中得到，调整值在确定参数的截距后获得，共得出了两组调整值（表 5-1），第一组为整个截距针对参数来设计，第二组为截距降了必须调整的参数 C 外仍保留。模型选择了第二种组合，从而得出厄勒布鲁 CBD 南部地区 1969 年的步行交通模型：

$$T_i = 0.0085Y_i + 0.11P_i + 1.0B_i + 870C_i + 1.0U_i + 7.0G_i + 0.43S_i + 0.79P_{ki} + 3.2$$

参数的设计值（1969 年模型）　　　　　　　　　　　表 5-1

	直接从回归分析中得出的值	调整值（一）	调整值（二）
a	0.00849	0.011	0.0085
b	0.10849	0.11	0.11
c	−0.22826	1.0	1.0
d	872.83008	980.0	870.0
e	0.96244	1.0	1.0
f	7.00437	7.0	7.0
g	0.42582	0.43	0.43
h	0.79417	0.79	0.79
k	4.18270	0	3.2

资料来源：同图 5-1，Table 1。

（四）结果 Ⅱ——模型的精确性

为了检验所用方法的灵敏度，简化模型的回归分析，通过研究得出了独立变量更少的模型。结果很明显，如 $T_i = 0.024Y_i$ 这样的简化模型能较好地描述步行交通的主要情况。

计算步行者数量的精确度应在所选真实度的某个范围内表示出来。使用实地调整资料和 95% 的真实度值，得出某个街道长度的实际步行交通量一般不超过计算值的边界值 ±25 个步行者。对整个 CBD 南部地区运用 95% 的真实度值，得出总计 2060 ± 200 个步行者，与实际情况偏差很小。

图 5-4 显示了在购物大街杜尔特宁花园大街——施陀陀格大街上两个百货店之间，每个矩阵的步行者观察数量和计算数量之间的紧密关系。可以认为模型很好地描述了 1969 年这个标定时段内的步行者交通密度，也描述了市中心不同地区的步行交通的不同特征。不过，有些调整对描述非高峰购物时段的情况是必要的，并且还必须计算出新的回归参数。

（五）结论 Ⅲ——1980 年厄勒布鲁市 CBD 高峰购物时段步行量预测

使用预测模型需要了解市民的购物习惯、未来零售结构及市中心的变化，这些变化可结合在模型内作为调查的参数和变量值。新的变量与 1969 年的变量有所不同，例如描述环境值或来往于工作场所的运动变量可以进行组合。对描述 1980 年平均高峰购物时段情况的模型的修改需要参数 a，b，c 等有所变化，变化情况如下：

  a = 0.0068 此值比 1969 年的低，原因是人均销售额增加（每个楼层单元步行者必然减少）、零售规模增加、在市中心停留时间增加。在对不同 a 值的灵敏度分析中，1980 年的 a 为 0.6 或 0.8 或 1.0 倍于 1969 年 a 值，这说明其灵敏度变化小，a = 0.0068 是 1980 年最可能的值；

  b = 0.11 1969 年的长期停车位数可作为 1980 年的停车位数，在灵敏度分析中，b 值为 0.07 和 0.09；

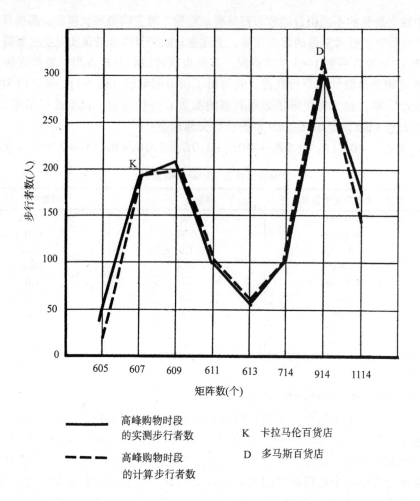

图 5-4　1969 年 CBD 某两条街道上在高峰购物时段中的步行者数量
注：矩阵 605~613 为杜尔特宁花园大街，矩阵 613~1114 为施陀陀格大街。
资料来源：同图 5-1，Fig. 5.

$c = 2.0$　　出行频率的增加使 1980 年的值比 1969 年值更高，高出多少主要看未来公共交通政策而定，可能此值将翻倍；

$d = 1800$　　1980 年值有所增加，其速度与楼面面积增加速度相同，由参数 a 和 d 之间的关系来确定。1969 年和 1980 年影响 d/a 情况变化的原因是零售单元规模增加、每个矩阵的零售面积增加、整个市中心面积增加以及乘小汽车或其他交通方式的来访者比例增加。将所有因子一道分析，可以假设 d/a 的关系在 1980 年将和 1969 年的一样；

$e = 1.0$　　进入 CBD 步行者的人工调整值；

$f = 7.0$　　没有必然变化；

$g = 0.4$　　没有变化，如 f；

$h = 0$　　所有在街道路边的临时停车假设都取消了；

$k = 3.2$　　和 1969 年值相同。可能会稍低一点，因为未来瑞士城市中心的零售楼面面积要比现在多。

对不同参数值的灵敏度分析显示，所获得的 T_i 值相对不受参数变化的影响。对应参数的不同变化，每个步行者所占街道长度的计算值变化为 ±10%，有些情况下也可能是 ±20%。

另外，对 1980 年市中心的步行者总数进行了单独的预测，在这一预测中，针对地区内的人口结构、零售结构、出行习惯的变化制定了容差，结论值 5000 至 6000 人被认为是合理的，它与步行交通模型中的计算值相符。

（六）预测模型

按为 1980 年提出的新参数得出整个 CBD 平均高峰购物时段的模型：

$$T_i = 0.0068 Y_i + 0.11 P_i + 2.0 B_i + 1800 C_i + 1.0 U_i + (7.0 G_i + 0.4 S_i) + 3.2$$

这个模型被运用到厄勒布鲁市 CBD 的一个结构规划方案中，每个矩阵的步行者数表示在图 5-5 中。每个矩阵约有 ±25% 的不确定性。个别矩阵的预测步行者数较高，可能在实践中与实际值有 50% 的差别。对预测步行者数较低的矩阵（如在 0~30 之间），偏差值可能非常大。

图 5-5 1980 年在高峰购物时段中每个矩阵的步行者数量（人）（计算值）

资料来源：同图 5-1, Fig. 6.

（七）结论

该模型在目前具有一定局限，最重要的是它未对平均高峰购物时段以外的情况进行校准。另外，模型关系到步行者密度，与此相关的步行流有助于考查机动车与步行者的矛盾，但模型未过多涉及这方面。尽管如此，该模型给出了足够精确的结果，可应用于物质规划的纲要阶段。

CBD 的变化将对现有步行者密度有相当的影响，本模型可以评估未来在 CBD 取消机动车的影响，可以据此提出规划方针。本模型提供了一种按现存 CBD 步行交通模式的变化情况来评估 CBD 步行交通结构变化的量化方式。

经过分析，可提出以下结论：

规划的低步行密度（T_i）步行街应对规模和功能再行检查。步行街一般不需要在行人容量的基础上限定规模。

规划的高步行密度（T_i）步行街应设计成高标准。例如，地下供热、部分或全部覆盖屋顶，并装备暖气（或冷气），设置喷泉、报摊、休息角、儿童游戏区和装饰艺术品等。

有目标导向运动的步行街应对容量再行检验。目标导向运动用变量 P_i 和 U_i 表示。

零售楼面面积很多，或中心度很高（Y_i 和 G_i）的步行区附近，往往是很易获利的零售位置。该模型为计算营业获利提供了一种新的量化基础。

三、城市高速公路与 CBD

CBD 核一框理论的创立者荷乌德和博伊斯于 1959 年发表了专著《CBD 与城市高速公路开发》一书，书中就建设城市高速公路对 CBD 的功能、位置、规模的影响，尤其对 CBD 交通的影响，做了深入的研究，它对今天 CBD 的规划与研究仍有实际意义。

（一）城市交通干道系统模式❶

荷乌德与博伊斯的研究对象是美国的公路系统，研究开始就简介了这一系统，他们指出国家州际交通干道系统（州际系统）的目标是以高速公路系统来连接美国的主要大城市地区，州际系统的城市段可能包括与 CBD 有关的最多五或六条放射性高速公路。美国内陆城市像印第安纳波利斯、纳什维尔和达拉斯都在六条放射路的焦点上，而在州际系统周边的城市如迈阿密、查尔斯顿和德卢斯只有一条州际放射线。这些放射性高速公路几乎取代了已过时的主要放射干线，因为已过时的干线缺乏进出控制，且设计标准也已过时了。

州际系统还给许多中、大型城市提供外部过境环线，这些线路在城市外围与城市放射线路的外部端点相连，为大城市地区外围部分因分散中心化而正在增加的交通需求提供便利，使之从边缘绕过城市中心。

州际系统也为城市提供了一个内集散环，该环是对中心区交通集散的主要改进措施。显然，高速公路每小时带来的几千辆汽车不能在一个点相交叉。在以前的工业城市规划中，流行的做法是将放射状线路集合到一个开放的中心广场，或一个纪念园，这种模式是华盛顿、底特律、麦迪逊和费城中心区的主要道路特征。

以相同比例将 15 个美国城市的城市高速公路系统表示在图 5-6 中，选择这些城市是因为它们的放射系统、环路和内集散环因有州际线路而能更好地开发使用。当时在底特律和芝

---

❶ 荷乌德等人的研究中，使用的术语以美国官方定义为准。
　　城市高速公路：urban freeway；　　环路：circumferential；
　　高速公路：freeway；　　内集散环：inner-distributor loop。

加哥的外环路仅是半环路，原因是有自然屏障。某些环路不是一般的圆圈模式，通常是因为土地分割平整（如在底特律）或严重的地理性困难（如在克里夫兰形成的土地需求困难）产生的。当时，在克里夫兰和洛杉矶已完成了成为州际系统一部分的内集散环，堪萨斯城、休士敦和华盛顿特区形成了部分环，而当时绝大多数其他城市仅有靠近CBD的城内放射线路。

在绝大多数城市地区内，州际系统的结构将决定城市高速公路网络的基本结构。表5-2比较了一些城市中的高速公路长度。

任何城市的整体交通干道网络不仅包括高速公路，也包括快速公路、干道和城市街道，而这些城市交通干道因处在不同城市地区，必然存在差别。荷乌德等人指出城市外环一般位于至CBD约16km的位置，高速公路总长度和城市化地区人口数之间没有明显的关系。

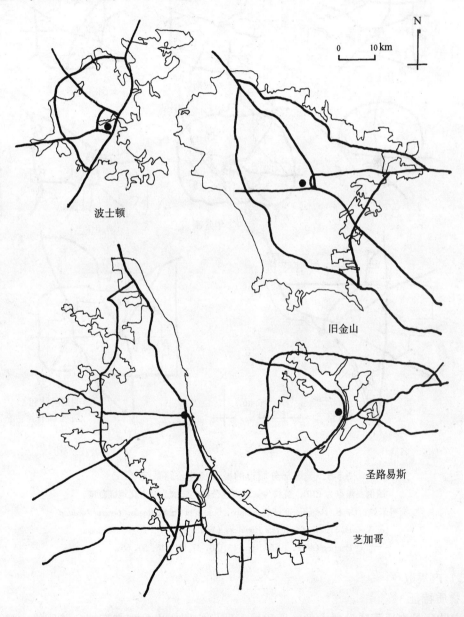

图 5-6 美国部分城市的城市高速公路系统（一）

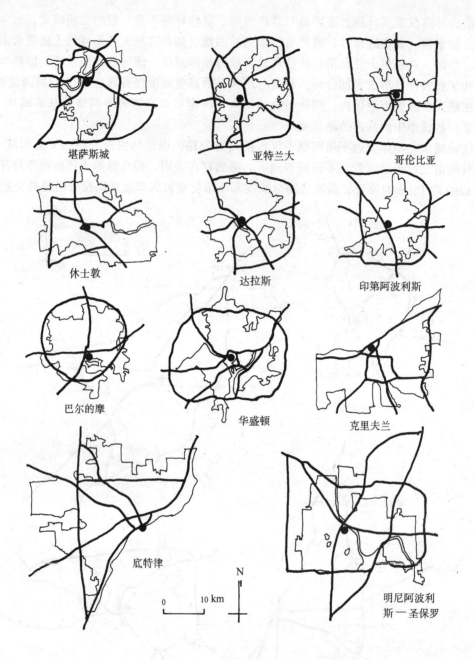

图 5-6 美国部分城市的城市高速公路系统（二）

图例：黑点为 CBD，粗线为城市高速公路，细线为城市化地区范围。

资料来源：U. S. Department of Commerce, Bureau of Public Roads, *General Location of National System of Interstate Highways* (Washington, D. C.: Government Printing Office, 1955), pp. 13, 36, 37, 41, 46, 50, 65.

（二）内集散环

1. 物质特征

内集散环是交通干道发展中的一个重要发明，它同样也是城市高速公路网络中最昂贵的元素。

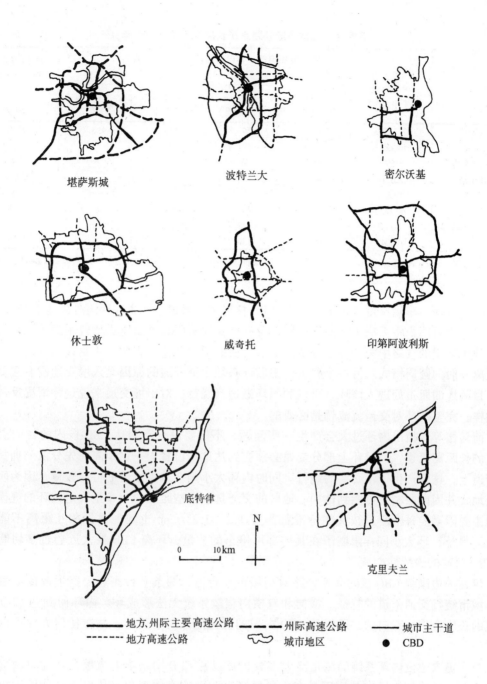

图 5-7 美国部分城市的城市高速公路（当时的规划）

资料来源：Edgar M. Horwood and Ronald R. Boyce, *Studies of the Central Business District and Urban Freeway Development*, University of Washington Press (1959), Figure 8-4.

　　虽然没有专门的设计标准限制内环的规模，但仍有确定的物质限制。总的来说，该环应避开高价土地并应靠 CBD 核❶ 足够近，以方便到达与核靠近的停车场，该环的进出口应设在最靠近停车设施的匝道处，以便使过境交通不进入 CBD 核，并因此尽量减少运行矛盾。机动车在环上要行驶更长的距离以便减少或避免城市街道的拥挤。

---

❶ 本研究的 CBD 核、框概念是指荷乌德和博伊斯提出的 CBD 核、框概念。

美国 8 个城市高速公路系统长度的比较（1959 年）　　　　表 5-2

城市	1950 年城市化地区人口（人）	在与 CBD 距离一带内的高速公路长度（累加），单位：km				每 10 万人口拥有的高速公路总长（km）
		8km 远（5 英里）	16km 远（10 英里）	24km 远（15 英里）	32km 远（20 英里）	
底特律	2774563	105.2	247.8	339.5	416.7	15.0
克里夫兰	1406813	64.4	191.8	—	—	13.7
密尔沃基	826936	41.0	61.9	—	—	7.6
休士敦	726214	64.7	151.6	—	—	20.9
堪萨斯城	720892	54.1	70.5	—	—	9.8
波特兰大	529902	85.9	145.8	154.8	—	29.3
印第安纳波利斯	502375	42.5	148.7	—	—	29.6
威奇托	194047	89.1	139.7	—	—	71.9

资料来源：Edgar M. Horwood and Ronald R. Boyce, *Studies of the Central Business District and Urban Freeway Development*, University of Washington Press (1959), Table 8-Ⅰ.

内集散环为车辆穿过 CBD 边缘到达 CBD 核提供了通道。如果在匝道外发生意外和拥挤，匝道在这段时间内将无法正常使用，同样会有些交通量因为进出匝道比较困难的原因将无法行驶到所期望的线路中去，在这些情况下，交通必须继续流动直到产生出口，因此，环线不应脱离一般的圆周模式。另一个要求内集散环必须全部开通的原因是入境交通没有必要在最靠近目的地的匝道处进入该环，可以利用环做适当绕行，对出境交通来说这种情况反过来也是这样，完整的环对交通流流畅是必要的。

荷乌德等人指出内环过大会产生一些问题，不仅要设有能到达 CBD 核内的目的点或停车点的长距离匝道，而且环上部分交通必须在到达这些位置的一定距离前先分散到拥挤的城市街道上，这样产生了不必要的绕行。同时内环太小则会减少匝道的可能数量，因为匝道需要土地，并因此限制了可能到达中心地区的交通量。这些匝道的分布是决定内环的规模与形状的主要因素。每个匝道按美国标准都需要 $1.2\sim3.2$ 万 m^2 土地，并且相互距离不能少于 610m。另外，环太小同样限制了在其内部可停车的数量，环离 CBD 核太近会过多切断昂贵的 CBD 用地的连续性。

仅在一边围绕 CBD 核的高速公路对小城市较合适，两条平行高速公路形成的集散系统是小城市绕行交通干道的特征。横向和双横向集散系统无法形成环。内环使到达 CBD 核的通道的长度合理，双向的交通线使 CBD 内部的任何地区易于到达，并在任何方向可以绕核行驶。

至今仍未建设内环系统的城市绝大多数仍可以在 CBD 中基本上疏散掉目前单独驾车来的就业人员形成的交通，其原因是在内集散环上行驶有交迭现象，从城市各区段进出 CBD 的交通将共同占据内环，故没有必要设内环。从任何内环系统的容量相对有限的观点看，车辆到达 CBD 后继续使用城市街道和人们再使用公共交通看来完全必要。

内环的确切规模、形状和位置将因城市而异，不过在这些环的物质构成方面存在许多相似。图 5-8 所示的是按同一比例绘制的 11 个美国城市内环的规划设计。

2. 与 CBD 用地功能的关系

荷乌德和博伊斯将他们对核框的用地功能分类（详见第二章第四节）运用到 11 个美国城市的 CBD 后，他们指出 11 个城市的内集散环内的 CBD 在功能和空间结构存在高度的相似性：

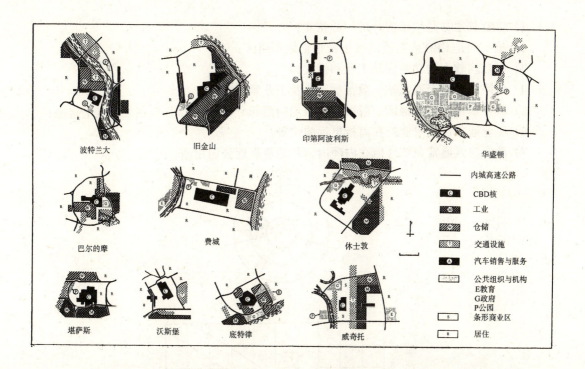

图 5-8 美国部分城市中心区用地功能与内集散环

资料来源：Edgar M. Horwood and Ronald R. Boyce, *Studies of the Central Business District and Urban Freeway Development*, University of Washington Press (1959), Figure 8-6.

美国 11 个城市内环的比较　　　　　　　　　　　　　　　　　　　表 5-3

数量 城市名称	周长 （km）	长向长 （km）	短向长 （km）	所围合面积 （km²）	全互通式立交 （个）
底特律	6.28	2.09	1.45	2.67	2
费城	9.49	3.38	1.45	4.82	5
巴尔的摩	6.92	2.25	1.93	3.21	5
旧金山	10.78	3.38	2.90	7.30	5
印第安纳波利斯	10.46	3.54	2.25	6.35	4
波特兰大	9.65	4.02	1.61	5.52	6
堪萨斯城	5.31	2.09	1.29	1.94	6
华盛顿特区	13.35	4.02	3.54	11.24	6
华盛顿特区	9.81	2.90	2.09	5.93	4
休士敦	9.17	3.22	1.93	4.94	3
威奇托	9.17	2.90	2.25	5.34	4
沃斯堡	6.11	1.77	1.29	1.74	6

注：1. 围绕 CBD 核的西环。
　　2. CBD 核外的东环。

资料来源：Edgar M. Horwood and Ronald R. Boyce, *Studies of the Central Business District and Urban Freeway Development*, University of Washington Press (1959), Table 8-Ⅱ.

第五章　CBD 的其他方面

1) CBD 核通常是位于内环的中心位置;
2) 核一般是 CBD 内功能的最小密集土地利用区;
3) CBD 内较大的功能区是工业和批发;
4) 铁路和水运交通总站一般与批发业及工业紧密相连;
5) 汽车销售和服务地区一般沿主干道走向延长分布,和 CBD 核在某一点上接触;
6) 工业通常比批发业处在离核更远的位置;
7) 政府建筑通常在核外但在内环内,并经常靠近公司用地。

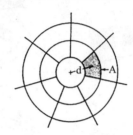

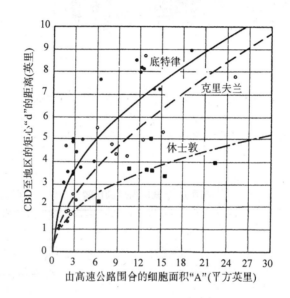

图 5-9 城市高速公路系统中的细胞单元结构

注:小黑方块属休士敦,小圆圈属克里夫兰,小黑点属底特律。

注:该图背景资料见下表:

	底特律	克里夫兰	休士敦
高速公路总长	414km	160km	150km
放射路	10 条	6 条	7 条
细胞单元地区	27 个	12 个	8 个

资料来源:Edgar M. Horwood and Ronald R. Boyce, *Studies of the Central Business District and Urban Freeway Development*, University of Washington Press (1959), Figure 8-7.

内环一旦建好,其内外两边的用地功能就有不同的特征。某种功能如果被环分隔开,比如底特律的批发业就被环分开,虽还是同样的功能,但其特征在高速公路两边有所改变。内环会使某种商务功能群更密集或产生限制。在环内的永久性居住能否通过城市更新的手段或强烈的公共政策保存下来仍是个问题，在一般情况下，更有可能的是永久性居住单元被驱逐到高层建筑中，主要是因为内环土地供给有限。

荷乌德和博伊斯还讨论了有关高速公路网络的理论图解，认为某细胞单元地区（类似于较完整的城市组团）"A"的面积会随着与CBD核的距离的增加而增加，增加的大小由距离和环路数量决定（图5-9）。荷乌德等人认为这无疑有利于讨论和分析城市高速公路的影响和形式。

（三）城市高速公路对CBD的影响

荷乌德等人认为要对交通干线影响CBD用地功能或活动进行合理分析，必须先评价高速公路网络自身的可能影响。在评价高速公路对于CBD扮演的角色时必须认清CBD的发展趋势，只有通过考察高速公路网络内在的和与之密切相关的变化及CBD的变化，才能认识高速公路发展对城市中心的影响。

虽然城市之间和城市内部交通条件的改善可能会对城市经济有明显的影响，但是荷乌德等人指出在美国，大城市结构中同时还存在许多有广泛影响的变化因素，包括地区间的迁移、运输开支、国家市场情况、水资源的获取和适量开采、工业废物问题、劳动力情况和城市生长本身的大量影响。随着城市地区人口的增加，城市更有能力满足提供居民需要的货物和服务。上述所有这些将给分析城市高速公路的影响及特别是估计它们对CBD的影响产生一定的困难。

1. 高速公路网络的范围及其完善程度

城市高速公路的服务范围及其完善程度对城市经济有重大影响。对交通干道影响的研究能说明某种（交通性）隔离设施对与之相邻的土地的利用价值存在影响。虽然在某些实例研究中，某些城市地区的地价在某段时间内的增长并不像别的地区那样惊人，但这是因为这些研究没有针对城市高速公路网络建成前后产生的经济影响进行调查，其对象和结果均不同。

一个城市高速公路系统的完成，为城市中心及郊区提供了放射线路，会改善土地在城市地区中的区位条件。高速公路除了将改进城市间的交通条件外，还将改变各类设施从城市某一地区向另一地区迁移的需求，但随着高速公路系统的发展，沿任何既定线路的这类影响会与距离成比例地消失。放射性高速公路除了能减少CBD外围地区至CBD的出行时间，从而使CBD集中更多的商业活动外，CBD几乎未从放射性高速公路网络中获取别的利益。实际上，放射性高速公路同样会鼓励城市中心商务活动分解中心化。因此说高速公路可能会刺激或阻止分解中心化。关于城市高速公路网络的所及范围，每个城市因地理情况的差别都有所不同。

2. 内环限定的范围

城市高速公路内环在空间特征上有其相似性，在前面对美国城市内环的研究中，荷乌德和博伊斯得出的结论是，内环的平均周长为8.85km，短向长2.1km，长向长3.1km，平均围合5km^{2}的面积。这些环通常距CBD的零售和办公核约300m左右，趋势是切断批发业、轻工业及旧的居住区。内环围合的平均面积通常是前面所指CBD核地区面积的两倍。

3. 开发的程度与内环的完成

在确定高速公路系统开发对CBD的影响方面，最重要的是看中心交通集散系统的完善程度如何，因为放射线高速公路每小时疏散几千辆车，但是不能有效地相互流通，放射性路服务于CBD的能力依靠于中心集散系统的合理规模及完善程度。内环是整个高速公路系统中最昂贵的部分，原因是中心区土地价格很高，而内环使用了大量的土地，许多立体交叉及匝道的工程造价也很昂贵。

如何提高中心集散系统处理从放射路进入中心区的交通的能力，成为今天高速公路规划师和设计者面对的最主要的难题。有很多证据显示内环集散匝道的容量将限制高峰小时内高速公路系统的使用，这表明内集散环在整个高速公路系统运行中所占的重要地位。这时表明该系统开发的时间及整个内环系统的运行效益将对 CBD 的开发有相当大的影响。

4. 高速公路需要的用地

高速公路设计的重要一环是评估容量，这涉及匝道的最大可能数量，并因此需要大量的土地，在一般情况下，高速公路网络的市中心段对土地的需求比起郊区或城市间区段的交通干道大得多。绝大多数高速公路网络的中心集散环需要的土地为每公里 10.1 万 m^2，这还不包括高速公路立体交叉桥，而在郊区位置需要的土地约为 5~7.5 万 m^2/km^2。可从加州的实例中了解立体交叉桥的用地规模，在洛杉矶的圣莫尼卡和圣迭戈之间的高速公路立体交叉桥每一个需要 36 万 m^2 土地。

城市中心区高速公路系统使用的大量土地，也与评价交通干道的经济影响相关。这关系到土地市场，从市场中抽出大百分比的市中心土地会影响整个市中心地区土地的租金。中心区土地具有处在城市间及城市内交通的焦点位置的优势，中心区土地是非常有限的，这一情况遵循当供给压缩时价格会上涨的一般经济趋势。

5. 高速公路干扰商务连接的程度

城市中心地区的高速公路还将分割以前为相对同质的功能，尽管内城高速公路段的规划非常注意处理用地功能，这种分割仍会在某些地区产生。这种分割确实影响地价，因为它减弱了以前在中心城市地区综合经济联合中的商务连接。

在分析交通干道对地价的影响时，研究人员发现一般会在高速公路的两边产生（除了极少数例外）相对较系统的土地使用模式，这导致地价随与高速公路距离的增加而减少。在内环中，在高速公路两边也存在地价和土地使用的很大不同，如 CBD 核在环内，一般比环外的地价高 20 倍。一旦内环建造好，用地功能间的过渡就会变得相当突然，以前的地价存在有规律的变化，而现在存在明显的不连续。

6. 活动中心化的范围

由城市间交通干道改进而产生的一般性经济影响无疑使一些城市功能的用地要求增加，这种变化一方面将反映在商业活动的中心化上，如随城市化地区人口的增加，中心办公空间的使用率增加；另一方面将反映在城市的服务产业扩展其贸易地区范围的过程中，这种现象的产生主要是因为交通条件的改善，以及因此在附近城市及大城市综合体的外围地区对服务业企业产生的有效竞争。这种影响的强度当然也因城市而异，以城市在地区性综合体中的规模及地位为基础。例如，西雅图和塔克马之间 48km 的高速公路开发，对西雅图比对塔克马（仅有西雅图 1/4 人口）就有更大的好处。

7. 规划与城市再开发

从公共政策中产生的决定用地功能的因素将自然而然地影响左右城市土地价格的市场，这又为评估城市高速公路的影响提供了另一种参数。城市再开发是一种规划手段，在评估交通干道对市中心土地的影响中可能作用很大。

城市再开发可能会在城市的许多地区进行，但城市中心或旧区正在变成进行这类活动的首要地区。许多城市 CBD 的再开发和建设高速公路的情况一样，都使用了许多土地。绝大多数 CBD 再开发计划用于居住，有关部门决定在中心地区建设住宅不全是以经济原因为基础，而是可能涉及了许多不同于原有用地开发的因素，这些因素可能包括了广泛的社会目标以及对中心地价的保护设想。这些城市再开发计划具有实在的经济影响，并可能与高速公路产生的影响一样重要。

以私人利益为中心的合作规划努力同样是评估交通干道对 CBD 影响的一个参数。许多大城市私营商会积极促进市中心的繁荣，并将这种目的转化为专门的协作项目，有关这种群体的努力的著名例子是沃斯堡市中心的格鲁恩规划和巴尔的摩中心查尔斯顿规划。这种积极的努力可能对不重视本身交通干道开发的 CBD 具有一种深远的影响。

8. 靠近核的非街边停车措施

中心区停车场的建设在评价高速公路对 CBD 的影响中是另一个重要参数。若不改进中心区非街边停车设施，城市高速公路将无力增加 CBD 核的日间人口。这些停车设施属于私人或公共企业，而高速公路开发是一项独有的公共行为，这种责任的分割，加上在地方层次上制定公共政策导致的问题，将无法供给足够的停车设施，就不能满足日间由于建成高速公路而增加的停车需求。没有中心区停车场，高速公路系统的完全潜能就无法实现，并会减少它对 CBD 内的地价和用地功能的影响。

9. 公共交通的发展

CBD 从现代化的公共交通系统中获得的利益将随线路的发展和总站的完善而逐步为人认识到，但都要许多年才能得以认识，因此公共交通服务系统的影响作为分析城市中心高速公路影响的一项重要参数，不仅可以从发展的系统范围中，也可以从其完成的需要时间中看到。实际上公共交通和高速公路在为 CBD 的个人出行交通流服务时是竞争的，在这一方面这两个系统的经济影响几乎不可分割。

第二节　CBD 内的工业

CBD 内的工业连同 CBD 内的居住功能本不应属于 CBD，因为按一般看法该区几乎不能有工业和居住。墨菲和范斯的 CBD 不会拥有太多的工业，因为有工厂的街区会减少 CBI 法所需要的指数值。当然 CBD 也可能包括一些大型的工厂街区，如果它们被完全达到指定指数的街区所包围的话。但这一情形可能只是个别例外，因为绝大多数被这样包围的街区一般拥有最少的工业。

人口普查局的 CBD 包括了一个或多个完整的人口普查街区，CBD 定义由普查局提供给地方人口普查区段委员会，工厂虽完全可能或多或少偶然出现在 CBD 区段中，少数街区或部分街区可能被工厂占领，但是由普查局定义的 CBD 特征使工业用地在普查局 CBD 内很有限。

虽然上述两个 CBD 概念都不想包括工业用地，但城市中心存在一些工业是现实，因为这涉及不同的地理位置因素。人们知道在一些特大城市的市中心地区有工业，然而当 CBD 一词出现时，可能人们仅仅是以某种地方公共意识将中心区的一群街区（通常是那些主干道之间的街区）作为 CBD。在纽约城市中心地区有一些工业，这些地区功能看来一定程度地超出任何定义的 CBD 的概念，并包括了更多的不应属于 CBD 的居住人口。

1959 年埃德加·M·胡佛和雷蒙德·弗农在对纽约大城市地区人员及职业分布变化的研究中，列出了有关纽约城"核心"地区工业的统计材料，这个"核心"地区包括曼哈顿岛中央公园以南被作者称为"曼哈顿 CBD"的地区（图 5-10）。他们指出有关 CBD 就业的情况很破碎,但是可以确定某些功能活动在此高度集中,例如有超过半数以上的地区性"印刷、出版和服装制造厂"集中于此。

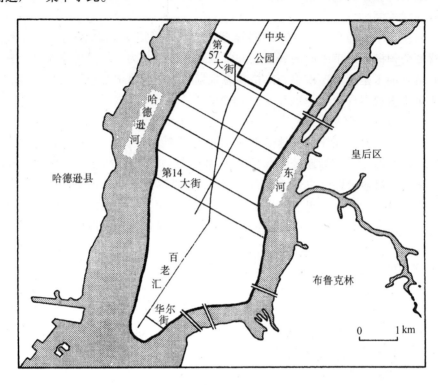

图 5-10　曼哈顿岛地图
注：粗黑线的范围为胡佛和弗农所称的"曼哈顿 CBD"。
资料来源：Edgar M. Hoover and Raymond Vernon, Anatomy of a Metropolis
(Cambridge, Mass.：Harvard University Press, 1959), Chart 4.

他们针对提供出租空间的小型设施进行研究,认为在现存的建筑中,小规模设施的重要性反映在"统楼层工业"中,"统楼层工业"这一概念通常是用来称呼占据城市中心地区一层以上楼层的服装制作工业。胡佛和弗农认为纽约城的"统楼层工业""……不管建筑当初是否是设计为多雇主服务,这些建筑中的工业楼层空间的雇主都不止一个。"

只有少数几种工业分布在纽约城市中心区。胡佛和弗农认为半数的"统楼层"空间被单一的服装及相关工业占据,另一半是混合的统楼层区,诸如电子、化学制造和装配式金属制造,这类空间一般为短期租用。其他市中心的工业包括皮革、手袋制造、珠宝、游戏及玩具制造,也有一些商业机械服务和照相服务,但主要是印刷和出版业。

劳动力对许多市中心工业单元的定位是一个重要因素。市中心存在一些典型的雇用低薪非熟练劳动力的产业,这类产业的工人具有高度的流动性,工厂一般位于低价的街面和支巷中,这些产业包括廉价的玩具制造业,也有最精密的电子专业。这类工业已被吸引到核中,尤其是非常拥挤因此期望接受低收入雇员的地区。在纽约,欧洲移民以及当时从南非和波多黎各来的黑人都看准这些地区。

胡佛和弗农还考察了这些小型工厂的位置的外部经济联系问题。通常某个公司位于某个拥挤的地区,以便分享外部某些对它自身有利的基本服务。但在中心区的工业门类中,有一些小型工厂被排挤出来,主要原因不是同行业的竞争,而是这类地区地价高,同时这些小企业更无力独自承担诸如一个全日制电工的薪水、购买和操作运货车的负担,或重型车床的一次性投入与维持的资金等。许多小工厂通过转包其部分工作来减少开支。

小工厂必须满足对其产品需求的尖锐增长与下降。它们解决这个问题的方法是定位于可能有突发性订单的地方,这样能避免昂贵的资料库存。它们趋向于集中在靠近城市群簇中心(如批发业中心)的地方,因为在此可以节省资金获得材料,并为主要的工作时期迅速周转工人,能选择在规模上有弹性、合同为短期的统楼层楼层空间。因此胡佛和弗农指出这种城市密集地区是一个公共的资料、劳力、空间和市场集中区。

作者还讨论了纽约大城市地区内最有可能在或靠近CBD中的"依赖交流"产业的角色。约有20多类产业具有这种特性,每种产业都集中靠近某个地区中心,都以相对小型的工厂进行生产。因为其最终产品在市场上的非预见性,每一种产生都需要快速便捷的通信和交通。

这类工业主要分为两类:一类包括生产女性内衣及相关装饰的工业,另一类是印刷业与出版业的分支产业。其他产业包括模型制作、信息及广告标牌制作、游戏机和玩具制造等,这些工厂集中在曼哈顿的CBD。

速度、小规模和前景的不确定性牵制了这些依赖交流的产业。合乎时势潮流非常重要,产品需要顾客与制造商之间的及时交流。

这种交流需求和产业自身因素决定了出版业的位置必须居中,这一产业的出版商需要与作者、艺术家和本行业的专家经常接触。这一产业的特殊性和市场的流行需求使人无从对其结果预测和操纵,因为该产业的绝大部分过程都无既定规律可寻。另一实例是高档服饰,不仅其最后产品不是标准的批量生产,而且图案、设计和颜色也是如此。

时间因素在市场运行阶段同样重要,购买者希望尽快在最可能短的时间内看到更多的货物。在纽约,女性和儿童服装制作产业集中的趋势非常明显,以至有关它们的绝大多数活动都集中在面积为39万 m^2 的地区中的一群统楼层建筑内;时装中心(时代广场南34大街至40大街)的空间需求也非常巨大,楼层租用率比大城市的其他地区高出50%。

胡佛和弗农进一步指出小工业公司倾向于聚集于一处,以市中心依赖交流的产业尤其这样,因为它们依赖相关产业的再转包,鉴于再转包需要许多不同的公司,而且它们的毛利能稳固地得以满足,所以它们能占据更好的位置并拥有更高的机械化和专业化率。例如女性服装工业,当某类顾客不需要某种衬里或绷带时,其他顾客可能需要它们,由此可见内部关联性产生小企业的不确定性。

当然,CBD内工业的情形是运动的。在整个城市地区,旧的城市中心工业有所下降,而曼哈顿更为明显。前面谈到的那些有关纽约市中心的描述,是对CBD大致的描述。真正的CBD更为集中,但最普通的CBD工业无疑是讨论过的那些,并且已讨论过的那些工业的特征和问题很好地代表了CBD工业的整体情况。

作者所描述的纽约市中心的工业设施和位置情况在其他美国特大城市都大致相同。例如芝加哥的卢普地区有数千计的服装工人,而卢普被认为是城市CBD。一般说来,服装制作业占据建筑的上层,这些设施的特征是环境拥挤、规模较小、劳动力便宜,与大城市区域内本产业及相关产业之间存在相互依赖。芝加哥的印刷与出版业,以及其他许多前面说过的纽约市工业也同样因类似原因出现在卢普地区。

对其他城市的CBD来说,它们是否和纽约市中心的工业种类相同?工业楼面面积占

CBD总楼面面积的比例如何？墨菲和范斯的九个美国CBD研究的资料显示，人口从20~30万的城市，工业仅占整个CBD楼面面积的1~2%；在小城市CBD内的工业，至少可以假设它们是朝向CBD边缘而非靠近峰值地价交叉点分布。

撇开城市规模更广泛地看待CBD内的工业，轻工业当然最具典型特征，这一类别包括了大城市中心的工业，诸如前述在曼哈顿CBD和其他CBD内与商业相关的工业活动，所谓有害工业因有烟尘被迫远离这一地区，并被排除在此类工业之外，还有少数工业设施是残余的工业，没被城市更新排除出去，但也受到空间需求和是否符合法律的压力。实际上所有工业都正在CBD中减少并受到冲击。并且从实际资料来看，欧洲城市中心区的工业所占的用地比例要比美国的城市中心区小。从发展来看，CBD的工业逐步减少是必然的，这符合现代CBD的发展趋势。比较有可能保留下来的工业是印刷业和报业，而前述依赖交流的工业则因为现代电讯技术的发达和其他因素逐步迁离CBD。在大多数CBD中，分区法规也限制工业在其中残留。

第三节 CBD与摩天大楼分区法

在20世纪80年代，美国许多城市的CBD经历了重大的建筑兴旺繁荣，各地市政府对CBD都相应采取了更为活跃和先进的控制方法，如特别分区、额外补贴、鼓励性分区、协议开发及一系列别的技术和介入形式。从美国东部的波士顿和哈特福德到西部旧金山和西雅图，都对CBD办公塔楼进行比以前更大范围的管理控制，这类管理条例是创新的，但它们使人想起早期由纽约市建立的土地使用控制制度。曼哈顿天际线是摩天大楼的规划与管理的象征，正如有人所指出的那样："如撇开纽约来谈论特别分区是毫无意义的，就像谈论钢铁工业而不知匹茨堡和芝加哥一样。"本节将介绍与CBD密切相关的美国分区法的发展过程和主要内容，人们可以借此侧面了解CBD摩天大楼的发展变化。

一、纽约1916年分区制的产生

从19世纪90年代开始，许多城市改革者、建筑师、开明的政府官员及纽约市的领导者提出限制建筑高度，但受到房地产业联合会的强烈反对。这场斗争延续了近20年，没有任何实质结果。天际线竞争者包括许多商业建筑，楼高而体量庞大。曼哈顿CBD的大型商业建筑的数量与规模稳固地增长，阻挡邻楼和行人道的阳光，抹杀地面和天空中的开放空间，在走廊、电梯、人行道和地铁中制造了大量的拥挤。另外，有些人还担心来自统楼层工业建筑的扩展产生的问题。当时由一群零售商、旅馆业者、投资商和房地产经纪人组成的"第五大街联盟"试图稳定并加强第五大街从第32街至第59街之间区段作为曼哈顿CBD一流购物区的形象，由于担心制衣业沿第五大街向北稳固移动而占领新建设的统楼层工业建筑，使第五大街挤满了来往于大街之间的成百上千的制衣工人，联盟指出："这群工厂雇员……正在做的事不过是在摧毁第五大街的高级品质，威胁着时髦的商人，并赶走他们的时髦主顾。"于是他们要求通过区划法规限制区内建筑的高度，以减少统楼层工业建筑的数量与规模。

美国最高法院在1909年宣布按分区进行高度控制符合宪法，纽约市预算及评估局于1913年成立了建筑高度委员会，至少部分地响应了第五大街联盟有关建筑高度控制的运动。

到1916年，租借办公空间的私营商务人士、土地及建筑所有者、投资商、保险家、开发商、承包商、经纪人、律师和其他涉及到曼哈顿房地产市场的人都要求通过区划来控制商业建筑的高度和体量，尽管这个房地产和商务群体当初也曾反对控制商业建筑高度，但他们此时都认为有些公共限制形式是必要的。到 1901 年泰勒曼住宅法已强行对多家庭居住区的高度和地块覆盖率进行限制，但仍未限制商业和工业建筑。

新的摩天大楼技术使 CBD 内许多新建的高大型建筑阻挡了旧的和小建筑的阳光，从而导致其财产值下降，甚至赶走他们的租户。渐渐地，房地产开发商、抵押贷方及大型商业公司的股东们开始关心起大型和体量大的办公塔楼相互紧靠产生的经济和社会影响，许多企业家担心如果在 CBD 内建筑仅有的外部景观是邻近建筑的墙和窗子，如果在白天街道和人行道均在黑影中，如果商业建筑的过度拥挤掩盖了吸引人的建筑形象的话，这种形势将摧毁摩天大楼的经济及美学价值。

CBD 内每栋建筑都削减了其他建筑的光线和视线景观，将狭窄的街道变成永远黑暗和拥挤的峡谷。商业界人士在 1916 年最终确信公共控制是仅有的可行的解决办法。

公共机构关心房地产市场的长期稳定，并急于强制实施建筑高度控制。其中包括大贷方如大都市生活保险公司及纽约生活保险公司，他们认为这会给不动产市场带来更大的稳定性，使火灾和财产损失的风险更低。

摩天大楼的持续开发和高度的迅速增长背后的推动力量是通过建筑的视觉形象产生荣耀，作为财产拥有者和占领者的强有力广告形式。建设一栋高耸入云的总部大楼是一种展现某个公司正在增长的财富和实力的方式。

在纽约 1916 年分区法下制定的纽约摩天大楼高度和体量控制措施试图平衡各种商业和公共利益。控制包括三个方面，都以"天空曝光面"❶的概念为基础，以与街道中心的某个角度计算获得。乔治·福特和其他建筑师、城市规划师以欧洲高度控制经验作为此概念的基础，通过与不同利益群体的大量协商从 1913 年至 1916 年将其编制完成。控制的三个方面如下：

首先，若某栋建筑覆盖其地块而无任何后退，可以建设的高度是它所临街道宽度的一倍，在 CBD 高层区绝大多数遵照 1916 年分区制控制的商业摩天大楼都没有后退，都是街道宽度的两倍或一倍半高。第二，如果建筑后退并使天光、阳光和开放空间能达到低层楼面和街道的话，建筑可以超过高度限制。后退公式同样因高度区不同，在规定的两倍或两倍及一倍半区允许建筑陡峭上升后退。第三，当建筑的塔楼占地不超过地块面积的 25% 时，可以不受高度限制。这些高度限制在 20 年代创造了一种完整的后退建筑的新风格，形成了"结婚蛋糕"和"雕塑的山峰"等形象并最终成为公司财富和城市活力的新型象征的塔楼。

纽约的创造性土地利用控制手段有效地使摩天大楼开发的过程合理化，并使塔楼的数量和规模有利于未来的发展。

从 1916 年起纽约就继续以其城市摩天大楼分区制在美国国内领先。在 60 年代市政府开始采用并运用许多创造性的技术，通过分区条款来控制并引导城市设计及开发。在过去 30 年中，纽约已形成一整套附加分区制补贴、控制和特别分区的综合法规，绝大多数是针对曼哈顿 CBD 摩天大楼的，其动机是试图解决如何在已经很拥挤的环境中维持在空中及地面拥有一定程度的开放空间，从而使继续大规模开发成为可能，并鼓励或保护改进城市生活质量的用地功能等。

二、摩天大楼城市与分区法

20 世纪初在许多迅速发展的大型美国城市中，由位于市中心的公司或商业集团发起主

---

❶ 天空曝光面：sky exposure plane，是一个假想的斜面，它是在街道范围上空的某一特定高度以上，按一特定斜率所形成的控制面。

持,建筑师、市政工程师和园林景观建筑师制订了有关城市规划,以此来建立拥有商业办公大楼、百货店、旅馆和其他相关设施的CBD,并将工厂、仓库、批发市场搬出去。这种城市再开发规划的目标是瞄准在市政中心、停车场、道路、铁路总站及水边设施的公共投资,其主要目的是通过公共行动在城市中形成可达性及运动的新模式,从而对物质景观进行再塑造,并试图销毁"肮脏及丑陋"的工业城市,从CBD中搬走工人阶层的邻里居住单元,建立一个清洁并具吸引力的商业及文明城市。由丹尼尔·伯纳姆和爱德华·贝内特主持的1909年芝加哥商业俱乐部规划是这一流派的经典。其他许多城市都遵循这一途径。而在每一种城市美化努力中,从克里夫兰至旧金山,都出现了商业和工业土地使用的矛盾。

当绝大多数美国城市仍在努力组合一些重要的高层办公建筑、百货店及旅馆,使其成为现代市中心的象征时,曼哈顿已经稳固地建立了世界上领先的商务中心。这一事实可以解释为什么当美国绝大多数其他地区的分区法还在关心保护居住财产时,纽约已瞄准控制曼哈顿的商业房地产来认真地制订其分区法;这也有助于解释为何纽约的大部分商务和房地产业人士广泛支持1916年实施的对商业建筑高度及体量的控制,而当时其他大城市的有关商务人士强烈地反对建立分区法来控制建筑高度和体量。纽约已建成了如此高密度和大体量的建筑,以致商业公司都倾向于实施公共控制,并将其视为一种必要的简化及保护其投资和开发的手段,城市可以因此继续变大变高,但免于停滞和争吵。

在1912年末,曼哈顿有1510栋9至17层建筑,91栋18至55层建筑(其中77栋是办公建筑,其余的是旅馆和统楼层工业建筑)。十年之后,纽约新的商业建筑变得更高更多,在芝加哥这一美国第二大、其CBD迅速扩展的城市中,仅有40栋18层以上的建筑,比曼哈顿十年前的一半还少。芝加哥的CBD集中了城市绝大多数高层建筑,有151栋9至17层建筑,仅为十年前曼哈顿的1/10。纽约不仅一直拥有美国的最高建筑(在1912年已有38层、41层、51层和55层的办公建筑),而且摩天大楼的净面积已彻底压倒其他城市。

纽约在1929年拥有全美一半的10层以上建筑,同时拥有绝大多数高层商业性建筑,包括1913年完成的伍尔沃斯大楼及当时正在施工的克莱斯勒大楼。纽约拥有世界最高的办公建筑的传统始于19世纪90年代,并不断通过一系列令人头晕目眩的曼哈顿CBD塔楼成功地持续下来,直到1974年芝加哥的西尔斯塔楼超过了曼哈顿的世界贸易中心为止。

三、其他美国城市的摩天大楼分区法

许多美国城市在19世纪晚期开始实施建筑高度限制,而当时摩天大楼作为一种新的城市形式才刚刚出现。1893年的芝加哥除了极少数建筑外,对绝大多数建筑高度实行统一限制。当时绝大多数城市法定限制高度为30至60m。

20世纪早期,波士顿和华盛顿地区提出按区进行不同的高度限制,而不是对整个城市实施统一限制。其他城市如巴尔的摩和印第安纳波利斯,则对特殊位置实行特殊限制。这些分区制的早期形式,允许在CBD内建设更高的建筑,但仅能在那些地价、交通可达性及商业公司认为使高层建筑经济可行或文化合适的地方建设。

实施这些限制的许多动力来自于火灾和建筑安全性问题的考虑、对缺乏阳光和空气的关心、对老式欧洲城市高度统一的小型建筑模式的美学偏好,以及避免人口密度过大和拥挤的期望。

芝加哥和匹茨堡1923年制订完成了分区法,而旧金山市从1921年的分区法中撤消了所有高度限制,仅保留用地功能限制。克里夫兰在1928年通过了高度控制条例,但两个月后迅速取消了。休斯敦从未制订并通过一个分区法。圣路易斯和洛杉矶的房地产经纪人和开发

商希望在宽阔的林荫大道上限制单家庭住宅，建设大型的商业和居住建筑，因此强烈反对分区法。其他城市，包括波士顿和华盛顿特区，在 20 年代提高了高度限制值，亚特兰大实际上取消了有效的高度限制，在 1929 年将 150 英尺（45.6m）限制增加到了 325 英尺（99.1m），且无后退要求。

除纽约市外，对私人建筑高度的公共控制最不情愿的城市基本上是拥有超高层建筑的城市，如芝加哥、费城、底特律、匹茨堡、旧金山、休斯敦和克里夫兰。

纽约和其他城市在分区政策中有两个差别。第一个差别是纽约在一个房地产市场兴衰周期内通过了分区法，经济界人士视区划为一种稳定城市经济的方式，是扩张财产值并创造新投资与开发的动因，他们强烈地希望给这种新的政府干涉以一个机会。在 20 世纪 20 年代早期，当纽约的作法开始推广，其他城市也提出分区制时，房地产市场开始兴旺，财产拥有者、开发商、投资家、贷方、建筑商、经纪人、雇主及其他企业家均想排除公共干涉，获取最大利润，一旦市场衰退，这些人士又开始希望将高度限制作为一种稳定因素。这可以解释费城、底特律和克里夫兰一直等到大萧条才最后实施分区限制的现象。

第二个差别是纽约人坚持了一场复杂的讨价还价。纽约建立了一种传统，即仍附带有确实重要的公共目标时，分区控制仍允许并鼓励大规模的私人性质开发。在 1916 年分区法精神下，纽约率先搞了一种新的控制形式，将高度、体量和功能结合进法律限制中。通过后退需要，通过体量和街道宽度及地块规模来控制建筑，而非高度本身。这种方法允许在 CBD 某些地块内开发很高的建筑，同时也保护了公共开放空间，条款没有限制建筑高度，仅限制了体量。

纽约 1916 年的分区法使 15 年后当时世界上最高的建筑——帝国州大厦的建造成为可能，它因为符合分区法而耸立在曼哈顿。它占据了一个很大的地块，朝向很宽的街道，在建筑设计上运用了很多后退手法。

在一段时间之后许多城市最终采用与纽约相似的条款，它们经历了与纽约分区控制实践相似的过程。20 世纪 20 年代早期和中期，建筑师、建筑商、投资者、贷方、保险家、法人业主和雇主等人士开始接受新的摩天大楼开发后退分区模式。至 20 世纪 20 年代后期许多大城市开始改变其分区法，对高层建筑采用"体积"控制及后退系统。可以说纽约的高度和体量分区法实际上创造了一种流行的新式美学标准，并开始统治美国的天际线。

保守的波士顿从 1890 年就用统一高度来控制建筑高度，对 CBD 的高度控制相对较低。在 1928 年改变其分区法，允许建设后退塔楼。波士顿部分地呼应了来自地方和国家要将其城市形象现代化的压力，以及公共官员要吸引外地资本并寻求激发在未曾繁荣的 CBD 内的新投资欲望。

20 世纪 30 年代和 40 年代在摩天大楼分区法、设计及开发实践中很少有什么变化，因为 CBD 办公建筑基本停留在一个水平上。20 世纪 50 年代和 60 年代开发浪潮重新兴起，摩天大楼分区法和城市设计才又向前跨进一个新的时代。

四、第二代摩天大楼分区法

20 世纪 20 年代巨大的建筑繁荣确实增加了曼哈顿 CBD 摩天大楼的数量和规模，也同时大大增加了拥挤。当时分区法有助于产生某种新潮的建筑，却不能减小密度和减轻拥挤，也不能增加地面和空中的开放空间。到 20 年代末期，亚当斯、福特、莱特等规划师公开批评 1916 年分区法，提倡更严格的、能确保在建筑间有更多光线、空气和开放空间的控制法。他们讨论了交通可达性、基础结构可通性、大城市的分解中心化、城市设计及其他影响摩天大楼规划、控制和开发等问题，提出通过控制摩天大楼区，在建筑高度、体量上建立更严格的限制来减少日间人口和建筑密度。

纽约于 1960 年 12 月通过了对分区法的综合修订，于第二年开始生效。1961 年分区法将 1916 年分区法规定的城市允许人口规模 5500 万减少到 1200 万，并将后退要求取消，代之以容积率为基础的限制，这些限制方法在允许建筑形状更有弹性时限制了建筑的可出租楼面面积量。按新法规定，商业摩天大楼区最大的容积率是 15（$1m^2$ 建筑地块可建 $15m^2$ 的使用楼面面积）。分区法有的条款对在部分地块上创造公共广场的建筑给以 20% 密度补贴（折合容积率总共为 18），同时该法规定如果塔楼覆盖 40% 以下的地块面积，则建筑高度不限，而以前地块覆盖率最大为 25%。空调、供热、通风、内部照明等方面的技术改进，意味着办公空间不再那么强烈地依赖窗户的光线和空气，而且高速电梯能将人们更快地送到更高的楼层。

大多数现代摩天大楼在 20 世纪 60、70 年代都遵守了新的控制条例，补贴促成了几乎所有本来不可能的成功，今后每位开发商将可能建设利用广场补贴优惠的大楼。在 1961 年至 1973 年间纽约约有 10.2 万 m^2 的开放空间是这样创造出来的，比起全美所有其他城市的加起来还要多。

投资——收益分析表明，对私人开发商来说，能额外建设的可出租建筑空间的价值是广场造价的 48 倍多。其他城市立刻效仿，因此纽约的摩天大楼控制系统通过容积率和密度补贴向全美推广并在许多城市分区法中找到其用武之地。在 20 世纪 60 和 70 年代，纽约对一系列其他公共休闲设施附加了补贴和限制，它们包括步行骑楼和地面层零售空间，建立了鼓励特殊用途的特别分区，如剧院及博物馆区、保护历史性建筑区等。

从 20 世纪 60 年代起，建立曼哈顿式的 CBD 已经成为许多城市规划和经济开发政策的直接目标，成为大规模城市再开发及复兴计划的首要目标。有关密度和形式的控制以及在纽约开始的有关市中心商业开发的政策性争论在美国各城市又在重复进行，许多城市已开始实验相对先进和复杂的摩天大楼分区控制法。在过去 10 年中旧金山、波士顿、西雅图等城市建立了相对更严格、更复杂、更进步和更大范围的新型市中心分区条例。

第六章 CBD 的未来

目前，发达国家大城市 CBD 之间的竞争已经成为一种趋势，CBD 的未来越来越受到人们的关注。本章将讨论 CBD 正在发生的变化，并简介了几位 CBD 研究者对 CBD 未来的认识。

第一节 当代 CBD 的变化

20 世纪 80 年代以来，CBD 进入了一个新的时期。工业社会向后工业社会的转化使世界的产业格局、经济格局产生了新的变化，突出现象是第三产业占的产业比重越来越大，地位越来越重要。第三产业取代第二产业成为产业的主体，目前这一变化正在影响着以第三产业聚集为特征的 CBD。

信息技术的发展，金融、贸易业日益国际化，使 CBD 逐渐改变原有的一些特征，尤其是办公功能变得越来越突出。纽约、巴黎、伦敦、汉堡和巴尔的摩等国际大城市在这方面为我们提供了例证。

一、纽约

纽约的象征是天际线，这主要是指曼哈顿的天际线。有的学者把在城市中大规模建设办公楼的过程称做"曼哈顿化"。目前，"曼哈顿化"已经或正在冲击旧金山、伦敦、香港、巴黎等世界性城市。

在曼哈顿内，办公建设和地价在从工业化时代向后工业化时代转变后更进一步汹涌上升，这是因为后工业化使个人接触的额外费用有所增加，而高层建筑不仅能简化接触而且使这种简化接触的可能性增加。城市核则是后工业化建筑建造的基本地区。

曼哈顿仅占纽约总用地的极小部分，却吸引了整个地区 1/4 以上的办公建筑，这一趋势在 90 年代仍在继续。

图 6-1 显示，从 1977 年以来曼哈顿的办公建筑面积总数大量上升，这种上升是在 1960 年至 1980 年间创造的物质基础上产生的，这 20 年间建筑了 715 万 m^2 办公楼。曼哈顿仍是就业的主要地区。

房地产资金在 CBD 的投入也加强了曼哈顿的优势地位，某公司在曼哈顿有一个位置意味着该公司为一流公司，城市核向后工业化神奇的转换已使国际社会对它产生兴趣，1979 年纽约市拥有 277 家日本公司，213 家英国公司，175 家法国公司，80 家瑞士公司，74 家德国公司，53 家瑞典公司和许多其他国家的公司。对 2000 个大公司的调查揭示它们中有一半是为外国所有，尤其日本公司是房地产的主要买主，它们对曼哈顿的地价上升有重大影响。

国际通讯及交通设施水平是指示某个城市在世界经济中所占地位的新的重要标志。在过去 20 年中，美国所有国际电话业务量的 21% 都在纽约，由此可见纽约对国际商业和世界经济的推动作用是再清楚不过了。

另一个明显的事实是 CBD 开发对城市核和邻近地区的影响。这种开发是指整个新 代摩天大楼的建造，包括在空地上建造或取代旧建筑的建筑。在有些情况下历史的褐色沙石

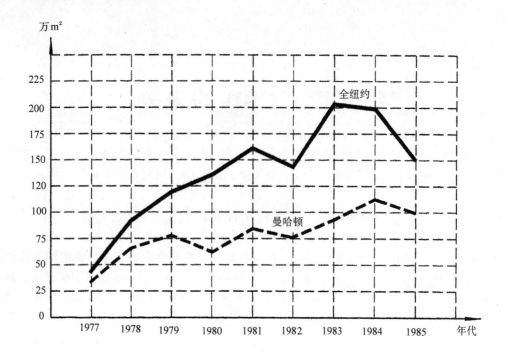

图 6-1 纽约地区 1977 年至 1985 年办公建筑面积的相对增长

（暗指富人区）被削平，玻璃塔楼硬挤进银色空间。在其他情况下，"采光权"在现存建筑上被出卖，50 层塔楼建在一度开放的空间中，以前还可能在某栋 50 层大楼上一瞥曼哈顿的天际线，今天在这一高度的景观都不太好，因为曼哈顿本身又"曼哈顿化"了。

"曼哈顿化"地区的边缘出现了"高级住宅化"现象❶，从后工业化区来的白领工人和专业人士来此地区寻找居住空间，并在迁移过程中产生了新的品味、习惯和购买力。不少工业统楼层建筑已改建成时尚住宅，仓库已经拆毁内部装置并划分为合住公寓，以便在昂贵的市场上出售。在 19 世纪形成的"富人区"和"穷人区"的城市住宅中出现了新的投机，原先简陋的商店改建成了高价奢侈品店。

虽然"高级住宅化"增加了整个城市的吸引力和财富，但其高额费用使那些住在旧式居住区中的人无力支付。

CBD 的兴旺、高级住宅化及工人阶层家庭居住情况恶化加剧了现存的不平衡。CBD 投资饱和，城市核内过分拥挤，原因是对 CBD 的要求和期望过高，而第一环上许多地区（主要是工人阶层地区）进一步贫困、衰退。在对纽约五个县的地价进行研究时看到了这种关系是如何倾斜的。曼哈顿仅占城市 7% 的土地，却拥有一半以上的财产值，曼哈顿在不到 20 年前以约 150 亿美元开始运作，现在财产增加了 141%。而在同样时段中，布鲁克斯区下降了 5%，国王区和皇后区中速增加，理查孟德区则大发展，但其基础较差。

二、巴黎

20 世纪 60 年代后期巴黎城的办公塔楼突增，到 70 年代早期到达顶点。在 70 年代早期，巴黎每年增加 18.6～46.5 万 m² 的办公面积。

---

❶ 高级住宅化：gentrification，使贫民区变成高级住宅区的过程或现象。

巴黎市的办公面积占整个巴黎地区办公面积的百分比　　　　　　　　表 6-1

年　　份	1970	1971	1972
百分比	27%	33%	30%

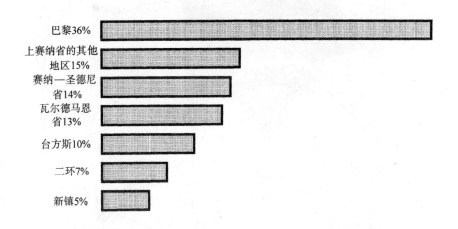

图 6-2　1980 年巴黎各地区新建、翻建办公建筑的百分比

巴黎在过去几十年间聚集了一定数目的办公建筑，20 世纪 70 年代的大规模建设及其早期积累意味着巴黎市达到了整个地区办公建筑总量的顶峰，相当接近欧洲的顶峰。

虽然巴黎在办公空间方面一定程度地领先，后工业化也对其他地区产生影响。例如，赛纳——圣德尼省在六年期间的办公面积增加了一倍多，到 1980 年占整个大巴黎地区办公面积的 14%；上赛纳省为地区办公面积的 15%，台方斯（作为上赛纳省的一部分）加起来为 25%，可和巴黎的拉威勒相比。

新镇对办公的需求同样上升，并在吸引大公司方面取得成功，因此后工业化的旋风已影响到法国的其他地区。确实，巴黎第一环吸引了一些工厂，它们曾一度成为巴黎的工业区，但是如今这类地区的经济将分化，吸收巴黎的过剩人口，且与巴黎的白领产业相互竞争。

市场需求不断加大，巴黎的办公楼租金逐步升级，CBD 内办公租金几乎是其最邻近地区的两倍，几乎是一、二环其他地区租金的三倍。1980 年在巴黎第八区所付的每 m^2 平均租金超过 1100 法郎（合 220 美元），在上赛纳省的价格是 600 法郎（合 120 美元），在第一环的其他地区如赛纳——圣德尼省该价下降为 389 法郎（合 78 美元），而在地区新镇的办公租金最低降到 371 法郎（合 74 美元）。

在城市核中办公租金还因地点不同而不同。在 CBD 的中心和西部地区最贵（见图 6-3）。

办公市场的心脏在巴黎的中心（大致在第一区至第十区），并向西推进（第十七区至七十区）。这种运动已经扩展，穿过左岸并进入城市东部地区。在可能的地方，工业统楼层建筑、甚至公寓都变成白领工人的工作场所。虽然当局对各种公司进一步发展表示怀疑，但 70 年代早期商贸业仍抓住机会在旧工业化的巴黎建立了滩头堡。

尽管工业的分解中心化产生了一定的影响，但法国仍是西方世界最中心化国家中的一个，且这类中心化最突出的表现仍在巴黎。蓝领产业成功的分解中心化客观地使城市核更为集中。在许多方面，巴黎现在比以前更有吸引力，随着世界经济的成长，巴黎已出现了一个国家和共同体市场的活力中心。

第六章　CBD 的未来　　139

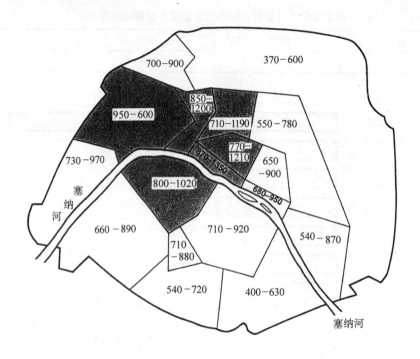

图 6-3 巴黎 1981 年每 m^2 办公面积的租金
注：阴影部分为最高价地区，数值单位为法郎/m^2。
资料来源：H. V. Savitch, Post-Indnstrial Cities, Princeton University, 1988, Fig.4.8.

在 70 年代中期，国家当局认识到巴黎所拥有的优势可能不是一件好事，于是认定巴黎的公司集中现象应该有所放松。共和国总统、巴黎市长官、部长们和其他高层人士开始提出必须停止建筑性质的转化（指变为办公建筑）并限制建设摩天大楼。于是，一贯的管理手段更为加强（如附加建造许可证），其他手段是采用财政方面的限制（对过度建设土地收不同的税等）。总的说，这些政策实施后，在城市核中的办公楼建设量直线下降。

办公建设量在 1974 年后出现了一次暴跌，从 40 万 m^2 几乎降到零。约有 10 多年巴黎的办公建筑基本暂停，这受到市长查里克的反对，巴黎市对中央当局施加压力要求放松政策，但未获成功。

中央当局丝毫不为所动，因为已计划将办公楼的建设放在其他地方。无论国家和地区都未放弃对后工业化的渴望，不过他们将这种抱负移向其他地方，该地点靠近上赛纳省，在那儿，一只城市凤凰——台方斯升起来了。设计这一新的综合体是为了和纽约、布鲁塞尔及东京竞争。法国的规划师自豪地将它和世界各地的办公综合体相比，对台方斯建设的成功感到自豪。

开发台方斯的设想在 20 世纪 30 年代就提出来了，但是因为二次世界大战、法国经济和政治的变化，60 年代才真正开始建设。为了确保台方斯的建设，政府对巴黎 CBD 加强了办公建筑建设的许可证管理，把财力、人力都集中到台方斯。台方斯的基本范围为 750 万 m^2，其中 160 万 m^2 为商贸用地，办公空间总量为 176.5 万 m^2，白领就业人员为 4.6 万人，高级公寓中居住 5 万居民。由于它的交通发达、设施现代化、环境优美，故几乎所有办公楼都已经出租，像美孚、爱克森、索尼、IBM、菲亚特等国际性大公司均在此设点。它成为新巴黎的象征，成为法国在后工业革命中取胜的筹码。

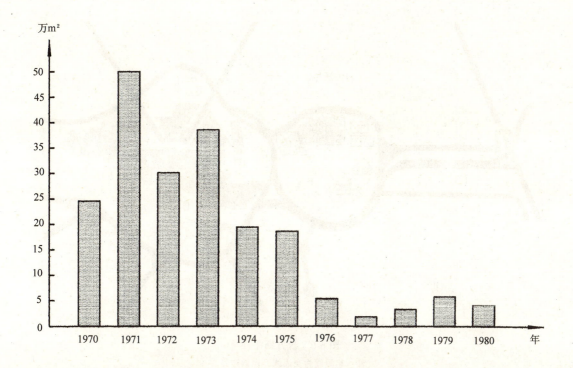

图 6-4　1970~1980 年巴黎办公建筑建设情况

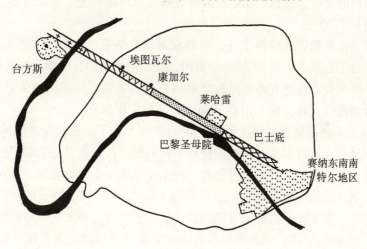

图 6-5　巴黎市的轴线延伸

三、伦敦

工厂和人口的外迁运动看来未对伦敦产生太多伤害,相反,20 世纪 50 年代和 60 年代对伦敦是个兴旺时期,尤其对 CBD。伦敦中部的天际线开始迅速变化,因为开发商对更新和建设注入了资金,随着开发商在伦敦城(西蒂区)、威斯敏斯特、金辛顿和彻尔斯购买土地,空气中飘荡着某种"资产兴旺"的味道。

资产的兴旺激发了建设的自由。土地投机始于 1954 年,当时保守党政府宣布建设许可证将在"几乎所有地区都自由发行",因此开始了一个厚颜无耻之徒成为暴发百万富翁的时代,某些地方巨头运气极佳地在地价上涨之前得到并保住了他们的地产。其他人则享受宽松

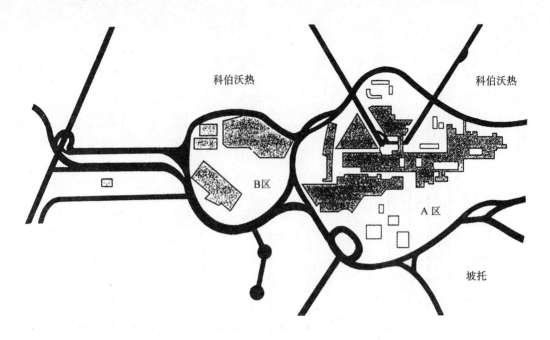

图 6-6 台方斯平面
注：粗黑线为交通线，也做边界。

税收法和分区条例的优待，使他们能建造大量建筑并以巨额利润卖掉或租出。一夜间，伦敦城的地价上涨超过了 70%。

地产业打破了伦敦稳固的经济市场，而且看来没有结束。在二次世界大战后至 1964 年间，在大伦敦建设了总共 344 万 m² 的办公面积，这使伦敦的办公面积为伯明翰、曼彻斯特、利物浦、格拉斯哥和爱丁堡所有办公面积之和的三倍。规划机构还规划了另外 232 万 m² 的办公面积。随着建设的兴旺，在 CBD 内聚集了大量的工作岗位。

在 CBD 内，太多的事情发展得太快，建设的东西太多了，在大伦敦的某个角落集中了太多的东西，于是有人认为如按有关稳定性和平衡的观点，必须对此采取一些行动。

从二次世界大战结束后，政府推行的是一种工业分解中心化的政策，并对在伦敦地区建设工厂提出了限制：任何希望建造工厂面积超过 1 万平方英尺（929m²）的工厂主都必须从中央政府那儿获得一张工业开发证书（IDC）。一位工党发言人对工业扩展给伦敦地区带来的后果深感不安，他宣称："我们应该围绕所有这些集合城市（拥有卫星城市的大城市）竖起栅栏，并设立信号牌指明：停止！在此不能再有更多的工厂。"那时的地区性规划提出了某种警告：

"我们都对伦敦的地位感到自豪，它不仅是我们的首都，而且是一个独一无二的国际商业与金融中心，一个世界性的旅游吸引点，一个艺术教育、宗教和科学的中心。对国家应继承的财产来说意义非常重大，我们的未来规划必须鼓励伦敦尽可能地有效运转。"

人们提出控制公司数量的目的是缓解交通拥挤，减少商业公司的困难和超额开支，使当地伦敦人尽可能地生活愉快，并继续付出努力避免在伦敦尤其是中心地区产生不必要的活动集中现象。

至 20 世纪 60 年代中期，中央政府推行了更严厉的管理手段，在市中心地区，可颁发工厂开发许可证的工厂面积限制下降到 1000 平方英尺（92.9m²），而任何超过 1 万平方英尺

($929m^2$) 的办公建筑都需要办公开发许可证（OPP）。

鉴于这些手段仍未明显奏效，大伦敦的各有关自治市提出中止发放建造许可证，中央政府也马上颁布措施，解除了建造商想得到享有优待的特殊项目的幻想。1964年工党采用了"棕色办公禁令"，这直接使在伦敦中心进一步建造办公塔楼的行为暂停下来。

为管理那些已建好的办公楼，政府创立了办公位置局，主要任务是游说各公司将白领产业设施迁出伦敦中心区。在办公位置局的努力下，游说搬迁运动终于有所收获，116家公司和超过1.2万个办公工作岗位迁到了其他区。

因此，大伦敦地产投机在十年后出现了停滞。工业开发许可证制度、办公开发许可证制度、"棕色办公禁令"及办公位置局使伦敦中心区的新开发近乎中止。正如建设兴旺刺激了就业，其下降的结果是减少了开发。在进行控制以前的年代中（1959年~1963年），大伦敦有460万个就业岗位，就业曲线稍有上升。在控制期间（1964年~1973年），曲线呈下降趋势，尤其在1968年因为前述的许可证制度，不再有建设项目。至1974年，大伦敦的就业岗位下降到350万个左右，在十年间下降约17%。并不是全部的下降都归咎于中止建设办公楼，但毫无疑问是控制产生的结果，有些研究认为控制使每年就业岗位损失率提高20倍。

图6-7表示了十年间大伦敦和伦敦CBD的办公建筑的建设情况，两个地区的变化有所不同。1967年伦敦整个办公建筑开发量很低，之后有的年代有所改变，再往后从1974年起建设全面上升，但并不是指大伦敦的所有地区都是这样。伦敦中心的办公空间仍占总数的60%，商务顾问们认为CBD仍是伦敦最大的吸引点。

不过伦敦中部的复苏远不完善，整个80年代办公建筑开发继续跳跃向前，一段时间上升，短时间后又垂直下降。

这并不否认伦敦中部是一个基本的建造办公楼的地点，但因为伦敦扮演的角色不确定，它不能与纽约巨大的活力相比，也失去了巴黎的创造力。政策制定者在使伦敦中心具有吸引力方面和在发展一种有硕果的变化方面均遭失败。目前，伦敦已经致力于建设能集中商贸业的特别分区，同时整个伦敦地区的自治市正在建立"战略中心"以分散其他种类的商业，但这些努力更像是一种系统张力的反映，而不像是面向后工业化的行动。

道克兰区的更新是一种富有决心的行动，经过十年的建设，现在已形成一定风貌（详见第九章的介绍），它至少表明了伦敦在后工业社会世界性经济竞争中不愿失去其在欧洲的金融中心地位的决心。

纽约（1980年）、巴黎（1982年）、伦敦（1982年）CBD的情况表　　　　表6-2

城市	一般说法	规模 (km^2)	居住人口密度 (人/km^2)	居住人口 (人)	就业岗位 (个)	范 围 和 一 些 显 著 特 征
纽约	CBD或市中心	23.3	24453	570000	2000000	从61大街以南至曼哈顿巴特利的地区，包括华尔街上的大型金融机构、联合国和世界贸易中心以及剧院区
巴黎	巴黎的十个内城区	23.3	19305	1000000	稍大于1000000	靠近城市的正中心再向西部台方斯延伸，包括主要的政府机构、巴黎股票交易所、大型银行、博物馆及国家纪念碑物
伦敦	中伦敦或中心地区	23.3	9867	230010	大于1000000	包括"伦敦城"和威斯敏斯特、金辛顿—彻拉西、卡顿等自治市，以及南洼克、哈姆雷特塔、兰姆贝斯和汉克尼等地区的小部分

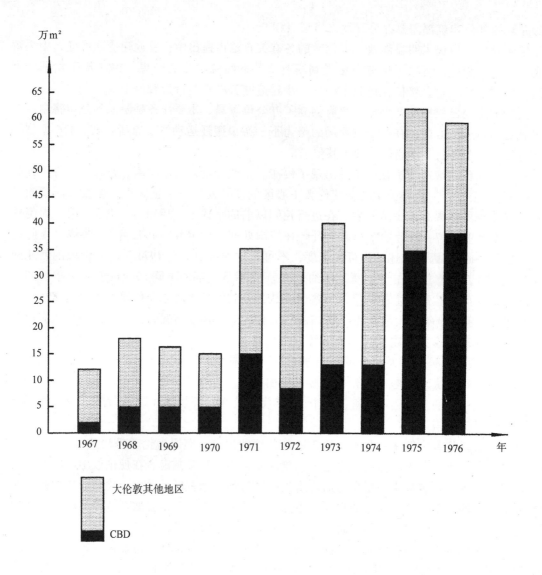

图 6-7 1967 年～1976 年大伦敦和伦敦 CBD 的办公建筑建设情况

四、巴尔的摩与汉堡

80 年代久贡·弗雷德里克斯和艾伦·C·古德曼对美国巴尔的摩市和德国汉堡市进行了比较研究（详见第八章）。他们的研究指出，CBD 不断增加的交通费用和在经济规模及范围上的局限看来已为巴尔的摩和汉堡 CBD 地位的相对与绝对下降提供了解释。他们认为两市的 CBD 未来存在三种不同的可能性：

1）全面增长：CBD 将改进其在大城市地区中的地位，甚至可能扩展它的功能；
2）全面衰退：CBD 将变成一个和其他大型次中心一样的中心；
3）专门化：CBD 将变得更专门化。

巴尔的摩 CBD 是全市范围内最大的零售、商务楼面面积和就业中心。不过，现有大型次中心正在发展，使巴尔的摩 CBD 比汉堡 CBD 更接近各自的第二大中心。购物模式的变化、公共交通系统的不合理，及缺乏停车设施将最有可能导致 CBD 进一步专门化，即可能发展

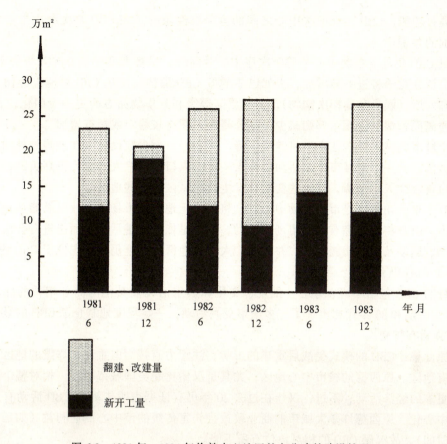

图 6-8 1981 年~1984 年伦敦中心地区的办公建筑建设情况

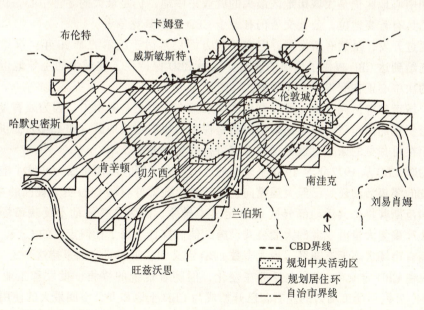

图 6-9 1984 年大伦敦的中心活动分区
注：图东面沿泰晤士河有一部分地区为道克兰区。
资料来源：Greater London Council.

第六章 CBD 的未来

更多的办公功能。CBD与大型次中心之间的竞争已经填补了在CBD与大型次中心之间等级层次方面的差别。

汉堡CBD仍处于各类中心的等级次序中的最高级,尽管大型次中心的竞争仍十分强劲。研究者们认为竞争将进一步增加,正如巴尔的摩CBD那样,汉堡CBD可能会经历衰退(零售业)和发展(娱乐和高档次购物),将在更高等级和豪华物品方面更为专门化,在CBD西部零售楼面面积增加,而东部则减少,办公楼面面积将较稳定或稍有增加。

两个城市内城区的居住人口将继续下降,尽管一方面少数民族(在德国的外国劳工)将迁入内城区,另一方面城市更新活动将注入一定的人口(但绝大多数为更高级的社会阶层)。两类人口将改变人口平衡,但这些变化只发生在内城区的某些地区。

CBD未来的角色将是市民活动中心,这将依赖土地的非市场功能,以及能从别处吸引顾客的能力。CBD将依赖拥有广泛市场的活动,主要是依赖旅游活动;而能进行会议、艺术展览、戏剧、运动及别的功能活动,并需要广大附属地区的设施仍将优先位于CBD内。

(一) CBD仍有用吗?

传统的CBD包括零售、办公、批发、文化和娱乐活动及其他与商务相关的活动。美国在70年代后期和80年代初出现了许多城市复兴活动,一定程度地制止了CBD的衰退,但传统的CBD确有转变。

在原西德,CBD的模式受战后重建的影响,注意力直接面向重建被炸毁的地区,而不是扩展现有地区。原西德的城市中心地区,尤其是汉堡比起美国城市中心,相对整个城市地区保持了更多的经济活动;不过,汉堡在过去20年仍有证据表明传统的CBD活动有一定程度的分解中心化。原西德许多大城市的商业政策会伤害传统的市中心商业利益(如延长郊区商店关门时间),故汉堡CBD的相对地位有所下降。

CBD和中心地区仍是大城市地区最大的就业集中地,仍是最大的零售中心,仍具有地理中心性,仍具有首要地位,公共交通仍有助于CBD压倒其竞争者。

汉堡通过开发,虽然有所发展,但在某些方面仍落后于巴尔的摩20年。汉堡优秀的公共交通系统给到达CBD提供了便捷的通道。汉堡CBD保持住了在城内的主导地位,但仍有几个城外的次中心正在变得更有竞争力。

从两个城市的电话调查中,可以看出次中心正在变得更有吸引力,因为顾客偏爱更低廉的价格和更便宜的停车费。简单的事实仍然是在交地租的建成地区(如CBD)提供停车场地很困难,而在可预见的未来对这一难题没有可行的解决办法。

巴尔的摩CBD从1977年至1982年衰退的速度正在下降,可能是因为开发了港区。尽管这样,传统的零售活动还是已经大规模向别处迁移,在郊外有比CBD更大规模的零售业。

墨菲和范斯曾将公共活动部分从CBD定义中排除,因为这些活动不反映市场力量,对市政府办公和聚集大量就业者的大型公共设施,他们宣称不属于任何定义的CBD,因为这类活动既不拥有市场也不拥有顾客。绝大多数CBD定义和后来的研究都坚持这一定义。

虽然现在CBD定义和CBD本身都在变化,但随着传统的零售、批发和工业逐步迁出CBD,公共办公因不受市场力的左右,已开始成为CBD土地和办公空间最大的使用者。而且正是因为有关政府用地功能的政策,影响到中心城市的更新行动,对各类中心、剧场、运动场和礼堂的大规模政府投资证实了这一点,而这些功能只有很少部分符合CBD的传统标准。

中心商务区的活动,简单地说既不再是绝对中心的也不再是商务的。零售和工业已移至次中心和郊区,CBD虽仍有办公就业人员,但在大城市地区所占的总比例正在减少。

（二）公众反应

汉堡的资料显示，人们对 CBD 感到自豪，它是城市的经济、文化和政治中心，它对城市居民的杰出象征价值仍是毫无疑问的。不过大城市地区分布的各种活动设施（尤其在次中心内）指示出人们在态度和行动之间有很大差距。

1981 年"汉堡市中心规划"中并未讨论在大城市环境中 CBD 的未来发展问题，从这种整体概念的缺乏可以得出结论：有关 CBD 的决定留给了私营活动和政府来作。新的购物廊是这一论点的反应，城市规划师认为这些规划在短期内有用，但在长期内，这些规划仅是对未来的推测，CBD 的活力更多地与州、联邦政府的政策以及地方和国家的经济状况相关。

改进公共交通系统（如轻、重轨交通）、改进停车状况和改进购物档次，都有益于维持 CBD 的主导地位。无论通过何种手段，这类改进的费用将会是巨大的，其财政来源也是不确定的。在大城市地区中几乎不指望其他城区能对 CBD 的经济开发分担重任。

联邦政府的干预也靠不住。美国一些有益的联邦计划，包括城市大量交通运输工具、社区发展街区贷款及补贴等，已受到严重的削减。联邦政策无论是哪方面的，都很难直接对城市产生根本影响。

大城市地区改建产生的利益更不具体，因此人们必须认识到不仅城区拥有 CBD 活动是重要的，而且这些活动必须在 CBD 内而非其他城市地区进行。

弗雷德里克斯等人认为，世界上若没有中心场所的遗产，只会更加贫穷，欧洲和美国的旧城市就是证据。

第二节 预测 CBD 的发展

一、一般背景

对许多城市规划师和城市学者来说，大城市的未来主要依赖市中心即 CBD 的未来，两者是不可分割的。他们指出 CBD 是真正的城市心脏，是大城市活动所围绕的焦点。如果没有一个成功的市中心就没有一个繁荣的城市，如果中心衰退则大城市的活力与能量将衰竭。

另一些观察者提出了完全相反的观点，他们认为 CBD 已停滞，它不再为有意义的目标服务。他们质问是否应该每年花巨资来给一个"过时的、废弃了的二手货打气"。这些人认为这类努力是不现实的，城市各区将从长期维持 CBD 的义务中解脱出来，并将其资源用于别的地方。

第三类城市研究学者则持一种更谦虚的批评立场，他们认为 CBD 只是在进行试验而非就是罪恶。他们认识到了 CBD 的绝对重要性，不过就规划师和管理者认识 CBD 的变化及失败的情况提出批评。

应该承认大城市的居民尤其是重要中心城市的居民与 CBD 有很大的利害关系。CBD 是城市地区大量的投资所在地和地方政府相当大的税收来源，CBD 是办公建筑、政府机构、专业商店、旅馆、金融机构和百货店最为集中的地区，也是大城市交通和信息交汇网的中心。事实上，在任何实践中都无法否认 CBD 在大城市生活中扮演的领导角色。

CBD 有三个独特的方面：1）拥有专业商店和可选择比较的商店；2）能为所谓"面对面"产业提供办公设施；3）能为那些寻求聚集效益的小商业和工业服务。

CBD 零售区保持的主要优点是拥有专业商店和货物及服务可选择比较的各类商店，因为必须有大量的百货店和专业店的集中才能提供多种货物，提供一系列在风格、质量、价格及品牌方面的选择。但目前那些能提供可比较购物机会的大型地区性购物中心对这一优势提出了挑战。

因为日常生活用品可以在任何邻里或地区购物中心买到，CBD一般不出售这类产品。然而市中心仍然可以依赖大量办公雇员、政府雇员和CBD内的非购物人群，并且的确已经产生了一些为这类更为无所不在的人们提供服务的新市场。在大城市CBD内部和周围，在城市更新产生的用地上建设了豪华公寓，结果使标准大城市地区出现了有一定规模的地方雇主群。

"面对面"产业是指金融机构和商业办公，尤其是各种总部办公楼，一般都在大城市CBD内聚集。这类聚集区具有能面对面直接会谈和交换意见的优点，并且广告机构、会计公司、办公设备供应商以及其他提供有关服务者发觉和他们的主顾在同一地区会有好处。据称，CBD在正午餐时间购物、下班后娱乐和享受会客等方面仍然是城市地区中最好的去处。

CBD为那些生产非标准产品、常使用外部设施和服务的小工厂提供了良好的位置，但是这种情况主要局限在美国纽约或其他特大城市的中心区。

二、范斯有关CBD发展的观点

我们可以看看几种专家的意见。J·E·范斯指出二战后尽管大城市的商业结构几乎都在CBD外围增长，但CBD核正在变化而不是灭亡，他认为CBD"已成为大城市内部的公共销售区、地区性城市的专业销售区、区域性的办公区。"

范斯预言CBD将继续存在但会丧失不少以前的功能。它将越来越像个办公区而非大商店群，他指出沿大城市干道两侧集中的综合办公功能有助于维护核内金融亚区的繁荣。在某些城市这种办公功能的集中由于建立了快速交通系统和高效的通讯系统而得以加强，但是公共交通系统的出现并没有对零售区产生什么好处，购物者现在不经常光顾CBD，而更愿享受自己驾车的弹性自由。

范斯提出了各大城市存在将来发展出两个市中心的趋势的设想，两个中心的中间可能是一条停车场带，他认为过去单一的中心将会消失，他指出将来我们可以把"CBD"这一概念仅局限于办公区，而把各类"大城市专门区"的名字给其他市中心区。

三、乌尔曼有关CBD发展的观点

爱德华·乌尔曼指出美国近几十年来受CBD变化的影响，标准大城市地区的零售贸易相对减少。当然这是一种已被认识到的现象，乌尔曼利用此形势把人们的注意力更深入地引向围绕CBD的低收入的"灰色地区"，城市更新部分地介入到这些贫困地区，为CBD提供了顾客。另外，在市中心周围发展了一批高、中收入者居住公寓，但他认为在许多城市这一市场不会很大。

乌尔曼认为CBD仍保留的大量活动是办公功能，特大城市更是这样，尤其是纽约市，其中心办公建筑有非常大的发展，在华盛顿特区也一定程度地发展成这种模式。但是有可能扩展办公功能的城市只是那些大城市，尤其是那些已变成国际或地区性办公管理或金融中心的城市。芝加哥的扩展及建设虽然将有利于卢普地区（CBD），但结果是人均办公面积并没有扩大。而在洛杉矶、底特律和其他几个大城市，办公功能正在迅速增长。

乌尔曼指出美国有的城市如洛杉矶和圣路易斯等地，正在发展外围办公中心。如密苏里州克莱顿市的进一步开发就与CBD有一定距离，它比CBD更靠近城市的地理中心，并更靠近该城高收入阶层的居住地。它拥有许多办公建筑，城市性和地区性的都有，各类公司租用了三倍于市中心的办公面积。附属的商业和社会服务业同样已经繁荣起来。当然克莱顿市中心并没有圣路易斯市中心大，但是此地区却处于从市中心很容易开车到达的距离之内。

在圣路易斯郊区开发办公建筑将代表一种地方性趋势。达拉斯在实施了一些大型的郊区办公建筑计划后，市中心办公的建筑量便下降了。重要的是，迁移的原因是到达郊区的交通方便，能创造更吸引员工的环境，能减少土地投资价格，比市中心有更多的建筑弹性等等。

乌尔曼认为许多活动属于 CBD 多多少少是因为其最初位置恰好处在 CBD 内，或可能与功能连接（几年前开始消失）有关。如果 CBD 能成功地与由现代化交通创造的新型场所进行竞争，那么可以说它肯定在各方面大大地改进了，但随着居住、零售贸易、工业和其他服务业向外移动，这种改进正在变得苍白无力，已外迁的活动目前开始在城市的外围地区得以加强。

乌尔曼认为 CBD 可能会变成城市的许多中心中的一个，但 CBD 可能是这些中心中最重要的一个，只是重要性比过去较弱些。它可能会变成"一个由大量的低收入地区包围的购物中心和一个原有活动规模减少、较小的需要便宜的场地或使用大量廉价劳动力的办公中心"。使 CBD 具备最高级位置特征的高级活动将因有更好的能为高收入地区服务的位置而放弃中心位置。他认为其他中心将按多核理论模式在地区性和专业性基础上发展。这类中心可以靠近机场，因为这对市外来访者和会谈都方便。外围购物中心和各类专门的娱乐、教育、文化和休假的中心分散在城市中需要它们的地方。

他对城市若没有心脏——CBD 就无法存在这一信条提出疑问。他指出今天的大城市不仅仅是一个城市，而且还是一系列普通和专业中心的联合体，最终会拥有几个比现有位置更好的中心，并因为这些中心缩短了出行时间、减少了拥挤且位置更好，效果会更好。

乌尔曼认为如果能重新开始，我们可能不会建造今天这样的城市，但是我们仍在继续加强我们的错误，与 CBD 有关的城市更新只是某种补救。

四、霍默·霍伊特有关 CBD 发展的观点

霍伊特支持乌尔曼关于 CBD 内办公功能正在增加的说法。他指出 20 年代伯吉斯就讨论过 CBD 的变化，说明它仍是最大的购物区，但它的商业额与城市地区总商业额的比例下降了，这是因为别处的购物区正在增加，尤其是在城市周边和郊区的地区性购物中心正在增加，这种变化主要是因为汽车的大发展。在少数情况下，市中心已通过建造快速干道使交通条件得到改进，建立了一些新商店，但这不是普遍现象。

霍伊特指出在特大城市 CBD 内办公建筑被多样化利用，其主要原因是因为这些城市具有国际或地区中心的重要地位。办公建筑在许多情况下和城市更新联系密切，其位置部分由贫民窟和衰退地区决定，部分由可以炸毁的旧建筑决定，但是目前很难对办公和 CBD 进行概括总结。在许多人口正在增加的城市，很少建设新的办公大楼；在某些城市，新办公楼建在城市内、CBD 之外，有的甚至在外围购物中心。

与郊区化相关的趋势是不依赖于其他机构运作的保险公司开始迁到 CBD 几个区段以外的地方。办公中心有时也会建在地区性购物中心的周围。霍伊特指出一般大城市的主要办公区虽仍在中心区内，但办公功能的重心并不固定，倾向于移至城市的高收入阶层居住区。

在某些中等规模的城市，办公建筑正在那些公司所需要的地区增加，因此大都在 CBD 内。而在小一些的城市中建设的大型办公建筑，经常是银行、石油公司或保险公司为了荣耀而建设的，经常不顾惜造价的多少。

霍伊特还指出中心区旅馆重要性的下降主要是因为在 CBD 周围和城市外围不断增长的汽车游客旅馆和汽车旅馆，这种旅馆的开发不会在 CBD 内或附近进行，也不会受改善围绕

CBD 的贫民窟的城市更新的影响。

五、墨菲对 CBD 未来的看法

墨菲认为 CBD 的未来正在成为一项规划师和其他对城市感兴趣的人关心的事情，许多人甚至会想象在 50 年或 25 年后的 CBD，该区的未来确实重要。对一个 CBD 内商店的业主来说，因为所承受的高额财产税和郊区商业不断增加的竞争，了解 CBD 的未来有助于确定是否维持下去；对房地产商来说，了解 CBD 的未来就能展望 CBD 房地产市场；对城市管理者来说，了解 CBD 的未来能较好地使 CBD 结合城市总体规划。

有的设施已经离开了 CBD，并将继续有设施离开 CBD。因为郊区购物中心正在增加，CBD 已失去了在零售方面的相对重要性，这首先体现在市中心百货店在郊区购物中心开设了分店，但是郊区的商业开发比这种分店的竞争更为直接。这种情况在一些新的大型地区性购物中心出现时更为严重，因为它们有足够大的商店，能与市中心在选择性购物方面成功地竞争，而有多种选择的购物被认为是 CBD 特有的东西。在地区购物中心，对汽车的合理依赖和拥有大量的停车位是最重要的竞争因素。

旅馆业是 CBD 已经丧失的一种商业功能。在特大城市中，市中心旅馆保存下来了，但在中等城市它们已经消失。现在多数游客都是乘小汽车旅游，因此在郊区的汽车旅馆正在取代 CBD 的这一服务功能。银行因为有城市郊区的分支机构而正在非中心化，然而这类分支机构很少是大型的，而且每一个分支机构都只为大城市的有限地区服务，故银行分解中心化程度不高。

第三种正在离开市中心的功能是保险办公。保险公司正在将其主要办公设施移向郊区，并将继续这样，它们通常能自我维持，不需要依赖和 CBD 其他机构和办公设施的接触，不再需要中心位置。

被郊区购物中心吸引力拉走的别的商业活动不难找到，未来城市商业结构的绝大部分扩展将在城市核的外围进行。

但是 CBD 正在获得某些东西。例如在特大城市 CBD 的边缘正在建造大型、中型的高价公寓，它们的拥有者主要是 CBD 内的店主。并不是所有的 CBD 都需要更多的办公面积，只有那些作为国际性和区域性地区中心的大城市才需要更多的办公面积。如今有一种明显的趋势，即不在某些特大城市的 CBD 建设更多的办公楼，而是考虑在郊区或城市边缘建设。

虽然 CBD 的"灰色"边缘经常被作为一个废弃地区，但一项最新研究表明这一判断有些偏差，这一地区在没有进行城市更新时是用地的弹性来源，这儿绝大多数建筑是永久性建筑，楼价低，并易于使用。

墨菲指出 CBD 最严重的困难是可达性和停车，几乎所有城市都正在为使 CBD 能快捷地进出和拥有充足的停车场而奋斗。今天，任何有一定规模的 CBD 至少得有一条步行街，最好更多。有些规划师目前正在讨论将整个 CBD 街道全部建成步行街，在其周边设停车场并尽可能为步行者建设移动的人行道。

墨菲认为 CBD 无疑没有衰亡。它仍在发展并有能力继续保持生存，它是大量投资的聚积地及市政府的重要税收来源，CBD 既不在死亡也不在衰败，它正在变化。CBD 将更多地保持它今天的样子，可能零售功能会有更大的下降，办公功能有所增加。每个 CBD 内都会有变化，城市更新不会永远只带来好处。

通过城市更新并因此从政府资金和城市税收中补贴 CBD 是一个有趣的设想。城市更新是以该区为现实目标的一种尝试，目的是要求社会愿意为保持 CBD 的经济健康有所付出。

但是这有必要吗？墨菲认为我们正在回到一种正在失去的情势中，CBD最后注定要分裂，如果这样，为什么还要补贴它？这样行动无疑阻止了该区走向分裂的自然趋势。

墨菲认为CBD的未来不会萧条，这个地区仍具有大城市其他地区无法提供的优点。CBD将继续具有能够有利于保存许多功能的可达性，而CBD办公建筑、金融机构、百货店及相关服务设施的集中仍提供了在大城市中任何地方无法复制的商业环境。总的来说，它确实是整个城市地区最好的服务位置。

六、W·G·罗塞拉有关CBD发展的观点

罗塞拉于1982年发表了《成功的美国城市规划》一书。他对市中心地区（CBD）持另一种看法，他认为技术过时是工业化时代的标志，当某项功能产生的效率更好时，就该用某些新东西替代旧的，以便赶上消费者的要求。依这种推理，私人小汽车及受其影响产生的城市模式将美国城市的CBD从其有利的位置废黜，从而导致某些功能消失，使CBD扮演新的角色。

罗塞拉指出除了极少的例外，可以认为美国城市是贸易和商业的产物。城市的物质形式代表了这一传统。商业和工业形成了城市的中心区，周围是居住区，这类中心区的范围先是在步行距离内，后来发展到处在公共交通的服务半径内。无论在物质和经济力量方面，零售与银行功能都构成了这种模式的焦点，CBD内的百货店及容纳了银行和公司等实力组织的摩天大楼取代了中世纪欧洲城市的教堂和城堡。

在大萧条到来之前的经济兴旺期，亨利·福特成功地进行了装配式生产卡车和小汽车，并迅速被世界各国的汽车制造商所效仿。人们利用小汽车逐渐外迁到郊区新建的亚区中，在郊区形成大城市的次一级商务中心。这些趋势很重要，因为它们预示着美国一种新型的城市化时代——分散中心化的时代。大萧条、二次世界大战及战后的调整将分散中心化运动推迟了近20年。不过，当它最终进行时，便产生了巨大的影响，完全产生了新的城市形态和模式，而未遇到任何阻力。公众接受新的生活方式，对CBD感兴趣的人们的态度开始有所偏离。

在最近30年中，美国的大城市地区已从商业高度集中化的城市整体变成分散中心化的核心地区。零售功能首先移到郊区并产生了分解中心化的模式，不幸的是零售商业的郊区中心处理笨拙，像一个巨大的仓库，被停车场海洋所包围。

以办公为主的商务功能和产业，结合公园式的设施进行开发，而且一般都邻近零售中心。它们不仅在客观上而且在社区功能、政治活动和一般的社会活动中都变成了新的中心。CBD在城市层次中已降级为第二级位置，不断衰退，并被产生社会债务的实体占据。

虽然在许多年前，CBD是政府主要的财政来源，但现在已变成一个赤字地区。虽然政府制定了城市更新法，鼓励地方进行大规模的再开发，但被迫式的更新没有创造什么新东西。

罗塞拉指出整个美国的规划机构中的人士虽然仍在研究CBD的衰退，但他们太乐意倾听对市中心困境的建筑学式的整体解决方法，而不幸的是那恰恰是他们不应关心的，规划师们理应关心在他们的权限中的任何萧条情况。不过，过分强调一个地区或某部分都是不合适的，尤其如果它是在某种扩展中产生的。经验显示对CBD地区利用和再利用的恰当的解决办法是摆正各种功能的规模和比例。

在美国，某个CBD是否从属于某个大城市地区，或从属于大城市地区内的卫星社区、或某个自治市，具有重要的利害关系，因为相对规模很重要。这一问题不可避免，不仅美国，欧洲城市也一样受到这一问题的困扰，尤其那些在二次世界大战期间被炸得很厉害的地

方。欧洲不少城市中围绕CBD密集的公寓已经被炸毁，而美国规划师经常犯的一个错误是他们敬仰欧洲的重建工作，又同时将旧城现代化。欧洲大型城市地区比美国城市地区更分解中心化，尤其在欧洲大陆，例如柏林，百多年来一直有明确的零售商业和其他商业活动中心，因此它最类似于美国CBD的地区包括几个亚区：零售区、银行业区、教育区、外交代表处区等。

欧洲较小的大城市地区，其零售和办公活动更类似于美国城市，但每天上下班、购物及其他商务目的的交通模式是公共交通，而不是私人小汽车。75%～80%的上下班出行都是公共交通出行，这种出行特征创造了大量的日间步行者，且大大省去了像美国城市所需要的停车设施。德国、荷兰的规划师的主要眼光转向了次级街道，着重步行者优先，着重处理步行活动所产生的大量公共交通。因为欧洲旧城市中心区街道很窄，处理方法应更有弹性，且因为建筑间的步行距离短，一般比美国地区性购物中心的购物街间的距离短。这些情况创造了一种亲切温柔的古希腊广场和北非或中东市场式的气氛。但将欧洲的方法搬到美国很困难，罗塞拉指出原因如下：

首先，欧洲的公众习惯于优秀的公共交通体系所具有的广泛可达性和极高的服务水平。尽管私人小汽车很普遍，但公共交通仍很必要且使用频繁，尤其对工作出行、购物和其他目的更是如此。公共交通有多种形式，包括传统的有轨电车或轻轨系统、公共汽车、地铁及超现代化的公共交通，这些系统需要大量公共补贴，因为公众期望它提供高水平的服务，24h运行，而且发车频率又要比纽约或芝加哥高。公众必须通过付税来认购这些资金，因为公共交通要比高速公路的建设及运行的花费更多。

其次是因为欧洲土地缺乏，尤其在西方工业化国家，不能容纳过多的小汽车，不能像美国那样给小汽车提供充足的用地，因此土地开发和密度控制等国家政策和地方法规相当严格，因为没有这些法律就将会造成混乱。认真仔细的土地管理、习惯大量使用公共交通以及根基很深的对城市环境的美学要求是欧洲中心地区政策的基本点。

在19世纪，规划市中心的规划师的任务很简单，只需简单地将银行、零售以及其他商业功能归入CBD，因为它们必须相互靠近以方便公众。CBD靠近或就在港口，之后是铁路站，以及出租车和公共交通站。在公共交通时代以前就出现了拥挤问题，因为CBD很难容纳下载着人们进入市中心的大量马匹及轻便马车。按今天的标准，当时城市很小，因此这些问题比当代的问题更严重。今天，规划师研究市中心地区并发现许多市中心是一个衰退和丑陋悲哀的废墟。市中心边缘的居住区已经搬走了，并已变成大批从最底层居住区中搬出的人的家。从好的方面说，规划师们面对的是物质衰退；从坏的方面看，是大范围的社会混乱。

罗塞拉认为总的说来，CBD衰退将是压倒性的。当今时代，CBD衰退的一个主要原因是私人小汽车的普及（除了纽约和芝加哥外）。其他原因——将被作为更重要的原因——是通讯技术的革命。电话改进了必须面对面的要求，对绝大多数私人接触来说，这是完美的可接受的替代品。还有长期以来科学家们尝试用技术使声音加入视觉元素的努力，以及通讯计算机极其无穷的吸引力，使人认为如今已发展到确实能减少商务出行的时代了，尤其不断增加的混乱和不断上升的交通费用也在迫使人们减少出行。

罗塞拉指出现代摩天大楼的造价越来越贵，形象更加冷酷无情，在CBD建设得不偿失。如果人们考虑了这些变化，那么很显然人们一般不会再创造出过去的条件，并通过别的方法使之更适应今天的品味并实践将CBD进行表面翻新。几十年前导致高密度土地利用的原理不再有效。

今天，所有城市土地依赖多种方式寻找其最大的生产率，例如，许多城市的旧河港已变成地方政府和贸易业的公共中心，仓库区已改建成带有生活展示目的的运动区和商业及娱乐集中场地等等。没有理由认为以前的 CBD 将不再扮演有用的角色，它将永远留在这一位置。对 CBD 进行整体否定进而使之衰退，将恰好是医治病痛的最直接的方式。

历史上综合的单中心整体已变成了多中心化的结构叠加系统，新的中心已经成长起来，形成一种城市结的序列，由城市高速公路走廊产生联系密集发展。可以把这种城市布局看成是一种无定形的团块，它没有确定形式，但在用地功能、基础设施、服务和在地方层次上的管理等各方面组织良好，这大概从侧面描述了 CBD 的未来。

下 篇

第七章 悉尼 CBD 的研究与规划

CBD 是悉尼城的心脏❶。悉尼 CBD 物质发展的规模和强度，及其功能和活动的多样化，决定了它一直是这个大城市地区最有活力的中心。它是一个行政中心、信息中心、文化、娱乐和教育中心、管理、商业及金融中心，还是一个接待、旅游和零售中心，同时，它越来越成为一个居住中心。

从经济角度讲，悉尼 CBD 是商业和金融业的聚集地，为这个大城市地区内外的居民和公司服务；从社会角度讲，CBD 影响着这个城市所有居民的生活，它提供就业、商店、餐馆、剧院、旅馆、政府机关以及大量其他设施；从历史角度讲，悉尼 CBD 是澳大利亚的殖民性及地方性开始产生的地方。

CBD 的规划和开发对 CBD 过去、现在及未来负责，要保护历史上对澳大利亚发展有影响的场所、建筑和纪念物，同时要鼓励开发和更新。这些活动必须在切合实际的、环境和经济方面合理的规划控制框架内进行。

60 年代后期和 70 年代早期 CBD 内建筑激增虽没有持续多久，但从 1970 年到 1980 年十年中建设了 150 多万平方米的办公建筑，相当于殖民地建立以来 190 年中所建办公面积的 2/3。这种现象戏剧性地改变了 CBD，它要求悉尼市政委员会采用一种比以前更新、更综合性的规划方法，以适应飞速的变化，并确保对于所有城市使用者来说，保留下来的不仅是一个商业聚集地，同时也是一个美丽的、令人兴奋的、令人愉快的地方。

有许多因素将影响 CBD 未来的发展。大多数因素及委员会处理它们的政策尽管直接针对 CBD，但同时具有区域性的意义，它们的牵连范围扩大到这个城市边界之外。许多政策如果准备实施，则要由州政府进行立法，作为地区性环境法规，因为只有各地方政府的支持，CBD 的许多问题才能得以克服。80 年代世界性技术更新❷将改变 CBD 的功能和构成，特别是那些与商业、贸易有关的活动，技术更新的成果可能将加速商业活动向悉尼地区的切斯伍德、北悉尼、帕拉马塔和其他郊区中心地区分散。

CBD 南部已经开始更新开发，如悉尼娱乐中心、实用艺术和技术博物馆及少量办公建筑的建设，同时对唐人街正在进行改造。这一更新过程将重新恢复南部地区某些已失去的活力。

旅游业在 80 年代快速发展，它要求悉尼改进并增加旅游容量，需要更高质量的旅馆设施和大量的、廉价的客房来满足迅速增长的低消费度假的需求。委员会还必须预测并满足在 CBD 内不断增长的居住功能，目前一些旧的商业建筑已经转变为居住场所来使用，并有一些新的大型居住建筑正在建设之中。市政委员会的政策是鼓励使市民在城市中有更多的居住选择机会，但要在 CBD 中实现这一政策则要处理好市场需求与新建和更新这类建筑的经济效益之间的微妙平衡。

---

❶ 悉尼 CBD 的范围为官方确定，参见图 7-6 和本书第 183 页有关内容可知其用地界线和用地面积。

❷ 参见第 174 页有关内容。

图 7-1 (a)

图 7-1 (b)

(c)

图 7-1 悉尼 CBD 在 20 年内的变化

注：从 (a) 至 (c) 分别为1960年、1970年、1980年悉尼CBD的鸟瞰照片。

资源来源：1980 City of Sydney Strategic Plan, Figures in page 99.

鉴于CBD在历史上的地位，其显赫的区位，在建设基础设施中巨额的投资，以及它能提供的多种机会，必然决定了悉尼CBD是澳大利亚首要的商业区。这也是市政委员会将要保持的目标。

第一节 CBD的办公功能

在70年代，对于每天进入CBD的就业人员不断增加的问题，寻找有关交通系统的解决办法是一个规划重点。不过就业人数并不像预期的那样有很大比例的增长，事实上，就业人数仍保持稳定，而且可能有轻微的减少。

1971年曾重点考虑为解决CBD高峰交通流的拥挤问题投入资金增加道路和公共运输能力，因为就业人数可能会有一些增加。而现在的重点则从增加运量转变为使现存道路系统更合理化，并把进出CBD的交通合理地分隔开，包括新增绕行道路以及公共汽车路线。

80年代，CBD规划最关键的方面是指导新建筑持续不断地发展。就业人数没有增长，而建设的速度却在增加。

1976年，CBD中几乎有1/4的办公空间是闲置的，这主要是60年代末建筑激增的结果。这些空间现在绝大部分已被占据，占据者并不是拥有新雇员的新公司，而是从某幢大楼搬迁到新大楼的CBD原有公司，它们以现代化装备重新定位，它们仍留在同一地区，在几幢大

图 7-2 自东向西望 CBD 的景象

注：远处为港口大桥

资源来源：1980 City of Sydney Strategic Plan, Figure in page 100.

楼内拥有同样的商业合同，电话号码仍保持不变，但其经营思想已经有了改进，它们为每个雇员提供更大的空间，其办公空间布局更加功能化。

为鼓励更多的短期租用，新建筑的租金已经降得很低。

无疑，早在1976年新建筑中的一些大面积空房已经产生过的过滤效应，现在在旧建筑中又产生了。旧建筑的空房率可能并不严重，因为在各公司改进办公设备以前每个员工仅有很小的办公空间。许多旧建筑正在重新装修变得更有办公空间特征，以达到比预期更强烈的效果，增加出租率。

总结所有这些情况，用一个词来形容便是"建筑经济性下降"。建筑物在结构生命完结之前就被炸毁，以建设适应新型办公设备的最新型大楼。简单地说，每个员工的办公面积不断增长和建筑经济性下降的结果是人们不断寻求经济可行的新建筑。

开发房地产业的循环意味着CBD的新办公空间供给将不断形成顶峰和波谷，规划不可能平衡这种建筑循环波动。但不管怎样，规划师在人们恢复对CBD再开发的兴趣之前，先制定令人满意的发展控制计划是必要的。对于租房者来说，规划与建筑的内部环境联系密切。自从1971年的悉尼战略规划后，市政委员会开始认识到单体建筑的影响已经超出它所在基地的界线，以至于公共环境、小路、道路、停车场和临近建筑都从其他新建筑的建造活动中获益，而且公共环境将不会因建设而受到有害的影响。在这种情况下，委员会针对80年代修订了开发控制条例，以期更好地引导开发。

一、办公空间的扩展

在过去的10年里，CBD进入了20世纪以来最大、最迅猛的更新阶段，半数以上办公建筑的年龄不足20年。

新建筑围绕着奥科内尔大街的金融区分布，零散的建筑已经发展到更远的地区。它们由政府或私人企业投资，但大多数由政府部门租用。在CBD每个小区内（小区由委员会划定），由私人或公共部门所占据的办公面积的数量（据1976年的调查）在图7-3中表示。

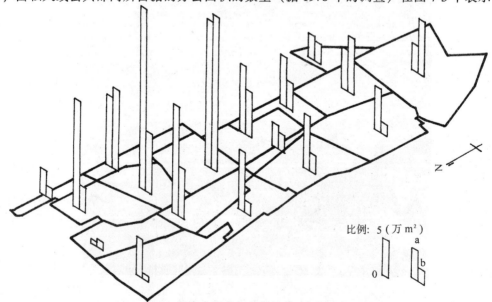

图7-3 CBD由私人和公共机构分别占用的办公面积
a（左柱）—私人机构占用；b（右柱）—公共机构占用
资源来源：1980 City of Sydney Strategic Plan, Fig.50.

1800 年至 1976 年悉尼 CBD 的净办公面积统计 表 7-1

建筑完成年份	净办公面积					
	占 用		闲 置		总 计	
	1000m²	%	1000m²	%	1000m²	%
1970～1976	651	27	318	44	968	31
1960～1969	665	28	52	7	717	23
1950～1959	128	5	15	2	143	5
1940～1949	44	2	13	2	58	2
1930～1939	248	10	65	9	313	10
1920～1929	176	7	79	11	255	8
1910～1919	122	5	50	7	172	6
1900～1909	174	7	55	8	228	7
1890～1899	82	3	37	5	119	4
1800～1889	115	5	36	5	152	5
CBD 总计	2404	100	720	100	3124	100

资料来源：1980 City of Sydney Strategic Plan, Table 9.

悉尼 CBD 的资金投入是在最近的 10 年里，随着悉尼作为国际性城市的经济发展趋势并由几个特殊事件而促成的，其中包括：

1) 60 年代后期和 70 年代早期的经济活跃期。这一时期因国外资金的流入而使经济水平上涨，特别是来自英国政府和保险公司的投资，以及来自英国的大量私人资金。直到 1972 年，澳大利亚都一直被视为一个资金增值的好地方，而且是一个英国货币通行的国家。

2) 来自澳大利亚公司经营政策中的变化。这些政策将更高比例的资金投入到房地产中，特别是大型金融和保险机构的资金，以对抗通货膨胀。

3) 60 年代末住宅建设的激增并最终达到过剩而产生办公楼建设的周期性变化。这种周期性变化与反对高层居住建筑的社会思潮和工会的作用联系密切。

60 年代末期和 70 年代早期，在 CBD 中办公建筑的建设热潮延展到了悉尼市外围的北悉尼、圣莱昂那斯和切斯伍德。大部分建筑的容积率已接近 12∶1；而伦敦相应的容积率约为 5∶1，因为在伦敦对旧建筑和现存环境的保护是首要的；鼓励再开发的纽约建筑容积率则高达 22.5∶1。

70 年代中期，众多的投资决策产生的后果越来越明显，CBD 内产生了大量的新办公建筑。但随着经济衰退的到来，对办公空间的需求降低了，这加剧了办公空间的竞争。最终随之而来的是出现特许短期租用的现象。投资数量则回落严重。

未出租的办公面积总量和新旧建筑之间租金的边缘差异使许多 CBD 公司重新搬到现代化建筑物中。直到 70 年代末，这种"渗入"过程渐渐填满了新建筑，在旧建筑中产生了更高的空房率。面对这么多新的办公建筑，许多 50 年代末 60 年代初建造的建筑现在已被视为低标准而弃之不用。

二、1979 年对办公楼闲置情况的调查

1979 年 11 月至 12 月有关部门完成了对办公楼闲置情况的调查。调查中统计了 1970 年 1 月以后完工的建筑的有关情况。目前办公空间未被占据但已定了合同，即有租约或公司租用意向性文件的建筑被排除在闲置空间之外进行统计。

这次调查不包括 1970 年前建设的建筑，这些旧建筑的空房率在 1980 年进行的调查中进行了统计。

图 7-4 金融区

资源来源：1980 City of Sydney Strategic Plan, Figure in page 103.

1970 年和 1979 年之间 CBD 中总计建成了约 150 万平方米的新的办公面积（见表 7-2）。

悉尼 CBD 在 70 年代建成的建筑中闲置的办公面积　　表 7-2

建筑完成年代	总楼面面积	闲置的办公面积		闲置面积占楼面总面积的百分比	
		1976 年	1979 年	1976 年	1979 年
1970～1976	1226000m²	309000m²	89000m²	25%	7%
1976～1979	296000m²①	—	29000m²	—	10%
70 年代总计	1522000m²	—	118000m²	—	8%

① 占毛楼面面积的 80%。

资源来源：1980 City of Sydney Strategic Plan, Table 10.

几乎有一半的办公面积建造在金融核内（图 7-6 中亚区 1），另一半则相当规则地分布在 CBD 金融核周围，在零售核和西部边缘各占约 10%（亚区 2、3、4），南部地区占 20%（亚区 5）。

金融区在 1970 年到 1976 年之间平均每年完成建筑面积 9.0 万 m²，1976 年以后因为建筑激增的变缓，降至每年 3.0 万 m²。除了南部地区外，CBD 其他地区每年完成数目在 1976 年以后都经历了一个缓慢的下降过程，南部地区每年完成面积为 3.0 万 m² 左右，这个数量一直持续到 70 年代末。这表明：在南部地区的投资是在激增后期才开始，而且看来这一地区有租给政府部门的美好前景。

在 70 年代，新建筑的空房率戏剧性地有所下降，从 1976 年的 25% 下降到 1979 年底的

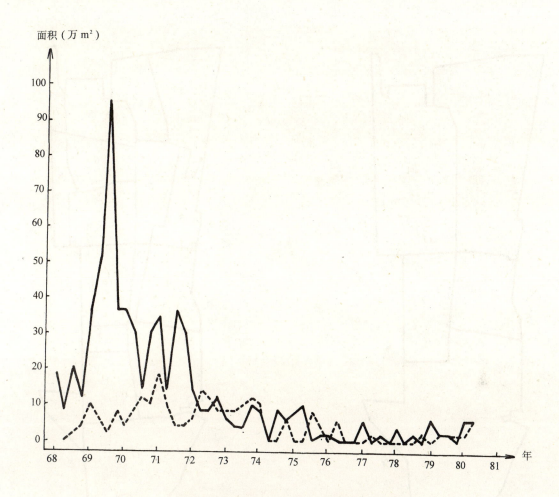

图 7-5　1968 年至 1980 年 CBD 新建筑建设情况
注：实线为新开发建成的部分；虚线为新开工的部分。
资源来源：1980 City of Sydney Strategic Plan, Fig 51.

8%。从 1976 年至 1979 年的空房率如表 7-3 所示，亚区划分见图 7-6。

悉尼 CBD 于 1976 年和 1979 年各亚区的办公空房率　　　　表 7-3

亚　　区	70 年代闲置面积占总办公面积的百分比	
	1976 年（%）	1979 年（%）
东乔治街		
1. 塞库勒码头——金街	27	9
2. 金街——巴苏斯特街	26	6
乔治街以西		
3. 罗克斯——金街	15	11
4. 金街——多威特街	46	17
CBD 南部		
5. 巴苏斯特街和多威特街以南	15	1
CBD 总计	25	8

注：金融区和零售区的空房率接近 CBD 的平均值。
资源来源：1980 City of Sydney Strategic Plan, Table 11.

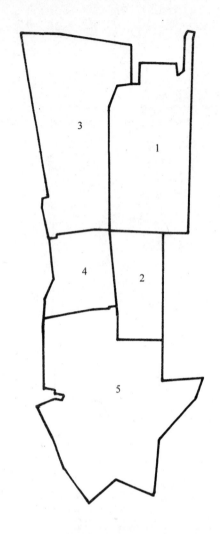
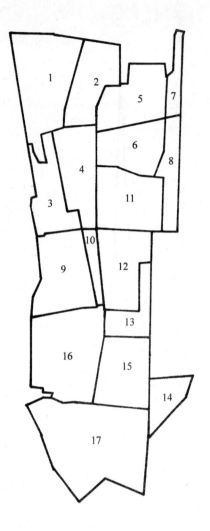

图 7-6　CBD 亚区
资料来源：1980 City of Sydney
Strategic Plan, Fig.53.

图 7-7　CBD 小区
资源来源：1980 City of Sydney
Strategic Plan, Fig.52.

在近十年中，CBD 平均每年新建筑的增加量已经达到 14.0 万 m^2，相对于 60 年代的年平均值 9.3 万 m^2，建设量有所增长。

除了闲置空间、停车场和其他大量的低档次商店等所占据的地区外，CBD 中被占用的楼层空间数量在 1971 年至 1976 年之间保持相对稳定。

表 7-4 和表 7-5 中分别按 CBD 亚区和悉尼地区交通研究中出行分区列出了新建和闲置的楼面面积。总结各分区空房率情况如下：

CBD 内 70 年代建成的建筑中闲置的办公面积　　　　　　　表 7-4

CBD 亚区	1976 年闲置办公面积 (m^2)	1979 年闲置办公面积			建成的净楼面面积		
		1970~1976 年建成 (m^2)	1977~1979 年建成 (m^2)	总计 (m^2)	1970~1976 年建成 (m^2)	1977~1979 年建成 (m^2)*	总计 (m^2)
1	162727	45134	15567	60701	605115	98656	703771
2	33871	7305	3743	11048	132714	53964	186678

续表

CBD 亚区	1976 年闲置办公面积 (m²)	1979 年闲置办公面积			建成的净楼面面积		
		1970~1976 年建成 (m²)	1977~1979 年建成 (m²)	总计 (m²)	1970~1976 年建成 (m²)	1977~1979 年建成 (m²)*	总计 (m²)
3	23044	21174	0	21174	156040	42220	198260
4	59352	14431	9220	23651	129461	12847	142308
5	30094	1371	37	1408	203064	88101	291165
总计	309098	89415	28567	117982	1226394	295788	1522182

注：1. * 在 1979 年未进行完整的调查，该值为毛面积的 80%。
2. 本表不包括 1970 年前建成的闲置办公面积，两项调查分别于 1976 年 6 月和 1979 年 12 月进行。

资料来源：1980 City of Sydney Strategic Plan, Table 12.

CBD 内 70 年代建成的建筑中闲置的办公面积 表 7-5

CBD 小区编号	1976 年闲置办公面积 (m²)	1979 年闲置办公面积			建成的净楼面面积		
		1970~1976 年建成 (m²)	1977~1979 年建成 (m²)	总计 (m²)	1970~1976 年建成 (m²)	1977~1979 年建成 (m²)	总计 (m²)
1	0	0	0	0	23234	0	23234
2	0	0	0	0		0	
3	6910	278	0	278	38382	0	38382
4	16134	20896	0	20896	94424	42220	136644
5	60745	2146	0	2146	127231	11572	138803
6	6229	1373	15567	16940	115149	59418	174567
7	3565	0	0	0	19795	0	19795
8	25996	4508	0	4508	108644	26633	135277
9	51218	11828	9220	21048	96655	12847	109502
10	8134	2603	0	2603	32806	0	32806
11	66202	37107	0	37107	234296	1033	235329
12	28927	6491	0	6491	115986	16452	132438
13	4944	814	3743	4557	16728	37512	54240
14	12327	1148	0	1148	67563	0	67563
15	0	0	0	0	0	24162	24162
16	17767	223	0	223	73420	22527	95947
17	0	0	37	37	62081	41412	103493
总计	309098	89415	28567	117982	1226394	295788	1522182

注：调查年份同表 7-4。

资源来源：1980 City of Sydney Strategic Plan, Table 13.

1）金融区和零售区的空房率接近 CBD 的平均值；

2）在 CBD 的南部地区新建筑空间的使用比例比其他地区更大，空房率因此比平均值低，特别是 1979 年以来这里实际上没有空房；

3）在金街和多威特街之间的西部边界地区，新建建筑出租是最困难的，空房率接近 CBD 平均值的两倍；

4）对时髦的空调办公空间有着持续的强烈需求；

5）新的办公空间为国内、国际性公司和政府部门提供优良的办公设备；

6）旧建筑在灯光照明方面被认为过时了；

7）每个就业岗位的办公面积标准有所提高，而在 CBD 中就业人员总数没有提高；

8）出租者按他们的新条件出租空间，他们正在为预期的未来的需求增长做准备；

图 7-8　CBD 天际线

资源来源：1980 City of Sydney Strategic Plan, Figure in page 106.

9）因为现在很少有新建筑正在建造，现代办公空间的短缺变得更加明显，租金有可能上涨，当租金高到足可以有利可图时，建筑业将重新复苏。

未出租的办公空间和新、旧建筑之间租金的边缘差异导致许多 CBD 中的公司迁到现代化建筑物中。

三、新型办公建筑租用者的情况

1980 年 1 月，为了研究建筑租用者的情况，对六栋新办公建筑进行了抽样调查。这些建筑于 1976 年到 1978 年之间完成，它们是：

1）城镇大厅大厦　肯特街 452～462 号
2）巴契莱斯大厦　布莱特街 25～31 号
3）国家共有生活中心（NAL）约克街 101～109 号
4）安特那生活大厦　卡斯特莱里夫街 218～226 号
5）罗登卡特大厦　坎贝尔街 24～28 号
6）澳大利亚共有远见中心（AMP）　布里奈街 46～60 号

在这些被调查的建筑中的机构总数为 211 个，公司总部占 73%，国际和国内公司的办公分部占 1%，而本地区公司的办公分部仅占 9%，其他公司占 7%。

按照澳大利亚产业等级标准对公司进行编号，超过一半的公司有金融、投资或附属服务的功能，如表 7-6 所示。

1980 年悉尼 CBD 取样调查中公司的产业构成　　　表 7-6

产 业 分 类	公 司 数	百分比（%）
金　融	36	17
保　险	15	7

续表

产 业 分 类	公 司 数	百分比（%）
投　　资	6	3
房 地 产	6	3
财　　会	25	12
法　　律	13	6
数据处理、广告、管理	17	8
小　　计	118	56
工业、冶金、农业	19	9
批　　发	21	10
社区服务	15	7
其　　他	38	18
小　　计	93	44
总　　计	211	100

注：91%的公司为私有，9%为公共机构。
资料来源：1980 City of Sydney Strategic Plan, Table 14.

在 CBD 内，有稍超过 1/3 的公司是从悉尼北部搬迁来的，在 CBD 内搬迁的公司有 3/4 都位于四个新建筑街区的原址上（图 7-9）。

被调查的公司有一半说明他们从原址搬离的主要原因是取决于职员组成和办公空间要求的变化。离开旧址的其他原因是原址不够便利或公司需要一个更有声望的地点。一些公司认为原来的建筑太旧、难看、没有电梯或空调，而且服务也不完善，一些公司声称是私密性的需要，或为接近主要顾客以及其专门产业的需要。

公司选择新址的主要原因更加多样化。1/3 的公司最基本的理由是需要一个适宜、方便和环境好的地区，这其中又有许多种原因。其余 2/3 的公司则提出了各种非常不同的理由，包括公司对原址的价格或租金水平不满意，新建筑能提供比较合理的租金和恰当的规格，能接近主要客户和满足了活跃关系的需求，新的建筑很有名声且地点受欢迎，公司需要更多或更少的空间或转租的权力，以及公司回归到旧地区和地点的必要等等。

其中只有两个机构拥有建筑产权，其他 209 家公司为租用。每个客户平均租金为 32.3 美元/m^2 到 193.8 美元/m^2 不等，所有租金包括空调和地毯出租费用，额外的电器、隔断及办公景观处理费用，也包括在出租费用之内，按比例收取。

在六栋大楼中被调查的公司占用的楼面面积为 11.4 万 m^2。

情况比较表明国家共有生活中心、澳大利亚共有远见中心和城镇大厅大厦容纳的就业人数最多。澳大利亚共有远见中心每个就业者拥有的办公面积的比例最低——16.4m^2/人，这反映其建筑中空间利用强度最高；罗登卡特大厦空间利用强度最低，每个雇员占 30m^2/人；这六栋新建大楼的雇员人均占用面积的平均值为 18.8m^2，相对于早先十年的占用面积标准，人均占用面积不断增长（见表 7-7）。

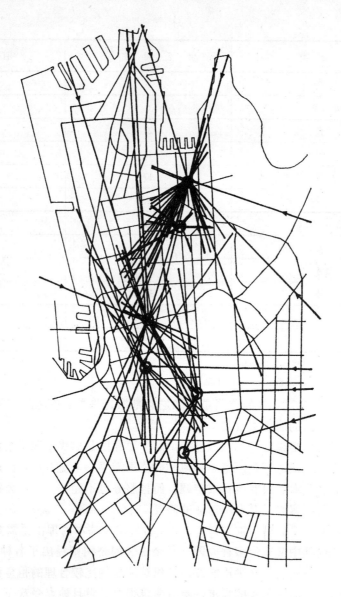

图 7-9 CBD 公司搬迁的运动方向

资源来源：1980 City of Sydney Strategic Plan, Fig.55.

CBD 六栋大厦的办公面积及雇员密度　　　　　　　　　　　　表 7-7

	净办公面积 (m²)	雇员数 (人)	每个雇员所占办公面积 (m²)
澳大利亚共有远见中心	44800	2721	16.4
国家共有生活中心	22200	1014	21.9
城镇大厅大厦	20000	1107	18.1
安特那生活大厦	10300	450	23.0
巴契莱斯大厦	13300	664	20.1
罗登卡特大厦	3400	115	30.0
小　计	114000	6071	18.8

资源来源：1980 City of Sydney Strategic Plan, Table 15.

四、未来的就业及技术变化

(一)未来的就业

1971年悉尼战略规划指出当时CBD中有24万就业人员,规划至2000年将达到36万至40万就业人员。规划文件宣称:"这个城市将保持大城市地区重要的发展中心的地位,尽管它相对于整个大城市地区发展的相对贡献将不断减少。"

在1974年~1977年的悉尼战略规划中,对1985年CBD就业人数预测进行了修订,预测就业人员高限为24.8万,低限为22.4万。

1976年的工作出行统计资料至今还很有用,但规划人员还没有对它们进行足够的分析,不能以此预测出最新的CBD就业人数。不过,从1961年、1966年和1971年工作出行调查中可以看出CBD就业人员一直停留在20万左右。

1976年,悉尼市市政委员会开始了一项综合性的调查,范围包括CBD。这个调查主要是统计按产业和空间分类的楼面面积数,这次调查也得到了有关就业的详细情况。

所获得的就业资料包含有关CBD日常就业的情况,但它排除了某些群体,例如建筑工人、临时工、交通售票员和码头工人,最后得到CBD日常就业净人数为16.5万人,加上那些被排除的人群,估计总数可能达到18万人。这显示在1971年和1976年之间CBD中的就业人员总计下降了近10%。

CBD中被占用的楼面面积数(排除闲置空间、停车场和其他大量的低档雇主占用的用地情况),在1971年至1976年之间仍然保持相对稳定。员工数量稍有减少,也就意味着在过去十年中每个员工所占的楼面面积所有增加,这个事实已经在对新办公大楼的租用者调查中得到证实。但每个员工所占面积的增加在新大楼中被夸大了,因为在这些大楼中近期入驻的公司为了未来的发展占据了比通常所需更大的面积。

CBD占大城市就业总人数的比例从1961年的20%下降到1971年的15%。未来CBD的就业人数看来会相对稳定,并在大城市地区内保持其领先的角色。

(二)80年代CBD技术革新的冲击

80年代初的技术革新和计算机的广泛应用产生了失业率上升等问题,本次战略规划的一个目的便是针对技术转变问题的共性,确定80年代的技术革新对CBD的可能影响范围。新技术的影响已经在电子工业中产生而且飞速发展,将进一步影响CBD就业的结构和规模。在澳大利亚政府设立的有关澳大利亚技术革新的调查委员会发布的报告中,可以得到许多重要的信息,这些信息并没有在这次调查分析中得以利用,因为这个报告发表时本战略规划已经处于印刷阶段。

认识到最新的技术革新产生的结果很有必要,这样可以尽可能地控制那些对CBD的未来发展起作用的影响。当代的技术变革与超导体、二氧化硅集成电路技术有着重要的联系,二氧化硅集成电路的影响已经在CBD的许多方面得到广泛的证明,如实用计算机、文字处理程序、计算器及文字传真机。技术革新的其他方面包括在微缩胶片上进行信息贮存以及零售、批发和货物运输在计算机控制下的流线和集装站点设计等等。

(三)就业人员数目的变化

在60年代和70年代期间,随着工业生产的早期自动化,随着工厂就业员工的大量减少,服务行业有所发展,金融、商业、管理和其他白领产业得到较大的发展。尽管依赖于第三产业劳动力的增加可以作为解决就业的方法,但它仅发生在这些受技术变革的打击最沉重的地区。1976年澳大利亚有22.13万个秘书和打字员,但到了1979年这个数字已经减少到17.7万个,受打字任务减少影响最大的产业是金融部门。对于秘书、打字员这样的失业,有可能被不断增长的使用计算机进行资料收集和分析的那部分就业所抵消,但用定量的方式进行这方面具体的论证很困难。

员工们有可能从一种工作转移到另一种工作的频度,使对自动化在就业人数方面的影响的研究更为复杂。至今还没有关于计算机产业能为那些被自动化从其他产业替代下来的员工提供多少就业岗位的资料,许多目前为劳动密集型的计算机工种本身在未来也将因自动化而被替代下来,例如,给卡片打洞就将被流水线作业所代替。

资金从CBD办公建筑开发向郊区商业中心开发,再回到住宅开发的过程中转移,将再次产生从开发的一种形式到另一种形式的永不停止的周期性交替。

(四)确定区位行为的变化

对于绝大多数的公司来说,CBD仍是一个主要的办公位置,不过,许多公司为一般值班办事员在郊区设点也是可能的,因为联网的计算机设备可以替代大量的公司总部工作人员。悉尼西部地区可以作为这类分散式办公的可能地区,因为它靠近大城市劳动力的主要聚集地区。

另外,还存在一些不鼓励疏散的原因,这包括CBD和郊区的某些地区租金相差无几的事实,当前雇主们对技术变革抱着等着看的态度,以及使他们公司部分郊区化部分仍在CBD的可能性。就业向郊区疏散的另一个重要制约是郊区比悉尼市内更欠缺足够的公共交通设施。

资料处理是一种有可能从CBD迁出的产业,其位置选择与和CBD的距离毫无关系,因为公司的业主把终端放置在他们自己的办公室内就可以与计算机网产生联系。

除了高速发展的信息处理产业带来的机动性之外,商贸业仍保留着许多相互交流文件和高层保持面对面接触的物质交换需求。

80年代失业结构中存在的问题有可能扩大(也就是对某种就业岗位打击将特别沉重),关键是要建立一个培训系统,培训人们去从事能获得的工作,这种培训(和再培训)的规模将应该比目前的更大。

在某些方面工作将变得更简单。随着科技的进步,要求操作者掌握的复杂的计算机对话语言很可能变得越来越少,因为资料处理产业使人们认识到交谈和视觉通讯的简化方法是将计算机带入日常的广泛管理决策过程中。

位置变化的后果很可能是行政人员和业务人员在CBD内的比例发生变化,例如复印、打字等工作,统计职员和其他类似的活动将转移到郊区。全国性的变化可能意味着对私人驾车进入城市所利用的道路会产生更大的压力,而主要由业务和其他非管理人员利用的公共交通工具的压力将有所减轻。

在对新技术的影响了解有限的情况下,以下的发现可以认为是比较切合实际的:

1)无疑,芯片技术的影响将直接或间接地在CBD活动的各个方面得以体现;

2)不同的产业的革新速度有所不同,而一旦开始则将非常迅猛;

3)预测新技术对就业结构的影响还为时过早,这些影响将因产业不同而不同,且很可能将增加结构性失业;

4)一些办公职能将被疏散到近郊地区,但发展缓慢,而且在某些时间内它们对CBD的活动总的来说将不会有很大的影响;

5）对现有设备再调整将成为主流，而计算机和其他设备的使用将变得更为简易；

6）劳动力中的管理和非管理人员比例的变化可能导致员工中企图乘小汽车进入城市的比例更高，乘公共交通工具的比例更低。

第二节　CBD的零售功能

一、CBD的购物者

CBD零售顾客的组成是分散的，顾客不仅仅是来自悉尼地区的居民。CBD零售核主要为五个市场提供货物：

1）CBD中的办公工作人员形成的市场；

2）内城区和中距离郊区的人口所形成的市场，这部分人传统上将CBD作为区域性购物中心来利用；

3）旅游者市场；

4）购买极少的专门和某些高档货物的消费者形成的市场，CBD需要整个大城市范围内人口来维持它的收益率；

5）因为个人商贸和社会娱乐的原因，到CBD进行附带性购物的人形成的市场。

CBD零售活动在过去的20年里在规模上有所减小。尽管存在这样的减少现象和地区购物中心的出现，但CBD作为"一个的购物中心"一直是悉尼大城市地区中最大的一个，它因拥有与各种类型、数量众多的娱乐、旅游和私人商贸活动相结合的零售商店而具备独一无二的优势。

零售活动的相对减少归因于各种综合因素，其中包括：

1）城市西部城市人口的增加；

2）在悉尼郊区规划的地区购物中心的出现，提供了大量的服装和家庭耐用品，以及食品和日用品的销售场所；

3）相对于拥挤的CBD，地区购物中心拥有方便的停车和装卸设施；

4）驾驶小汽车去购物的行为不断增加，且相对于工作旅程来说，购物旅程比较短；

5）商业分解中心化和个人服务向郊区迁移，诸如专门医疗、法律、金融机构，以及因此而形成的多目的出行增加；

6）相对大城市地区劳动力增长趋势来说，CBD就业人员增长很慢。

CBD将继续为就业人员、旅游者和居民提供一个零售核，但在货物的范围和零售渠道的类型方面将有所变化。

二、零售核

通过对1971年和1976年悉尼CBD的分析，可以看到主要的零售地区显然正在收缩到由乔治街、伊丽莎白街、帕克街和金街包围的小面积地区内，1971年CBD将近40%的零售业集中在这个地区，1976年土地利用调查资料显示这种集中现象还在继续，而且此地区的零售楼面面积现在已达到CBD总零售楼面面积的45%，这个地区被称为零售核。

在这个核中零售业的主要设施是百货店和商店拱廊，例如"中点"、斯全德拱廊和罗伊拱廊，未来的发展将瞄准沃尔顿地区进行。

零售核为CBD的就业人员及大城市广大的市场服务（在1974年的零售业调查中，估计百货店总的营业额为1.66亿澳元，而CBD零售总额为3.51亿澳元），它在大城市地区零售业中扮演重要角色。

三、连续不断的零售长廊

零售长廊（相当于购物街）从零售核开始延伸，而且把零售核和CBD其他地区联系起来，如剧院区。零售长廊是沿几乎不间断街道临街面分布的零售活动设施形成的，娱乐设施（例如电影院）、银行和社会性建筑物只偶尔点缀其间。

CBD中主要的长廊是从零售核向南沿着皮特街和乔治街，向北沿着乔治街延伸到威尼亚德的零售集中区。它们的重要性在于为城市购物者在零售核和其他区之间提供步行的乐趣，利用公共交通的人们更乐于接受这种方式。CBD长廊也串联了许多公共的大厦和广场，它形成了这个城市步行者循环系统的基础。

一些零售走廊近年来遭毁坏。例如格里斯威罗街北部的乔治街购物长廊，因为用塞库勒码头和罗克斯街连接上威尼亚德而变成相当重要的地区，但这个走廊被悉尼湾再开发当局在建设通往一个国际性酒店的道路时破坏了。市政委员会和规划师们认为这类毁坏行为对维持CBD的零售业活力不利。

四、办公街区的零售中心

1971年悉尼战略规划刺激的后果的具体反映是已经在CBD中出现在底层建设带零售店群的大型办公综合体（各类中心）。零售活动设施的范围已不仅仅限于日用商品店，还包括餐厅、酒吧、咖啡屋以及药房和服装店，这些中心的顾客的主要来源是那些直接在这些中心上面和周围办公大楼中的办公人员。

绝大多数这类中心都建在CBD北部地区，最著名的是澳大利亚广场。像澳大利亚共有远见中心及在昆特斯基地的这些新的开发项目，都反映出对于CBD中的办公职员来说，这种零售类型的重要性日益增强。目前在城市的南部没有此类开发，但随着经济的发展，未来的再开发将包括此类中心。

在零售核心地区内部，以下概念已经在"中点"得以运用，即市政委员会认为，在零售核中的此类中心，必须对临街面的设计付诸特别的注意力，以确保沿街的连续零售店群不会间断。

五、地铁广场的零售中心

在CBD中有3个主要的地铁广场零售中心，即威尼亚德、塞库勒码头和城镇大厅。

威尼亚德广场以人员中转为主，并通过一个购物中心在乔治街长廊的北端与周围的商店联系在一起。开发商正在研究延伸这个广场到皮特街的方案。

塞库勒码头广场也是以人员中转为主，另外开发了许多专门的零售设施，这些设施的设立是因为整个塞库勒码头滨水区的主要功能是旅游。塞库勒码头地铁广场零售业也与阿尔弗里德街南侧的一组商店连接起来，形成一系列廉价的餐馆、咖啡屋和服装店群。

地铁广场零售中心明显依赖大量的地铁通勤者和顾客。对于所有CBD日常交通，地铁是最能承载客流的交通方式，最近开发的地铁中转站位于悉尼广场下面。从市政厅车站和乔治街到圣安德鲁斯大厦、城镇大厦和较远的肯特街西部的步行者运动线路已经促成了一个具有活力且引人注目的拱廊商业街。

六、专门零售区

CBD的多样性正在因为某些在大城市范围内有特殊吸引力的地区而得以扩大，目前在CBD已经有了两个这样的零售区——迪克森街及海马克特与帕迪市场相连的部分和西塞库勒码头/罗克斯地区。

迪克森街是这个城市华人社区的中心，而且有大批餐馆和相关的食品商店。这个地区的小规模加强了它的凝集力，并将得到适当保护，使之免受其他活动的侵蚀或分割。悉尼娱乐中心在这个地区的影响将是重要的，主要是因为它影响到人流量的产生和交通组织的重新安排。

CBD中的罗克斯地区（北乔治街到阿基利街）在近年来已经发展成为以艺术品店、手工艺品店、饭店和酒吧为主的重要旅游零售区。罗克斯地区再开发的目标，主要是恢复现存建筑物，这将保护或鼓励建立这种零售业活动，关键的是这些零售功能不会侵犯到港口大桥以西的居住区内，如米勒斯旁和多威斯旁地区。

七、低租零售业

低租金商店不仅为较低收入的群体提供零售服务，也能使低利润零售业在城市中得以生存，诸如书店和转让品（委托）商品。因为再开发的结果及租金的增长，这类零售被从原来靠近零售核的地区排挤出来重新在此建立的，最近它们又开始搬回到显要的零售核中，并在潜在的再开发地区占据低档次的建筑。

少数重要的再开发已经在中央地铁站周围的地区进行，这进一步减少了低租金的零售面积的供给量。在CBD北部，乔治街长廊北端的低租金零售点已经搬走，因为格特威地区可能再开发，在由卢浮吐斯街、内比广场和阿尔弗里德街界定的地区内，有实际价值的低租金零售活动也将消失。

某些决定低租金零售业地点的市场因素，以及当局缺乏对迁移速度的控制，除非拒绝再开发发展计划，都意味着很可能使这类零售业在未来进一步减少，尽管它对于城市极为重要。但是由低租金零售提供的活动的丰富性必须得以维持，因为它增加了CBD整体的吸引力，确定政策去改变这种趋势是一个困难而重要的问题。

八、问题与规划

（一）容积率

1974年战略规划指出：

"在扩大的中城中心区内，应保存或恢复的零售活动聚集在市政厅车站周围，那里连续不断的零售临街面和步行者活动优先已被最大化，并且有可能减少办公功能的容积率。"

除了这个政策外，曾被采纳的1971年容积率条例中的以下因素减缓了零售和其他非办公功能的复苏：

1）条例给予处于中城中心外部的这些功能以较大的额外补贴；

2）当局对于办公面积数量的严格控制和对中城中心非办公空间的需求严重不足，意味着总的来讲，如果在CBD内部开发非办公空间，要达到允许的最大容积率很困难，而同时在CBD外按最大的容积率实现可行的开发是有可能的。

1971年开发条例是在大众参与过程的情况下制定的。CBD的零售商更关心在这个城市零售店的不断减少以及在再开发中增加的税收压力，零售商提出一个严重的问题，即如果CBD再开发（主要指办公开发）占据了大部分地区，现存的零售业将不可能得到保护或重新恢复。促进恢复零售核活力的问题是一个矛盾，这个矛盾已存在于允许大面积再开发的条例中，因为再开发的结果是迅速丧失重要的零售空间。鉴于这个原因，米耶街和斯全德街之间的地区以及路威斯与沃尔顿地区的再开发项目将认真进行审议，以评价其对现存零售模式的影响。

认识零售市场的特色很重要。总的来说，购物者通常准备逛商店的一层、二层或三层。

百货商店是个例外，它们有些一直开设到三层以上，但百货商店的管理者知道吸引购物者上更高楼层是很困难的，因此在那些楼层上出售周转率低的货物。在郊区新百货店里，销售楼层通常限制在三层或更低层。

由此而得到的推理是零售应该设在底层，有可能设在二层，但设在三层则有争议，在此之上的任何零售应完全由开发商斟酌处理，但规划条例应反映这种特点。

一层零售应该包含在零售核的街道层中（它可以达到将近 0.75:1 的容积率），它的形式和区位将通过城市设计来控制，并在控制 CBD 的整体环境的前提下进行开发。

很明显，在现有条件控制下的 CBD 再开发，要想达到与那些周围地区相等的最大容积率更加困难。CBD 提供给非办公楼面面积的额外补贴也比它的周围地区缺乏吸引力。

这并不表明 CBD 因此处于的不利地位，不表示它比周围的地区具有的再开发吸引力更小是一种自然合理的情况，也不表明在 CBD 布局上存在什么固有的缺陷。经过良好设计的有二层或三层零售业的多功能综合体，可以（与相邻的地区结合）用办公功能来加高周围地区的开发密度。

1976 年对 CBD 调查的分析表明，几乎没有理由说明 CBD 零售应该不与办公空间等活动混合。实际上，采用容积率条例的结果是使 CBD 的一些街区比邻近地区的街区容积率更低。

应该提到的是 CBD 零售购买力的很大部分（也许是绝大部分）来自在 CBD 就业的员工，而不是外来来访者。在零售拱廊和购物街上加强办公开发的同时会增加在零售核内部潜在的购物者数量。下层改进商店设施，上面作为办公，这些现代化中心和拱廊有助于 CBD 零售核与郊区的地区性商业中心竞争，同时增强了城市商店对消费者的吸引力。

低容积率在 CBD 的确有效地保存了现有的建筑，但在这些建筑内，商店规模与体形过时，在街区之间缺乏连接和装卸设备。

在修订后的开发控制条例中，零售和其他用地功能的经济现实性将作为控制的先行考虑。

（二）费用和税收

1974 年战略性规划修订案宣称：

"CBD 的绝大多数地区要求较低的容积率来……缩减费用和土地税，同时减轻排挤零售和娱乐的长期压力。"

因为 CBD 内的建筑物和用地功能间的差别太复杂，从而使这个政策无法有效地实行。实际上，通过降低容积率使土地价格减少将几乎不能保护零售或任何其他的土地使用活动。

不过这将有助于保护小规模的旧建筑群。低容积率条例无法阻止现有建筑内部使用功能的变化，例如，如果零售业变得不赚钱，另一种使用功能便将取代它。

在零售核中大多数百货商店都具有大约 9:1 的容积率，这些百货商店是仅有的用大量的楼层空间来安排零售活动的建筑。

CBD 有许多潜在的再开发地区，现在的容积率将近 4:1，很明显 1974 年战略规划的政策保护的可能是这些小规模建筑。但若对这些建筑进行检查，可发现在许多情况下整个楼层空间仅有一小部分是安排零售和娱乐的，且大部分并不准备接近普通公众的较高楼层通常为商务办公和其他各种各样的活动所占用。

因此，在 CBD 内通过降低容积率并由此而降低费用和税收，的确有效地保护了这些旧的小规模的建筑，并减轻了它们内部功能活动的通常支出，但它们的绝大部分是非零售功能。百货商店通过这个政策使费用和税收减少，而所获得的收益很小。土地评价部门以"最高档和最好"的功能为基础进行土地评估，实践中通常在现有的和未来的开发中产生失误，但正是在这个基础上，CBD 容积率值定为将近 9∶1。如果将最高的容积率降低到 12.5∶1 以下，那么土地评估部门就会仍以它们现在的容积率来评估百货店，因为它们已经代表了最高档和最好的用地功能。

容积率是以其周围环境的影响确定一个场地上建筑的最大楼面面积及就业人数的工具，控制容积率是为了降低现有功能的财政支出，不一定能使这一场地上的未来功能成为最佳的。

（三）城市设计

通过经城市设计控制的开发能使零售核的效益和吸引力得以改进。这些控制条例的制定者必须认识到任何非独立的商店，如果它是布置在靠近其他具有吸引力的商店旁边时，吸引力都会增加，也就是说零售中心的吸引力随着零售机构集中化的加强而增强。

CBD 购物活动目前所遇的问题在于：

1）购物街面被与零售没有紧密关系的活动所干扰，例如办公大厦、电影院、银行和建筑协会组织等。这些活动打碎了购物街的乐趣，产生了购物者几乎不会进去的"死点"，它们在没有保持乐趣的状态下毫无必要地延长了步行距离；

2）十字路口、装卸货地点和通往地下停车场的专用车道给购物者步行带来不便；

3）停车分隔线、交通信号和所有与机动车有关的附属物都会打断步行线，因为驾驶汽车的购物者有更多的方便特权；

4）旧建筑是靠着步行道建设的，新建筑则通常向后退，商店之间错开的空白的墙则暴露在公众视线中；

5）有些建筑有帆布篷，有的有柱廊，而有的却完全没有保护购物者躲避阳光和雨水的设施；

6）那些不以 CBD 为目的地的交通在主要的零售街上造成过量的噪音和空气污染；

7）缺乏有助于形成令人愉快的购物环境的座椅和其他休闲设施。

上述问题可以归结为三类：

第一类：机动车和人行道竞争有限的空间；

第二类：零售和非零售功能竞争街道临街面；

第三类：总体购物街环境问题。

第一类问题可以通过后面章节详细描述的对整个城市交通的合理组织来解决。

解决第二类问题在于对涉及针对零售核的 1971 年规划方案和 1971 年开发控制条例之下的"郡级中心"区进行再评价，这种郡级中心区无法把零售和其他功能区分开来，因此市政委员会没有力量控制非零售功能侵入零售占主导的临街面。当时，城市设计控制条例对于确定零售核所希望的模式是必要的，它能确保购物的连续性得以维持。

第三类问题的解决在于城市设计控制的弹性运用，以及把机动车辆从主要的购物街转移开等措施。另外，如可通过其场地的联线、广场和露台等做法不应当然地赢得额外补贴，只有当这些安排和功能对该地点合适时才给予补贴。

皮特街的方案试图克服上述问题（参见第五节）。同时，在整个过程中，城市设计将最终应用于整个零售核，城市设计方案应明确：

1）临街连续的店面尽可能不被打断；

2）用帆布篷和柱廊提供连续的遮盖。

可将一部分街道全部步行化，且在有些部分加宽步行道，消除大部分与机动车辆有关的问题。

改善零售核的办法是将皮特街的一部分转变为步行购物街，没有其他别的办法能产生如此戏剧性的改进效果。对维修服务和公共交通问题的解决是可能办到的，而且目前正在积极进行解决。

适合零售需求的带有弹性的城市设计控制条例和区分了零售和非零售使用功能的分区控制条例必须发展成1980年战略规划条目的一部分。

市政委员会还认为需要一种新的方法来处理整个分区及密度问题——它以环境标准和灵活而广泛的分区为基础，同时在实施时能产生经济效益。

（四）环境

尽管还不清楚空气和噪声污染等因素在决定人们去何处购物时会产生什么影响，但凭直觉可以发现如果城市的购物环境条件若有改进，将促进购物活动。空气和噪声污染主要来源于车辆，这便是为什么城市零售核的一些街道应该实行步行化的原因之一。

提供诸如座椅、休息场地以及照料儿童的设施等能大大促进城市中购物的舒适及愉快的感觉。目前需要的是行动，而不仅仅给予这些设施地方。例如，有的购物中心就有儿童照料的看护场地，却没有开业，因为没有安排资金和工作人员，委员会认为有必要考查这些公共设施的所有细节。

第三节 CBD的其他功能

70年代后半期，经济衰退影响了私营部门，城市各部门对金融投资政策都进行过重新评估，对不动产的投资一直被看做一种有意义的使用资金的方式。从一种开发形式到另一种开发形式的无终止的循环，可以在从CBD办公建筑到郊区购物中心（现在正达到饱和水平）以及后来到居住开发等行为过程中看到。

70年代缺乏新的住宅建筑，发展的结果是供给严重缺乏，而对办公建筑的高度需求已经下降，现存住宅的销售价格正在不断增加，同时资金又再次令人满意地回归到居住建筑开发上。

CBD中对住宅的需求已经如此强烈，以至于那些过剩的办公建筑现在也转变为居住功能。CBD中非居住建筑向居住建筑的再周转，这种活动的持续很大程度是因为这类建筑要与条例第70条和防火规范相一致。

这是城市中较旧的建筑的空房率的一种解决方法，但限制了现代化居住单元的建设，因此可以说找不到CBD中处理旧式建筑的万灵药。

1979年新的居住建筑开发的迅速高涨被看做是CBD居住单元开发的一个冲刺，房地产开发商考虑在CBD开发大量的居住建筑还是头一次。CBD内目前拥有1120套各类公寓，分区人口为5068人。

CBD居住建筑将与城市其他地区新的居住建筑竞争，如金科罗斯和达令豪斯特等居住区。CBD缺乏居住单元的辅助设施，如地区性购物中心、开放空间以及良好的居住街道环境，但这些均由到达市中心商业区的迅速通达优势得以补偿。无疑，商务管理部门对CBD居住建筑还有要求，同时，尚未解决的能源问题已经成为城市中心令人关注的最重要问题。不过CBD的居住市场仍将有待证实，包括停车场在内，对CBD居住建筑的开发控制需要重新评估。

CBD 是悉尼市旅游系统中最重要的旅游区之一，它与其他十个区在功能并不相互抵触，是相互补充的。CBD 比其他区包含了更广泛的设施，体现出城市中心的多样化和丰富性，CBD 不仅可以满足观光需求，而且还是旅游者购物的主要地点，同时是商务、集会的地点。

悉尼旅游设施的现状和规划　　　　　　　　　　　表 7-8

分区＼比较项目	高档住宿	中档住宿	夜总会	电影院、戏场	餐馆、咖啡馆	节庆场所	公共场所	博物馆、艺术馆	历史性	乐趣、独特性	停车、开放空间	交通总站	自然吸引力
CBD	☆		□	□	□		☆			□		□	
金街	☆○	□	☆		☆								
威廉街		□						□					
牛津街			□										
乔治南街					☆								
迪克森街/海马克特			□		☆	□				□			
巴库勒码头/悉尼歌剧院					☆					☆	○	□	
罗克斯区	□				□			□	☆	□			
波坦尼克花园						□	□				☆		
海德公园							□				☆		
摩里公园						□					☆	□	

注：☆表示某种设施在悉尼同类设施中很重要；□重要；○规划。
资料来源：1980 City of Sydney Strategic Plan, Table 2.13.

70 年代 CBD 的其他变化包括：

1）大型的影剧院综合体已经取代了分散布置的旧剧场，且集中在乔治街的南端，与激增的低档餐馆和食品批发商店联系在一起，同时还有其他娱乐设施，如弹子球、游戏机和游乐厅。

2）一些大型工程，如悉尼娱乐中心的建造，将悉尼"唐人街"内迪克森街进行封闭和园林改造，将塞库勒码头的阿尔弗里德街进行封闭和园林改造，以及罗克斯历史区的不断改造都将刺激资金投到相关的饭店、娱乐以及夜生活和旅游观光设施中去。

3）悉尼港的海岸线将受到塞库勒码头和罗克斯地区再开发的影响，这包括将沃尔许湾码头设施转变为商务和旅游设施，这种新型使用功能的影响需要进行专门研究，以确保从沃尔许湾到悉尼歌剧院令人赏心悦目的线路以及整体美观的要求。

这些问题与所有开发的影响有关，影响包括建筑的大小和体量，以及因之产生的大量人流、至停车场和公共交通的可达性等。

第四节　CBD 的规划对策

在建立 CBD 的规划目标和策略之前，对关于供给和需求的问题，以及关于经济的周期性特点做一些总结陈述是很重要的。

一、开发周期

从建立殖民地开始,城市开发的周期性暴涨暴跌一直是建筑业的特征,这似乎是源自对城市的不完善了解,以及大城市特殊的土地使用要求,私营公司仅据此做出独立的决定去参予一种明显获利的活动,如建造办公空间。早期周转的储存量意味着开发的表面数目大大超出了赢利的范围,而同时又有更多的投资在进行中委托运作,进而超出需要,这就产生了供过于求。

规划的控制指导方针没有为中期和长期的投资决定提供依据,私营公司能对大部分建筑的建设行为承担责任,供给不足和过剩的周期可能是连续的。不过,规划一定要对各社团的主体负责任,并确保无论开发发生在何时、何地,它都会为经济增长和城市环境的改善提供机会。

1971年,悉尼城市的战略性规划以及附带的开发控制条例被采用,这在澳大利亚是首例,同时是规划向前跨进的重要一步。规划提到"郡级中心"区(相当于官方确定的CBD)的净可开发面积从141万 m^2 减少到97万 m^2(本次规划划定的CBD面积略少于141万 m^2),其控制条例同时限制CBD内的高容积率,以一个鼓励基地综合开发、连接公共开放空间和步行道的系统为基础,这样使有关开发商能获得11:1至13:1的最大容积率。

在70年代早期,在开发建设的兴旺阶段,规划控制受到私营部门的欢迎,但后来任何减少密度的控制措施都受到相当的反对。70年代中期办公空间供给过度,私营部门的开发证明低密度控制在CBD的某些地区是可能的,尤其在边缘地区,这是因为高容积率和税收对土地投资是一个沉重的包袱,旧建筑的短期回报很低,且多年来几乎没有再开发的可能性。

在同一时间,有关规划和环境委员会宣布了降低CBD中商业开发强度的政策,这是对供过于求状况的消极反应,也是一项实在的分解办公中心化到郊区中心的国家政策。

二、规划控制与需求和供给的关系

在过去10年里存在一种普通的观点,即通过容积率的操纵和其他规划指导方针,在CBD内控制特定地区某些土地的供与求是可能的。

下列关于供与求特点的讨论,就与上述传统观点相佐。有关规划和环境委员会经常面临这样的讨论,即在CBD中降低容积率将改变办公建筑开发的区位,使之转向帕拉马塔和其他次级地区中心。下列分析将说明这种方法不可能产生上述结果。

(一)需求

回顾以前的一些需求计划,发现其中的一些错误是人所共知的,在CBD需求研究中,必须量化的变量包括:

1)大城市地区人口的增长;
2)大城市内劳动力的增长;
3)办公劳动力的增长;
4)每个员工使用面积标准的变化;
5)技术和空间要求的变化;
6)政府政策对办公活动分解中心化的影响;
7)在CBD中,在其他次级办公中心中,以及在次中心外部非办公设施中的办公劳动力的比例。这个变量决定于公司和雇员的偏好,同时也关系到不同开发位置的吸引力;
8)建设量的下降速度和经济上涨趋势,因为这反映租金水平和预计的容量。

对不同的大城市来说，上述变量差异是非常巨大的，很难量化它们。在某个专门的次级市场内的需求预测，无论是对 CBD 或对帕拉马塔地区几乎都毫无意义。

（二）供给

在历史上，分区制和需求已经不相协调。分区制已使某些用地功能的运作产生一定缺陷，如供过于求。对于 CBD 办公空间的开发，如加上密集的郡级中心和大城市次中心内的商务分区的那部分，已经供过于求，因此这类分区的土地绝大部分被浪费地使用，尤其是按照允许建造密度建造的那些。

不过，房地产市场指示出，尤其在特定地点例如北悉尼和切斯伍德等地，如果按照允许的建筑密度建设会产生建筑量短缺。其他中心，例如帕拉马塔，还未像规划当局期望的那样迅速地将土地进行商业分区。

经过一定的迂回过程，对于 CBD 办公面积的需求将可能在下个 10 年过后进行准确预测，分区制和密度的控制或许能得以应用并和需求相协调，这可能意味着削弱整个大城市地区的商业分区，减少商务中心的规模。

用限制 CBD 的某小部分地区在未来开发的高速增长来满足预测的未来的需求，并严格削减其他 CBD 地区的容积率，这是否明智？这些政策对于过去和未来的投资决定会带来什么后果？悉尼 CBD 是否有可能因为有某些一直采用较高容积率的别的大城市次中心而被投资者放弃？

如果 CBD 被投资者放弃，那么对 CBD 次级市场的空间需求预测也不会正确无误，而且通过分区和密度控制产生的供给也不会与需求相一致。因此，为了预测需求水平而去限制分区用地，不可能对市中心建设产生良好效果。

建立新的规划控制措施以劝阻开发商不对 CBD 投资是毫无意义的。

（三）容量

确定未来办公面积建设总量的一般方法是避开需求与供给的预测，而把注意力集中在道路和地铁所能达到的容量上。和前面一样，仅靠一系列变量和测量方法不会令人满意。未来可能发生的变化包括：

1) 交通方式划分的变化，一般发生在能源危机的情况下；
2) 每辆汽车所载人均数的变化，也是因为能源危机产生的；
3) 随着两星期九天工作制的推广带来工作时间的变化，弹性时间和更多的闲暇时间使高峰交通时段的拥挤可能在时间上有所延长，但交通总量却减小了；
4) 因 CBD 建设了新的绕行干道，带来的进场道路的容量变化。

缺乏对上述变量的准确测量方法，以及供求和容量的多变的特点，都指出一个事实，即以这些方法进行分区并控制开发多半将导致过程和结果不准确并对短期变化造成持续的压力。

所有预测 CBD 未来楼面面积需求的方法产生的不现实性使人认识到下列两个结论：

1) 分区制应该是广泛的系列，要包括 CBD 中所有可能的合理功能，以适于私有和公共企业在某些专门时段选用；
2) 容积率和其他开发控制手段必须强调环境控制，而不是作为一种操作需求与供给的工具。

三、目标与战略

（一）目标

市政委员会对CBD未来的规划，确定了四个目标：

1) 提供现实的控制框架，在这些控制框架之内，私人企业能够在已知的风险下，避开规划产生的特别的变化，进行房地产方面的投资；

2) 继续执行广泛地施行分区制的政策，以范围更大的合理活动系统为基础，排除不适合环境的功能；

3) 提供再开发的机会，为建筑的使用者和普通大众提高物质环境质量；

4) 继续提高公共领域的环境质量，通过规划控制由各家单位实施和改进。

第一个目标对于避免短期规划方法的不稳定性以及投资的不稳定性很重要。

第二个目标是以事实为基础，即大量不同的功能都适合在CBD内，而除了办公外，绝大部分这些功能在数量上是比较小的。它们在CBD中的区位无密切联系，而且无法令人满意地准确预测它们的需求以证明特别分区是合理的。

第三个目标对于通过一个阶段的再开发来改善环境是必要的。因为有的时候开发和容积率条例太经常地被人看做是一种生成或把握需求的工具，而不是一种指导开发形式及控制环境影响的工具。

第四个目标是指公共投资在公共工程上的一种继续，例如马丁广场、迪克森街和阿尔弗雷德街步行系统项目，以及其他由市政委员会进行的街景改造工程。还需要由其他政府部门对交通总站及类似设施的改善进一步投资。

（二）策略

为了实现规划的目标，必须采纳一系列策略，这些策略将通过可行的开发加强CBD的地位，这些开发应具有经济价值及环境吸引力。

这些策略鉴于以下重要的情况将被系统地陈述。

CBD是悉尼300万人口的主要活动中心或"大都市中心"，它是：

1) 最大的工作场所；

2) 最大的购物中心；

3) 文化、娱乐和旅游中心；

4) 州政府管理机关所在地；

5) 这个国家的历史发源地。

在近些年来，CBD地位已经受到下列威胁：

1) 人口向城市的西部扩散；

2) 新技术及市场的变化，导致零售和一些办公职能的疏散；

3) 交通拥挤和空气污染。

城市必须争取通过以下手段来维护它的地位：

1) 努力实现更加自治的城市管理和控制；

2) 抵制分解政策；

3) 提供更好的交通、停车场以及城市环境。

市政委员会认为本次规划必须做到：

1) 在确保环境所允许的办公空间建设量的基础上，保持CBD作为全州最重要的商务区的地位；

2) 鼓励在适当的经济机会到来时，更新旧的办公楼；

3) 鼓励在CBD内发展运动和娱乐设施，以便满足城市办公人员的要求；

4）维持并加强 CBD 作为全州最专门化的零售中心的地位；

5）在经济可行的地方，为在 CBD 边缘的设施提供建立低租零售设施的机会；

6）鼓励建设能够加强城市的色彩和丰富性、刺激性的娱乐设施（尤其在 CBD 南部）；

7）继续寻求在 CBD 中的市场大厦 1 和 2 号、海马克特内建设大型的贸易和展销中心；

8）寻求能够为城市合理的项目提供贷款和管理的来源；

9）发展新的规划控制手段，最大限度地减少再开发在遮挡、封闭景观视线和风影响等灾难性方面的影响。

（三）80 年代的开发控制条例

新的开发控制条例不仅将包括有利于公众利益的额外补贴，而且将定出环境标准以改造城市生活的质量。

在此之前有关部门没有降低 1971 年条例中的容积率限制，因为这种作法成功地给城市增加了更多的趣味场所并改造了环境，但现在却到了要重新修改它们的时候了，以便考查哪些额外补贴会产生多少利益，以及修改条例是否合理。

确定在不同的容积率下再开发的经济收益可能是本次规划修编中的一个内在的要点，因为提出劝告开发商不要在 CBD 投资的新规划控制条例是毫无意义的。

联邦政府有必要更正一些在再开发的经济收益方面已经起反作用的法令和附加的详细补充说明，也有必要由有关的规划及环境委员会发布有关 CBD 的未来作用的政策，这个政策应该详细说明所有规划要点，说明委员会将负责当局的所有方面。

看来在 CBD 中建立广泛层次的分区之前有必要分析地价及功能连接，因为可能有某些地区的土地价格和再开发的潜力较低，而在某些地区则可能存在对较为特殊的功能和密度进行再分区的机会。

在 CBD 内，存在向某些特殊的结点靠近或就在结点内进行再开发的趋势，像有些 CBD 活动趋向于集合到一起那样，这样便于充分发挥面对面接洽的优势并和关键建筑联系在一起，例如股票交易市场与金融办公、大型百货商店与专业的小零售商店等的关系说明了这种趋势的必然性。

即使对 CBD 进行相当统一的规划控制，土地价格仍然相当不同。例如，马丁广场的开发位置就比在海马克特的开发位置地价高得多。分区性质相似的土地，其价格之间的差异隐含的便是对现存建筑或新建筑进行再开发的相对可能性以及相对回报率的差异。

因此，尽管广泛层次的分区制可能仅是一种大概的规则，但对 CBD 经济增长有一个大概的了解是重要的。与这个研究相关的，应该是研究在环境方面实现有目的的开发控制条例，这些应先于一些新的规划控制来建立。

从所有由市政委员会主持的大众参与实践中，以及从各方面的代表和协会的许多讨论中，都可以看到公众对环境因素比对其他任何事情都认识得更多，他们认为这是城市规划的最主要的利益和目标。

可达性、美观、街景、开发的规模和体量是对城市使用者最具有影响的因素，但这些因素过去很少纳入容积率条例中。

图 7-10 表示了新的开发控制条例的纲要，应该强调某些新的条例可能是公众参与的目标，而且应该以对经济收益的了解为基础来得出。没有开发，就没有对条例的要求，同时，没有经济可行的条例，也将没有开发。

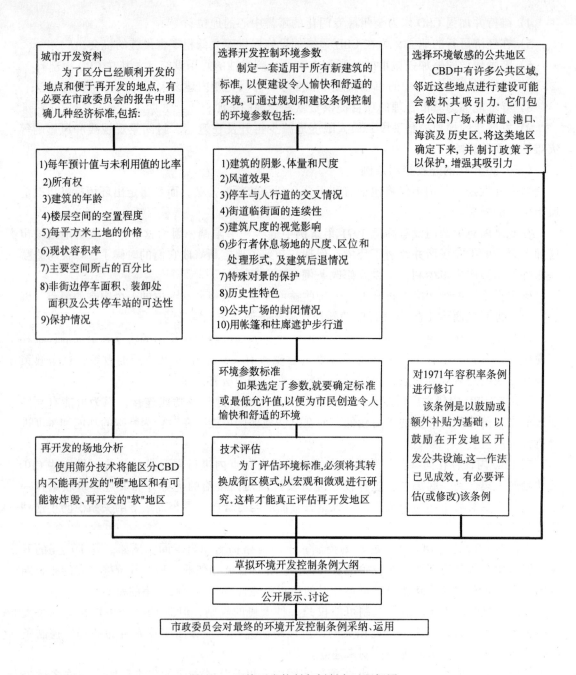

图 7-10 环境开发控制条例制定过程框图
资源来源：1980 City of Sydney Strategic Plan, Fig. 57.

第五节 CBD交通

当城市规划必须与重大的交通变化相呼应时，城市便已经进入了一个新纪元。当悉尼市西北部的高速公路已经改变了进入城市的地点，有关部门就有必要重视交通流的变化。在城市 CBD 中半数以上的交通在 CBD 内没有事务，过去的策略是把这种交通转移到 CBD 周围的道路上绕行，而不是让交通流通过 CBD 或通过开放的德依街。长期以来绕行系统是仅有的解决方法，目前必须对该系统进行规划以便使它对各种用地功能——住宅、工厂及商业区的建设影响减到最小。

在城市内部，CBD 对交通产生很重大的影响，至今没有一个规划能为解决所有明显的交通问题提供有创造力和积极的方法。本次战略规划确立了解决每一个交通管理问题的目标，协调多种不同部门的行为并确定所有维护城市的繁荣应保留的最重要因素。至今还没有一个解决问题的根本方法，只能通过一系列可信的方法，共同操作，满足城市通达的需求并减少交通造成的不良影响。

1980 年战略性规划中，交通系统是一个重要的课题，这个规划认识到了 80 年代的挑战，为悉尼提供一个使城市在它所有的活动领域中维持其国际地位的通达的系统。

整个城市的交通尤其是通过悉尼港口大桥的交通正在增长。1979 年悉尼城市对 CBD 的起始——终点调查结果显示出过境交通的百分比正在不断增加，而且现在已经超过了总交通量的 50%。如果有适当的绕行道路可以利用，那么现在可能有更多的机动车交通绕过城市中心。

无疑，CBD 交通规划与整个城市的交通规划密不可分，下面叙述的仅是直接与 CBD 有关的交通规划问题。

一、问题

尽管地区购物和商业中心有所增加，但悉尼市一直是悉尼地区最重要的中心，扩大并改进它的现有作用是重要的。如果悉尼地区没有一个强大的中心核来提供功能强度和活力，悉尼就不可能作为一个整体而存在；经过多年开发建设的悉尼地铁系统，如果没有一个有活力的城市就毫无用处。

悉尼港口大桥也许比世界上最主要的桥梁都承载更多的人和车流。船运系统虽然乘客的数量较少，但对人流的运行仍很重要，如果没有工作日的城市人口，这个系统就没有未来。

CBD 是在全世界范围内引人注目的话题，CBD 是城市维持稳定和进步的主要经济和金融保证，悉尼作为悉尼大城市地区的心脏不可能被忽视，对于规划来说，如何最好地利用大量的已经投入到这个城市中的州、地方的和私人的资金是一个严重的挑战，可行性是这个挑战中的一个关键课题。

下列四个基本因素构成了交通目标开发的基础，对这些因素的规划着重于最好地利用不同等级的道路并确保公平地向使用者分配道路空间。

1）过境交通

过境交通不应该占用居住区街道和 CBD 中的街道，它们应该被限制在主要的交通运输干道上。

进入悉尼 CBD 的机动车超过一半不在 CBD 内部停留，但它们至今仍没有实际的线路绕过 CBD。过境交通的比例看起来每年都在不断增加，而以 CBD 为目的地的交通却正在减少。在过去 15 年中（1965 年到 1979 年），以 CBD 为目的地的交通已经下降了 13%，同一时期的过境交通增长了 48%，进入 CBD 的总机动交通量增长了 11%（表 7-9）。如果过境交通能够被引导到直达的绕行道路上，在 CBD 的街道上的交通量能大大减少。

CBD 交通的组成　　　　　　　　　　表 7-9

进入 CBD 的车辆的目的地	1965 年		1975 年		1979 年	
	车辆	%	车辆	%	车辆	%
CBD 内	114450	61	108450	55	99800	48
CBD 外（过境）	73150	39	88750	45	108000	52
总交通量	187600	—	197200	—	207800	—

注：所示数据是以 11 个小时为一调查时段。1979 年 CBD 起始点和终点调查的资料中显示，在一个普通工作日中有 13.8 万辆次以 CBD 内为目的地的入埠机动车及 14.4 万辆次过境交通。

资料来源：1980 City of Sydney Strategic Plan, Table 3.

2）公共交通

公共交通是出行至 CBD 的主要方式，且规划应该把它处理成如此。

目前正在外延的公共交通系统是 CBD 不断扩展的基本原因，没有公共交通，CBD 的活力就会受损。超过 80% 的 CBD 就业员工利用公共交通到达工作场所。东郊地铁线的成功建设，吸引了新的公共交通使用者，提供了一种清楚的未来公共交通模式。不断的改进、先进的设备、清洁的车站和良好的市场在保持现有顾客的同时将吸引新的顾客。

目前悉尼正在提高公共交通服务的水平和形象，委员会有责任支持这种努力，特别是有必要给予 CBD 中的公共汽车和公共汽车的乘客以更好的待遇。

3）停车场

在 CBD 中对于基本的用户、短时间停车、服务及运货车辆，必须有足够的非街边停车面积。

悉尼交通当局已采纳一项政策，即在 CBD 的中心核内不应该增加长时间停车者，尤其是每天通勤者的停车场用地，当局主张所有通勤者的停车最终应该全部由不在 CBD 中心核地区的非街边停车场解决。

交通当局同时宣称在核心内部的非街边停车场应该用来服务于短期参观者、购物者、服务及运货的车辆，并开辟新的非街边场地为来自城市街道的短时间停车行为服务。

在应用这个政策时，将有必要标定停车价格并加强控制条款，同时有必要为基本使用者建设更多的非街边停车场，尤其是在中心核的外围。

4）步行者

在 CBD 内，步行者应受到保护，免受车辆干扰。

一个徒步行人是一个寻找停车处的自驾汽车旅游者的观念不适用于 CBD 内，行人主要是上下班的公共交通使用者。不过，步行者的集中主要与以漫步和购物为目的的城市中心活动联系在一起。

在城市内解放步行者的第一步是 1971 年开始的塞若特街区马丁广场项目，马丁广场现在已经完工并广泛被接受，午餐时间的拥挤便证实了它对大众的吸引力。

从 1971 年起，创造一个贯穿中心的独立于机动车交通系统之外的步行系统一直是市政委员会的目标，这个系统的关键目标之一是在零售中心内实行"步行者优先"。

不过在 CBD 内单纯提供一个步行系统是不够的，这个系统要求富有创造力的规划与设计，能为人们提供一个有趣和投其所好的环境，并保持 CBD 中到达商务地点和为商店服务的送货车辆使用的车道的畅通。

二、步行街

（一）皮特街

CBD 基本的交通问题关系到过境交通、公共交通、步行者运动和停车场，规划的主要目标便是着手处理这些问题，方法是在 CBD 零售中心内实现步行者优先，将皮特街在帕克街和亨特街之间（图 7-11）的一段建设成步行林荫道，控制服务性车辆和其他车辆的出入。

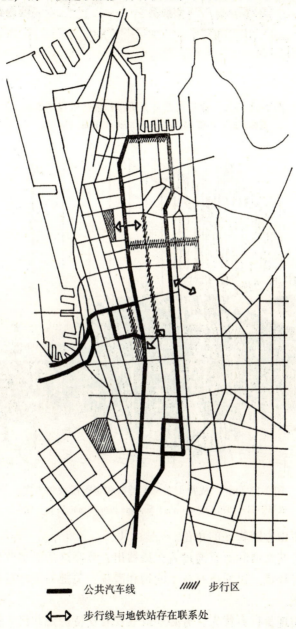

　　　　　▬▬▬　公共汽车线　　　　////// 步行区

　　　　　⟷　步行线与地铁站存在联系处

图 7-11　皮特街

资源来源：1980 City of Sydney Strategic Plan, Fig. 22.

皮特街在 CBD 中处于一个独一无二的位置，这条街道在亨特街和帕克街之间的地段形成了这个城市的商贸、金融和零售活动之间的联系，四个地铁站都相当通达，东面和西面地块都有公共汽车站点，作为一条步行林荫道，它将使 CBD 得以巩固和扩展。

　　新设计的皮特街步行林荫道令人振奋，它保持了这个城市零售核心的突出地位并巩固了

第七章　悉尼 CBD 的研究与规划　**185**

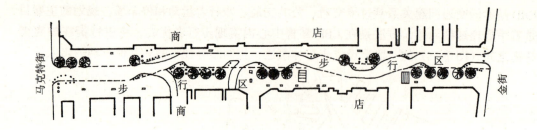

图 7-12（a） 皮特街在马克特街和金街段规划方案
资源来源：1980 City of Sydney Strategic Plan, Fig. 23.

图 7-12（b） 皮特街在马克特街和金街段规划方案
资源来源：1980 City of Sydney Strategic Plan, Figure in page 70.

它作为一个有生气的市中心购物区的角色。

设计方案要求将公共交通和所有通过式交通移出，环绕这条街道改变交通线路，使皮特街产生一个较好的步行环境，以便更有益于购物和漫步。关键的策略是把一些现在被汽车占用的面积转变为步行区。

为了在皮特街上实现步行者优先，有必要改变现有皮特街公共汽车线路，有关部门打算转移两路公共汽车到卡斯特里夫街，同时限制服务与送货车辆通过。

因有西北部快速干路，修订后的交通布局得到贯彻。由于封闭了马克街和多威特街之间的纽克街，使城市街道上过境及可能的绕行交通进一步减少。纽克街的封闭将改进乔治街、帕克街和多威特街的交叉口的交通。皮特街步行林荫道还使在巴苏斯特街和帕克街之间的皮特街北部地区单向道路有利于简化交通并改进流线。

皮特街的封闭以及对到达卡斯特里大街的限制将减少零售中心的停车面积，同时，限制其可达性有望分离出不必要的使用者，减少空间的竞争，从而为服务和送货车辆提供更多的街边停车位。在CBD中关键街道上减少过境和可能的绕行交通也将改进交通流线。

尽管在中午使用皮特街的大量的步行者是那些办公室工作人员,但还有大量别的行人流量,因此需要改进从皮特街到地铁站和公共汽车站的通路,加强步行者与威尼亚德、市政大厅和圣詹姆地铁站的联系。

1) 帕克——马克特街段

规划可到达皮特街这一段的机动车将来自帕克街,并且不能通向马克特街。马克特街南部的最终规划情况会影响沃尔顿再开发项目,到达沃尔顿地区的进出机动车应远离皮特街。

规划将不限制在皮特街的这一段其他建筑物的可达性,但排除过境交通,从而使机动车数量显著减少。同时加宽某些狭窄的步行小路,改进步行者的舒适度。

2) 马克特街——金街段

皮特街的这一段对于形成一条完整的步行林荫道是最合适的,而且将对于所有的机动车交通(除了服务性车辆外)都封闭,服务性车辆限制在有限的地点和一天的某些时间里才可通行,进口将经过马克特街,出口向北到金街。

有关规划以专门设计和操作图表相结合,用以区分机动车区和步行区,机动车区的路面铺设在色彩上有别于步行道,固定或可动的短桩柱将有助于减少可能发生的干扰。机动车路面有一个机动车道,宽3.3m,在装卸货物地点加宽到6.7m,而整条街在这个宽度(6.7m)内不设固定的装置,以便紧急情况下某些车辆能够通达。

整个街区将铺砌地砖,取消现有的路缘和边沟,设置信号提醒驾驶员正在进入步行者优先的步行区,并标注出停车和非停车地区。

3) 金街——亨特街段

皮特街的这一段将从亨特街和金街的尽头合并成尽端街道。在所有时间里除了公共汽车外,只有未被限制的机动车被允许通行。这段路中间现存的车行道进入马丁广场后将被封闭并重新铺砌仅供步行者使用,只有紧急情况车辆才可以进入。

亨特街的双车道尽端街道允许机动车进出商业联盟小汽车停车场、皮特街电话插转站和安吉尔拱廊。在安吉尔广场,交通将反向,允许机动车从皮特街到乔治街,来自金街的单向尽端路将允许服务车辆、公共福利银行的车辆由经李氏法院和罗威街进入,并由经皮特街出境。皮特街的进出位置都将被保留,直到建成乔治街的新进口和出口。

4) 皮特街的服务车辆和送货车辆

在步行者优先段,尽管面对皮特街的许多建筑都是从其后部服务或送货的,但还有一些重要的建筑物仍将利用皮特街这条通道。在帕克街到马克特街段,规划不打算限制服务和送货车辆使用。

在马克特街到金街段,每天服务车辆在上午11时之前一直可通行(图7-13),在上午11时到下午2时之间步行林荫道将对所有的车辆完全封闭,在下午2时到下午6时之间将只允许服务于"中点"/英普里拱廊综合体的车辆使用来自马克特街的双向汽车环路(图7-14)。

在金街到亨特街段不打算限制服务和送货车辆行驶,而马丁广场的步行者区除外,那里禁止所有的机动车辆。

马丁广场现存的车行道都将封闭并且重新铺砌,除了紧急情况时车辆可进入外,仅供步行者使用。

(二) 卡斯特里夫街和纽克街

规划对这两条街做了详细的处理方案。参见有关图表可以看出,卡斯特里夫街将主要为

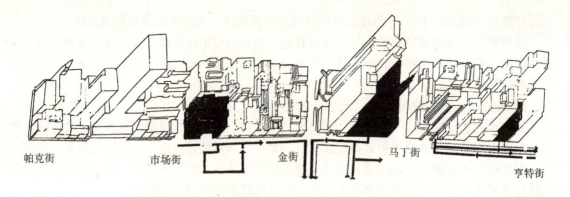

图 7-13　皮特街上午 11 点以前的交通管制
注：虚线指小汽车和出租车流向，粗线指服务车辆流向。
资源来源：1980 City of Sydney Strategic Plan, Fig. 25.

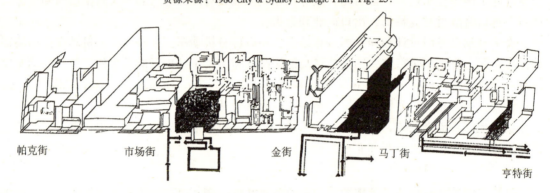

图 7-14　皮特街下午 2 点以后的交通管制
注：图例同图 7-15。
资源来源：1980 City of Sydney Strategic Plan, Fig. 25.

卡斯特里夫街路边利用情况　　　　　　　　　　　　　表 7-10

地区 \ 停车位（个）	现状			建议方案		
	东	西	总计	东	西	总计
黑街到巴斯拉斯特街						
卸货区	21	29	50	18	29	47
特别利用区	4	—	4	4	—	4
停车区	17	—	17	—	—	—
小计			71			51
巴斯拉斯特街到亨特街						
卸货区	62	30	92	46	32	78
特别利用区	3	—	3	3	—	3
出租车区	3	—	3	—	—	—
停车区	11	—	11	—	—	—
小计			109			81

注：出租车区设置在靠近马丁广场车站的伊丽莎白街。
　　建议卸货区在卡斯特里夫街两侧禁用的时间：
　　　星期一至星期六：上午 7:00～下午 9:00；
　　　星期一至星期五：上午 11:00～下午 2:00；
　　　星期一至星期五：下午 4:00～下午 6:00。
资料来源：1980 City of Sydney Strategic Plan, Table 4.

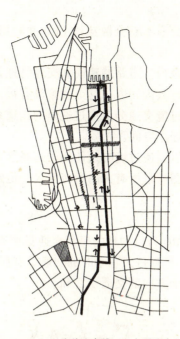

━━ 公共汽车线　← 交通流向
ⅢⅢ 步行区

图 7-15（a）　卡斯特里夫街

资源来源：1980 City of Sydney Strategic Plan, Fig. 27.

图 7-15（b）　卡斯特里夫街

资料来源：1980 City of Sydney Strategic Plan, Figure in page 72.

公共汽车、服务和送货车辆及过境、绕行交通服务，分解皮特街封闭为步行街后产生的压力。纽克街为从港口大桥来的机动车服务，沿线将设立许多公共汽车线路。

三、过境交通

在高峰时间段，可绕行的交通不断分散穿过 CBD 并利用那些本未打算负担这种交通的道路。

在悉尼行政区的大多数地区内，道路的建设和交通管理方法有利于限制过境交通进入主要干道，但在悉尼市（属悉尼行政区）内，这个政策没有被采用，交通管理的刺激，特别是 CBD 交通灯控制系统通常鼓励过境交通分散穿过这里的街道系统；同时禁止停车的道路和高峰时间停车限制减少了路边的停车空间。

这种情况迫切需要改变，以迫使过境交通使用干道系统并从 CBD 旁边绕行通过。

现存城市道路网络虽然试图满足所有人的所有需求，但经常不能满足城市对它的各种不同需求。

（一）汽车交通要求

在 1979 年普通星期里以 CBD 为目的地的每天交通量调查显示出城市北部、东部和南部的出行量非常巨大（图 7-16）。尽管每天各小时的交通量有所不同，但是全天离开 CBD 的交通几乎接近来自北、东、南三个方向的交通量之和。

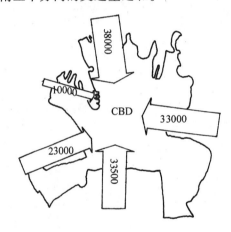

图 7-16 以 CBD 为目的地的交通量

资源来源：1980 City of Sydney Strategic Plan, Fig. 31.

对于以 CBD 为目的地的交通和过境交通，悉尼港口大桥都起到重要的分流作用（图 7-17），它把悉尼行政区的北部与悉尼市和更远地区联系起来。

（二）悉尼港口大桥

悉尼港口大桥是进出 CBD 的主要通道，在上午高峰时间它承担了 32% 以 CBD 为目的地的交通量和 45% 的 CBD 过境交通量。尽管在上午高峰时间桥上仅有两个车道是向北行驶的，但它们却承担了全部 CBD 离埠交通的 23%（图 7-18）。

在上午高峰时间(上午 7:15 到上午 9:15)从悉尼港口大桥入埠的交通分配如表 7-11 所示。

来自悉尼港口大桥的交通量的目的地（上午高峰时间自桥向南行驶的总的交通量） 表 7-11

目的地	CBD	城市其他部分	东	西南	南	西	其他	总计
车流辆次	9600	3900	2600	100	3500	800	300	20800
百分比	46.2	18.8	12.5	0.5	16.8	3.8	1.4	100

资料来源：1980 City of Sydney Strategic Plan, Table 6.

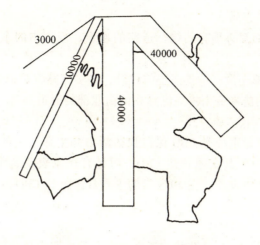

图 7-17　港口大桥的过境交通量

资源来源：1980 City of Sydney Strategic Plan, Fig. 32.

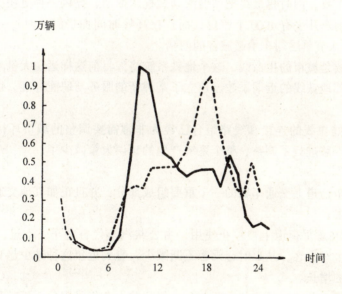

图 7-18　港口大桥交通量

注：实线为向北，虚线为向南。

资源来源：1980 City of Sydney Strategic Plan, Fig. 39.

四、绕行道路

在 CBD 的北部和南部之间有大量的车辆流动，却没有干道很好地疏解。

在 CBD 的西部，德依街和萨斯萨克斯街的组合将形成有效地服务于这类交通的绕行道路。

在 CBD 的东部边缘，马葵里街、学院街和至伊丽萨白街的温特沃斯街明显是可以作为东部绕行道路的最可行的街道，这条线路在城市道路组织中是一条主要的交通运输干道。

这条线路的设计将需要有想象力的信号系统，并调整在女王广场的伊丽莎白街、坎贝尔街和温特沃斯街的交叉口布局。

在CBD的北部和南部都必须有到绕行道路的通道，规划中的东西连接路提供了到南部的通道。

不过，到CBD的北部还没有一条清楚的线路，许多道路将被迫分担交通负荷。

玛格丽特街和加宽的詹米逊街将提供到乔治街北部的通道。

五、公共交通

目前大运量的公共交通系统是CBD保持长久活力并生存下去的首要原因，早晨高峰时间80%以上的通勤者利用公共交通到达CBD，而且有迹象表明这个百分比正在缓慢增长。在对悉尼地区的交通研究中发现，在1971年的平均日出行到CBD的人中，有将近70%是借助于公共交通工具。

（一）地铁

为这个城市（尤其是CBD）的公共交通系统服务的中坚力量是覆盖范围很大的客运地铁线网络，最近添建的东郊地铁线使地铁乘客有了巨大的增长（图7-19）。

尽管有关部门近期对公共交通做了很多努力，采取措施鼓励非高峰小时使用者，但高峰时间的顾客对地铁系统仍有巨大需求。目前双层车厢的逐渐采纳已给乘客提供了一种更平稳、更安静的交通工具，同时将最终把旧的滚动式枕木取消，提供一种更快捷的交通工具。

每列八节双层列车几乎有1000个座位，而且在高峰时间拥挤满载时，一般可承载1500人到1600人，接近八节单层列车承载旅客的两倍。

公共交通将继续是城市的生命线，这个地铁系统将像目前这样运送大量CBD就业人员。这个系统中东郊地铁线的近期添建已建立了某种新的服务与职能标准，这种标准不适于其他线路。

东郊线与依拉娃拉线的连接和线路组合已经为非常需要调整的城市环行地铁提供了机会，同时因为交通干路进行了调整，整个系统产生的延误大量减少了。

（二）公共汽车

公共汽车是城市街道上交通车辆的一个重要组成部分，并且正如其他交通那样，也苦于交通堵塞造成的延误。

电车于1961年在悉尼街道上被停止使用，由公共汽车代替电车。不过，公共汽车还不能吸引同等水平的电车乘客，从那时起乘客不断减少，直到近年这种减少趋势才停止，而且每年乘客都有适度的增长。

尽管地铁负担了公共交通顾客的主要部分，但公共汽车仍是服务于近郊和瓦林格半岛的主要工具。地铁乘客的平均出行距离（14.9km）超过公共汽车的平均出行距离（4.6km）约3倍。

公共汽车是城市街道上交通车辆的重要组成部分，在高峰小时公共汽车平均承载量为每辆小汽车所载人数的35倍，但总数仍然只相当于进入CBD总数的很小部分（图7-20）。

阿尔弗里德街在塞库勒码头段的近期重建已经为公共汽车和公共汽车乘客创造了更良好的环境。然而，有关部门认为仍迫切地需要在塞库勒码头建造一个总站，以使公共汽车能够在那里方便地存放并配以加油和清洗的基本功能。

在CBD的中心，约克街的公共汽车总站在维多利亚女王大厦附近，这对于市中心公共汽车总站的规划，对与市政厅车站形成通达的联系是一个很理想的位置，它对公共汽车的运行是一个很重要的位置，特别有益于非高峰小时公共汽车的存放和出毛病的公共汽车车辆维

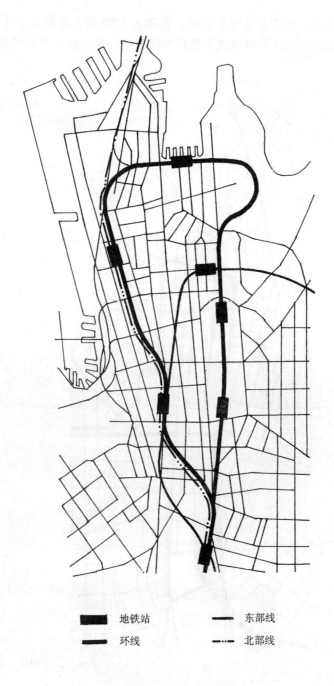

图 7-19 CBD 地铁线

资源来源：1980 City of Sydney Strategic Plan, Fig. 40.

修。有关部门认为，通过房地产税收来提供市中心公共汽车总站的建造费用可能是个吸引人的建议。

目前威尼亚德公园公共汽车总站的主要缺点是缺乏进入威尼亚德地铁客站的直接通道，另一个主要的公共汽车总站是在地铁广场，但这个位置不便于乘客到达，它更适合作为公共汽车中转的位置。

在爱迪街有一条道路，在过去是电车线路，为进入 CBD 的人员服务。卡斯特里夫街公共汽车系统的引入将能使公共汽车利用这条道路为使用中心车站的旅客提供服务。

（三）渡船

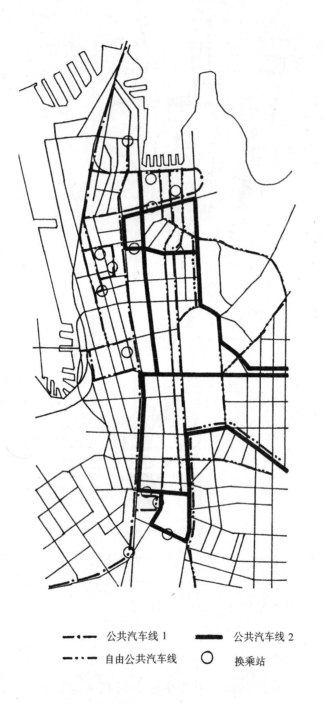

—·— 公共汽车线 1　　━━━ 公共汽车线 2
—··— 自由公共汽车线　　○ 换乘站

图 7-20（a）　CBD 公共汽车线
注：(a) 1980 年公共汽车线路。
资源来源：1980 City of Sydney Strategic Plan, Fig. 41.

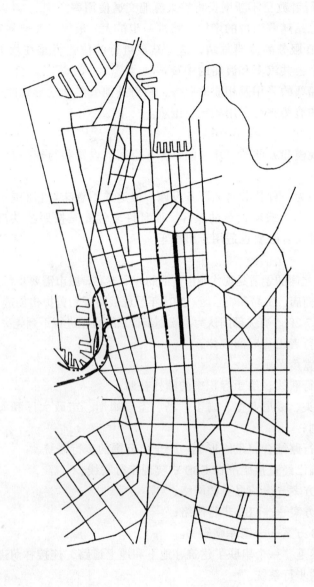

图 7-20（b） CBD 公共汽车线

注：(b) 规划新增线路。

资料来源：1980 CIty of Sydney Strategic Plan, Fig. 42.

渡船是公共交通的早期方式，并不断在港口交通中承担起重要的作用直到悉尼港口大桥建成。1930 年拥有超过 50 艘船的船队每年运载了超过 4000 万人次的乘客，直到 1950 年，每年乘客已经减少到 800 万人次。

不过渡船仍然是进出 CBD 的出行者的一种重要交通工具，渡船的乘客因港口交通对通勤者的服务有所变化和旅游需求不断增加而渐渐地增长。1979 年拥有 14 艘渡船和 5 艘水翼船的船队运送了 1100 万乘客。

随着渡船数目的增加，乘客的方便度也不断增长，新服务项目的开设将为更多的人提供机会。同时CBD的出行者数目不断增长将扩大渡船交通使用率。

塞库勒码头渡船总站随着泊位的增加，将进一步扩大。最终，渡船乘客量的增加将可能需要建设第二个为CBD服务的渡船总站，这个站最可行的位置将是在坎贝尔斯考夫，那里有足够的场地建设一个公共汽车和渡船的中转站。

区段船费和组合船票的采用及相应的服务，将对其他公共交通形式冲击很大，它将消除一些时间方面的不便和渡船旅行费用的定价困难。

（四）出租车

出租车需要适当规模和方便的停靠空间，停靠空间的设置和与较高的乘客源的靠近应与路边停车因素共同考虑。

尽管出租车被采纳为一种公共交通服务设施，但这并不意味着它们应该享受与公共汽车同样的优先权。公共汽车承载着大量的旅客，而且许多优先是按照公共汽车的时间表来维持，而出行时间的改进没有必要也适用于出租车。

六、步行者

步行者与机动车辆之间的矛盾是现代城市生活的一个事实。城市需要步行系统以确保人们安全、令人愉快地步行到商店、贸易和娱乐区。1971年悉尼战略规划曾提出创造一个整体的全市范围内的步行者系统（图7-21）。有关部门认为，规划步行系统必须进行下列先决行动：

1）调查详细的步行者出行时间规律；
2）绘出步行小路宽度图示；
3）为鼓励建立步行联线，给予容积率的额外补贴；
4）就将塞库勒码头、威尼亚德、马丁广场、圣詹姆斯、市政大厅和海马克特形成一个步行系统做出实施规划；
5）与居住区的步行路结合，最终形成一个全市范围的步行系统。

下列三个实施规划已经直接瞄准在CBD中实现步行联线：

1）实施规划第3方案——威尼亚德网络；
2）实施规划第6方案——CBD步行网络；
3）实施规划第6B方案——塞库勒码头。

实施规划第6方案是"一个串联了建筑、地下和地上道路，连接林荫道、广场、停车场和小型封闭步行街道的步行系统。"

1971年的开发控制和容积率条例在控制新的开发的同时，提出以容积率的额外补贴促进建设步行网络来实现步行网络系统，这个系统所能获得的巨大成功得益于这个条例。

目前已经完成了有关大型开发项目开发条件的详细研究，研究很重视步行道的改进。研究显示，在实施规划第6方案中提出的许多改进措施还没有实施，这可能是因为变化的经济环境和推迟步行道改造的建设趋势，直到这项工程全面完成，最初预计的时间已经过去了。另外，该项目过于雄心勃勃，例如要将作为高密度行人节点的过街天桥连接起来，要将地铁客站的地下通道连接起来，这显然不切合实际。

经验显示除非步行道改造被作为再开发的首要步骤的一部分，否则它们就容易被疏忽或变得对整体网络有害。

在贯彻执行容积率条例的早期，有关当局仅对在底层建设公共广场给予额外补贴，而不提别的要求。几年以后，当局越来越多地强调这些广场的位置、设计和质量，以确保公共空

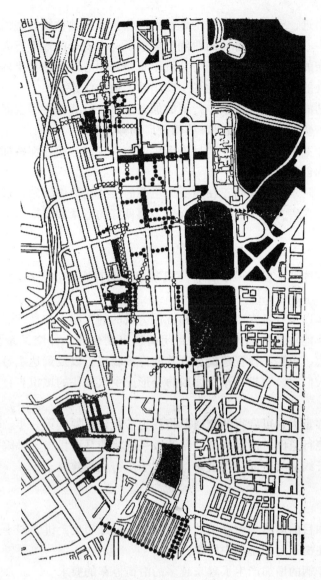

图 7-21 CBD 步行网络
注：黑点指步行线，圆圈为规划步行线，黑三角为移动
步道，灰色部分为公园、广场。
资源来源：1980 City of Sydney Strategic Plan, Fig. 43.

间不会成为当风的、景观平乏的空间以及只是重要办公建筑的收进的入口。

现在看来更明智的是封闭更多街道来创造步行交通自由地区，以此消除步行连线的立体交叉需求。

（一）实施

新的通往地铁站的地下通道对步行网络是极为重要且有利的，最近完成的威尼亚德通过 CBA 大厦到乔治街的步行联线延伸了从车站放射出的步行网络。

在市政厅车站，东郊地铁线已经扩大了利用这个车站的步行者人数。开发悉尼广场不仅创造了一个很好的地面广场，而且创造了一个方便的连拱廊联线，利用这条线可以到达市政厅大楼、圣安德鲁街和肯特街。

在中心地铁站附近，查莫斯街和周围地区已经作为东郊地铁线设施的一部分被转变为步行使用，在巨大的中心地铁站综合体的西侧已建造了一个安全的地下行人通道，它建在铁路广场下面，将乔治街的西侧和铁路广场公共汽车总站与中心地铁站和伊丽莎白街连接起来。

一年前东郊地铁的开通改进了到达马丁广场站的地铁线路。

目前，非常成功的广场设计以及步行道的加宽也给步行者提供了空间和安全感，如马丁广场、马葵里广场、费罗广场和理查德·约翰逊广场等。

许多人行道的加宽是通过新开发项目沿街后退而实现的，而在那些拥挤的城市街道上则通过有遮荫盖的柱廊创造步行空间。

在塞库勒码头，阿尔弗里德街正在转变为主要的公共交通中转站，形成一个令人愉快和兴奋的步行者空间。在唐人街中心的迪克森街，因良好的造景和装饰活动，正在转变为极好的步行区。

（二）未来

市政委员会将继续鼓励在那些步行者与机动车之间存在严重矛盾的 CBD 地区建设立体交叉设施。

悉尼市还有许多以步行者安全、舒适和方便为目的的工程，如詹米逊广场和马葵里广场等地，一般都先简单地加宽铺砌地面，再封闭街道直到修建立体交叉系统。巨大的马丁广场、地铁广场地下道、由私人投资建设和改善的许多骑楼，以及到达主要地铁站的步行系统的改进，都证明了人们对没有机动车交通威胁会形成令人愉快的城市步行道系统的认识正在加强。

从城市街道中移走大量可绕行的交通，将视为步行化重要的第一步。迪街和萨斯萨克斯街将成为城市西部绕行道路，而且采纳道路等级系统将使马葵里街、学院街、温特沃斯街和伊丽莎白街的道路干线成为东部绕行道路，有利于步行化的建立。

七、停车

（一）沿街停车

建造道路的基本目的虽然是为移动的交通服务，但从历史上讲，似乎总是有一个很好的理由来允许机动车在街道上和小巷中停靠。

近年来，机动车辆的增加产生了越来越多的沿街停车的要求。

为此有必要强行建立停车制约和有关限制，以便为必要的使用者重新安排沿路侧边的空间，并建立这种安排的等级。等级的确立取决于这条道路或街道的功能。

在 CBD 内部，街道目前具有货运交通和提供通达线路的混合功能。这个地区的交通因为大量的车辆在街道上一边行驶一边寻找合适的路边停车位而变得更加混乱。

当因建立绕行车道而使过境交通所产生的问题大大减少时，保留相当有限的路边停车位就等于维持了一种不间断的场地竞争。

市政委员会对利用 CBD 内路边空间的先后分级如下：

1）交通运行和安全区；

2）公共交通；

3）运货车辆；

4）出租车；

5）其他商业车辆；

6）办公停车特别区；

7）店主和顾客停车；

8）一般停车。

一般停车将在下一个十年里有所减少，最终目标是把它从被干扰的街道中迁走。

CBD 中路边空间对各不同类型的使用者的分配情况见表 7-12。

CBD 路边空间的分配 表 7-12

空间的类型	所占车位数（个）	所占百分比（%）
计时停车区	2510	16
有限制的不计时停车区	1003	6
没有限制的不计时停车区	1084	7
小　　计	4597	29
专门停车区	276	2
出租车停车区	83	1
装卸货区	1420	9
公共汽车停车区	1121	7
非短时停车区	8177	52
小　　计	11077	71
总　　计	15674	100

资料来源：1980 City of Sydney Strategic Plan, Table 7.

规划路边停车空间优先使用的顺序为：

1）公共汽车；

2）出租汽车；

3）特殊情况（如公用邮箱）；

4）服务车辆；

5）其他车辆。

公共汽车停靠处、出租汽车停车处和专门停车区划分后，对剩下的路边空间进行合理布置也很重要。现存的装卸货区不能有效地使用，是因为被划分为"商业车辆"用途的绝大部分地方被作为私人目的来利用，而不是为服务车辆所利用。

有必要划分出一个新的路边停靠地区，使服务车辆能更方便地到达，更有效地停靠，并能消除私人车辆的影响。

建议用以下两条措施来完善上述做法：

1）限制其可达性，以分隔不定期出行的自驾汽车出行者；

2）对所有车辆进行停车收费，用经济的力量把必要停车的车辆与其他非必要停车的车辆分隔开。

州政府应考虑使所有路边空间对所有车辆都适用（不同于公共汽车停靠处、出租车停车处和特殊情况的停车处），但在 CBD 的零售区限制停车时间最多 20 分钟，头 5 分钟免费而其他 15 分钟通过停车判断系统或计时器计价。在中心核以外采取更长的时间限制。这个系统能够促进路边空间更有效的利用，对定量的停车面积按照市场价格收费，并将偶然停车者利用停车位的情况减少到最少。

通过对服务车辆征收费用能提供更多的路边停车位和更多的收益，这种作法被证明是有益的。

（二）非街边停车

CBD有适合于公众使用的非街边停车位超过1.2万个，它们遍布于整个CBD，且在城市北部相对集中，因为北部道路较密集而且容量大。将近60%的使用者使用公共停车场，停车超过6小时，而且他们的3/4是通勤者。自驾汽车出行者更乐于把他们的车停放在城市外围方便停车和换乘的中心，再乘公共交通工具完成他们上班的最后旅程。目前，主要的困难是在拥挤的悉尼地区和悉尼北部的外围缺乏足够的通勤者停车场。

在整个工作天里，在城市中心大量的通勤者占据着私人非街边停车位，在CBD虽有超过1.1万个私人非街边停车位，但其中6000个以上是被呆在CBD里6h以上的通勤者占据着。

CBD中总计2.35万个非街边停车位中，将近1.3万个是由长时间存放的通勤者停车使用（定期往返停车者是指那些上午7:15到9:15之间进入CBD并存放超过6h的停车者）（图7-22）。

这1.3万个长时间存放的通勤停车位相当于CBD中所有上午高峰时段停车数的50%，是所有在这个时段进入CBD的交通（包括过境交通）的26%。

估计这些定期往返停车者中的8000位除了到达和离开工作地点外，在一天内不会再使用他们的车辆。如果在悉尼北部商业区的外围还有此类停车设施的话，可能会鼓励他们在此停车。在城市中这些设施如果足够的话，将主要有利于基本的使用者和其他短时间停放者。

1）停车场地分布

尽管CBD内部整体上停车位利用率与以前采用的市政委员会的政策相符，但在整个CBD内停车场呈不均衡分布。坦克斯切姆地区内（由金街、马葵里街、阿尔弗里德街和肯特街围合的区域）包含了城市各部分中最大数量及最集中的停车场地。

在坦克斯彻姆地区内目前减少停车规模是不现实的，合理的作法是当CBD的其余地区停车规模扩大时它仍保持这个水平。

2）停车收费

在城市中路边停车的收费要比提供这个车位的实际费用低得多，提供路侧空间代价较高，但却是使用最方便、最便宜的一种停车方式。对沿路停车位的收费至少应该等同于非路边停车位的收费。

非路边停车位的定价大都鼓励较长时间停放，公共停车站场每小时按相同的比率收费，只在第一个小时加收很小的额外费用。大多数私人停车场在头两小时收较高的额外停车费，但每天最高的收费比公共停车站场的最高收费要低。

城市内部的停车车位非常宝贵，以至不可能全让全天停车者占据，而应该以那些对城市的零售和商业活力有贡献的短时间停车者为主，市政委员会应率先设立停车收费政策，以鼓励短时间停车，抑制全天通勤的停车。

在金街十字路口停车场已采用一种新的计费办法来进一步鼓励短时间停车。然而目前市政委员会对收费和私营机构经营的公共性非街边停车采用的收费方式没有进行任何控制，收费由停车场的管理者决定，以运行费用的最大成本为基础定价。不言而喻，通过鼓励长时间停车并收费来达到最佳经济收益最好。

不过，对在中心核内和临近中心核的停车场，这次规划并不支持市政委员会有关限制长时间停车及鼓励短时间停车的政策。在中心核内及临近的一些停车站场因为在CBD的关键地区可能产生额外交通量，不适合集中短时间停车。

图 7-22 CBD 停车站场的位置及停车位
资源来源：1980 City of Sydney Strategic Plan, Fig. 45.

3）短时间停车

采用保险停车系统和相关控制措施的主要益处，是能搬走难看而且不方便的信号牌和计时柱，另一个作用是简化大量的时间极限和限制。

沿街停车将进一步以公共汽车、出租车、特殊用途及服务、运货车辆为主，一些短时间停车位将提供给私人车辆，但这些车位的定价将与相同面积的非街面停车的收费相等。

应该在非路边停车场内布置充足的停放收费有吸引力的短时间停车位。

优惠和打折的停车收费可能会带来很高的车辆占据率，如同在交通车道上给予此类车辆优先权。

4）私人停车

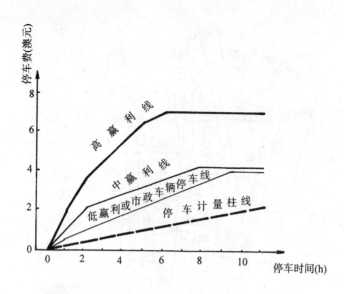

图 7-23　公共停车费用图解
资源来源：1980 City of Sydney Strategic Plan, Fig. 46.

悉尼交通当局已经确立了一个政策，即在 CBD 中心核内不应该再增加此类停车位。在中心核内部未来再开发的潜力很小，除了装卸货物车位外，不应该在目前的停车位数目上再增加私人停车车位了。

饭店和旅馆停车将可以不断在非街道停车场解决，并不包括在这一限制之内。

在中心核内部的政府部门和住户停车目前相当于每英亩用地安排将近 50 个车位（合每公顷 124 个车位），考虑到中心核内这两类人群的停车需求是最大的，应该允许其将汽车放在 CBD 内部。委员会提议修改现有停车条例，将 CBD 内中心核以外的私人停车的潜在需求减少到每英亩办公开发用地最多 50 个停车位。

1971 年停车条例在中心核外围允许有较高比例的停车车位，一般人认为这样会刺激再开发并减少对中心核的压力。这种刺激手段并不成功，因此应该采用一个更为实际的办法，包括鼓励建设私人停车场。

5）公共的非路边停车

出于与私人停车同样的原因，交通当局宣布应该不再增加中心核的公共停车场地，而是进行各种努力以促使现存的在核心内的非路边公共停车场的使用者从通勤者向短时间使用者转变。

在中心核外围仍要增加提供更多公共的非路边停车场车位，以替代一些随着新式道路管理方法的实施而失去的路边停车位。这种停车场的使用者主要将以短时间使用者为主，且限定最多停车位为 4500 个。

市政委员会目前直接控制了 CBD 中 1/4 的停车车位，这包括路边和非路边停车车位。为了提供因为路边停车车位普遍减少而急需的代替面积，市政委员会开始计划在 CBD 南部地区内建设一个新的能存放 1000 辆车的大型停车站场。

6）通勤者停车

为了支持交通当局的政策，规划将减少在 CBD 中的长期通勤者停车场。当商业开发不断需要为行政和多功能空间提供停车位时，不应该再只为通勤者提供停车场，他们只是为了上下班才使用他们的车辆。

为了实现这个目标，有两个必须采取的基本行动。

首要且最迫切的是寻求州政府和周围地方政府当局的合作，促进开发 CBD 外围的通勤者停车场和换乘车站。如前面提到的东郊地铁线，它综合了停车——乘车功能，在车票中包含了停车和乘车乘船的费用，但这个方法随着州政府的紧缩政策而取消。无论怎样，东郊线为早期建设通勤者"停车——乘车"设施提供了最好的机会。

在金街十字路口隧道上方建造大型的通勤者小汽车停车场，是对上空使用权的恰当的利用。这个小汽车停车场有良好的道路到达，同时在金街十字路口最靠近地铁站，这样能增加 50% 的惠顾。威廉街上交通总量的不断减少可能对这个城市具有重大的意义。

对于 CBD 东南部，划分出适合于此类功能的开发地块是困难的，最好的折衷方法可能是在临近肖古让德的莫里公园开发大型停车场设施，这个地区最近被作为通勤者停车场广泛地利用，因为它具有良好的公共交通服务设施。

对于 CBD 北部，最实际的作法是建设阿塔默停车和乘车站场，它与科黑快速干路的建设结合在一起，有关部门研究后提出在现有的阿塔默和圣莱昂那斯站之间结合新的地铁客站建设此种设施。

来自城市南部的通勤者要找到适当位置停车更加困难，原因是可能开发的主要道路系统和由此产生的主导交通需求不确定。一些通勤者将被鼓励使用在莫里公园的停车及乘车设施，但长远目标应该是在悉尼南部地区开发一个停车站场。

八、服务和运货交通

大量的进入 CBD 的交通都为现有的体系和运送物资服务，这些功能对于 CBD 继续行使职能是必要的。

在 CBD 内部，零售商业活动以一系列小型商贸业为主，这些商贸业绝大多数依赖只有很少贮存能力的小商店进行，而且很大程度上依赖于货物的按时运送和实际的需求。

信差服务在过去一些年里已有明显的增长，客户利用信差服务处理了大量商务文件流通业务。

日常服务和运货在装卸货区解决，正如前面提到的那样，基本问题在于正确划分"商务车辆"，即以车辆正规登记法为基础，按车辆的所属、种类及用途来划分"商务车辆"，允许它们在装卸货区免费停车。

在卸货区停放的 50% 以上的车辆不具备服务及运货职能，该区成为"商务车辆"的所有者利用的方便的停车场。

实际的情况是装卸区目前不能正常运作，服务和运货车辆靠近其目的地很难找到足够的停车位。

下列三种做法可能会解决服务和运货车辆目前的问题。首先，明确与装卸货区相关的合理极限容量和限制，主要为早、中、晚高峰时间以外提供足够的服务及运货时间；其次，明确地划分具有服务及运货职能的车辆；最后，解决新、旧之间存在的不协调状态，这种不协调状态表现为要求所有新的开发项目都有非路边装卸货区，这给开发商带来大量的开销，而对于旧建筑则提供免费的沿路装卸货区。

九、小结

由上述交通规划方式与过程来看，市政委员会是紧密结合 CBD 的发展来处理交通问题的，其目的无疑是想使 CBD 继续保持活力，减少交通干扰。交通对 CBD 的重要性显而易见，没有正确的交通处理，CBD 就会受损。

第八章 对巴尔的摩和汉堡 CBD 的比较研究

1987 年久贡·弗雷德里克斯和艾伦·C·古德曼发表了他们对美国巴尔的摩市 CBD 和德国汉堡市 CBD 进行比较研究的成果,这可能是近些年来对 CBD 及其变化的最深入的研究。

第一节 市中心的重要性

作者认为,市中心是城市生活的中心和城市经济的起动器,它容纳了最多种类的活动、设施和来访者,它是政府办公、文化设施和经济活动的中心,它的商店提供了最广泛的购物选择机会和最好的货物。

聚合经济说明市中心是一个市场,其规模依赖于城市在地区或国家的城市等级中的序位。

当大城市地区扩展时,市中心的这一地位受到了挑战。工业、批发业、服务业和人口的分解中心化和分散已在过去 100 年中产生了。至 60 年代中期美国的郊区已经容纳了标准大城市地区人口的 50%。另外,小汽车拥有量的增加和干道系统的建造(如州际干道系统)造成了大城市范围内人口统计——就业的再组合。在大城市地区内建设了大量商业中心,其结果是在多中心的大城市结构中,市中心的传统地位产生了变化。

这些趋势先在北美城市产生,相似的变化尽管在范围和时间上有些差别,但都可在高度发达国家的所有大城市中观察到。

一、市中心的相对地位

对 CBD 在城市中的"地位",或德国所谓的"重要性"的研究已经连篇累牍,在本研究中研究者将用 CBD 的"相对地位"来替代这些词组,这样意味着研究 CBD 对中心城市或大城市地区的空间有所参照。

研究者认为这种相对地位可以就 CBD 的功能在许多方面进行评价,这些方面可以归入三个基本方面:经济、社会、文化(或再加上政治)。每一个方面都有几个参数。

经济方面指分配给 CBD 的作为城市重要市场的功能,CBD 是经济活动的中心,是因为商业和金融设施的聚合经济产生的结果。这一方面有下列相关参数:整个中心城市的就业岗位、零售业销售总额、零售空间及办公空间的规模等。

社会方面指市中心的使用者情况,其相关参数可能包括至 CBD 的出行频率、来访者的社会——人口统计组成、在 CBD 内的活动,以及到访 CBD 的动机。

文化方面指 CBD 内文化或休闲设施的集中情况,如剧院、电影院、博物馆、酒吧和餐馆等。因有多种多样的设施,市中心是人群最混杂的地方,是"城市气氛"产生的基础。另外,市中心一般都包括高度集中的政府办公设施。下列相关参数可用来测量这一方面的相对地位:文化设施、其他娱乐设施、娱乐设施中的座位数或营业额。

二、理论

按米勒斯和其他城市理论家的说法,活动中心化的产生必须有两种基本条件:第一,交通花费（时间代价以及费用支出）必须大于零；第二，在被认为是从属于这些中心化经济的货物供给中必须存在规模经济。

如果没有第一个条件，那么居民就可以住在与工作地点任意远的地方，并且在定位意识上讲不会缺乏用地选择，其结果是不可能得出有关活动的中心化的经济预测。如果没有第二个条件，那么每一位居民都可以在一个能满足其必需的任意低层次上进行其所有活动，而不必考虑交通花费，这样，活动的中心化就完全没有必要。

一般看来，城市是围绕一定的中心场所设施开始的，向居民出售货物的商店位于市中心，（假设不存在任何形式的次中心），这样产生的城市是一个传统模式的典型的单一中心城市。

现在假设有些企业家认定在中心场所内开设商店和作坊都太昂贵（不存在规模经济），或是出行到中心场所在时间和金钱上太昂贵（增加了交通费用），他们就会开始在别的、非中心的位置进行某些（全部或部分）市中心类活动，这样形成的新的次中心将与某些居民更为靠近，并将能以一种有竞争力的价格提供服务活动。

在欧美，几乎没有在过去100年中不曾出现分解中心化的现代城市。分解中心化的程度取决于交通花费的相对变化程度，主要是因为技术的改进、收入的增加、以及市中心拥挤度的增加造成的。它同样取决于市场及生产货物和服务的技术中产生的变化。

城市人口向城市边缘的再定位，以及内城区交通密度的持续增加造成交通花费的变化等，使次中心相对于 CBD 处于更为有利的位置，因为交通花费一般决定了购物活动的去向。人口分解中心化之后是零售与服务分解中心化，以及正在增加的包围次中心的居住人口使次中心有能力提供更专门化的、以前只能在 CBD 内提供的货物。

分解中心化并不局限于人口和零售业，私人办公也出现了分解中心化。过去，私人办公从城市化中获利，集中在 CBD 内方便商务人员的面对面联系。随着新的通信技术的出现，这些位置因素仅有利于公司总部的最高层部分，而私人办公的其他部分都可迁至城市边缘或外围。办公的分解中心化也与公共及私人交通设施的发展有关。

两位作者还指出，市中心地位的变化同样影响 CBD 的内部结构。CBD 的内部结构可以用各种活动的簇群概念进行描述，取决于位置、土地特征、企业家和顾客两者的动机和决定等。各类簇群的形成和位置分布规律依靠一系列的政治和经济强制力，包括所选位置的可达性、地价或雇员的居住位置等。其中，位置可能受区划法或先前位置模式延续的影响。

要讨论 CBD 内部的变化更困难些。有一种观点指出在整个大城市经济中存在适应性变化。绝大多数这类研究都假设大城市人口正在增加，但实际上人口在许多城市和大城市地区是稳定的，甚至会下降。企业的移动受再定位费用和现成结构的限制，再定位的地点一般是在或靠近雇员的居住地区。可达性的变化（如建设步行区），也将导致再定位。发生在"新市中心"的更现代的一些变化是购物街和购物展廊，它吸引着 CBD 中的奢侈品店，因此导致了 CBD 的收缩。最后，CBD 的内部结构中结果性的变化是办公活动再定位。

另一种 CBD 变化是向邻近地区扩展，扩展的原因之一是每个雇员的实际办公面积有所增加。一般人认为 CBD 的扩展将向所谓的过渡区产生，不过，有证据指出这是有方向性的扩展，尤其是会进入更高级的居住地区，原因是这类居住区具有良好的形象和优良的建筑设施。

三、巴尔的摩与汉堡

本研究选择了巴尔的摩市与汉堡市来分析 CBD 的变化。两个城市的位置及其在各自国家的位置表示在图 8-1 和图 8-2 中。这两个城市都是古老的城市，都是重要的港口城市，巴尔的摩从二战后经历了市中心的衰退、人口的分解中心化之后，有许多主要的百货商店在郊区开设分店并最终关闭了它们大型的市中心总店。

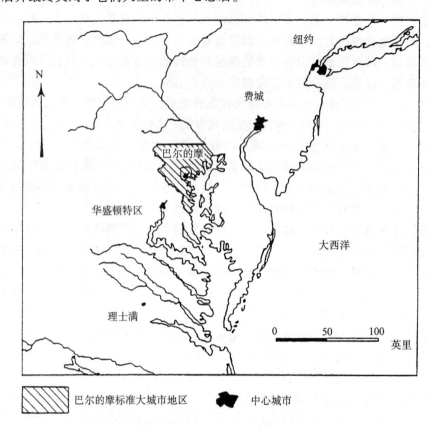

图 8-1　巴尔的摩在美国的位置

资料来源：Jurgen Friedrichs and Allen C. Goodman,
The Changing Downtown, Walter de Gruyter & Co. (1987), Figure 1. 1.

巴尔的摩在 50 年代后期出现了重建 CBD 的活动，至 1973 年建成了查尔斯中心办公街区。在接下来的几年中建成了更多的新办公建筑和公共设施，其中较重要的行动是改造内港地区，尤其是"港区"大篷。

巴尔的摩市可作为从二战后，受 CBD 的衰退折磨的许多美国旧城市的良好范例，其更新活动在美国也很著名。

汉堡既是一座城市，也是一个州，它具有传统的多中心结构，近年来城市总体规划强化了这一结构，它的 CBD 目前具有的困难在德国大城市中很典型。该市从 1979 年起建成了八条新的 CBD 购物街，其中一条是西欧最大的"购物廊"，这种私营性开发增加了市中心（CBD）的吸引力，减弱了以往市中心的衰退趋势。和巴尔的摩一样，这种"再继活力"运动已广为德国和西欧所认识，市中心再也不会经历 50 年代巴尔的摩经历过的那种衰退了。

这两座城市的港口有很多的相似点，虽然两个城市都保留了大型的港口，但它们的造船业都因行业衰退而停滞。另外，这两座城市的工业基础已衰退。

表 8-1 表示了两座城市的有关基本情况。可以看出汉堡比巴尔的摩的面积和人口都稍大些，而巴尔的摩在人口密度上稍密一些。

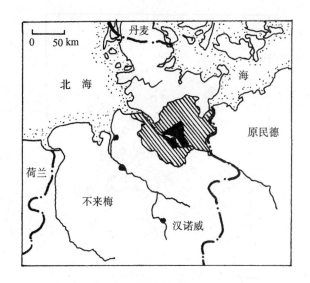

图 8-2 汉堡在（原）西德的位置

注：阴影部分为汉堡大城市地区，黑色为中心城市。

资料来源：Jurgen Friedrichs and Allen C. Goodman, *The Changing Downtown*, Walter de Gruyter & Co. (1987), Figure 1.2.

巴尔的摩与汉堡的基本情况（1980年） 表8-1

地 区	具 体 地 区	面 积（万 m²）	人 口（人）
巴尔的摩	中心城市	20168	786775
	带形地区①	38880	1361641
	标准大城市地区	584087	2174000
汉堡	中心城市	74753	1653043
	地区②	512696	2805900

① 城市化地区。

② 汉堡及六个相邻县。

资料来源：Jurgen Friedrichs and Allen C. Goodman, *The Changing Downtown*, Walter de Gruyter & Co. (1987), Table 1.1.

图8-3和图8-4显示了两个城市的多中心结构。汉堡的次中心比巴尔的摩多，汉堡各次中心的等级地位被城市规划强化并予以确立。应注意到巴尔的摩的主要次中心都位于中心城市的外围，而汉堡的许多次中心则位于围绕CBD的半圆上。

两个地区从1960年至1980年都有适当的人口增长（表8-2）。巴尔的摩大城市地区增长约20.5%，汉堡增长约5.6%，巴尔的摩市（中心城市）人口下降16.2%，汉堡中心城下降9.8%。两地的中心城市外围地区人口，在巴尔的摩增长了60.3%，即超过50万人，在汉堡增长了39.9%，即超过32.5万人。两地雇员的迁移情况也类似，从1960年至1980年，巴尔的摩中心城市的商务就业下降了12%，而汉堡类似地区下降了23.8%，巴尔的摩整个大城市就业上升了42.9%，而汉堡地区则下降17.2%。

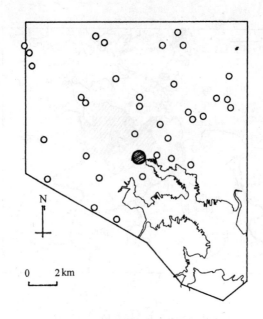

图 8-3 巴尔的摩中心城市内的次中心

注：小圆圈为次中心，带斜线的大圆圈为 CBD。

资料来源：Jurgen Friedrichs and Allen C. Goodman, *The Changing Downtown*, Walter de Gruyter & Co. (1987), Figure 1.3.

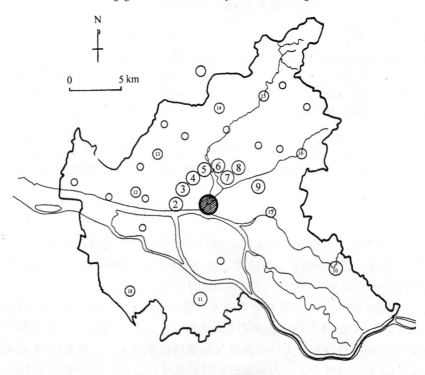

图 8-4 汉堡中心城市内的次中心

注：图例同图 8-3。

资料来源：Jurgen Friedrichs and Allen C. Goodman, *The Changing Downtown*, Walter de Gruyter & Co. (1987), Figure 1.4.

**1960年~1980年巴尔的摩标准大城市地区
和汉堡地区的人口和就业情况**　　　　　　　　　　　表 8-2

	年代	巴尔的摩			汉 堡		
		中心城市	中心城市外围	标准大城市地区	中心城市	中心城市外围	地区
人口 (千人)	1960年 1970年 1980年	939 906 787	865 1165 1387	1804 2071 2174	1832 1794 1653	824 984 1153	2656 2778 2806
变化情况（百分比）	1960~1980	-16.2	+60.3	+20.5	-9.8	+39.9	+5.6
就业人数 (千人)	1956/1961年 1970年 1980/1981年	342 367 301	147 238 398	489 605 699	1007 971 767	250 304 274	1257 1257 1041
变化情况（百分比）	1961~1980	-12.0	+170.8	+42.9	-23.8	+9.6	-17.2

注：巴尔的摩的政府与铁路人员没有进入计算；汉堡1961年和1970年数据为公司的就业人员，1980年为社会保险的人数（市政府服务和自我就业人员未进入计算）。

资料来源：Jurgen Friedrichs and Allen C. Goodman, *The Changing Downtown*, Walter de Gruyter & Co. (1987), Table 1. 2.

1967年~1979年巴尔的摩和汉堡零售业的情况　　　　　　　　表 8-3

	地区	巴尔的摩①			汉 堡②		
零售参数		CBD	中心城市	标准大城市地区	CBD	中心城市	地区
销售额③：1967 (百万美元/百万马克) 1978 变化百分比		207 112 -45.9	1477 1165 -21.1	2944 3888 +32.1	1481 1540 +4.0	7208 10401 +44.3	9161 14557 +58.9
商店数（个）：1968 1979 变化百分比		572 491 -14.2	7575 5474 -27.7	13563 14203 +4.7	1221 1015 -16.9	17323 12709 -26.6	24259 19350 -20.2
就业人数（人）：1968 1977/1979 变化百分比		12590 7375 -41.4	56392 43692 -22.5	103502 130785 +26.4	20059 15403 -23.2	98003 86332 -11.9	127368 125552 -1.4

① CBD：范围为第401人口普查区段，巴尔的摩市资料为1967年和1977年的。
② CBD：范围为第101、102、107、114人口普查区段。地区指汉堡和周围六县。资料包括所有在企业中的工种。
③ 销售额为1967年值。

资料来源：Jurgen Friedrichs and Allen C. Goodman, *The Changing Downtown*, Walter de Gruyter & Co. (1987), Table 1. 3.

如表8-3所示，两个市中心区零售业的情况有所不同，巴尔的摩市中心从1967年至1977年销售额减少了45.9%（以不变美元值计），在同一时间内汉堡市中心则增加了4%。在这一时间内，巴尔的摩市零售销售额下降了21.1%，而汉堡则上升了44.3%，巴尔的摩标准大城市地区零售额增加了32.1%，而汉堡增加了58.9%。

两个中心城市的零售商店数都有所下降，数量下降而销售额增加的主要原因是零售设施的规模变大了，例如，从1968年到1979年汉堡中心城的有关楼面面积（指商业）增加了39%。

两个中心城市和CBD的零售就业有所下降。有趣的是，在巴尔的摩标准大城市地区零售就业增长了26.4%，而汉堡地区则下降了1.4%。应指出的是，这些变化都发生在汉堡八个购物廊建成和巴尔的摩的"港区"项目建成之后，可见这些项目不能逆转大的趋势，但可能在一定程度上改善原有情况。

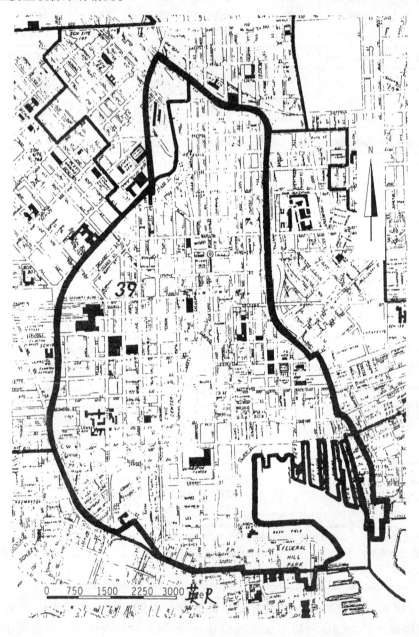

图8-5（a） 巴尔的摩研究地区的范围（粗线内）
资料来源：Jurgen Friedrichs and Allen C. Goodman, *The Changing Downtown*, Walter de Gruyter & Co. (1987), Figure 3.1.

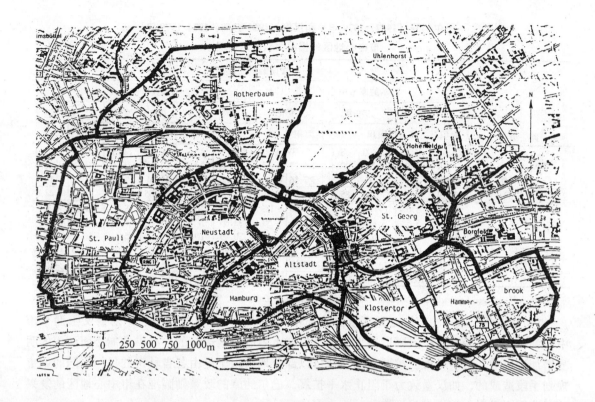

图 8-5（b） 汉堡研究地区的范围（最外围粗线所包括的地区）

资料来源：Jurgen Friedrichs and Allen C. Goodman, *The Changing Downtown*, Walter de Gruyter & Co. (1987), Figure 3.2.

在 1977/1979 年，巴尔的摩中心城市及其 CBD 的就业人数约为汉堡相应地区的一半。当通过从标准大城市/地区就业人数减去中心城市就业人员来计算中心城市外围地区就业人数时，情况正好相反，巴尔的摩比汉堡的零售业就业人数多一倍，但居民并不是多一倍。1977/1980 年中心城市外围地区的就业——人口比率在巴尔的摩是 1:16，在汉堡是 1:29。这有两种解释，首先，巴尔的摩中心城市外围次中心比汉堡中心城市外围次中心从中心城市吸引了更多的顾客；第二，这可能指示出在美国具有朝向服务型社会的更为先进的趋势。

考查巴尔的摩和汉堡能在何种程度上代表美国和德国城市是有益的。可以初步认定它们能代表各自国家有更新活动但当时尚无法进行总结概括的城市。比较 1967 年至 1982 年巴尔的摩和美国其他大城市地区（克里夫兰、丹佛、路易斯维尔、匹茨堡和西雅图），显示出巴尔的摩 CBD 和绝大多数美国城市 CBD 的设施数量几乎相似，但在零售额和就业方面差些，（这一比较有目的地排除了某些正在发展的城市，如在佛罗里达州、加利弗尼亚州、得克萨斯州的城市）。将汉堡与慕尼黑、科隆进行类似的比较，会显示出类似的结果，汉堡在各个方面都落后于其姐妹城市，在市中心和次中心的销售和来访者方面都是，仅在销售面积上稍微领先。

四、用地功能变化

研究人员根据对巴尔的摩和汉堡两座城市的市中心进行的调查，就用地功能的变化进行了研究（见表 8-4），总结从 1967 年至 1979 年两座城市市中心用地功能的变化如下：

巴尔的摩（1967、1979 年）和汉堡（1964/1968、1974/1979 年）
市中心地区的楼面面积使用情况   表 8-4

功能组	楼面面积（万 m²）											
	巴尔的摩市中心区						汉堡市中心区					
	1967 年		1979 年		变化		1964/1968 年		1974/1979 年		变化	
	面积	%	面积	%	面积	%	面积	%	面积	%	面积	%
办公	66.63	46.8	120.00	58.1	+53.37	+80.1	126.35	45.2	203.75	56.3	+77.40	+61.3
零售/个人服务	35.78	25.2	42.05	20.4	+6.27	+17.5	49.06	17.5	59.35	16.4	+10.29	+21.0
临时居住	6.59	4.6	13.95	6.7	+7.36	+111.6	14.86	5.3	11.94	3.3	-2.92	-19.6
中心类功能总计	109.01	76.6	176.00	85.2	+66.99	+61.5	190.27	68.0	275.05	76.0	+84.78	+44.6
公共机构	5.09	3.6	14.74	7.1	+9.65	+189.2	30.45	10.9	31.49	8.7	+1.04	+3.4
居住	7.79	5.5	3.83	1.9	-3.96	-50.9	22.03	7.9	21.71	6.0	-0.32	-1.5
制造业/仓库	4.82	3.4	5.62	2.7	+0.80	+16.6	30.49	10.9	19.54	5.4	-10.95	-35.9
其他	15.55	10.9	6.35	3.1	-9.20	-59.1	6.36	2.3	14.11	3.9	+7.75	+121.9
非中心类功能总计	33.26	23.4	30.54	14.8	-2.72	-8.2	89.34	32.0	86.86	24.0	-2.48	-2.8
总计	142.27	100.0	206.54	100.0	+64.27	+45.2	279.61	100.0	361.91	100.0	+82.30	+29.4

资料来源：Jurgen Friedrichs and Allen C. Goodman, *The Changing Downtown*, Walter de Gruyter & Co. (1987), Table 3.7.

1）虽然两座城市的市中心地区重要性都相对下降，但可以观察到在绝对意义上两个市中心都在向外扩展，且扩展幅度很大，这是由在市中心地区边缘的中心类功能楼面面积的明显增加造成的。两座城市的扩展范围相似可以部分地归因于是由各自城市的目标不同的城市规划手段造成的，如汉堡致力于阻止水平扩展，巴尔的摩的政策则瞄准在市中心地区的复兴地区范围内吸引中心类专门设施。

2）无论巴尔的摩还是汉堡，其扩展都不是直接朝向高级居住区，在汉堡是通过规划手段和物质屏障阻止向这个方向扩展，而在巴尔的摩原因是空间的需求首先能在市中心地区的亚区内解决，在亚区中可获得开放空间和空房。

3）两座城市市中心地区都存在用地功能变化，其特征是办公楼面面积增加很大和"制造业/仓库"楼面面积下降很多，这两个变化过程都与就业和空间需求的相应变化相关联。

第二节 中心地区和 CBD 的定界

为了对巴尔的摩市中心和汉堡市中心的结构和发展进行比较分析，首先必须确定两个城市研究地区的标准的可比的界线。

一、定界的方法

（一）记录功能的方法

1. 定性

城市 CBD 和中心地区的特征是服务设施或第三产业设施形成密集的空间聚集。第三产业的概念可以借用德国学者弗雷斯泰所下的定义："除了零售，第三产业还包括确定的行业、公共管理和一般管理，包括……产业公司的管理业。"个人服务、邮政服务和电讯、交通及运输都是第三产业。本研究的研究人员和城市经济学家着重研究有大量来访者的服务设施。这些设施需要紧密相邻，这样人们可以以较少的金钱和更短的时间得到相对大量的服务。

与个人消费相关的服务（尤其是零售业）无疑属于第三产业，有大量来访者的办公功能通常也包括在内。

但是，"纯"管理性的办公功能则属于非中心类商务功能，主要原因是市中心内珍稀与昂贵的土地会首先将为公众提供服务（购物、娱乐）的功能保存下来，而纯管理办公功能则缺少这种功能作用，这也说明了当代出现外围办公中心的原因。但传统的办公中心位置仍占有某种优势。了解这一事实是有益的，有大量来访者的办公功能从纯管理办公功能中适当的分离将有巨大的困难，因为可得到的资料无法进行如此清楚地划分。

公共使用机构包括在定义Ⅱ中，但不在定义Ⅰ中（见表8-5），因为公共使用机构属于传统的市中心功能。同样，公共使用功能设施直接在规模、供给尤其位置决定方面服从于政府的决定，在有关城市政策中有区别地处理这类功能看来是合理的，尤其在美国，正在努力用这类功能作为复兴内城区的契机。因此，在研究中有理由对内城区进行一次"快照"，首先运用排除了公共使用的狭义定界法，然后运用包括它们的更广泛的定界法，所得出的区域中，面积小的将是CBD，而大的是中心地区。

第三产业功能的定义 表8-5

1	办公（非政府）空间		
2	零售及其他个人服务		
3	餐饮场所	定义Ⅰ	
4	电影院和娱乐设施		定义Ⅱ
5	临时居住		
6	公共使用机构（政府办公楼、医院、教育机构）		
7	文化机构（剧院、教堂）		

资料来源：Jurgen Friedrichs and Allen C. Goodman, *The Changing Downtown*, Walter de Gruyter & Co. (1987), Table 4.1.

2. 定量

用地功能只能以空间单元为参照来记录，研究者使用的空间单元是城市街区。只有街区能够一方面令人满意地描述城市巨型结构，一方面能作为获得综合资料的最小单元。

街区的用地功能可以用不同的方式记录。最直接的方法是计算每个街区的面积，每个街区的可利用空间用"总楼面面积"表示，再细分成不同的功能的楼面面积。研究人员得到的资料有利于对巴尔的摩和汉堡两市进行计算，这样可以补偿其他非直接的方法（如总销售额、就业人数等）产生的缺陷。

这一研究过程只能得出某种功能的"相对分布"，而得不到有关功能绝对的使用密度情况，例如：

——一个街区可能包括大型开放空间，使用密度值很低。但是，多少楼面面积可分布在这样的单一功能中而不会影响这种功能的计算值呢？例如，城市公园中的餐厅。

——一个街区可能有高层建筑，使用密度值很高，在这种情况下，某种功能可以形成一种聚集，甚至所占的楼面面积比较少也可以。

所考查的两个城市显示出相同的建筑密度，虽然在巴尔的摩有些街区比汉堡建筑密度更高，但仅有少数街区如此。

如果表8-5中所列的功能种类在一个街区中比例大，成为"主导"的功能，那么，该街区的功能的性质就可以称之为"中心商务"。本研究使用了墨菲和范斯的指数方法：

$$CBII = \frac{中心商务楼面面积}{总楼面面积} \times 100\%$$

使用50%的指数值来为中心地区定界，这是从几个城市中的经验中得出来的（见第二章、第二节）。

（二）确定聚集

CBD是城市中第三产业的最大聚集地。但在什么情况下，功能属于中心商务类的街区可认作为第三产业的聚集呢？研究人员确定下列情况可以确定为是一种聚集：

1）如果两个街区占有共同边界（包括仅在一个角上接触的情况），则它们是连续的。边界是街道、运河或铁路线；

2）连续街区中的小路形成街区链（见图8-6）；

3）如果含有中心商务功能的街区完全有链在内部连接，那么这些街区是一种聚集；

4）当第三产业街区的聚集完全包围了任何有非中心商务功能的街区时，可以认为是聚集重新组合，CBD形成一种包含性的聚集。

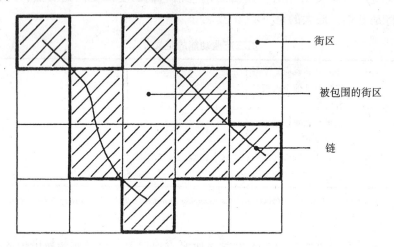

图8-6　确定聚集的图解

资料来源：Jurgen Friedrichs and Allen C. Goodman,
The Changing Downtown, Walter de Gruyter & Co. (1987), Figure 4.1.

二、资料

两种统计资料可用于本研究：

1）在汉堡，由住房部住房调查而收集的资料。汉堡研究地区的26个人口普查区段按街区为单元记录的条目如下：街区面积，建成的街区面积，以及总的可使用楼面面积。另外，统计显示了24种不同功能的楼面面积情况。

2）巴尔的摩资料来自1979年对土地利用规划的研究，是以当时规划一个"载人工具"交通系统为目的而进行的调查得到的资料。

要保证可比性则需要统一有关功能的定义。最初的功能分类表并非完全一致，表8-6表示了德国和美国统计中相应的功能分类和最终选择的11种功能群。

功　能　的　组　合　群　　　　　　　　　　　表8-6

功能组合群	记录中所列的功能类别	
	巴尔的摩	汉堡
办公（非政府）	非政府办公	管理办公、金融、保险公司、无仓库的批发业、医生、律师和其他专业、其他办公

续表

功能组合群	记录中所列的功能类别	
	巴尔的摩	汉 堡
零售/个人服务	零售、个人服务	零售
餐饮	餐饮	餐饮
娱乐	电影院	电影院和其他娱乐场所
临时居住	临时居住	旅馆、招待所
公共使用	政府办公、医院、教育机构	公共机构和公共法属下的机构
文化机构	文化机构	剧院、博物馆、教堂
工业	工业	制造业、工业、手工艺
仓库/工业仓库	仓库、工业仓库	有仓库的批发
居住	居住	居住
其他	其他	其他

资料来源：Jurgen Friedrichs and Allen C. Goodman, *The Changing Downtown*, Walter de Gruyter & Co. (1987), Table 4.2.

个人服务（如洗衣）在汉堡没有分开列出，因此在第二功能群中仅有零售。在第四功能群中存在相似的难题：巴尔的摩的"娱乐"类仅包括电影院，而在汉堡则包括了其他娱乐（如赌博房）。

当具有同样名字的功能分类在两地的内涵不同时，还存在进一步的困难，如"公共使用"在两个国家分别覆盖了很多不同设施。临时居住又代表另一种情况：巴尔的摩的"可寄宿房屋"在德国就很不为人知。但这些差别最终不会产生重大影响。

三、两地的 CBD 和中心地区

将上述的原理和方法运用于巴尔的摩和汉堡，首先，选择足够大的城市地区以便能围合CBD。汉堡的研究地区可大概地描述为一个半圆，半径 3km，以易北河北部的市政厅为中心。它包括了历史性的城市核（奥特市和新市），向东北和西北延伸进豪伦高地和偌泽堡姆居住区，向西为圣·鲍立区（以居住和工业功能为主），沿易北河的码头形成南部边界。巴尔的摩的研究地区在南部由内港界定，在东部和北部以弗斯威和琼斯弗斯高速公路为界，西部以马丁·路德·金大街为界。

研究人员按墨菲和范斯的方法，以两种方式决定两个研究地区重新组合的聚集。定界过程以表 8-5 中的第三产业功能分类表为基础，以便区分包括聚集Ⅰ（表 8-5 中的定义Ⅰ）（CBD）和聚集Ⅱ（表 8-5 中的定义Ⅱ）（中心地区）的地区，图 8-7 和图 8-8 显示了对两个城市的研究结果。

巴尔的摩和汉堡的 CBD 和中心地区统计情况　　　　表 8-7

	巴尔的摩		汉 堡	
	CBD	中心地区	CBD	中心地区
街区数	58	134	133	331
建成街区数	56	130	128	300
街区总面积（m²）	—	—	1135700	4202573
总楼面面积（m²）	1713910	3376472	3658014	7554996
已建成面积（m²）	—	—	638272	1596099
每个建成街区的平均楼面面积（m²）	30606	25973	28578	25183

续表

	巴尔的摩		汉 堡	
	CBD	中心地区	CBD	中心地区
CBII（定义Ⅰ）	84.22	—	76.14	—
CBII（定义Ⅱ）	—	86.22	—	77.31
CBHI（定义Ⅰ）	—	—	4.36	—
CBHI（定义Ⅱ）	—	—	—	3.66

注：中心商务密度指数：

$$CBII = \frac{中心商务楼面面积}{总楼面面积} \times 100\%$$

中心商务高度指数（与墨菲、范斯的公式稍有差别）：

$$CBHI = \frac{中心商务楼面面积}{建成街区面积}$$

资料来源：Jurgen Friedrichs and Allen C. Goodman, *The Changing Downtown*, Walter de Gruyter & Co. (1987), Table 4.3.

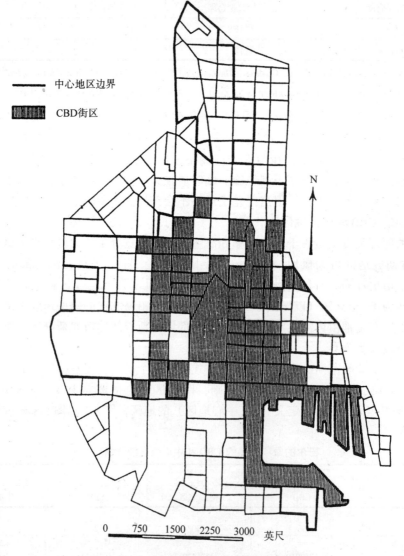

图 8-7 巴尔的摩的 CBD 和中心地区边界
资料来源：Jurgen Friedrichs and Allen C. Goodman, *The Changing Downtown*, Walter de Gruyter & Co. (1987), Figure 4.2.

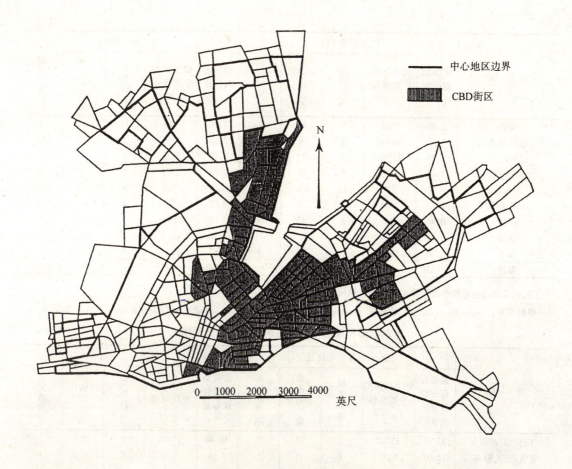

图 8-8 汉堡的 CBD 和中心地区边界

资料来源：Jurgen Friedrichs and Allen C. Goodman, *The Changing Downtown*, Walter de Gruyter & Co. (1987), Figure 4.3.

汉堡的 CBD 和中心地区的总楼面面积大致是巴尔的摩相应地区值的两倍，这比从别的测量手段（如以居民人口数）得出的结果差别更大。在两个城市中，CBD 占据约一半的中心地区面积（楼面面积的情况也一样）。

在巴尔的摩，中心商务功能比在汉堡占更明显的优势。这两个城市每个街区的楼面面积的差别很小。

比较两个地区显示出墨菲和范斯的方法对巴尔的摩和汉堡能得出相当相似的结果。为了获得综合了解，必须考查单项功能的楼面面积情况。表 8-8 和表 8-9 给出了在汉堡和巴尔的摩的 CBD 和中心地区中单项功能的楼面面积值。

巴尔的摩和汉堡 CBD 的楼面面积分配情况　　　　表 8-8

功　能	巴尔的摩 CBD					汉　堡　CBD				
	楼面面积份额(%)	每街区的平均规模(m²)①	规模排名	所占街区数	街区数排名	楼面面积份额(%)	每街区的平均规模(m²)①	规模排名	所占街区数	街区数排名
办公（非政府）	54.98	21913	1	43	2	56.61	17698	1	117	1
零售/个人服务	19.09	6962	4	47	1	13.84	4643	4	109	2

续表

功能	巴尔的摩 CBD					汉堡 CBD				
	楼面面积份额（%）	每街区的平均规模（m²）①	规模排名	所占街区数	街区数排名	楼面面积份额（%）	每街区的平均规模（m²）①	规模排名	所占街区数	街区数排名
餐饮	2.20	1018	9	37	3	1.76	742	11	87	4
临时居住	7.89	16904	2	8	8.5	3.24	9105	2	13	11
公共使用	8.79	10766	3	14	6	7.59	5152	3	57	8
文化机构	1.44	3075	5	8	8.5	1.18	2395	5	18	10
制造业	0.21	721	11	5	10	3.17	1508	8	77	5
仓库/存储	1.73	1486	7	20	5	2.07	1221	9	62	7
居住	0.91	1303	8	12	7	5.98	2043	7	107	3
娱乐	0.06	950	10	1	11	0.70	1214	10	21	9
其他	2.70	1929	6	24	4	3.87	2247	6	63	6
总计	100.0	—	—	—	—	100.0	—	—	—	—

① 指某项功能总楼面面积除以所占街区数得到的值。

资料来源：Jurgen Friedrichs and Allen C. Goodman, *The Changing Downtown*, Walter de Gruyter & Co. (1987), Table 4.4.

巴尔的摩和汉堡中心地区的楼面面积分配情况　　表 8-9

功能	巴尔的摩中心地区					汉堡中心地区				
	楼面面积份额百分比（%）	每个街区的平均规模（m²）①	规模排名	所占街区数	街区数排名	楼面面积份额百分比（%）	每个街区的平均规模（m²）①	规模排名	所占街区数	街区数排名
办公（非政府）	32.97	15042	2	74	2	36.44	12128	1	227	2
零售/个人服务	14.07	5222	5	91	1	8.54	2973	6	21.7	3
餐饮	1.64	920	10	60	3	1.52	628	11	183	4
娱乐	0.03	950	11	1	11	0.74	1265	9	44	10
临时居住	5.12	8225	3	21	9	3.13	5773	3	41	11
公共使用	26.91	15936	1	57	5	24.67	11030	2	169	5
文化机构	5.48	5973	4	31	8	2.27	3576	5	48	9
制造业	1.23	4168	7	10	10	3.36	1585	8	160	6
仓库/存储	2.28	1794	9	43	7	2.12	1268	10	126	8
居住	6.55	4705	6	47	6	13.80	4343	4	240	1
其他	3.72	2128	8	59	4	3.41	1632	7	158	7
总计	100.0	—	—	—	—	100.0	—	—	—	—

① 同表 8-9 注①。

资料来源：Jurgen Friedrichs and Allen C. Goodman, *The Changing Downtown*, Walter de Gruyter & Co. (1987), Table 4.5.

两座城市的用地功能模式是相似的。CBD 在两个城市都以"办公"（非政府）占优势为特征，不足一半的总楼面面积被剩下的十种功能占据。"零售/个人服务"类在汉堡占 14%，在巴尔的摩占 19%。正如已指出的那样，若计算第二种功能群的楼面面积，排除巴尔的摩的个人服务，这将使巴尔的摩零售业楼面面积份额变为约 11%，接近汉堡的情况。

两个城市中心地区的楼面面积的分配较为相似，不同种类功能的比例仍有差别。"办公"（非政府）再次成为大约占据总楼面面积的 1/3 的最大功能类别，公共使用功能的重要性有所加大，它们占据了巴尔的摩楼面面积的 27%，占据汉堡的 25%，其原因可以认为是两个市中心对这种空间的需求较大。

要特别强调对"居住"类功能分析得出的结果。在两个城市的中心地区有大量的楼面面积为居住功能，在汉堡甚至连 CBD 内都是这样。在比较中，汉堡的情况（在中心地区为13.8％，在 CBD 内为 6％）明显超过巴尔的摩的情况（分别为 6.6％和 0.9％）。当考虑所有街区的居住功能分布时，可看到在汉堡中心地区的每十个街区中有一个，在巴尔的摩则仅三个街区中就有一个具有居住功能。居住功能在两座城市 CBD 中的情形也是相似的。总的来说，这些情况指明"居住"功能是市中心一种基本的楼面面积组成，尤其在汉堡。

第三节　空间结构分析

一、楼层空间使用功能的空间分布

（一）簇群确定的方法

研究将采用两种方法。

1. 直接地图法

本法中所有街区被分成每种功能群或高或低的集中，功能"高度集中街区"按以下步骤进行区分：

1）街区按每一种功能群相应的楼面面积数的递减顺序来排列；

2）当一个街区中某一功能群的所有有效楼面面积加起来大于等于 50％时，就被称为"高度集中"。

表 8-10 给出了在巴尔的摩和汉堡的 CBD 和中心地区中高度集中街区的数目及相应的用地功能在所有街区中的情况，两个城市的差别很小。总的来说，在占所有街区 20％的最密集使用街区内容纳了一半以上的有效楼面面积，巴尔的摩 CBD 集中的程度较低：所有楼面面积的一半集中在所有街区的 30％中（电影院除外）。

巴尔的摩和汉堡的 CBD 和中心地区内高度集中的街区的数量　　　表 8-10

功能群	巴尔的摩				汉堡			
	CBD		中心地区		CBD		中心地区	
	数量（个）	占所占据街区的％	数量（个）	占所占据街区的％	数量（个）	占所占据街区的％	数量（个）	占所占据街区的％
办公（非政府）	16	37.2	20	27.0	48	41.0	65	28.6
零售/个人服务	11	23.4	22	24.2	17	15.6	30	13.8
餐饮	13	35.1	18	30.0	27	31.3	50	27.3
娱乐	1	100.0	1	100.0	6	28.6	10	22.7
临时居住	3	37.5	5	23.8	3	23.1	6	14.6
公共使用	1	7.1	6	10.5	7	12.3	39	23.1
文化机构	2	25.0	5	16.1	4	22.2	12	25.0
制造业	2	40.0	1	10.0	12	15.6	26	16.3
仓库/工业仓库	4	20.0	9	20.9	7	19.4	23	18.3
居住	5	41.7	10	21.3	16	15.0	44	18.3
其他	6	25.0	12	20.3	8	12.7	20	12.7

注：所占据街区数见表 8-8 和 8-9。

资料来源：Jurgen Friedrichs and Allen C. Goodman, *The Changing Downtown*, Walter de Gruyter & Co. (1987), Table 5.1.

图 8-9 至图 8-18 中每一种功能群高度集中街区图表给出了各类空间集中的情况，地图显示的是中心地区的情况。它们被限定在五种典型的——因为它们所占楼面面积的比例高——

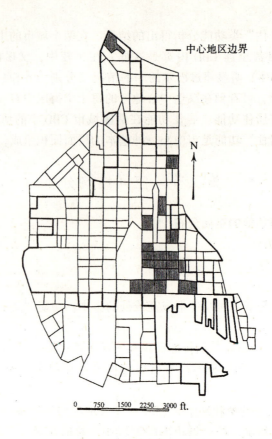

图 8-9 巴尔的摩中心地区办公功能(非政府)高度集中街区的分布情况

注:阴影部分为办公功能(非政府)高度集中的街区。

资料来源:Jurgen Friedrichs and Allen C. Goodman, *The Changing Downtown*, Walter de Gruyter & Co. (1987), Figure 5.1.

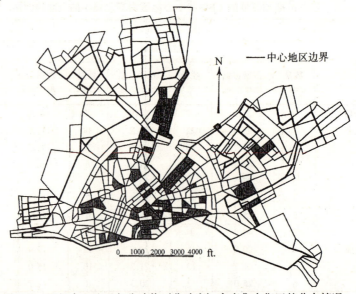

图 8-10 汉堡中心地区办公功能(非政府)高度集中街区的分布情况

注:图例同图 8-9。

资料来源:Jurgen Friedrichs and Allen C. Goodman, *The Changing Downtown*, Walter de Gruyter & Co. (1987), Figure 5.2.

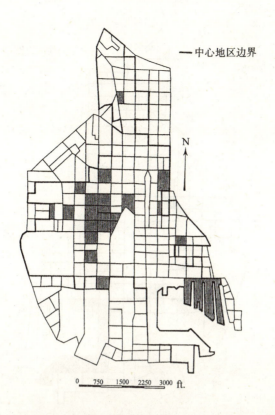

图 8-11　巴尔的摩中心地区零售/个人服务业高度集中街区的分布情况

注：阴影部分为零售/个人服务业高度集中街区。

资料来源：Jurgen Friedrichs and Allen C. Goodman, *The Changing Downtown*, Walter de Gruyter & Co. (1987), Figure 5.3.

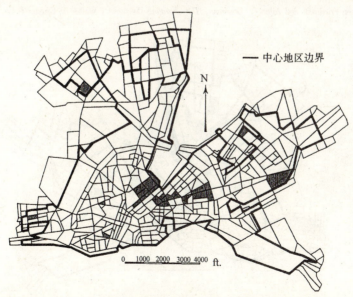

图 8-12　汉堡地区零售/个人服务业高度集中街区的分布情况

注：图例同图 8-11。

资料来源：Jurgen Friedrichs and Allen C. Goodman, *The Changing Downtown*, Walter de Gruyter & Co. (1987), Figure 5.4.

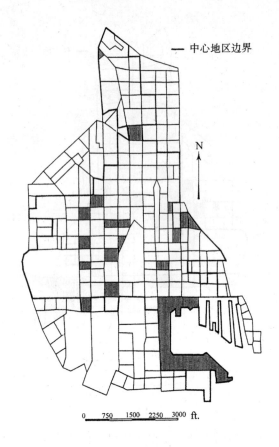

图 8-13 巴尔的摩中心地区餐饮业高度集中街区的分布情况

注：阴影部分为餐饮业高度集中街区。

资料来源：Jurgen Friedrichs and Allen C. Goodman, *The Changing Downtown*, Walter de Gruyter & Co. (1987), Figure 5.5.

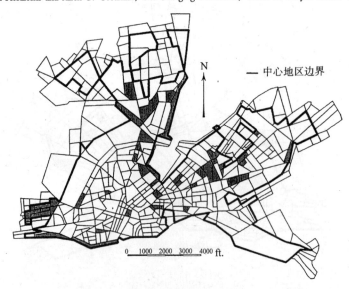

图 8-14 汉堡中心地区餐饮业高度集中街区的分布情况

注：图例同图 8-13。

资料来源：Jurgen Friedrichs and Allen C. Goodman, *The Changing Downtown*, Walter de Gruyter & Co. (1987), Figure 5.6.

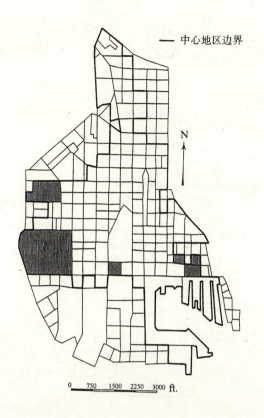

图 8-15 巴尔的摩中心地区公共使用功能高度集中街区的分布情况

注：阴影部分为公共使用功能高度集中街区。

资料来源：Jurgen Friedrichs and Allen C. Goodman, *The Changing Downtown*, Walter de Gruyter & Co. (1987), Figure 5.7.

图 8-16 汉堡中心地区公共使用功能高度集中街区的分布情况

注：图例同图 8-15。

资料来源：Jurgen Friedrichs and Allen C. Goodman, *The Changing Downtown*, Walter de Gruyter & Co. (1987), Figure 5.8.

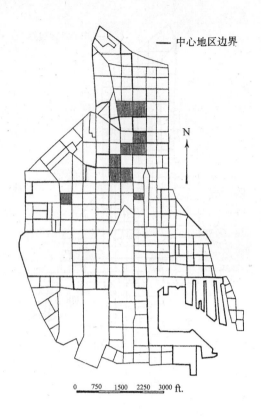

图 8-17　巴尔的摩中心地区居住功能高度集中街区的分布情况

注：阴影部分为居住功能高度集中街区。

资料来源：Jurgen Friedrichs and Allen C. Goodman, *The Changing Downtown*, Walter de Gruyter & Co. (1987), Figure 5.9.

图 8-18　汉堡中心地区居住功能高度集中街区的分布情况

注：图例同图 8-17。

资料来源：Jurgen Friedrichs and Allen C. Goodman, *The Changing Downtown*, Walter de Gruyter & Co. (1987), Figure 5.10.

特别重要的功能群内：办公（非政府）；零售/个人服务；餐饮；公共使用和居住。

2. 非直接地图法

前述直接地图法有一定的缺陷，因为该法只将街区进行简单划分，而忽视了功能群相对于所有街区的集中情况，为了便于简单地表达而牺牲了可获得信息的实在部分。修改的方法是采用非直接地图法，这种方法尽可能多地利用了由功能群分布给出的信息，并同时提出了一种有益的图解表达。

一般人们认为，决定位置的各种原因是互不联系的，所以某项设施定位于某个位置，即使相邻的位置与其仅有稍微的差别，业主也不会中意相邻的位置。为了使市场更为完善，人们通常希望各种设施位于其最有利的位置。寻找位置过程和迁移费用以及长期租约的交迭作用可能在短期内会阻碍这种情况的产生。有的学者认为，位置的属性越来越千差万别，选择位置的决定会受偶然的影响。如果这一假设被人们接受，某个街区的使用密度就会合理地扩展，并表现在其楼面面积上。

在区域分析中很常用的势位模型❶对本分析很合适。设 i 为某种活动的位置（简化为一点），x_i 和 y_i 为其空间坐标；设 j 为任何其他位置（空间坐标为 x_j 和 y_j），再设 P_i 为所考查的功能群的楼面面积，d_{ij} 为 i 和 j 之间的欧几里得距离❷，那么使用密度 G 由连续变量 i 按 j 的比例表示为：

$$G_{ij} = \frac{P_i}{(d_{ij} + a_i)^b} \qquad a_i, \ b > 0, \ A, \ i$$

所有位置 i 在某点 j 的整体使用密度可以这样计算：

$$G_j = \sum_i G_{ij}$$

G_j 值可以表示为相当于 G 值的均匀曲线❸，每一个功能群都有相应的曲线，这种图解（势位模型）能清楚地显示出每一种功能集中的情况。决定性的元素是 b，其值决定了某个"位置"在空间上扩展的程度并因此修匀❹图表的效果，b 的值越高，修匀效果越差。实际工作显示 b 的合理值为 2，所有势位地图都以 b = 2 为基础。

关键元素 a_i 的重要性稍低，对在此提出的所有势位地图，a_i 值是与位置 i 所处街区面积的平方根成比例的某个确定值。

使用密度 G_j 在任何点的值不仅取决于 P 的测算方式，也取决于关键参数 a 和 b 的修匀作用，也就是说，G_j 值受多种因素影响，其绝对值没有什么意义，除非用它来比较各功能间的使用密度。而相对集中性却很重要，它可以用研究地区中最高与最低使用密度的有关情况来表示。

使用密度 G 固定在 0（G^0）到/100（G^1）之间。

为了将误差减到最小，有必要选择一个足够大的范围，用来计算功能分布的范围应超过研究区的范围，这意味着该地区可能将扩展到实际研究的地区之外。

（二）用地功能地图法的结果

从直接法和势位法中得来的功能集中图解表现出高度的相似，而势位法提供了更多的细

---

❶ 势位模型：potential model，根据它可以算出某范围内任一点的强度或速度的不同函数之一。
❷ 欧几里得距离：Euclidean distance 直线距离。
❸ 均匀曲线：iso-curves，也称等曲线。
❹ 修匀：忽略随机偏差数来消除（图表上）不规则的地方。

节，势位平面中每一个高峰点代表一种聚集，直接法可以作为验证势位法结果的一种手段。

除个别情况外，所有势位地图显示出巴尔的摩和汉堡的中心地区和 CBD 内存在明显的功能集中现象，情况例外的是汉堡的"公共使用"功能（见图 8-26），进一步调查显示这一功能群中的机构比以前定义中包括的机构差别更大，例如，警察局、学校和医院及老年之家都在这一功能群中，所有这些功能自然地在空间上是分离的。显然这一情况会影响到整个功能群，"公共使用"因此不被考虑作为合适于描述城市空间结构的功能群。

巴尔的摩市中心的"公共使用"功能群主要位于 CBD 的边缘，少数规模很大的学院（如马里兰大学）决定了它的分布模式。

汉堡的"零售"业在 CBD 核内明显集中（尤其在沿主要街道蒙克巴格大街的东部）。巴尔的摩的"零售/个人服务"在市中心相对不太集中，相对集中于更边缘的地区（图 8-21 和 8-22）。"办公（非政府）"功能在两个城市都相当集中，汉堡这类功能几乎分布在从 CBD 到市中心边缘的地区，在西部稍微集中；在巴尔的摩 CBD 的东部，办公功能明显集中（图 8-19 和 8-20）。

在两地，居住功能明显集中在中心地区边缘（见图 8-27 和 8-28）。居住功能的分布模式与其他非中心商务功能相同，如"工业"和"仓库/工业仓库"，汉堡的"有仓库的批发"都靠近港口位置。

汉堡两个娱乐区圣·鲍立和圣·乔治位于中心地区边缘。"临时居住"和"娱乐"群情况相似，"餐饮"群均匀分布在整个汉堡 CBD 内和巴尔的摩 CBD 内。

总的说来，可以在巴尔的摩和汉堡的市中心内发现一系列功能群的明显聚集现象。这证明最初有关市中心的组成形态的猜想是正确的，即市中心用地功能在市中心地区是非规则分布的，有些功能在中心地区（或 CBD）内更靠近中心，其他的则更靠边缘。这些发现指示出一种潜在的模式，下面将对此进行解释并阐述。

二、用地功能的规律

（一）经验主义分析的结论

上述用地功能地图法清楚地显示市中心特定功能不仅仅集中在 CBD 内，在市中心边缘（CBD 外）位置也可观察到一些明显的簇群。为了进行综合性的结构分析，研究者将下列经验主义式讨论置于较大的中心地区基础上。

1. 用地功能簇群

按研究人员总结的理论，市中心可能以下列三种可能的空间模式中的一种为特征：

1) 不同性质的环围绕一个明显的中心，每个环的质量水准朝市中心边缘减少；

2) 存在不同的环，这些环的等级从市中心的中心向外按货物等级的逐层下降而降低，不过消费者的阶层状况并不呼应这一趋势；

3) "模糊"环，包括各种专业化的活动簇群。

尽管资料不完善，但研究者仍试图在两地寻找出用地功能的结构性簇群。等级聚集的簇群分析法看来适合这一工作。研究人员的基本构思很简单，即把位于两个城市中心地区内功能相似的街区进行组合，形成功能簇群。

将楼面面积按本章前述功能群进行分类，作为进一步确定街区功能的基础。前面的工作已经指出，对来访者的依赖程度能表示有关位置的占用者（即功能设施）的重要特征。研究人员把占用者组合成六个分类，每一分类都有专门的位置标准特征（见表 8-11）。这些功能群中，"办公（非政府）"类功能群较为特殊，它的各种设施对来访者的依赖程度不一，私人

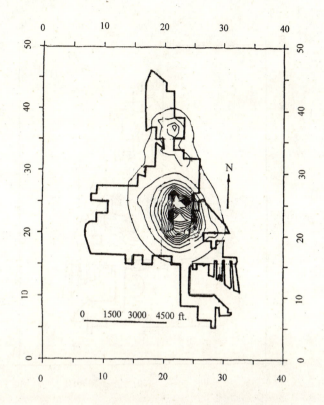

图 8-19 巴尔的摩办公功能（非政府）楼层空间的势位

资料来源：Jurgen Friedrichs and Allen C. Goodman, *The Changing Downtown*, Walter de Gruyter & Co. (1987), Figure 5.11.

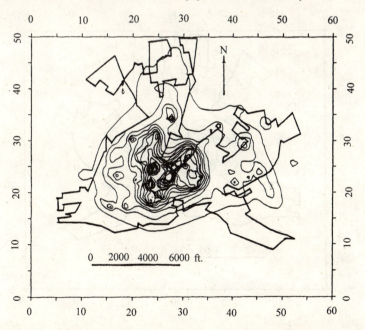

图 8-20 汉堡办公功能（非政府）楼层空间的势位

资料来源：Jurgen Friedrichs and Allen C. Goodman, *The Changing Downtown*, Walter de Gruyter & Co. (1987), Figure 5.12.

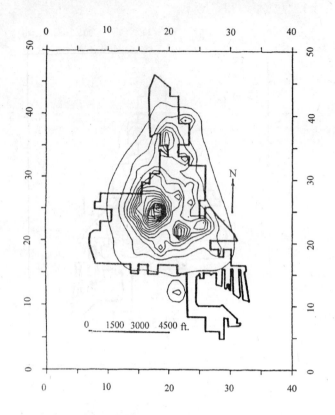

图 8-21 巴尔的摩零售/个人服务楼层空间的势位

资料来源:Jurgen Friedrichs and Allen C. Goodman, *The Changing Downtown*, Walter de Gruyter & Co. (1987), Figure 5.13.

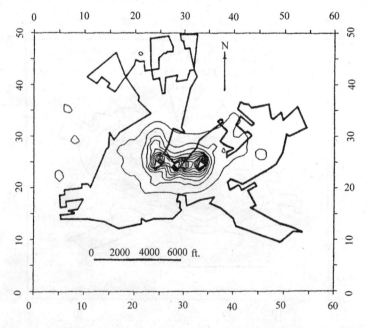

图 8-22 汉堡零售/个人服务楼层空间的势位

资料来源:Jurgen Friedrichs and Allen C. Goodman, *The Changing Downtown*, Walter de Gruyter & Co. (1987), Figure 5.14.

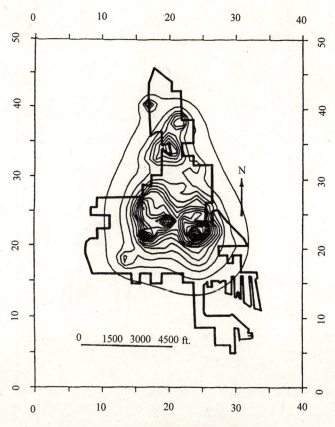

图 8-23 巴尔的摩餐饮业楼层空间的势位

资料来源：Jurgen Friedrichs and Allen C. Goodman, *The Changing Downtown*, Walter de Gruyter & Co. (1987), Figure 5.15.

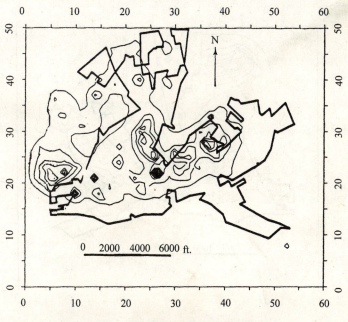

图 8-24 汉堡餐饮业楼层空间的势位

资料来源：Jurgen Friedrichs and Allen C. Goodman, *The Changing Downtown*, Walter de Gruyter & Co. (1987), Figure 5.16.

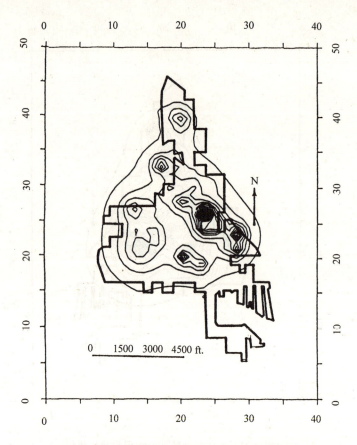

图 8-25 巴尔的摩公共使用功能楼层空间的势位

资料来源：Jurgen Friedrichs and Allen C. Goodman, *The Changing Downtown*, Walter de Gruyter & Co. (1987), Figure 5.17.

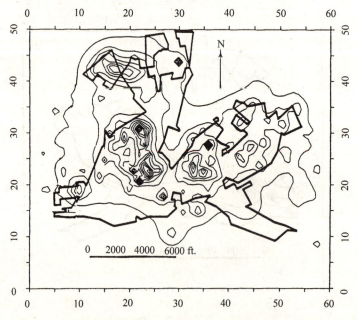

图 8-26 汉堡公共使用功能楼层空间的势位

资料来源：Jurgen Friedrichs and Allen C. Goodman, *The Changing Downtown*, Walter de Gruyter & Co. (1987), Figure 5.18.

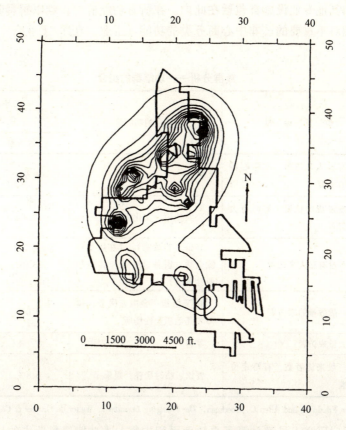

图 8-27　巴尔的摩居住楼层空间的势位

资料来源：Jurgen Friedrichs and Allen C. Goodman, *The Changing Downtown*, Walter de Gruyter & Co. (1987), Figure 5.19.

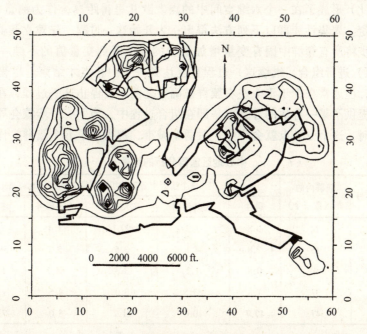

图 8-28　汉堡居住楼层空间的势位

资料来源：Jurgen Friedrichs and Allen C. Goodman, *The Changing Downtown*, Walter de Gruyter & Co. (1987), Figure 5.20.

办公、医务所和其他专业设施都包括在此内。在所有功能群中，难以解释其位置特征的"其他"类功能和相对不重要的、非中心商务类的功能（工业、仓库/工业仓库），都从本研究中排除了。

簇群分析——功能群的组合　　　　　　　　　　　　　　　　　　　　表 8-11

组　合	位　置　标　准	组合的功能群	占中心地区总功能群的百分比	
			巴尔的摩	汉　堡
居　住	没有私人来访者，非中心特定用地功能	居住	6.6%	13.8%
公共使用	自发形成的位置，有时有大量来访者	公共使用、文化机构	32.4%	26.9%
私人办公	几乎没有私人来访者	办公（非政府）。（在汉堡排除金融、医务、律师和其他职业性场所）	33.0%	27.3%
个人服务	有一般数量的来访者	在汉堡指：金融、医务、律师和其他职业性场所	7.0%	9.1%
零　售	有大量来访者	零售	7.1%	8.5%
餐　饮	有一般来访者数，有特定位置标准	餐饮、临时居住、娱乐	6.8%	5.4%

资料来源：Jurgen Friedrichs and Allen C. Goodman, *The Changing Downtown*, Walter de Gruyter & Co. (1987), Table 5.2.

对每个街区，研究人员都计算了总楼面面积中每一类功能聚集所占的比例（因为省略了某些功能，功能聚集加起来不足100%）。每个街区的六种值（六个功能群的设施分别占的楼面面积百分比）形成了在一个六维空间中的点。欧几里得距离，作为测量相似性的基础，由每对街区决定。聚集性簇群以下列方法得出：为开始这一过程，先建立簇群概念来将街区分类，然后逐步将所有簇群中固有变量增加最少的（关系到变量值的不纯一性）两个簇群（这时只是街区）进行组合，继续这一过程直至达到一个中止点才结束。尽管对簇群的数量没有严格限制，但通常在少于十个左右簇群被确定之前不会停止这一过程，在这种情况下不纯一性的增加提供了某一合适的分叉点。即在组合过程中，当下一个步骤会导致不纯一性的超比例性上升时，这个分叉点就会产生。对两个城市，都得出了五个簇群，详见表8-12。

中心地区簇群分析的结果　　　　　　　　　　　　　　　　　　　　表 8-12

地　区	簇群序号	簇群内的街区数（个）	每个簇群中各功能组合群所占的百分比（%）					
			居住	公共使用	私人办公	个人服务	零售	餐饮
巴尔的摩	1	22	0.8	1.2	90.1	1.4	2.9	3.4
	2	15	7.8	4.1	3.6	5.7	56.1	4.7
	3	9	0.8	1.2	3.3	65.7	1.5	4.6
	4	37	1.8	83.5	3.0	4.5	1.9	1.8
	5	47	17.7	10.6	21.2	8.0	7.3	14.5

续表

地 区	簇群序号	簇群内的街区数（个）	每个簇群中各功能组合群所占的百分比（%）					
			居住	公共使用	私人办公	个人服务	零售	餐饮
汉堡	1	75	5.4	5.4	62.0	8.1	2.8	5.3
	2	100	14.0	6.1	18.0	16.5	16.0	4.3
	3	25	14.8	11.6	2.3	1.7	7.6	51.9
	4	73	6.0	83.9	1.8	1.0	2.2	1.1
	5	27	77.9	3.6	1.8	1.1	4.1	3.3

资料来源：Jurgen Friedrichs and Allen C. Goodman, *The Changing Downtown*, Walter de Gruyter & Co. (1987), Table 5. 3.

分析结果显示汉堡具有一种"模糊的"环模式，中心地区的中心主要由"零售和个人服务"（簇群2）密集地利用。"公共使用"（簇群4）除了其在中心地区中心的传统位置外，研究者现在找到了在中心地区边缘（以前城墙）由公共使用功能形成的第二环，可以用城市的发展历程来解释其产生。仍遗留在中心地区的居住区分布在新市地区（簇群5），这儿的两个娱乐区圣鲍立和圣乔治形成了中心地区西部和东部边缘的一个簇群（簇群3）。

巴尔的摩的簇群分布在两个方面与汉堡有所不同，首先，研究人员在巴尔的摩观察到一个相对大的，主要包括了居住、餐馆、旅馆等的簇群。另外，巴尔的摩出现了一个专门化的、规模很小的个人服务簇群。

簇群地图法显示出两个市中心的功能在分布位置上存在更多不同。巴尔的摩中心区边缘的位置由公共使用（簇群4）所占据，中心区的中心的土地使用模式与汉堡的差别很大，在中心区西北部有一个零售中心（簇群2），在中心区东南部有一个私人办公簇群（簇群1），明确地显示出一种"多中心"结构。居住与餐饮簇群通过中心区从北向南扩展（簇群5），个人服务簇群的街区相对有规律地分散在整个中心区（簇群3）。

因为存在一定的资料限制，难于进行有关两个市中心的整体结论性分析，不过，仍可以解释由簇群分析揭示的模式。在汉堡市中心可以注意到一种环形结构的现象，这一发现支持了第一个理论假设，即不同的环围绕一个明显的中心形成的模式，这意味着货物的等级向市中心的边缘逐步降低。

可达性是形成等级秩序的一个元素。在汉堡，环结构被几种特定位置的簇群所打破，所以整个环结构看起来是"模糊的"。尤其是环结构的中心——汉堡市中心的主要购物区具有这种形态，它是一条向宾嫩奥斯特湖南扩展的外延带，几个重要的地方性和长距离交通设施沿这一带布置。由此看来，在汉堡可观察到一个多中心结构的迹象，虽然汉堡市中心没有巴尔的摩现功能明显的空间分离现象。

巴尔的摩盛行多中心结构。有的理论假设认为城市化和地方化经济可以决定位置，在巴尔的摩市中心存在两种在分布位置上很有区别的聚集：在CBD（霍华德街）西部的零售聚集区和在东部的私人办公和管理功能聚集区。

两个市中心除了所有这些不同之外，在用地功能的空间模式中存在相似性。在两市中心地区的边缘都有公共使用功能环，有大量来访者的设施（如零售）大都集中在CBD内。鉴于簇群分析是以功能群的聚集为基础的，研究者将运用描述性统计方法来得出有关环结构的更进一步的细节。

2. 同心圆分区

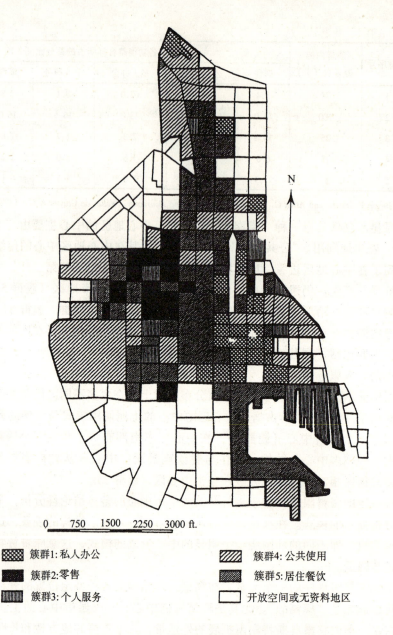

图 8-29 巴尔的摩中心地区簇群的空间分布

资料来源：Jurgen Friedrichs and Allen C. Goodman, *The Changing Downtown*, Walter de Gruyter & Co.(1987), Figure 5.22.

首先要定出一个可以作为中心地区中心的点。鉴于市中心可能是一种多中心结构，这种"中枢点"只能是市中心内的一些重要点中的一个。研究者在地方传统的基础上选择了若瑟市场（汉堡）和查尔斯中心（巴尔的摩）作为这种点，再将这两点与按标准方法确定的中心进行比较。这种标准方法可以计算出数学中心 ($\bar{x}, \bar{y}$)。

最终得出的结果（数学中心）分别是位于巴尔的摩查尔斯中心所在街区的北部边缘的一个点和位于汉堡靠近疆符斯帝哥与波林荡姆交叉处的一个点，这两个点很接近定性地确定的点。

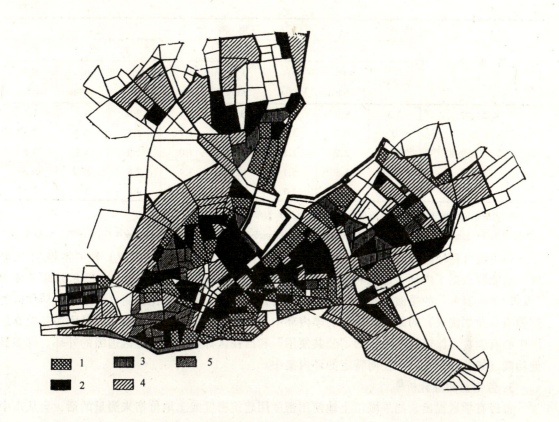

图 8-30　汉堡中心地区簇群的空间分布
注：图例同图 8-29。

资料来源：Jurgen Friedrichs and Allen C. Goodman, *The Changing Downtown*, Walter de Gruyter & Co. (1987), Figure 5.23.

从这两点出发，围绕这两点形成的环决定了用地功能的差异。首先为建立完整的同心圆环，计算出每个环中 11 个功能群（参见表 8-6）各自的楼面面积。为计算市中心各类功能地区的规模，研究者在两座城市中定界了四个环，研究发现在两个市中心各类功能的楼面面积分布在所有环中的情况是大致相同的。

巴尔的摩和汉堡同心圆环内各功能群的楼面面积所占比例　　表 8-13

功能群	距离分区							
	巴尔的摩				汉堡			
	0~300m	300~600m	600~900m	大于900m	0~450m	450~900m	900~1350m	大于1350m
办公（非政府）	52.7	33.9	21.1	22.9	57.0	44.8	31.2	14.6
零售/个人服务	15.6	17.3	5.3	22.2	21.2	9.2	3.1	4.1
餐饮	1.3	2.1	1.3	1.7	1.8	1.4	1.8	1.3
娱乐	0	0.1	0	0	0.7	0.4	0.6	1.4
临时居住	14.7	1.8	4.3	0.4	2.0	2.2	6.9	2.0
公共使用	5.3	22.2	51.0	23.0	5.4	20.9	20.7	46.7

续表

功能群	距离分区							
	巴尔的摩				汉堡			
	0~300m	300~600m	600~900m	大于900m	0~450m	450~900m	900~1350m	大于1350m
文化机构	3.3	8.0	3.7	5.5	2.1	2.0	3.5	1.7
工业	0	0.7	3.4	0	1.7	5.1	2.4	2.6
仓库/工业仓库	2.1	2.7	2.1	1.9	1.0	1.9	3.2	2.2
居住	3.4	5.6	5.1	19.2	3.4	7.8	23.2	21.6
其他	1.7	5.7	2.7	3.4	3.8	4.4	3.3	1.8

注：表中数据为百分比。原表的距离分区以英尺（ft.）为单位，编译者进行了换算。

资料来源：Jurgen Friedrichs and Allen C. Goodman, *The Changing Downtown*, Walter de Gruyter & Co. (1987), Table 5.4.

两座城市各环内楼面面积的比例都显示出相似性。"办公"（非政府）和"零售/个人服务"功能群占据了内环，这两种功能群从中心位置都获得了特别利益。巴尔的摩外环中"零售/个人服务"的楼面面积比例很高，主要是因为个人服务的比例高（包括靠近居住区的蓝领服务业如洗衣）的原因。巴尔的摩内环中"临时居住"的集中可以认为是因为靠近查尔斯中心有少数大旅馆的原因，而"公共使用"和居住区都集中在中心区边缘的外环。许多其他功能（如餐饮）并不在任何特定的环内集中。

3. 劳伦兹曲线分析 ❶

曾经有学者提出，如果城市土地使用密度用建筑密度或土地价格来测量的话，会从市中心向外减少。这一假设有一定道理，可以用来分析各类功能楼面面积的分布情况，且为此目的没有必要进行专门的距离测算。

用地功能密度可以运用墨菲和范斯发展的指数来确定，墨菲—范斯指数（CBII）能计算出在一个街区的总楼面面积中中心商务功能所占的百分比。指数值，即密度，由中心商务功能活动的密度决定。对政府所占用场地的分析需要再进行功能分类。所有市中心的结构模式，尤其是环模式，都特别强调商业活动，而政府设施与商业活动的关联很少，因此有理由将墨菲和范斯的指数单独运用于私人类用地功能。表8-5中列在前面的五个功能群更合适些，已被用来为中心地区内的CBD定界，因此在本研究中CBII仅被作为私人类中心商务用地功能指数。

下面的分析是在一种修改后的劳伦兹曲线技术基础上进行的。研究人员将街区的楼面面积进行累加，按在横坐标上密度指数值增加的顺序，相应定出该象限上某个功能群的街区所占的楼面面积份额。不像传统的劳伦兹曲线那样，这样得出的最后图形会与代表相同百分比的对角线相交叉。曲线的形状显示某种功能占用市中心的密集程度或从这些地区"偏离"的程度。这种方法没有限定某个明显的"中枢点"的位置，显示出在一个多中心的中心内不同的密集使用地区之间存在联系。

我们从直接和非直接用地功能地图法中都考查了功能群的情况，在此所考查的用地功

---

❶ 劳伦兹曲线：lorenz curve, 表现所得不平均度的曲线；1905年由美国统计学家 M. C. Lorenz 提出；以纵轴表示所得增加的百分比，横轴表示对应于所得的人员增加百分比，然后将各特定年度的资料对应到坐标上连成曲线图；和坐标的对角线如很接近，表示不平均较低，反之则较高。

能，从它们是中心地区内相当重要的用地功能代表的意义上讲是中心性的，甚至"居住"这样的功能群也是这样，虽然它不是市中心类特定功能。那些市中心商务用地功能之间的密切关系随接近中心位置的程度的不同而不同，巴尔的摩和汉堡在这一方面具有明显的相似性。

图 8-31 显示了用修改后的劳伦兹曲线进行分析的结果。将功能按它们靠近（对角线下的曲线，即"下降"曲线）或偏离密集使用地区（对角线上的曲线）的程度排列。在两座城市中有些功能曲线非常相似。

修改后的劳伦兹曲线明确地证实中心地区存在环结构模式。环模式也许不能完全准确地解释空间模式，但可以解释与中心位置有不同密切关系的市中心功能群的结构组成。功能的连续性很好地呼应了有关这方面的一些论述（第三章第二节）。

（二）结论

现在来总结巴尔的摩和汉堡中心地区的空间结构。

1）研究者发现城市中心存在不同档次——专门化的货物和服务环。在许多城市购物街和购物区中，它们分等级地对应不同消费阶层（针对高、低购买力），这些等级都可以在市中心区分出来，例如在汉堡市中心，CBD 东部被主要提供大量日用货物的百货店占据，而在 CBD 西部则是由提供高档次货物的专卖店占据；巴尔的摩的情况大致一样。这种位置模式同样反映在购物者的活动和社会结构中。

2）研究者发现市中心存在按等级而不是按档次——专门化秩序排列的各种日用品销售店形成的环。簇群分析显示在汉堡存在一个这种环的结构，这些环相互之间区别并不很大。对这些功能和环分区中的楼面面积分配的分析显示——从数学中心开始——功能的混合在两个市中心存在差别。但即使这种相互关系是明确的，仍不能认为它证实了环结构假设。巴尔的摩市中心是很好的例子，它证明多中心和环结构的组成元素可以结合起来。在这一方面，经验主义得出的证据确实显示了市中心具有某种形成环结构的趋势，但这种趋势不是很强烈，只是汉堡比巴尔的摩更强烈些。

3）如果市中心是一种多中心结构，其特征将是一幅不同用地功能的镶嵌画而非同心圆分区。各种组成元素将会由它们与几个中心中的某个的距离决定。为了找出证实多中心结构的实例，研究者联系不同用地功能进行研究，方法是墨菲和范斯的中心商务指数技术。对两个市中心分析的结果正如人们对描述性统计方法所期待的那样很明确，被中心位置强烈吸引的功能（如非政府办公）可以从撤离这些位置的功能（如居住）中明显地分辨出来。两座城市在这方面得出了几乎相同的结论，强烈地指示出市中心存在一种多中心结构，因此可以说，与此对立的某种有关市中心具有明显的环结构的设想必然是不合理的。

巴尔的摩比汉堡的多中心结构更为明显。形成一个多中心的位置系统的先决条件是交通系统能等效地覆盖整个市中心所有地区，而不是某个简单点的可达性最大，在这种情况下，市中心的所有地区都易于到达。城市化和位置化经济是决定位置的决定性力量。

这种系统适合巴尔的摩，该市私人小汽车是最重要的交通工具，超过了汉堡。公共汽车是最重要的公共交通工具，虽然最近开通的地铁在巴尔的摩中心区有两个站（第三站仅横穿边界），但用地功能和相关的交通系统仍没有产生任何重大变化。

在汉堡，公共交通更为重要。汉堡中心地区内的交通系统由一系列小区公共交通交接点联系形成，形成了一个围绕宾嫩奥斯特湖南部的半圆，汉堡沿此线路开发了一条可达性相等的带，位丁其中心的设施（尤其零售店）已聚集发展成一个明显的中心，其他功能则位丁其边缘。

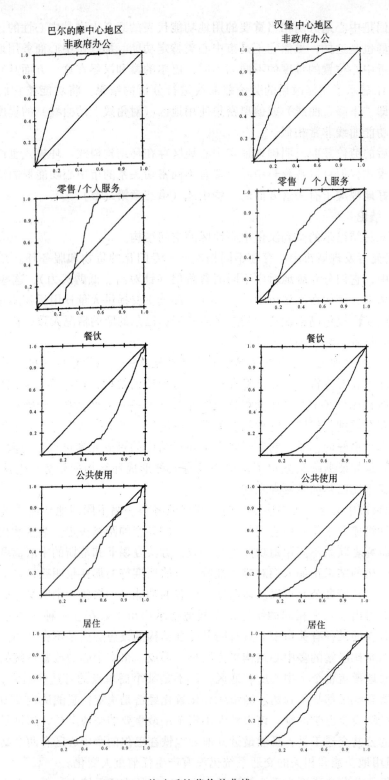

图 8-31 修改后的劳伦兹曲线

资料来源:Jurgen Friedrichs and Allen C. Goodman, *The Changing Downtown*, Walter de Gruyter & Co.(1987), Figure 5.24.

第四节 CBD 与次中心来访者

一、汉堡研究

前述章节曾经指出了与次中心和整个城市相关的汉堡 CBD 的变化（尤其是其重要性的丧失）。其重要性的丧失可能是因为 CBD 内零售顾客的减少，与此对应的是汉堡次中心的来访者数量上正在上升。

在此之前有关汉堡 CBD 来访者的数量无任何新的资料，也无从确切地知道在汉堡人们去往 CBD 或次中心的原因，但这一信息对了解在大城市地区内 CBD 的"竞争性位置"和汉堡 CBD 未来的可能发展方向会很有利。

研究者在 CBD 和四个次中心内进行了来访者调查，包括询问来访者关于来访的原因、所进行的活动及其社会——经济背景等。

（一）假设

CBD 或城市中心在前面章节中被定义为第三产业设施的空间聚集（第二节），因此它们的特征是拥有大量的城市就业岗位及为城市居民服务的设施（如零售贸易设施），给城市居民提供一系列拜访它们的可能原因。当然，还有许多别的购物和活动中心也能形成同样原因。

分析 CBD 和次中心来访者的一个重要的参数是一个中心内的零售商店和其他服务设施的"数量和质量"。一个中心所提供的货物种类档次越广泛，顾客在此发现能符合他们专门购物要求的可能性就越大（包括价格）；货物的品种越多，购物活动中的某种活动就越可以与另一种活动结合，因此使顾客节省了交通需要的时间和金钱。

另一个参数涉及"非零售活动"，即 CBD 内除了各种零售货物的买卖外，同样存在其他活动，如去美发、将衣服送到洗衣店、去其他个人服务设施或文化及其他娱乐设施（电影院、餐馆等）。还有一种活动是"绕中心逛一圈"，包括窗口购物、看行人、观看街道上的喧闹，以及其他涉及消遣和刺激的活动。因此，文化和其他设施及"闲逛的吸引力"对决定人们去中心看来是重要的。

汉堡 CBD 是一个地区性购物中心，它比其他次中心的零售贸易和出售货物品种都要更多更广。这一点由商店的数量证明了，1979 年在汉堡 CBD 内有 918 家商店，在最大的次中心（奥多纳）仅为 226 家。同样，CBD 其他的个人服务种类及文化和娱乐设施也比任何次中心多。因此可以假设在汉堡下列来访者的比例在 CBD 中比在次中心更高：

——那些将丰富的零售种类作为来访原因的人；
——那些进行文化活动和其他涉及"消遣和刺激"（尤其是闲逛）的人；
——那些结合了几种活动的人。

服务设施和娱乐设施不规则地分布在汉堡 CBD 中，70 年代后期建好的 8 个购物廊位于 CBD 西部，它们拥有 180 间零售店和 30 个餐饮场所。CBD 的西部通常被高级专卖店所占据，该地区的建筑风格、咖啡馆、餐馆和许多其他为闲逛活动提供的机会使这一地区尤其具有吸引力。CBD 的东部包括了汉堡几乎所有的大型百货店（包括大型服装店）。

从对来访者调查和统计的结果中可以总结出 CBD 及其次区域的来访者分布结构。首先，CBD 东部比 CBD 西部的来访者更多；其二，涉及娱乐活动或任何涉及消遣刺激的来访者比率，在 CBD 西部（尤其在购物廊里）比在 CBD 东部更多，CBD 东部的大部分来访者仅是去

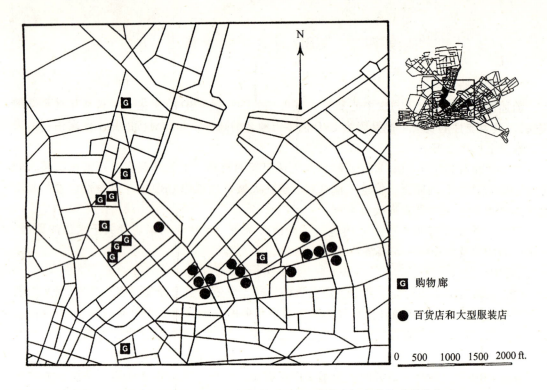

图 8-32 汉堡 CBD 内的百货店（含大型服装店）和购物廊的分布

资料来源：Jurgen Friedrichs and Allen C. Goodman, *The Changing Downtown*, Walter de Gruyter & Co. (1987), Figure 6.1.

购物。因为商店的关闭时间对娱乐活动无任何影响，因此晚上和周末在 CBD 西部比在 CBD 东部的人更多。

当城市居民决定购物时，市中心的可达性是另一个决定性因素。出行花费的时间和金钱清楚地显示那些易达的场所比那些不易达的场所占据的位置更好。一个中心的可达性依靠其在城市中的地理位置、其与公共交通结合的程度、公共交通的频率、公共交通站点的位置及私人小汽车的通道和停车场的状况。

汉堡 CBD 是乘公共交通最可达的中心，而次中心乘小汽车则相对易达，这造成在 CBD 中使用公共交通方式的来访者比例更高，而在次中心则是使用私人小汽车的来访者比例更高。

从居民的观点来看，在规模、质量和可达性之间存在一种贸易差。在规模大但距离远的中心内购物活动可以由规模小但距离近的中心购物活动所替代。CBD 远离主要居住区，拥有大量的工作场所，而次中心紧靠居住区，只有较少的工作场所，因此，去 CBD 的人中，住在 CBD 附近的来访者比例较低，而去次中心的人中，在次中心工作的来访者比例较低。

考查城市居民可获得的购物机会和各类中心的可达性的研究方法主要依赖分析居民的社会经济状态（由收入水平、年龄和家庭规模决定）。例如，随着收入的增加，消费者会希望购买更高一级的货物和获得更高级的服务，这可以通过考查在汉堡使用各种中心的不同使用者的情况得以证实。可以说货物和服务的档次在 CBD 中比在次中心中更为专门化、质量更高，汉堡 CBD 东部和西部也存在类似的差别，因此可以断言在 CBD 中收入良好的来访者的比例比次中心多，这一比例在 CBD 西部比东部多。

城市人口的社会——经济结构以另一方式影响着购物中心。某种购物（尤其是购买日用品）活动可在与某人居住地靠近的购物场所中解决，因此，由低收入居住区包围的购物中心具有最高比例的低收入来访者，低收入家庭比高收入家庭更靠近其居住地进行购物。这一现象产生的可能原因是：

——低的可动性（小汽车拥有量低）；
——低的储存容量（如冰箱容量小）；
——大型中心中零售业的信用条件令人不满；
——缺乏有关零售业分类状况的信息。

整个城市地区人口的不规则分布状态不仅指收入，也指年龄和家庭规模。更多的老年人住在内城区而非城市外围，在靠近市中心的次中心内老年人比例因此相对较高，这一年龄群的低可动性（物质能力的下降、非小汽车拥有）加重了这一趋势。

单人家庭同样集中在内城区，而大家庭（尤其是有小孩的家庭）则偏爱住在外围。因此，CBD 和紧靠市中心的购物中心拥有相对高比例的来自单人家庭的人数，而周边地区购物中心则有相对高比例的来自多人家庭的人数。

（二）来访者调查

在来访者调查中使用了标准问卷。因为来访者不愿意花比几分钟更多的时间去回答问题，所以问卷需要采用简短的问题。

研究者预先进行了 174 次会谈，以此进行分析后再对问卷内容进行改进。调查最后在下列四个地点和时间内进行：

1) CBD，星期一至星期六上午；
2) CBD，星期六下午和星期日；
3) 次中心，星期一至星期六上午；
4) 次中心，星期六下午和星期日。

具体地点的选择由研究人员确定，一般是具代表性且较典型的位置。问卷于 1981 年 1 月在 CBD 内和汉堡大街中心和奥斯特大街中心进行，而在 AEZ（一个中心的简称）和荷若德中心的问卷则在 1983 年 6 月进行（研究者假设在 1981 年和 1983 年之间的经济形势变化对人们的购物行为影响很小）。在特殊条件下（如节日）不进行调查。

将一周分成为几个组，即星期一到星期四、星期五、星期六和星期日等四组。从来访者的数量判断，星期一和星期五为非典型的工作日，研究人员因此选择了星期二、星期三、星期四、星期六和星期日作为问卷日。

选择时间着力避免来访者组成的失真，表 8-14 是精确的问卷时间，问卷对象的选择不完全是标准的。每小时进行 3～8 次问卷活动（与 16 岁以上的人会谈），共计进行了 2164 次问卷，其中 802 次在 CBD 内，292 次在汉堡大街中心，277 次在奥斯特大街中心，438 次在 AEZ，355 次在荷若德中心，拒绝率是 15%。

问 卷 时 间　　　　　　　　　　　　　　　表 8-14

地　　　点	星期一至星期五	星期六	星期日
CBD	10:00～22:00	10:00～16:00 18:00～21:00	10:00～12:00 14:00～18:00
奥斯特大街和汉堡大街中心	10:00～19:00	10:00～14:00	2:00～18:00
AEZ 和荷若德中心	10:00～19:00	10:00～16:00	10:00～12:00

资料来源：Jurgen Friedrichs and Allen C. Goodman, *The Changing Downtown*, Walter de Gruyter & Co. (1987), Table 6.2.

（三）调查分析结果

1. 来访者的社会——经济特征

表 8-15 给出了来访者的性别、年龄和家庭规模组成。可以看出，男性比女性更常光顾 CBD 和汉堡大街中心，这种"男性过剩"现象可能是因为在这两个中心内有大量的男性就业者。政府和非政府办公功能在 CBD 及汉堡大街中心内比例较大，比其他次中心更多。奥斯特大街中心、AEZ 和荷若德中心的来访者性别组成接近整个汉堡的百分比，来访者性别组成在整个次中心群和 CBD 之间存在重大差别。

总的来说，所有中心的来访者的年龄组成比较相似，年轻人（16~20岁）比例很高，中年（36~50岁）相当于整个汉堡的平均比例，老年人（51岁以上）的数量则相对较少。CBD 和次中心的来访者各年龄组之间的差别最大的在 16~20 岁组，产生的原因是 CBD 内零售组合、娱乐设施及闲逛的机会特别符合年轻人的品味。购物廊对 65 岁以上的人最乏吸引力，老年人可能更不好运动，因此许多 65 岁以上的人通常因为体力的限制不太光顾各种中心。

汉堡大街中心和奥斯特大街中心比其他中心有更大量的老年人，这反映出与这些中心相邻的居住人口的老龄化。在 AEZ 中老年人超过 65% 的高比例令人吃惊，可能的解释是 AEZ 是汉堡东北部惟一的最大的中心，而缺少运动能力的老年人只有有限的选择。这也说明了在紧绕 AEZ 的居住邻里中老年人相对较多，大于 65 岁年龄组的比例超过了荷若德中心附近的居住邻里中的相应比例，仅比在奥斯特大街中心和汉堡大街中心的居住邻里中的相应比例稍低。

至汉堡四个次中心和 CBD 的来访者的性别、年龄和家庭规模的百分比　　　　　表 8-15

来访者特征		CBD				次中心					整个汉堡
		总计	CBD东部	CBD西部	购物廊	总计	汉堡大街	奥斯特大街	AEZ	荷若德中心	
性别	女	44.7	42.2	47.1	47.5	53.1	46.8	57.0	54.1	54.0	54.3
	男	55.3	57.8	52.9	52.5	46.9	53.2	43.0	45.9	46.0	45.7
	数量	797	398	399	2630	1362	295	277	436	354	1384922
年龄	16~20岁	14.5	14.5	14.4	13.7	10.3	10.0	12.3	8.8	10.9	8.3
	20~35岁	37.1	40.4	33.8	40.5	35.8	33.8	34.8	35.3	38.9	24.4
	36~50岁	26.3	25.8	26.8	29.7	27.3	26.2	23.2	27.5	31.1	26.1
	51~65岁	12.7	11.0	14.4	11.2	14.8	15.9	16.7	14.2	13.1	19.6
	≥65岁	9.4	8.3	10.6	4.9	11.8	14.1	13.0	14.2	6.0	21.6
	数量	795	399	396	2614	1346	290	276	430	350	1384922
家庭规模	1人	28.5	29.8	27.2	22.3	22.1	25.5	24.8	19.1	20.9	20.2
	2人	31.4	29.3	33.5	30.4	32.9	36.7	33.2	33.1	29.1	30.9
	3人	16.1	16.9	15.4	21.2	21.5	19.1	25.9	22.5	18.9	20.1
	4人	16.5	17.9	15.1	18.3	16.9	11.9	11.3	20.0	21.4	19.4
	≥4人	7.5	6.1	8.8	7.8	6.6	6.8	4.8	5.3	9.7	9.4
	数量	793	396	397	2618	1353	294	274	435	350	1653043

注：CBD东、西部、汉堡大街和奥斯特大街的数据为 1981 年数据，AEZ 和荷若德中心为 1983 年数据，购物廊为 1982 年数据。

资料来源：Jurgen Friedrichs and Allen C. Goodman, *The Changing Downtown*, Walter de Gruyter & Co. (1987), Table 6.3.

对到各中心来访者家庭规模的比较，显示去 CBD 和去与市中心紧临的次中心的单人家庭的比例比去外围次中心的多。CBD 吸引了几乎和与市中心紧邻的次中心一样多的来自四人或更多人的家庭中的来访者，在内城区这一家庭组的比例较小，而在外围地区的比例较高，这种情况可能的解释是尽管 CBD 距离远，但在 CBD 内有极其多种的零售组合及消遣的机会，吸引了多人家庭的人来到 CBD。

表 8-16 显示 CBD 和次中心的来访者收入水平，仅存在很小差别，在 CBD 内的高收入（每月高于 5000 西德马克）来访者比例稍高些，CBD 西部尤其是购物廊高收入来访者比 CBD 东部比例更高，购物廊来访者超过 22%、CBD 西部来访者的 20% 报告其家庭每月净收入超过 5000 马克，而 CBD 东部的这个比例为 11% 甚至更少。

各次中心之间的差别类似于 CBD 东西两部间的差别。低收入（2000 马克）者比例在奥斯特大街中心最高，因为其周围为低收入者居住区；而在 AEZ 中这个比例最低，因为它处于高级居住区中。所有中心的高收入来访者所占的比例从高至低排列的顺序为：CBD——AEZ——荷若德中心——汉堡大街中心——奥斯特大街中心。如果 CBD 分成东西两部分进入计算的话，排列顺序为：CBD 西部——AEZ——荷若德中心——汉堡大街中心——CBD 东部——奥斯特大街中心，这显示对高收入者来说，CBD 东部比 CBD 西部甚至某些外围次中心吸引力更少。

2. 出行距离和交通工具

表 8-17 是至 CBD 和次中心的出行距离和来访者所用交通方式的调查结果。到达 CBD 需要超过 30min 的出行时间的来访者占总数的 30% 左右，而至次中心的来访者这个比例仅为 8.5%，在次中心中超过一半的人只需要 10min 甚至更少的时间就能到达。至 CBD 和次中心的出行距离相差很大。

约 40% 的次中心来访者骑自行车或步行，40% 的人使用其小汽车或摩托车（因为摩托车很少，故"小汽车/摩托车"类统称为"小汽车"类）。与 CBD 来访者相比，次中心来访者使用小汽车出行的比例较高，使用公共交通的比例较低，这表明次中心显然比 CBD 乘小汽车更易到达，而 CBD 则乘公共交通更易到达。

至 CBD 西部和 CBD 东部的平均出行距离无重大差别，而交通方式的差别则很明显而且非常重大。在 CBD 东部来访者中使用公共交通方式的比例较大，可以解释为主要公交站位于 CBD 的这一部分，这里是汉堡最重要的公共交通枢纽和许多人开始到访 CBD 的地点；另一种解释为小汽车所有权和收入水平之间的关系，高收入者比例在 CBD 西部更高，相应地有更多的人使用私人小汽车。

各次中心的来访者使用的交通方式同样存在重大差别。最明显的差别是在 AEZ 和奥斯特大街中心之间，AEZ 的小汽车使用者比例最高，而奥斯特大街中心最少，"自行车/步行"类来访者情况则与之相反。

到汉堡 CBD 和四个次中心的来访者的百分比（按收入分） 表 8-16

每月家庭净收入（马克）	CBD				次中心					
	总计	CBD 东部	CBD 西部	购物廊	总计	汉堡大街	奥斯特大街	AEZ	荷若德中心	汉堡总计
0~999	10.2	11.1	9.4	6.3	8.0	8.6	11.0	8.8	4.0	7.0
1000~1999	20.4	25.3	15.0	13.2	21.2	24.0	27.9	14.1	22.0	25.0
2000~2999	21.9	23.5	20.1	21.1	27.4	26.6	32.7	26.6	24.6	33.0
3000~3999	22.4	21.4	23.5	20.6	19.6	18.3	14.2	21.8	22.7	18.0
4000~4999	10.2	8.2	12.5	16.4	12.2	11.2	7.9	14.6	13.7	7.0
5000~5999	7.5	5.8	9.3	9.3	6.4	7.9	3.9	7.4	5.7	4.0
≥6000	7.4	4.7	10.2	13.1	5.2	3.4	2.4	6.7	7.3	6.0

续表

每月家庭净收入（马克）	CBD				次中心					
	总计	CBD东部	CBD西部	购物廊	总计	汉堡大街	奥斯特大街	AEZ	荷若德中心	汉堡总计
%	100.0	100.0	100.0	100.0	100.0	100.0	100.0	100.0	100.0	100.0
数量	732	379	353	2426	1197	267	254	376	300	1780
无固定收入	7.6	5.0	11.5	8.7	10.9	9.8	8.3	14.2	15.5	10.0

注：时间同表 8-15。

资料来源：Jurgen Friedrichs and Allen C. Goodman, *The Changing Downtown*, Walter de Gruyter & Co. (1987), Table 6.4.

1981 年汉堡来访者到 CBD 和四个次中心的出行距离和交通方式的百分比　　表 8-17

		CBD			次 中 心				
		总计	CBD东部	CBD西部	总计	汉堡大街	奥斯特大街	AEZ	荷若德中心
交通方式	公共交通	60.4	67.7	53.1	19.1	21.6	20.5	17.4	18.3
	小汽车/摩托车	31.6	23.3	39.9	40.7	39.4	17.0	60.7	36.0
	自行车/步行	8.0	9.0	7.0	40.2	39.0	62.5	21.9	45.7
	%	100.0	100.0	100.0	100.0	100.0	100.0	100.0	100.0
	数量	801	400	401	1406	292	277	438	399
出行距离（以时间计）	0~10min	18.3	17.2	19.5	57.5	47.5	72.9	51.6	61.0
	11~20min	27.3	27.5	27.2	25.1	26.2	16.3	30.7	24.2
	21~30min	24.9	26.2	23.6	8.9	12.4	5.4	9.9	7.7
	31~40min	6.0	5.5	6.4	1.5	2.8	0.7	1.4	1.1
	41~50min	11.4	11.8	11.0	2.6	4.5	1.8	1.6	2.9
	51~60min	8.0	8.3	7.7	2.5	4.5	2.2	2.5	1.1
	大于 60min	4.1	3.5	4.6	1.9	2.1	0.7	2.3	2.0
	%	100.0	100.0	100.0	100.0	100.0	100.0	100.0	100.0
	数量	787	397	390	1354	290	277	436	351

注：AEZ 和荷若德中心为 1982 年数据。

资料来源：Jurgen Friedrichs and Allen C. Goodman, *The Changing Downtown*, Walter de Gruyter & Co. (1987), Table 6.5.

这种差别可解释为在各类中心的来访者的收入、小汽车拥有量及各中心所拥有的停车场地等情况之间存在差别。AEZ 提供了超过 2000 个免费停车位，而在建筑密集的爱姆斯布托区中的奥斯特大街中心只给来访者提供很少的停车场地（而且必须付停车费），在其周围居住区的居民最易步行或骑自行车到达这一中心。在奥斯特大街中心和荷若德中心被询问的人中有 3/4 住在很近的邻里中。汉堡大街中心和 AEZ 的服务地区更大些，但仅覆盖了城市的一部分，而 CBD 则吸引来自整个汉堡和周围地区的人。

3. 到访中心的原因

各种来访原因的比例在 CBD 和次中心之间有重大差别。其中，CBD 因为其零售组合而更常被人光顾，娱乐活动是另一种使人光顾 CBD 的主要原因。文化活动、消遣和刺激也关系到去 CBD 的活动原因，以旅游为目的去 CBD 的来访者比去次中心的多。

次中心得益于它们与居住区的接近。对它们的顾客来说，"靠近居住地"是去次中心的重要原因，相对少的次中心来访者——虽然比 CBD 的多——提出停车场地比较充足可以作为一个来访原因。CBD 作为某人的工作或教育场所更常被作为一个到访 CBD 的原因，这表明 CBD 作为就业场所有更多的重要性。CBD 西部比 CBD 东部更经常具有娱乐目的（如文化活动、休闲与刺激、旅游），CBD 东部主要通过零售贸易吸引来访者。

汉堡大街中心零售业的吸引力很突出，在四个次中心中，它拥有最多的零售商店，提供最多种类的货物。AEZ 因提供了娱乐机会而使它的情况类似于 CBD。与其他中心相比，奥斯特大街和荷若德中心因与居住区靠近而被顾客光顾，这些中心的服务地区很有限。

距离可以作为时间和金钱价格的一种代表，表 8-19 显示了最常见的不去 CBD 的原因，几乎所有次中心来访者的一半都提到 CBD 太远、要太长时间到达。

次中心有更好的可达性且更易接近，以此作为到访原因在频率上列第二，与 CBD 内停车场的缺乏及出行不方便（7%）等因素，同时表明了可达性的重要性。1/10 的次中心来访者持对 CBD 的否定态度而不愿去那儿，许多人指出经济原因（交通价格及商品价格差异）促成了他们不去 CBD 的决定。然而，却没有人将害怕成为某种罪行的受害者作为逃避 CBD 的一个原因。

1981 年汉堡至 CBD 和次中心的来访者最重要来访原因频率的百分比　　　　表 8-18

来访原因	CBD			次中心				
	总计	CBD东部	CBD西部	总计	汉堡大街	奥斯特大街	AEZ	荷若德中心
零售组合	32.5	36.4	28.6	15.4	19.6	14.6	15.5	12.2
文化设施	10.2	9.4	11.0	0.4	0.8	0	0.7	0
消遣与刺激	12.9	12.0	13.7	6.1	1.9	5.4	11.6	2.2
旅游	7.8	6.2	9.5	0.8	0.8	0.8	1.5	0.4
可达性	4.3	4.7	3.9	9.3	11.9	6.6	9.6	8.5
有停车场	0.1	0	0.3	1.5	2.3	0.4	2.5	0.4
靠近本人的居住地	4.9	5.0	4.8	49.0	37.3	56.6	45.8	58.1
靠近本人的就业/受教育地	10.6	10.3	11.0	6.3	7.7	8.3	3.9	6.7
数量	677	341	336	1178	260	242	406	270

注：AEZ 和荷若德中心为 1983 年数据。
资料来源：Jurgen Friedrichs and Allen C. Goodman, *The Changing Downtown*, Walter de Gruyter & Co. (1987), Table 6.6.

汉堡 1981/1983 年来访者去次中心而未去 CBD 的最主要原因的百分比　　　　表 8-19

1. CBD 太远，要花太长时间出行	45.7
2. 次中心近，更易到达	21.0
3. 对 CBD 持否定态度	10.5
4. 费用太高（公共交通）	9.3
5. 与次中心比，CBD 零售价格太高	7.8
6. 缺乏停车场地	7.4
7. 去 CBD 不舒适	7.0

注：来访者抽样总数为 7135 人，对 CBD 持否定态度主要是指 CBD 过分拥挤、过大、散乱、无个性、很吵闹。
资料来源：Jurgen Friedrichs and Allen C. Goodman, *The Changing Downtown*, Walter de Gruyter & Co. (1987), Table 6.7.

4. 在中心内的活动

表 8-20 表示了去各类中心的人所进行的最大频率活动的情况。去次中心的来访者比去

CBD 的来访者提到购物的次数多很多，可见在次中心购物是最常见的活动，与 CBD 相比，次中心更强烈地扮演购物中心的功能。

相反，相当多的娱乐活动在 CBD 内进行，包括去咖啡馆、餐馆、文化设施和"闲逛"。后一种活动更常被 CBD 的来访者而不是次中心来访者提起，闲逛是在 CBD 中最常见的活动，甚至列在购物活动之上，因此，CBD 比次中心更像是一个"休闲时间的中心"。

汉堡到 CBD 和次中心的来访者的活动的百分比　　　　表 8-20

活动或活动所用设施	CBD				次 中 心				
	总计	CBD 东部①	CBD 西部①	购物廊②	总计	汉堡大街①	奥斯特大街①	AEZ③	荷若德中心③
购物	42.1	47.4	36.8	22.6	59.7	62.2	62.1	63.5	51.3
个人服务④	8.5	6.8	10.3	—	8.8	11.8	12.3	6.4	6.5
医生、律师、税收咨询	1.4	1.0	1.8	1.4	3.7	2.7	9.0	1.6	2.8
政府办公	2.3	3.0	1.5	—	0.4	1.7	0	0	0
咖啡、餐馆、赌博厅	23.9	18.1	29.6	40.3	10.0	7.8	10.5	15.3	4.8
电影院、剧院、博物馆	11.9	12.1	11.8	0	0.6	1.7	0	0.7	0
闲逛、窗口购物	51.5	46.3	56.6	80.8	33.7	33.4	29.2	39.7	29.9
与职业有关的活动⑤	29.8	28.7	30.9	1.9	11.6	14.0	14.1	8.2	11.9
居住在此	2.5	2.0	3.0	0	7.2	3.0	24.5	0.7	5.4
总　数	796	397	399	2636	1366	296	277	438	355

注：①为 1981 年数据；②为 1982 年数据；③为 1983 年数据；④指去理发、洗衣店、旅行服务、银行、邮局、电力公司、汽油站等；⑤指工作，或与商务相关的活动。

资料来源：Jurgen Friedrichs and Allen C. Goodman, *The Changing Downtown*, Walter de Gruyter & Co. (1987), Table 6.8.

与工作相关的活动在频率上列在闲逛和购物之后，排列第三，表明 CBD 作为一个工作场所的重要性。汉堡住房部估算 CBD 每天有 50 万名来访者，其中包括 20 万在 CBD 内工作的人（约占 40%），在取样中有 24% 的来访者在 CBD 东部工作，有 25% 的人在 CBD 西部工作。

CBD 特有的娱乐活动，如闲逛、上咖啡馆和餐馆等，在 CBD 东、西两部所占比例特别不同。来访者在 CBD 西部比在 CBD 东部进行这类活动更多，在 CBD 西部的购物廊中更是如此。闲逛和上餐馆是明显压倒其他活动（包括购物）的活动。

到 CBD 西部和购物廊的来访者进行各类活动的平均次数是 1.8，CBD 东部和奥斯特大街中心是 1.7，汉堡大街中心和 AEZ 是 1.4，荷若德中心是 1.3。在 CBD 中进行的活动比在四个次中心中进行的活动更为广泛，更少目的性（如闲逛的比例较高）。

在这一方面，仅有奥斯特大街中心（有一定历史的次中心）是个例外，主要原因是它与人为规划的次中心相比有更多的功能，人为规划的次中心几乎全部为零售设施。更为强烈的功能混合同样反映在个人服务活动的频率上，如拜访医生、律师、税收顾问等，或靠近这种场所居住。在 AEZ 进行的娱乐活动的频率仅次于 CBD，在其他任何次中心，将上咖啡馆、去餐馆或窗口购物等活动结合进其逗留过程中的来访者都不如这两个中心多。

（四）来访者统计

在汉堡，个人服务和零售设施不规则地分布在 CBD 内，例如购物廊集中在 CBD 西部，百货店则集中在 CBD 东部。通过计算在 CBD 内不同地点的来访者，可确定来访者总数，辨别到 CBD 东部和 CBD 西部的来访者，可以知道功能结构差别是否会导致两个地区拥有不同的来访者总数。

1. 方法

选择进行统计的地点，是在 CBD 东西两部主要的购物街上，东部四个，西部四个。在东西两部之间的穿越地区上设立了另两个统计点。

统计在 1981 年 6 月 25 日（星期四）进行。那天天气晴朗，且无任何可能导致来访者数量会与普通日来访者规模产生偏差的特殊事件。统计时间从上午 10 点至晚上 10 点，排除了高峰小时。

每一个统计点站着一个人（除了斯彼戴勒大街上有两个人同时计算外），可以统计巨大的步行者流。计算的方向每 10min 变化一次，这样可以覆盖两个方向，每 1h 的最后 10min 作为一个间断，用整个过程的算术平均和所得值来估计没有统计的那 10min 的情况。

2. 结果

来访者统计在一个普通工作日的上午 10 点至下午 4 点 30 进行（这个时段对应了巴尔的摩的主要购物和办公时间），16.9 万名步行者经过了汉堡的统计点，其中 57% 在 CBD 东部，16% 来往于 CBD 两部分之间。这两个比例只在正午至下午两点之间的午餐时间有变化，此时段中显然有更多的 CBD 就业者利用其休息时间在 CBD 西部闲逛，然而这并没有否定在 CBD 东部有高额来访者，显然，CBD 东部的百货店比西部的购物廊吸引了更多的来访者，而且 CBD 东部与主要公交站的接近说明在 CBD 东部会有大的步行流量，在 01 号位置统计到 3.4 万人次的高额值就是明证，该点是所有在主要公交站开始或结束其对 CBD 访问的来访者的必经之地。

上午 10 点至下午 10 点所有地点统计的来访者加起来为 23.6 万人次，大约是估计的 CBD 日间来访者 50 万人次的 45%。不过有一部分来访者可能不止一次被统计到。

在上午 10 点至下午 4 点 30，CBD 东部比 CBD 西部及上午 10 点至下午 10 点穿越两个地区的来访者都要多。

图 8-34 描绘了每天来访者数量的不规则分布情况，表示了在 CBD 东部 04 号统计点和西部 09 号统计点上来访者的相对分布，这两个计算点都能代表来访者在 CBD 地区的典型分布情况。

04 号统计点的曲线显示在正午到下午 6 点之间有两个高峰来访者流量，一个高峰在正午，另一个高峰在下午的高峰小时，主要是因为在正午和办公室关门时 CBD 内工作人员加大了步行者数量。在商店关门后，曲线呈下降趋势。

09 号统计点的曲线比 04 号的曲线更不规则，它有一个明显的正午高峰，证实了 CBD 西部存在一次午餐时人流移动。对比两条曲线会发现在 09 号点的晚间来访者比例更高，在下午 7 点至 10 点至 CBD 西部的来访者所占的比例是 6.6%，而 CBD 东部仅为 3.6%。

白天到 CBD 东部的来访者的绝对数量超过了到 CBD 西部的来访者数量（表 8-21）。不过必须注意购物廊的吸引力并未适当地反映在结果中，1983 年有人研究揭示在工作日中有 6000 人在夜间参观购物廊（星期六夜间为 1.1 万人），CBD 西部的晚间来访者的绝对数可能已超过了到 CBD 东部的晚间来访者。

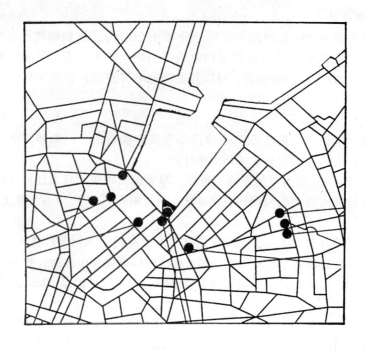

图 8-33　汉堡 CBD 的统计点位置

资料来源：Jurgen Friedrichs and Allen C. Goodman,
The Changing Downtown, Walter de Gruyter & Co. (1987), Figure 6.4.

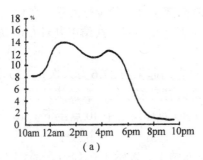
(a)

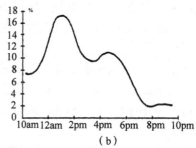
(b)

图 8-34　04 号和 09 号统计点在调查时段中，每小时的来访者百分比

(a) 04 号点，行人总数为 29476 人；(b) 09 号点，行人总数为 14651 人

两图横坐标为时间，纵坐标为百分比 (%)。

资料来源：Jurgen Friedrichs and Allen C. Goodman,
The Changing Downtown, Walter de Gruyter & Co. (1987), Figure 6.6.

1981 年 6 月 25 日（工作日）上午 10 点至下午 7 点，下午 7 点至 10 点到汉堡 CBD 东西两部的来访者数　　表 8-21

地　区	来　访　者　数					
	上午 10 点~下午 7 点			下午 7 点~10 点		
	数量（人）	%	每 1h 平均（人）	数量（人）	%	每 1h 平均（人）
CBD	224219	100.0	24913	11532	100.0	3843

续表

地 区	来 访 者 数					
	上午10点~下午7点			下午7点~10点		
	数量（人）	%	每1h平均（人）	数量（人）	%	每1h平均（人）
其中						
CBD东部	129542	57.8	14393	4879	42.3	1626
来往于两区之间	34596	15.4	3844	2362	20.5	787
CBD西部	60081	26.8	6676	4291	37.2	1430

资料来源：Jurgen Friedrichs and Allen C. Goodman, *The Changing Downtown*, Walter de Gruyter & Co. (1987), Table 6.9.

尽管购物廊提供了许多有吸引力的机会，但它们几乎无助于改变CBD在夜间无人居住的印象。

内城区的其他区（如大学区）已证实了建设一系列餐馆设施、电影院和地方小剧场等设施的积极意义。最近颁布的有关政策（鼓励在城市不同地区建设小规模的文化活动设施）将可能加强这一趋势并对CBD晚间来访者总数有负面影响。

二、巴尔的摩调查

（一）介绍

从对汉堡CBD和次中心分析中得出的重要结论是：

1) 在CBD和次中心来访者之间存在一些差别。虽然这些差别不是重大的，但它们是实在的，最重要的发现可能是CBD的来访者比次中心来访者有更高的收入水平。

2) CBD内的各种用地功能分布会反映在市中心的不同步行模式中。更多的高收入者进入汉堡CBD的西部——有上档次的购物廊的地方，而低收入者更愿去CBD的东部，那里有大型百货店。

3) 不仅步行者种类存在差别，而且步行者的步行活动也有差别。汉堡CBD东部的步行者和西部的步行者相比，更常见的光顾原因是购物。显然CBD的内部结构影响了人们至CBD的活动。

巴尔的摩CBD的用地功能在某种方式上类似于汉堡，也存在较大的差别（见第三节）。办公区基本在CBD东部，区内无数的小商店（尤其在港区和查尔斯街）主要是为了满足在这些设施中的白领员工的要求。市中心的零售"核"位于CBD西部，连续的商店群出售档次较低的货物。因此，用地功能差别在巴尔的摩和汉堡都反映在各自的市中心步行者种类及其活动中。

在巴尔的摩不可能使用和汉堡同样的方法来调查步行者的有关情况。跨文化的研究的一个障碍是在不同地方的不同情况下有时无法使用同样的方法。研究人员经过进行广泛的讨论和接触街边的市民后，认为在美国无法在街道上向人们提问，研究人员弄不清是否在美国已经搞了过多的调查，或者是否在中心区步行的美国人比处于同样场所的德国人的恐惧程度更高，造成美国人更不愿像德国人那样在街道上与调查人员谈话。这种不愿意意味着在美国试图与被调查者会谈将有很高的拒绝率，这会影响研究成果的精确性。研究人员于是决定选择另一种方式，即行为观察法进行研究。

美国人在市中心的高度恐惧感来自于几个方面，美国人更常害怕在其居住邻里之外的地区可能的暴力，该地区距居住地越远，恐惧越上升。有大量人群聚集的地方被认为尤其危险。

研究人员使用步行者的种族作为某种等级参数的粗略标志进行研究。虽然在美国存在相当规模的属于中产阶级的黑人人口，但在平均意义上来说，黑人仍比白人收入低一些。在10或12年前霍华德街上大型百货店关门之前，很容易确认零售活动在CBD西部更占优势；当港区衰败和四个位于霍华德街上的大型百货店中两个关闭时（另两个压缩规模），预测零售店将如何分布更为困难。研究人员根据经验，假设白人零售活动将集中在CBD东部，黑人零售活动将集中在CBD西部。

受过训练的观察者被派往不同的市中心地点来观察他们在街上看到的行人。最简易和最现实的符号是步行者的种族和性别。尽管容易区别性别与种族差别，但解释这些差别并不那么容易。如果我们观察到某个地区女人比男人多，这并不必然意味着在那个地区有许多步行者在购物，因为许多女人同样拥有工作；如果我们观察到某个地区黑人比白人多，这并不必然意味着在那个地区有更多的低阶层人士，因为在巴尔的摩市有大量的中等和上等收入的黑人家庭和大量低收入白人家庭。

年龄同样可以进行记录和分析，虽然它像种族和性别那样在分析解释上有一定困难。如在市中心某地有大量的小孩并不必然意味着在那儿有许多游乐活动设施，因为小孩可能是与老人一起在那儿购物和观光旅游。

对有关人们在干什么的事实进行解释分析可能更实在。如果人们正在携带购物包裹，就可以断定他们正在购物；如果他们携带公文包，就可以断定他们正在工作而且可以断定他们是哪一类职员。

研究人员要求观察者仅记录购物袋，如上有把手或商店标记的厚纸或塑料袋，忽略掉有可疑来源的小包，以及装有无家可归者全部家当的背包。因此，观察者被指示将注意力集中在最能反映购物活动的那类包上。

（二）讨论

从行为观察资料中可以得出很清楚的结果。显然在CBD西部，查尔斯中心的西部黑人步行者比白人在每个年龄段、性别上都多；在CBD东部，查尔斯街/圣保罗街购物廊的东部白人比黑人多；在CBD的中部，上下圣保罗和查尔斯街两个种群在比例上大致相等。黑人购物者在CBD西部比白人购物者多，黑人购物者一般出现在CBD西部的霍华德街地区，而在其他地方都较少；相反，白人购物者则分布在整个CBD内。

CBD西部零售业提供的货物价格结构及款式对黑人顾客比对白人顾客吸引力更加强烈；在CBD中部以东的零售业对白人顾客更具吸引力。

研究人员认为，要区别这些零售业出现差别的原因很困难。霍华德街在本世纪中期是为巴尔的摩，甚至是为更大区域服务的主要城市购物区，但随着附近大型的一流百货店的关闭或迁走，及其位置对低收入人口所处的郊区地区不易到达，继续留下来的商人就可能将其市场战略对准附近少数富有的人口，对这些人来说，市中心仍是值得去的购物区。零售业分布在非政府办公、金融机构及政府办公区之中。

在电话调查中（见第五节），研究人员询问被问者有关他们去巴尔的摩地区19个主要购物街和广场的频率，再将这19个频率的差别进行分析。研究人员将这19个购物街和广场分成4个次中心群，第Ⅰ群为巴尔的摩北部陶森地区的次中心；第Ⅱ群为巴尔的摩市和巴尔的摩县西北部地区的购物地区，主要为白人顾客光顾；第Ⅲ群为在巴尔的摩市西北部和巴尔的摩县附近的三个次中心，主要由黑人居民光顾；第Ⅳ群为巴尔的摩市南部和东部的次中心，主要是由白人居民光顾。将次中心群分为4组，不仅在地理基础上区别了各中心，以此总结出某些基本特征，而且可以以种族基础来区分各次中心的基本使用者群。

本研究寻求将经常使用市中心的人与每个次中心的主要使用者进行比较，寻求找出其间存在的差别。总的来说，对4个次中心群，都划分出两个使用者群：1）经常使用次中心而同时很少去市中心的人；2）经常去市中心但很少使用次中心的人。

第Ⅰ次中心群中 主要使用次中心/不大使用市中心 的使用者比较　　　　表 8-22
主要使用市中心/不大使用次中心

类　　别	次中心群得分 (n = 54)	市中心群得分 (n = 45)
与居住地的距离	27.8	15.9
与 CBD 的距离	22.09	15.91
目前在 CBD 工作	0.02	0.31
曾在 CBD 工作	0.03	0.23
拥有权（0 = 租用，1 = 拥有）	0.92	0.73
家庭规模	2.95	2.89
小孩 2 至 10 岁	0.07	0.19
小汽车数量	2.06	1.57
教育程度	2.0	2.6
婚姻状态	1.3	1.4
收入状况	2.5	2.6

资料来源：Jurgen Friedrichs and Allen C. Goodman, *The Changing Downtown*, Walter de Gruyter & Co. (1987), Table 6.17.

对第Ⅰ次中心群的分析结果见表 8-22，主要的次中心使用者和主要的市中心使用者相比，居住地与 CBD 相距更远，而且曾在市中心工作的人比例更低，更像是有家者，有更多的小汽车，受教育更少。但在收入水平、家庭规模或婚姻状态上差别不大。第Ⅱ、Ⅲ、Ⅳ次中心群的结果各有差别，不一一列出。对 4 个次中心群的使用者研究显示，首先，不能从 4 个次中心群的比较中得出一个能确切地说明整体情况的统一参数，只有"与 CBD 的距离"大致能作为这种参数；其次，各次中心的种类和性质不同会在某些方面产生一些模糊不清的情况，如第Ⅰ和第Ⅳ次中心群的使用者受教育的水平比市中心使用者要低，但第Ⅱ次中心群的使用者正好相反，等等。上述情况表明城外或郊区购物地区的使用者很分散，可以用涉及更大范围的研究方法去研究总结出其与市中心使用者的差别特征，本研究不做深入的工作。

三、结论

汉堡的步行者调查搞清了 CBD 的使用者及其活动的差别，在 CBD 西部主要是购物廊，能发现更多的高收入人士，来访者更像是来此寻找娱乐和消遣；在 CBD 东部能发现更多的低收入者，购物活动更占主导。简单地说，市中心步行者的行为模式反映了土地使用模式。

巴尔的摩的结果是相似的。把种族作为与阶层相关的因素进行考查，指示出大致情况是黑人占据了 CBD 的西部，白人占据了 CBD 的东部，因此也存在像在汉堡观察到的相同的步行者阶层差别。

两个城市的这种相似性很有意义，从这点看，根据用地功能的差别足以得出步行者的使用模式。

如按活动种类评价 CBD 的内部差别，则巴尔的摩的结果和汉堡的结果的相似不明显。

在汉堡，零售活动主要分布在 CBD 东部，为全市使用者服务，而娱乐活动一定程度地分布在西部 CBD（表 8-18 和 8-19）。在巴尔的摩，零售活动主要集中在 CBD 西部，但这仅是对黑人步行者而言，而白人的购物活动则规则地分布在整个 CBD 内。因此，零售活动的定位在巴尔的摩比在汉堡带有更多的附加条件。

从 CBD 和次中心的使用者相比较的情况来看，从两座城市得出的结果相似点也很少。在汉堡，到 CBD 的来访者比去次中心的来访者收入层次更高；但在巴尔的摩却不是这样，在第 I 和第 II 次中心群中，次中心与市中心（CBD）使用者之间无任何重大差别，在第 III、第 IV 次中心群中，次中心的使用者比 CBD 使用者确实收入层次更低。巴尔的摩存在某些次中心，它们会将和市中心使用者收入层次相当的使用者吸引出来。CBD 和次中心的使用者的收入层次差别在巴尔的摩不如汉堡明显的原因可能是因为巴尔的摩和汉堡 CBD 在地区主导性方面存在差别，在德国北部，汉堡是仅有的大城市，其市中心是北部地区最大的；相反，巴尔的摩以华盛顿为邻，而华盛顿 CBD 有几条规模很大的出售高档次货物的购物街，巴尔的摩和汉堡相比，其 CBD 不可能有许多"一流"或"顶级"的零售商店，而正是这些高档商店会将高收入人士引入 CBD。CBD 和次中心使用者之间的收入差别在巴尔的摩比汉堡更不明显，这一现象可在后面通过对居民以电话调查为基础进行的分析中再次得到证实。

第五节 市中心和次中心：活动与态度

本节将分析巴尔的摩和汉堡的市中心与次中心的来访者的情况，通过对市民进行取样调查进行研究，考查他们对市中心和其他商业地区（次中心）的态度。

一、理论

调查有几个目的：首先，寻求描述市民到城市不同地区——如市中心、地方中心（即与被问者家最近的次中心）和其他城市次中心的来访频率；第二，将本次调查的社会人口统计结构与市中心来访者调查获得的结构进行比较；第三，考查居住地点、地方中心设施和市民对市中心及次中心的来访态度及频率之间关系的两种基本假设，这两种基本假设是：

1）去次中心/地方中心的主流与去市中心的主流否定相关；
2）地方的基础设施越好，至市中心的来访频率越低。

这两个假设是从多中心的城市或大城市结构中对 CBD 地位的了解中得出的。随着人口向中心城市外围和郊区分散，次中心逐渐发展起来，同时，次中心的货物在质量和品种方面都有所改善，不可避免地削弱了市中心购物活动的必要性。虽然居住在某个地区的成年人"从来不去"市中心的行为可能在近年有所增加，但因不同原因仍有大量居民去市中心。

有的学者已对区别非市中心购物者和市中心购物者的问题进行了一些研究，如美国学者 J·F·麦克唐纳于 1975 年在对底特律 CBD 零售业的研究中，使用从出行资料中得到的信息，将购物者归类为 CBD 购物者、在邻近购物地区的购物者和去其他地方的购物者。他发现，人们的居住地距市中心的距离越远，就越不愿去市中心购物，而如果某个购物中心地点越近、越大，来此购物的人就越多。作者得出结论，即随小汽车拥有量的增加，购物者分解中心化（去邻近的郊区购物中心而不是 CBD）的结果是对 CBD 购物需求下降，使 CBD 零售业相对下降。

上述对有关中心之间的地区性结构特征和地理关系的研究，有助于解释市民利用或不利用 CBD 的行为模式。在前面章节中已指出人们因娱乐和消遣目的使用附近地区中心与市中心的程度反映了他们对专门地区功能的态度,中心城市和郊区的地方中心已在当地居民心目中确立了某种广泛的印象,因此人们可能认为市中心不安全而且花费昂贵,他们的附近地区除了缺乏点色彩和比较沉闷以外,是安全而花费不昂贵的。可以认为这些态度和印象影响了人们偏爱使用 CBD 或其他地方中心的程度。

本研究的目的是考查娱乐活动的空间分布及其如何受人们的态度影响的,以及人们对地方中心和市中心地区的评价等。对巴尔的摩与汉堡的比较针对娱乐活动更为合理,因为在巴尔的摩就如在许多北美城市一样——城市外围和郊区中心已经吸引了更多的娱乐设施(如电影院),而在德国城市中城市郊区化滞后的结果使次中心仍没能拥有大量这类设施。为了简化讨论,"市中心来访频率"被作为独立变量,研究人员假设这一频率随地方基础设施的质量成反比地变化,与地方基础设施的肯定评价和与 CBD 的生态距离成反比地变化,随着对 CBD 的肯定评价成正比地变化。

人们对地方中心和市中心的态度可能是否定相关的,但也可能不是这样。如果次中心的设施种类与市中心的相近或相当,人们的态度将是否定相关的;如果它们是互补的,态度将不是这样。另外,市民的个人特征如年龄、性别和家庭状态将影响去市中心的出行频率。

地方基础设施的质量由被询问者来评价,因为他们的评价将比任何研究者罗列和测量的所谓客观指数更能影响他们的行动。

前面的初步假设已经暗示了对次中心和市中心的不同态度模式和进行的活动模式。如果人们趋向于尽量减少时间/出行费用,依赖基础设施的地方中心将有利于人们的多目的出行,并因此决定了人们对市中心的态度,这将反过来部分地决定市中心的来访频率。研究人员认为可以假设次中心的变化会比市中心的变化更快,人们对市中心的态度比对次中心的态度变化要慢。

个人或家庭与市中心的关系的历史因素也可能会影响市中心的使用模式。例如,如果某

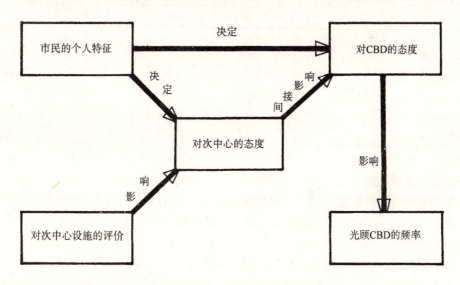

图 8-35 对各类中心的态度和活动的因果模型
资料来源:Jurgen Friedrichs and Allen C. Goodman,
The Changing Downtown, Walter de Gruyter & Co. (1987), Figure 7.1.

人在市中心工作，或需要他（她）有规律地去市中心，结果是与市中心有关的家庭会增加。那些更经常知道如何去市中心转一圈及可能是更了解如何避免市中心"折磨"的人，可能知道他们几乎可以经常找到一个停车处，这都可能转化成不断增加的去市中心的愿望。

上述理论假设用图描述为图 8-35 所示。

二、方法与取样

研究人员在两座城市进行了电话调查，以罗列在最新出版的电话簿上的地址为取样基础。对于本研究，这种方法和面对面会谈一样有效，因为在过去两年内德国大城市所有家庭至少 90% 有电话，美国也同样。

在两个城市询问同样的问题，不过，取样对巴尔的摩和汉堡有所不同。

1. 巴尔的摩取样

每一个可能被询问的家庭都预先收到了一封发自研究者的信，这封信解释了本调查的主要目的，信中说明一个受过训练的会谈者将在近些时候给他们打电话，并鼓励他们参予。

电话调查从 1984 年 6 月下旬开始，于 1984 年 7 月中旬结束。会谈进行 20min 至 1h，主要看被询问者的回答和态度，平均的会谈时间是 30min。

总计有 459 个家庭进行了电话会谈，表 8-23 给出了调查接触和有关回答率的情况。

2. 汉堡取样

在汉堡从最近出版的一本 2350 页的电话手册中选出偶数页，对第二行起的第一个私人地址进行调查。每一个被选择的家庭都预先收到了一封发自研究者的信，信中说明本调查的目的，并指明一位受过训练的访问者将在下几周内给他们打电话。该信提出会谈最好与家庭中任何大于 16 岁的成员进行。结果见表 8-23。

调查的接触数和回答率　　　　　　　　　　表 8-23

	巴尔的摩		汉　　堡	
	数量	%	数量	%
总地址数	459	—	1417	—
错误地址数	42	—	36	—
总有效地址数	417	100	1381	100
没有接触到（无人）的地址	55	13	172	13
拒绝、回避等	108	26	377	27
完整的会谈	254	61	832	60

资料来源：Jurgen Friedrichs and Allen C. Goodman, *The Changing Downtown*, Walter de Gruyter & Co. (1987), Table 7.1.

三、各类活动比较

巴尔的摩的调查对象中有 12%，汉堡有 13% 的人有职业，另有 1/10 的人回答其家庭中有人在市中心工作，因此调查对象中 1/4 的人或直接通过本人或间接通过其家庭成员使市中心与他们的日常活动模式相关。

在巴尔的摩超过一半的调查对象说他们在调查进行的上个月去过市中心（51%）。在那些上个月去过市中心的人中，每月平均出行次数是 6.7 次，在这些主流（6.7 次）和中间情况（3.2 次）之间的偏差证明在居民中存在很经常的市中心来访者亚群，这个亚群最可能是调查对象中最近在市中心工作的那 12% 的人组成的。

在巴尔的摩的调查中，那些声称上个月去过市中心的人，有 39% 说是去购物，还有近一半（49%）的人说出行至市中心的一个目的是去港口广场，而几乎有 1/4 的人（23%）最近去市中心的出行有一次或多次是去政府办公场所。从这些出行目的来看，除了与工作相关的目的外，市中心作为娱乐/消遣位置最具有吸引力（正像港口广场的来访中所反映的那样），市中心第二有吸引力的是作为一个购物地点。

汉堡居民与巴尔的摩居民的行为存在有趣的差别。调查的汉堡居民对象中，上个月去过市中心的百分比很高——80%，这些来访者的平均频率的中位数❶是4.85，整个样本的中位数是2.55，因此在汉堡相当多的市民去市中心，但他们并不常去。

更显著的是去市中心的交通模式的差别。巴尔的摩77.7%的人使用小汽车，16.9%的人使用公共交通（剩下的人使用两种交通工具）；汉堡的情况正好相反，30.6%使用小汽车，67%使用公共交通。这些发现反映两个国家的大城市内交通模式的差别和汉堡的公共交通体系更为发达，并指出在美国城市中缺乏停车场地是市中心购物的主要难题。

市中心娱乐活动按大众化程度从高到低排列顺序如下：

	巴 尔 的 摩	汉 堡
1	上餐馆	上餐馆
2	去博物馆/科学中心/美术馆	浏览商店橱窗/闲逛
3	听音乐会	看戏剧/听歌剧
4	看戏剧	去博物馆/科学中心/美术馆
5	上酒吧	去电影院
6	浏览商店橱窗/闲逛	听音乐会

各种活动的年活动频率 表 8-24

活 动	巴尔的摩						汉 堡					
	市中心		地方中心		其他地方		市中心		地方中心		其他地方	
	中位数	活动%	中位数	活动%	中位数	活动%	中位数	活动%	中位数	活动%	中位数	活动%
上餐馆	2.64	66.5	12.37	82.7	3.39	71.3	1.18	54.3	3.61	62.7	1.83	54.2
上小酒馆/酒吧	0.17	25.6	0.26	34.6	0.21	29.5	0.09	14.9	0.20	28.5	0.16	24.3
去博物馆/科学中心/画廊	0.42	45.7	0.06	10.6	—	—	0.49	49.5	0.07	11.9	0.16	24.5
听戏剧/歌剧	0.29	37.0	0.09	16.5	—	—	0.58	51.0	0.04	7.0	0.15	23.1
去电影院	0.06	10.2	0.41	45.3	0.32	39.0	0.34	40.4	0.07	11.8	0.13	20.8
听音乐会	0.27	35.4	0.08	15.0	0.20	28.4	0.32	38.8	0.07	12.4	0.16	24.2
进行体育运动	0.02	25.6	0.15	23.2	0.24	32.7	0.02	1.6	0.21	29.8	0.17	25.1
进行教堂活动/重要活动	0.01	15.7	11.71	75.0	0.26	33.9	0.03	4.9	0.17	25.4	0.05	9.3
浏览商店橱窗/闲逛	0.09	53.9					4.31	77.9	6.00	55.2	0.26	34.5

资料来源：Jurgen Friedrichs and Allen C. Goodman, *The Changing Downtown*, Walter de Gruyter & Co. (1987), Table 7.4.

调查中发现了一个经常去巴尔的摩市中心上酒吧的亚群，而在汉堡去看电影的人比去听戏剧/听歌剧的人多。两个城市的主要差别是浏览商店橱窗的活动排序，这类活动在汉堡排序高的原因可能是因为德国有购物时间限制，如周六下午关闭、商店非24h开放，迫使人们选择浏览商店橱窗来节省时间。还有"去电影院"的活动排序情况表明两座城市电影院的位

---

❶ 中位数：将样本按大小顺序排列时，位于正中间的值；或使概率分布函数的值为0.5的概率变数值。

置存在差别，在巴尔的摩它们分布在外城和郊区环上，而在汉堡几乎都集中在市中心地区。

四、对不同设施的满意度

人们去某个中心的一个原因是该中心设施的档次，当被询问者提到为某种活动光顾市中心或地方中心时，他们还被问起对那些曾到过的设施的满意度。研究人员以此来考查娱乐或消遣设施的质量，分析的结果见表8-25。

对市中心和地方中心有关设施和活动的满意度百分比　　　　表8-25

设施或在相关设施进行的活动	巴尔的摩								汉堡							
	市中心				地方中心				市中心				地方中心			
	不怎样	还行	很好	总数	不怎样	还行	很好	总数	不怎样	还行	很好	总数	不怎样	还行	很好	总数
餐馆	0.5	23.8	75.7	144	1.4	37.2	61.4	206	4.7	29.7	65.6	654	13.0	43.0	42.9	713
小酒馆或酒吧	2.3	39.4	58.3	55	2.3	34.7	63.0	75	14.6	45.8	39.5	377	24.0	36.2	41.8	481
博物馆/科学中心/画廊	—	16.2	83.8	93	2.7	35.1	62.2	20	1.7	23.3	75.0	650	52.5	29.6	17.8	577
戏剧/歌剧	1.3	20.5	78.2	70	—	23.0	77.0	21	4.4	25.5	70.2	680	60.0	25.5	14.5	537
电影	5.4	42.0	52.7	24	0.8	32.9	66.3	98	4.4	22.2	73.4	617	52.3	29.6	18.1	564
音乐会	1.7	11.1	87.1	72	—	32.1	67.9	30	5.0	26.9	68.1	640	52.5	30.6	16.8	582
体育运动	1.3	21.6	77.2	63	—	30.2	69.8	45	46.3	38.7	15.0	354	9.3	35.7	54.9	644
教堂活动/重要活动	1.2	10.7	88.0	33	—	12.5	87.5	150	5.8	39.5	54.7	276	5.6	33.5	60.9	499
窗口购物/闲逛	2.2	37.4	60.5	128	—	—	—	—	1.1	7.2	91.7	773	19.0	34.1	36.8	773

注：研究人员要求被问者对设施满意度按1（很好）到6（很差）打分，1~2分为"很好"，3~4分为"还行"，5~6分为"不怎样"。

资料来源：Jurgen Friedrichs and Allen C. Goodman, *The Changing Downtown*, Walter de Gruyter & Co. (1987), Table 7.6.

在巴尔的摩，使用者对在市中心的各类活动"很满意"的百分比从58%至88%（在汉堡为15%至92%），对在地方中心的各类活动"很满意"的百分比从61%至88%（在汉堡为15%至61%），总的说来，被问者对他们的地方和市中心娱乐/消遣活动感到满意。研究结果提示，在巴尔的摩娱乐经历的质量较好的是在市中心餐馆、博物馆/画廊、音乐会、体育运动及（未在表中列出）演出或马戏，对地方中心更满意的是电影院和酒吧。毫无疑问，对地方中心酒吧比市中心酒吧满意的原因之一是在地方中心与其他顾客非常熟悉。

在汉堡，市民对那些集中在市中心的公共设施满意程度最高，如博物馆、剧院、个人服务设施、浏览商店橱窗和闲逛。地方中心则相反，人们在此最满意的是体育运动和教堂活动。因此，对地方中心的满意度在汉堡比巴尔的摩要低。

五、对市中心和地方中心的态度

表8-26表示了被调查对象对市中心和地方中心的态度。在评价巴尔的摩市中心时，被调查对象们对于"我为市中心而自豪"和"市中心是一个充满趣味、激动人心的场所"这两条看法强烈认可。这些认可证明市中心是一个象征性的中心，居民强烈地予以认同，而且是一个提供刺激气氛的"有趣点"。这两条看法被更多的被调查对象认可，而不仅限于最近光顾市中心的人，这指出，被调查对象同样具有有关市中心的非直接消息来源，如从传播媒介或从他人那儿得来的信息。

人们对市中心（D）和地方中心（LC）的态度调查情况表　　　　　　　　　　表 8-26

	巴尔的摩				汉堡			
	市中心		地方中心		市中心		地方中心	
	数量	%	数量	%	数量	%	数量	%
D/LC 购物设施对我很重要	86	34.1	236	95.2	529	64.7	661	80.9
我觉得迷失在人群中，陌生人太多	62	24.4	18	7.3	354	45.2	149	18.7
我喜欢围绕 D/LC 闲逛、看人	129	50.9	146	59.2	499	61.9	—	—
没有 D/LC 也行	123	48.6	52	21.2	258	31.5	390	48.6
我为 D/LC 自豪	234	93.1	210	88.0	378	49.5	406	52.5
D/LC 太紧张忙碌	113	45.8	41	16.8	370	46.4	—	—
D/LC 是个趣味、激动人心的场所	177	77.9	151	62.5	495	63.1	590	72.2
店里价格太贵	118	60.3	65	26.9	—	—	—	—
很难在 D/LC 中在我要去的地方附近找到停车场	200	89.5	45	19.4	—	—	—	—
如果我独自去 D/LC 一天，我会感到安全	190	77.0	233	94.7	—	—	—	—

资料来源：Jurgen Friedrichs and Allen C. Goodman, *The Changing Downtown*, Walter de Gruyter & Co.（1987），Table 7.7.

巴尔的摩的市中心看来在几个方面比地方中心和次中心要好，被调查对象一定程度上为市中心自豪（93%比88%），市中心具有一种更激动人心的气氛（78%比63%）。地方中心、经常被使用的次中心在几个方面更好些，在地方中心购物的活动比市中心购物的活动更重要（95%比34%），人们不会感到在地方中心"在人群中失落"（7%比24%），地方中心同样比市中心更少些"紧张忙碌感"（17%比46%）。因此，地方中心比市中心提供了一种更安静、更实用的气氛。另外，地方中心被认为重要的优点是花费不昂贵、能提供更多的停车场、更安全。

汉堡的情况有所不同，人们认为市中心是"有趣的"，但较高百分比的人们对地方中心也这样评价。两座城市的人们都为市中心自豪，但也为次中心自豪，如果二者选一的话，在巴尔的摩更多的人会选择地方中心，而汉堡则会选市中心。这一发现说明巴尔的摩的地方中心更重要，而汉堡的市中心更重要。

六、结论

从本节可得出三个重要的结论，这些结论在两座城市进行了认真比较而且被证实是正确的。

首先，和汉堡相比，巴尔的摩"经常"的市中心使用者是一个较为同质的群体，他们一般是"上档次"的那类人，对市中心很熟悉，而汉堡"经常"的市中心使用者是一种广泛的混合群体。

其次，和汉堡相比，在巴尔的摩，在地方中心的使用者和市中心的使用者之间存在一种对应的关系，即主要的市中心使用者一般是受过更多的教育、收入水平更高、居住距离更远的人，而主要的地方中心使用者情况几乎正好相反。在汉堡没有这种对应。

上述差别产生的原因是，汉堡的 CBD 比巴尔的摩的 CBD 在大区域中占更为主导的地位。因为汉堡 CBD 更占优势，或者说它是一个更具中心性的场所，它对地方居民就更有吸引力，这种吸引力会因地方中心缺乏具有竞争力的、不能提供全面合理的选择而扩大。德国北部，要进行高档次购物,汉堡是"惟一的可去之地",汉堡 CBD 对周围居民因此比巴尔的摩 CBD 对周围居民更有吸引力,巴尔的摩则受其郊区和华盛顿的竞争。因此,在汉堡这种强烈的"拉力"压倒了可能决定人们想去市中心的个体层次社会经济因素;在巴尔的摩,因为这种"拉力"较弱,个体层次社会经济因素在决定去还是不去市中心时更为重要。

第三个结论从两座城市的相似点中得出。对市中心的态度以及纯个体的状态特征决定了市中心使用模式,这一发现认可了将居民和市中心联系起来的社会心理学和环境心理学动因。"印象"本身及某些确定的其他因素是市中心使用模式最重要的决定因素。

第六节 CBD 底层功能的变化

近年来,巴尔的摩 CBD 和汉堡 CBD 的发展存在一系列颇有特色的情况。由政府和私营部门共同努力以复兴和加强市中心的行动——尤其是与郊区购物中心相对的行动——开始显示出成功,新开放的购物廊、新建立的各种娱乐设施证明这两个市中心的吸引力正在上升。

这些市中心复兴手段是对过去一段时间内 CBD 重要性持续下降作出的反应。但这些手段对停止甚至是逆转长期的趋势是否获得了成功?两个 CBD 中土地利用结构因此产生了什么变化?研究人员通过调查将考查、评估 CBD 近年来的变化,来回答这些问题。

一、方法

对底层楼面面积利用情况的完整统计对分析用地功能变化很重要。研究人员在巴尔的摩和汉堡,对在第二节定界的 CBD 内进行了底层用地功能的整体调查,还将更广泛的地区包括在分析中,以便对与 CBD 邻近的过渡区的有关问题进行进一步的讨论、分析。本研究考查了巴尔的摩整个中心地区;对汉堡,因其中心地区太大,考查地区仅包括了 CBD 的边缘(所有在 CBD 外紧靠其边界的街区)和中心地区的外边界(所有从内、外邻近中心地区边界线的街区),参见图 8-7 和图 8-8。

底层楼面的使用情况通过步行调查来记录,两座城市所用标准相同。本研究主要针对有关零售和个人服务的用地功能变化,因为这些功能是 CBD 的典型功能,它们对 CBD 总体发展的作用比其他功能更为重要。鉴于它们几乎全部集中在底层,研究者将研究地区按街区定界。在调查中,功能以建筑为单元绘制地图,每一种功能通常对应一个工作场所。功能的分类依照两座城市的公共贸易分类进行,为确保结果的可比性,将分类进行了调整,每一种功能按主要活动进行分类。调查者将记录下各种调查对象精确的地址、企业名称以及功能类别。

在汉堡进行了 5 次调查,每次 6 周长,从 1982 年 11 月开始共进行了 2 年;在巴尔的摩进行了 2 次考查,每次 6 周长,一次开始于 1983 年 6 月,一次开始于 1984 年 6 月。

研究者认为这种调查过程还不够完善。一个问题是底层楼面利用情况仅按其功能种类而不对规模进行登记,会低估大型设施(如百货店、产业办公、公共使用等),而高估小型设施的影响,这必然影响对统计结果的研究。另外,每一种功能都必须分类,通过与业主会谈可以减少功能的不确定性。

巴尔的摩和汉堡的研究时段太短,以至不能确定两个市中心用地功能结构变化的长期趋势,获得的资料只能比较最近在两个 CBD 中的变化。研究人员指出在比较调查结果时,必须注意市中心用地功能结构同样受经济因素的影响,研究的时段正好遇上美国经济的有力上涨,西德经济刚刚开始复兴,虽然这些经济发展趋势可能被估计成商店开业数上升而关闭数下降，但无法估计其影响的精确范围。

二、市中心用地功能结构的变化

（一）假设

下列经济假设理论可用来评价市中心变化：

1）通常人们提到 CBD 的重要性持续地丧失，市民活动的分解中心化可以解释其零售贸易，尤其是日用品零售贸易下降的现象。顾客需求的上升使次中心增加了一些以前因其高度的专业化被认定是 CBD 内的商店，同时 CBD 从高度专门化的、昂贵的名牌分店产生的新的吸引力中获利，在巴尔的摩和汉堡新开放的购物廊中出售的货物证实了这种情况。还有其他削弱 CBD 商业地位的吸引力的因素，例如，办公场所运用的新通讯技术等。

2）有人指出，CBD 将扩展到相邻地区（过渡区中），扩展的主要方向将直接朝向高级居住区。空间发展受很多因素的影响，其中经济和技术变化和城市规划手段仅仅是一部分，特别是在一种衰退的竞争形势前题下，CBD 更有可能收缩。

（二）CBD 的用地功能变化

两个 CBD 在规模上的差别是明显的。巴尔的摩 CBD 总的设施数比汉堡 CBD 的少 1/3，即使加上位于巴尔的摩港口广场的 126 种设施，这种比例也不会变化太大。

1983年6月至1984年6月巴尔的摩和汉堡CBD的功能设施总数及用地功能变化　　表8-27

设施与功能	1983年6月的总数 数量 B	H	% B	H	1983年~1984年新开放设施占总数的% B	H	1983年~1984年关闭的设施占总数的% B	H	总数的百分比增减 B	H
食品店	9	179	1.2	7.2	11	3	11	4	—	-1
化妆品、服饰店	61	300	7.9	12.1	11	8	18	7	-7	+1
家具、家用电器店	38	224	4.9	9.0	3	6	3	9	—	-3
文具、书、药店	14	138	1.8	5.5	4	6	—	3	+7	+1
眼镜、珠宝、相机店	27	115	3.5	4.6	11	6	7	3	+4	+3
零售杂货店	48	138	6.2	5.5	13	10	—	6	+13	+4
零售类小计	197	1094	25.6	44.0	10	6	8	6	+2	—
旅馆	8	33	1.0	1.3	13	—	—	—	+13	—
餐饮场所	81	262	10.5	10.5	6	8	7	5	-1	+3
娱乐设施	21	68	2.7	2.7	14	4	5	6	+9	-2
公共机构和非专业组织	55	87	7.2	3.5	5	5	9	9	-4	-4
各种服务处	107	242	13.9	9.7	8	10	8	10	—	—
银行、保险和其他办公	76	298	9.9	12.0	8	5	7	7	+1	-1
制造、修理、批发	37	76	4.8	3.1	3	5	8	7	-5	-2
居住	19	80	2.5	3.2	5	3	11	3	-6	—
其他	72	183	9.4	7.4	4	7	8	5	-4	+2
非零售业小计	476	1329	61.9	53.4	7	6	8	6	-1	—
闲置场所	96	65	12.5	2.6	19	59	19	57	+2	—
总计	769	2448	100.0	100.0	9	8	9	7	—	+1

注：1. 巴尔的摩不包括港口广场；

2. B 代表巴尔的摩，H 代表汉堡。

资料来源：Jurgen Friedrichs and Allen C. Goodman, *The Changing Downtown*, Walter de Gruyter & Co. (1987), Table 8.1.

巴尔的摩 CBD 零售贸易占 CBD 总贸易量的比例比汉堡的相应比例要低，尤其是日用品零售（食品、文具、书、药品等），研究指示出巴尔的摩 CBD 在满足日常零售需要这方面相对不重要。

其他功能在巴尔的摩和汉堡的比例都比较相似，除了汉堡未列出的"公共机构/非赢利组织"外。"闲置场所"类有明显的差别，它所占的份额在巴尔的摩 CBD 内比在汉堡 CBD 高出 5 倍，这说明巴尔的摩有大量的长期空房。

在 1983 年 6 月至 1984 年 6 月间，零售设施的迁入数在巴尔的摩 CBD 为开始总数的 10%，汉堡为 6%，非零售功能设施迁入的比例与此相似。

巴尔的摩 CBD 内的用地功能变化必须在整个市中心的变化背景中来考查，一方面，在 CBD 和地方中心之间存在强烈的竞争，导致了 CBD 商店的关闭和迁移；另一方面，最近复兴 CBD 的活动使一些新的设施迁入 CBD，CBD 作为一个商业场所变得更有吸引力。汉堡 CBD 的基本变化较少，但有一个例外：在本研究时间开始时购物廊已完全建好，必须考虑到购物廊的开放提供了额外的商业机会并有助于市中心增加竞争力，购物廊本身——至少在开始时——具有相对的高利润。

底层功能的变化可以用两种方法表示：第一种，计算每种功能设施的新开放与关闭之间的数量和用地功能的实际变化；第二种，给出绝对的变化数字。

如果考查"变动"的绝对程度，两个 CBD 的结果将不一样。"变动"指每种功能设施进入和移出某地区的百分比，并可作为在某地区功能设施之间的竞争强度的测量手段。在巴尔的摩，零售业中"化妆品、服饰"设施的变动非常大；在汉堡，变动比较大的功能设施是"化妆品、服饰"、"家具、家电"和"零售杂货"类。经验显示，变动是由较小的商业单元产生的，新开张的商店经常是小型珠宝店。

"闲置场所"的情况在两座城市的差别很显著，这类变动在汉堡比在巴尔的摩高 3 倍。因此，虽然汉堡的绝对空房总数相对较低，但转换的总量很高，这意味着在某段时间内，某些设施有机会从大量空房中选择最合适的位置。巴尔的摩 CBD 则相反，大量的空房量对应其低的转换量，这可能再一次反映出巴尔的摩 CBD 对第三产业楼面面积的需求较低。

（三）市中心各分区内的用地功能变化

在这方面，汉堡的资料比巴尔的摩更为完善。首先，汉堡市中心的规模大约是巴尔的摩市中心的两倍（按楼面面积总数比较），便于研究分析；其次，汉堡的用地功能变化可以在两年的时间段内进行观察（1982 年 11 月~1984 年 11 月），考查不仅覆盖了 CBD，也包括了 CBD 边缘和中心地区的边缘地区。

汉堡市中心 1982 年 11 月各地区内的街区数和底层设施数量　　　　表 8-28

地　　区	街区数（个）	设施数（个）
研究地区	384	7982
CBD	133	2466
CBD 边缘	79	1243
中心地区边缘	192	4718

资料来源：Jurgen Friedrichs and Allen C. Goodman, *The Changing Downtown*, Walter de Gruyter & Co. (1987), Table 8.2.

对两年时间内产生的用地功能变化进行研究有助于证实：在市中心各类功能设施慢速净增长，变动的情况各不相同。另外，在汉堡市中心，当零售活动稍有增长时——绝大多数为"零售杂货"类，不同零售业都有重大增长——其他功能设施显示了清楚的迁移趋势。

在非典型的市中心用地功能中，"制造/修理/批发"设施大大减少，因为这些功能设施可能在市中心之外获得更吸引人的位置。相反，居住设施的数量几乎未变（虽然实地调查可能忽视底层以上层功能的变化）。居住设施减少是第三产业扩展的结果，但在汉堡市中心又不完全是这样。

"餐饮/娱乐"类设施在绝对和相对意义上大为增加。显然，汉堡的零售功能明显有娱乐功能作为补充，这一发展符合市中心来访者进行的活动需要。在汉堡附带娱乐性质的购物活动翻了一倍，尤其是新开放的购物廊正试图满足这种由功能的混合产生的新需求。

并非市中心所有分区的变化程度都相同，因为产生影响的变量取决于距离和方向。因此，为进一步分析汉堡市中心内的用地功能变化，研究人员首先按同心圆区，然后按地区进行分析。对巴尔的摩的比较同时进行。

为分析同心圆区，研究人员使用了分区定义，将汉堡 CBD 划分成为一个核和一条带形边，核具有最密集的市中心类特定用地功能。根据环理论，土地价格反映土地使用密度，因此，以 1979 年官方估计的房地产价格为基础，将 CBD 街区设计成平均地价，那些地价最高的街区被定义为 CBD 核，形成一个连续的地区（图 8-36），给核定界的极限值确定为 4000 马克/m^2（1979 年 1 美元 = 3.3 马克），汉堡 CBD 核包括 52 个街区。为避免调查范围过大，仅考虑到中心地区外边，但仍包括 126 个街区。同心圆包括 CBD 核、CBD 内边界带、CBD 外边界带、中心地区外边界带，分为一个中心和三个同心圆区。这一定界过程有一个大优点，即它取代了被迫依赖的纯距离测算。

1982 年 11 月至 1984 年 11 月汉堡研究地区内功能设施的总数和功能变化 表 8-29

设施与功能	1982 年 11 月的总数		1982~1984 年新开放设施占总数的%	1982~1984 年关闭的设施占总数的%	总数的百分比增减
	数量	%			
食品店	391	4.9	12	11	+1
化妆品、服饰店	448	5.6	20	20	—
家具、家用品店	329	4.1	18	17	+1
电器店	84	1.1	20	14	+6
文具店	160	2.0	8	11	−3
药　店	100	1.3	8	7	+1
眼镜、珠宝、相机店	167	2.1	12	9	+3
其他零售店	327	4.1	16	9	+7
零售类小计	2006	25.1	15	13	+2
旅馆	97	1.2	2	5	−3
餐饮场所	828	10.4	19	14	+5
娱乐设施	153	1.9	22	13	+9
公共机构和非专业组织	476	6.0	5	8	−3
各种服务处	839	10.5	18	15	+3
银行、保险和其他办公	526	6.6	14	13	+1
制造、修理、批发	450	5.6	10	16	−6
居　住	1729	21.7	4	4	—
其　他	602	7.5	13	15	−2
非零售类小计	5642	70.7	11	10	+1
闲置场所	334	4.2	58	59	−1
总计	7982	100.0	14	13	+1

资料来源：Jurgen Friedrichs and Allen C. Goodman, *The Changing Downtown*, Walter de Gruyter & Co. (1987), Table 8.3.

表 8-30 给出了同心圆区分析的主要结果。功能设施总数的比例证实 CBD（尤其是核）是一个零售中心。通过步行者考查收集的资料证实了有关楼面使用结构分析的结果（见第四

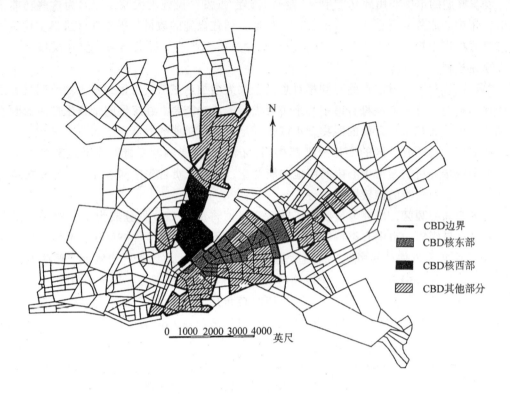

图 8-36 汉堡 CBD 核

资料来源：Jurgen Friedrichs and Allen C. Goodman, *The Changing Downtown*, Walter de Gruyter & Co.（1987），Figure 8.2.

节）。"闲置场所"在市中心边缘位置的分布比在 CBD 核中高 3 倍，这表明市中心边缘（过渡区）的高空房率直接源自这些地区建筑和地块的进化过程。

1982 年 11 月至 1984 年 11 月汉堡市中心的同心圆区内功能设施总数及功能变化　　表 8-30

设施与功能	1982 年 11 月总数						1982～1984 年新开放设施占总数的%			1982～1984 年关闭的设施占总数的%			总数的百分比增减		
	数量			百分比											
	Ⅰ	Ⅱ	Ⅲ	Ⅰ	Ⅱ	Ⅲ	Ⅰ	Ⅱ	Ⅲ	Ⅰ	Ⅱ	Ⅲ	Ⅰ	Ⅱ	Ⅲ
食品店	95	79	46	8.4	5.9	3.7	12	9	13	7	8	16	+5	+1	-3
服饰及化妆品店	237	63	42	21.0	4.7	3.4	18	19	23	14	19	23	+4	—	—
其他零售	392	211	169	34.8	15.8	13.7	14	11	10	11	10	10	+3	+1	—
零售类小计	724	353	257	64.2	26.4	20.7	15	12	13	11	11	13	+4	+1	—
餐饮店	115	142	122	10.2	10.6	9.8	19	18	11	11	14	8	+8	+4	+3
居住	1	81	273	0.1	6.1	22.0	8	12	11	11	13	14	-3	-1	-3
其他	270	720	539	23.9	53.8	43.4	—	4	6	—	6	5	—	-2	+1
闲置场所	18	42	52	1.6	3.1	4.2	139	86	52	94	81	56	+45	+5	-4
总计	1128	1338	1243	100.0	100.0	100.0	16	14	12	13	14	13	+3	—	-1

注：代号 Ⅰ = CBD 核，Ⅱ = CBD 的其他部分；Ⅲ = CBD 边缘，省去了中心地区边缘部分的情况。

资料来源：Jurgen Friedrichs and Allen C. Goodman, *The Changing Downtown*, Walter de Gruyter & Co.（1987），Table 8.4.

研究成果指示出汉堡市中心和中心边缘有相当高的变动率。在核中各类服务设施的利润率很高，如零售、酒吧和餐馆。单看净增加数，即可证实 CBD 核为零售、餐饮提供了最吸引人的位置，这两种功能具有高增长率，迁移很少。在市中心边缘情况则不同，零售业中

"食品"和"化妆品、服饰"类的净失率很高。在至市中心的一段主要距离内土地使用结构相对稳定。

这些发现可用两种平行的发展现象来解释：一方面，汉堡 CBD 的开发主要是针对连续集中在市中心最中心和最有价值的位置上的零售业，市中心的外部不再是有吸引力的位置，甚至次中心的吸引力也不强；另一方面，在这些边缘地区有许多新开的功能设施，这是因为土地租金低，结果是 CBD 内与之类似的设施大量关闭。

"闲置场所"的变动率很高，这再一次表明了市中心位置设施的吸引力和对它的需求，边缘位置在一段持续的时间内保持更多空房，使市中心位置的吸引力进一步衰退。在中心地区边缘长期空房率（长过 1 年）对短期空房率（少于 1 年）是 2.5:1，在 CBD 核内是 0.8:1。

巴尔的摩的资料使研究人员无从在上述定义的同心圆区内对用地功能变化进行评价，不过仍可以比较巴尔的摩 CBD 与市中心其他地区的用地功能变化，即比较市中心和周边地区之间的变化，见表 8-31。研究表明 CBD 是一个购物中心。"闲置场所"额在 CBD 内稍有增加，对资料的进一步研究证实在距市中心的中等距离的地区内，空房率较高，这一地区的租金相对较高，使空房率增加。

1983 年 6 月至 1984 年 6 月在巴尔的摩 CBD 和市中心其他中心地区的功能设施总数和功能变化 表 8-31

设施与功能	1983 年 6 月使用总数				1983～1984 年新开放设施占总数的 %		1983～1984 年关闭的设施占总数的 %		总数的百分比增减	
	数量		百分比							
	I	II	I	II	I	II	I	II	I	II
食品店	9	18	1.2	1.9	11	—	11	6	—	-6
服饰及化妆品店	61	23	7.9	2.5	11	—	18	9	-6	-9
其他零售	127	64	16.5	6.9	9	6	2	5	+7	+1
零售类小计	197	105	25.6	11.3	10	4	8	6	+2	-2
餐饮店	81	50	10.5	5.4	6	6	7	4	-1	+2
居 住	19	251	2.5	27.0	5	3	11	5	-6	-2
其 他	376	424	48.9	45.9	7	3	7	2	—	+1
闲置场所	96	96	12.5	10.3	19	17	19	15	—	+2
总计	769	928	100.0	100.0	9	5	9	5	—	—

注：代号 I = CBD，II = 其他中心地区。

资料来源：Jurgen Friedrichs and Allen C. Goodman, *The Changing Downtown*, Walter de Gruyter & Co. (1987), Table 8.5.

巴尔的摩靠市中心边缘位置的地区变化较少，该地区具有相当稳定的用地功能结构。

这些发现证实了 CBD 作为个人服务和零售贸易场所的重要性。在汉堡，新开放的购物廊有助于改进这一地区的情况，它们集中在一个小型的、定界清楚的市中心分区内，CBD 核的西部就包含了九个新开放的购物廊中的八个。假设一定规模城市的 CBD 被分成两部分，那么各种功能尤其是零售贸易会显示出这类由所提供货物品质档次产生的空间分离现象，呼应这些档次的是具有明显收入和其他社会——经济特征差别的消费者群。

汉堡 CBD 东部包括 33 个 CBD 核街区，西部为 19 个，CBD 核东部覆盖了围绕蒙克巴格大街和斯彼戴勒大街的地区，包括几乎所有主要百货店，CBD 核西部则覆盖了围绕疆符斯帝哥/廊伦耐登/波斯特大街的地区，在此有8个购物廊。

表8-32给出了汉堡CBD核的使用及功能变化。功能结构的对比显示，CBD核的东部绝对以零售功能为主，最显著的是化妆品和家具专售店较多。CBD西部大部分商店很小，与在东部的大百货店具有相似的销售总额。这两个地区的差别主要是档次方面的，而不是零售品种方面的。CBD西部大量的高度专门化商店提供的是高档货物，而东部的大百货店提供的是大众消费品。非零售功能主要是非政府办公和其他服务。

1982年11月至1984年11月汉堡CBD核的东、西部的功能设施总数和用地变化　　　　表8-32

设施与功能	1982年11月总额				1982～1984年新开放设施占总数的%		1982～1984年关闭设施占总数的%		总数的百分比增减	
	数量		%							
	东	西	东	西	东	西	东	西	东	西
食品店	47	48	9.7	7.5	13	10	11	4	+2	+6
服饰和化妆品店	66	171	13.6	26.6	17	18	11	15	+6	+3
家具店	27	86	5.6	13.4	11	23	11	16	—	+7
电器店	13	11	2.9	1.7	8	18	8	8	—	+10
文具店	31	29	6.4	4.5	—	10	3	21	-3	-11
药店	14	22	2.9	3.4	7	9	—	—	+7	+9
眼镜、珠宝、相机店	38	52	7.8	8.1	5	12	5	10	—	+2
其他零售	38	31	7.8	4.8	8	35	8	16	—	+19
零售类小计	274	450	56.5	70.0	10	18	8	13	+2	+5
餐饮店	51	64	10.5	10.0	22	17	14	9	+8	+8
其他	149	122	30.7	19.0	9	7	13	8	-4	-1
闲置场所	11	7	2.3	1.1	73	243	91	100	-18	+143
总计	485	643	100.0	100.0	12	19	12	13	—	+6

注："东"、"西"分别指CBD的东、西部。

资料来源：Jurgen Friedrichs and Allen C. Goodman, *The Changing Downtown*, Walter de Gruyter & Co. (1987), Table 8.6.

对变化的分析显示，CBD核的西部更能进一步巩固其作为最主要购物地区的地位。商店数的上升伴随着高的销售额，正如已指出的那样，复兴汉堡CBD的动作主要是在CBD核的西部，约200家商店、酒吧及餐馆设在新开放的购物廊内。这同时为其他设施改进了经营环境，尤其是CBD核西部的经营环境。传统设施被新型和更时髦的设施取代，新开设的商店之间也存在竞争，这都有助于解释在CBD核西部的变动率较高的现象。

巴尔的摩CBD核零售业的空间分布与汉堡很不相同。在巴尔的摩CBD，围绕霍华德街的传统购物区位于查尔斯街轴线的西部，在此处的零售设施很少会有办公就业者光顾，这一发现由对底层楼面面积利用的分析得到证实。如果计算港口广场大篷的零售业，情况将有所变化，CBD的西部和东部的零售比例将大致相似（各占33%）。目前还不太清楚港口广场大篷是否会影响巴尔的摩CBD按消费者的社会等级和种族群居进行的空间划分，虽然步行者调查的结果可能是这样（见第五节）。在大篷中出售高档次货物的商店与霍华德街地区商店之间存在明显差别，这种差别也反映在不同的空房率上，在巴尔的摩CBD西部有16%空房，在东部则只有9%。

三、新开放设施的拥有者调查

研究者还考查了商店、公司业主选择位于CBD内某位置的动机和影响位置决定的因素。步行调查资料显示在市中心的企业不规则地受用地功能变化过程的影响，决策者受其相对了解和可得到的经济消息来源的影响。

研究人员在汉堡共进行了195次调查会谈，145次是与零售商店的业主，27次是与餐饮业业主，23次是与其他服务业业主。这些设施中，73.5%是新开设的，26.5%是再定位的（换地方）；独立的设施总计是63.4%，而20.1%是拥有两个或更多分支的连锁店的分店。

研究表明CBD和CBD边缘之间存在相当的差别，例如，连锁店分店的比例在CBD边缘为9.3%，在CBD其他地区上升到10.9%，在CBD核内则为21.9%。

CBD核内的地价、商业租金在中心位置都是最高的，CBD核内的楼面面积每平方米平均月租金为57.51马克（17.43美元），在CBD其他部分为31.88马克（9.90美元），CBD边缘是21.43马克（6.50美元）。

每项设施的平均雇员人数是4.2人（包括正式和业余雇员），每项设施的平均楼面面积是$152m^2$，这些设施的半数以上有一或两个雇员。如果将这一发现与汉堡1979年每个商店雇员人数6.7个相比，可以清楚地看到CBD内新开放和移位设施的规模偏小。

为研究影响选择定位于CBD的动机，研究人员将动机归入11项分类中（表8-33）。结果显示，可达性是最经常提到的原因，一个位置的潜在可达性比附近设施的实际步行者光临频率更重要。另外，"位置的形象"这类因素得分率较高（位置的特点、气氛等），许多设施的业主关心由周围商店提供的商业气氛，在这点上，CBD西部更突出，因为有购物廊在此——为高收入顾客提供高档次和专门物品，这一地区被调查的业主有3/4谈到"形象"是关系到他们位置决定的重要原因；在CBD东部仅有1/4的业主提到"形象"这一原因。同时，CBD西部的业主对"顾客档次"和"环境设计水平"这两类因素关注的最多。

决定位置的动机　　　　　　　　　　　　　　表8-33

动机	频率 数量	频率 百分比	排名
可达性	105	54.1	1
形象	89	45.9	2
与其他设施邻近	77	39.7	3
规模与设备	61	31.4	4
价格因素	58	29.9	5
顾客档次	46	23.7	6
可利用率	45	23.2	7
顾客人数	34	17.5	8
市场情况	34	17.5	9
周围建筑	29	14.9	10
其他	14	7.2	11

注：调查会谈总数为194人次。

资料来源：Jurgen Friedrichs and Allen C. Goodman, *The Changing Downtown*, Walter de Gruyter & Co. (1987), Table 8.9.

被询者同样被问及位置因素在其位置决定过程的实际份量的排名，结果是"可达性"为第一位。调查表明实际决定是多样不同事件的结果，有时是偶然的，比如业主们在回答"你如何知道那些的楼层可以被租用?"的问题时,回答"通过交换信息"或"通过传闻"的比例很高,37.3%的回答是通过"阅读广告"或通过"房地产经纪人"知晓的。

对"你是否考虑其他位置"的问题,有55%的人作否定回答,对这一现象可能有两种解释:1)选择某一位置通常是自发决定的结果而非对"最佳位置"的精心选择,人们经常能接受能满足简单标准的位置;2)在所能提供的货物或满足雇主特别追求的方面,他们所选择的位置能提供合适的条件。

对"为何不考虑别的位置"这一问题,最经常的回答是"所选的位置能得到",另一种典型的回答是"突然间有空房,必须迅速抓住机会"。其他因素,如"其他位置顾客的档次"则不那么重要,不过,对这类问题的回答因设施的位置而异,对在CBD核内的设施,"可利用率"不能作为不选择某位置的重要原因。

CBD核内与市中心其他地区相比,顾客档次(29.6%)和数量(25.9%)因素的独特性影响了业主对其他位置的评价,CBD核的这些特征可能符合位置选择的最基本要求,这些要求仅在CBD核能得到满足。

对CBD东、西部,业主们在考虑位置选择时有很大差别。CBD东部的业主仅有28%的人说缺乏可选择的位置,而CBD西部则有62%,这意味着在CBD西部寻找位置更难,而在CBD东部选择位置更有可能,这可能是因为CBD核西部的条件独特,尤其是其建筑(购物廊)和零售组合具有优势。

业主们在所有优先考虑迁移的第一位置选择中,51%认为是CBD内的位置(表8-34),当问及他们为何最终放弃一流位置时,46.5%的人回答他们抓住了更有利的机会,32.6%的人提到了价格因素。

选择位置的地理分布　　　　　　　　　　　　　　　　表8-34

地点	第一选择		第二选择	
	数　量	百分比	数　量	百分比
CBD	44	51.2	22	41.5
中心地区	3	5.5	1	1.9
B(次中心)	10	11.6	11	20.8
C(次中心)	19	22.1	11	20.8
汉堡内其他位置	8	9.3	7	13.2
汉堡外围	2	2.3	1	1.9
总　　　计	86	100.0	53	100.0

资料来源:Jurgen Friedrichs and Allen C. Goodman, *The Changing Downtown*, Walter de Gruyter & Co. (1987), Table 8.10.

业主们在选择位置时,很少考虑汉堡的次中心。当问及为何不选择次中心时,业主们最经常的回答是次中心中顾客的档次不合适(38.7%)及次中心的形象不佳(24.2%)。

当被问及考虑何种位置时,在CBD核西部的业主(尤其是购物廊内的)与其他人都不一样,他们将次中心位置置于其他位置之上。最高档次的次中心是位于高阶层人士居住邻里中的小型中心,它们看来能满足有关顾客档次和形象的要求,而这似乎仅能在CBD核的购物廊部分找到。

调查对象中有53个业主变换了地点,他们大部分在迁移前就已在CBD内了,而较少有从其他区迁来的。

再定位设施以前位置的地理分布　　　　　　　　　　　　表 8-35

位　　置	数　　量	百　分　比
CBD	32	60.4
中心地区/中心地区边缘	9	17.0
次中心（B，C）	2	3.8
其他	10	18.8
总计	53	100.0

资料来源：Jurgen Friedrichs and Allen C. Goodman, *The Changing Downtown*, Walter de Gruyter & Co. (1987), Table 8.11.

在所有离开原位置的业主中，有 42.3% 的业主迁移的直接原因是原位置不理想（如停车不足、位置离主要临街面不够近等），38.5% 的业主认为所租用的面积不合适，36.5% 的业主租约过期。

迁移的业主在从前的地点开业的时间很长，其中 86.8% 的已干了四年多，其经验使其有利于寻找新位置。

当问及在迁移后，该企业是否有变化时，业主们的回答表明，有 60% 设施的雇员数未改变，70% 设施的楼面面积增加了，所经营的货物几乎不变，只是变得更专门化，72% 的设施所付的租金有所上涨。

再迁移者未显示出任何对确定地区的不同偏爱，短距离再迁移是一种常见的规律，经常发生在 CBD 内，而且许多情况下在同一街区内。在新地址付的租金表明新址的楼面档次更高，这些额外的开销必须通过销售额的增加来抵销，如出售更高档次货物就能达到此目的。可见商业位置的变化通常象征着某种改进。

第九章 伦敦道克兰区的城市设计

按本书上篇有关章节的 CBD 定义，伦敦道克兰区不是真正的 CBD。它和巴黎台方斯一样，作为城市新兴的金融、商业事务中心，和城市传统 CBD 有着密切的联系。它们形成了城市新的第三产业就业中心，分担了城市传统 CBD 的就业、交通压力。它们的发展方向代表着当今 CBD 的发展方向，可以称之为"不在中心的 CBD"，或"次 CBD"、"副 CBD"。

第一节 概 况

改造衰退的码头区已成为过去 10 年中欧洲城市流行的一种作法。美国的许多城市，如巴尔的摩和波士顿等首先进行水边再开发，并取得了成功；20 世纪 80 年代许多欧洲滨水中心城市也开始致力于使它们衰退的码头区复兴，这也是各国政府政策的一个主要方面。尽管每座城市采用的方式各不相同，但是没有哪座城市像伦敦道克兰区那样实施一种以自由市场为主导的城市更新政策。在近 10 年内❶，曾经衰退的道克兰区已从原来 22.25km² 荒芜、衰败的地区转变成英国首都第三个主要的经济中心。

带来这一变化的主要步骤是保守党政府于 1981 年建立了伦敦道克兰开发公司（英文简称 LDDC），这是根据当时的环境大臣米歇尔·贺塞尔廷的提议制定的地方政府规划与土地法（1980 年）而设立的，该法案解除了内城区规划控制难解的结，并试图通过以房地产为主导的城市更新活动来释放私营企业的能量。伦敦道克兰开发公司负责道克兰区的更新工作，第一个 10 年投入了 10 亿英镑建设基础设施和环境，以此吸引了约 100 亿英镑的私人投资。道克兰开发公司除了抛弃传统的城镇规划这类环境控制作法外，还在多格岛这一中心地区内设立一个计划区❷，计划区的财政收益和自由市场因素迅速吸引了国际性投资，其中加拿大投资商奥林匹亚和约克对坎那瑞码头的开发最见成效，这里创造了 7.5 万个新的就业岗位，建设了大批的现代化街区和美国风格的摩天大楼。

10 年间道克兰区经历了由撒切尔政府的"新权力"思想推动的史无前例的发展。伦敦衰退的水边地区以多种方式吸引 80 年代的资金投入，相继建设了一批新一代的高度专业化的商业大楼。10 年间，信息技术革命导致了一系列新的建筑类型的出现，也导致了城市分解中心化的趋势，道克兰区不仅从这些变化中受益，而且为伦敦城和威斯敏斯特（为大伦敦两个主要的经济中心）提供了一种高技术的补充，使大伦敦能维持其在世界金融市场的中心地位。如果不加上多格岛的办公楼面面积，作为欧洲金融中心的伦敦在办公面积进而是实力方面很可能落后于法兰克福和巴黎。

伦敦道克兰区这场城市试验在荒废的伦敦东部建设了一座新城，但并不意味着它没有严

---

❶ 本章所采用资料取自 1993 年出版物，那时距道克兰区开始开发为 10 年左右。本书一稿完成于 1995 年。为行文方便，仍保留"10 年"这一时间跨度。

❷ enterprise zone，指设立免税措施以加强其活力的城市落后区等。

重缺陷。这儿缺乏一座城市应有的传统要素，没有市民广场、没有公共建筑、几乎没有公园，且在交通与新的开发之间存在不和谐的关系。这儿的建筑物在特征上很虚夸，像在进行风格的竞争，不同建筑之间的空间不是用作停车场就是围入私有广场。开发商热衷的自由市场美学信条忽视了建造城市时必须考虑的市民利益。伦敦道克兰区通过取消控制创造的城市，为实现设计的多元论提供了一种有价值的范例。

伦敦道克兰区在许多方面与过去10年间欧洲城市化的潮流相对立，如伦敦道克兰开发公司寻求设计自由，而欧洲的趋势却是加强传统的规划控制，欧洲议会已成功地实行了一种环境影响评估体系，以鼓励其成员国更认真地对待它们的城市。道克兰区也与最近在柏林、巴黎和巴塞罗那等城市更新中流行的城市设计总体框架潮流相对立。道克兰开发公司的人士很怀疑市政设计大纲和对环境与社会效益进行的审查是否真正有效，他们发展了一种新颖的自由市场式的城市更新方法，这是一种提高设计在城市更新中的价值的哲学，但却疏于创造平衡的城市。

道克兰区无疑是撒切尔时代的产物，道克兰开发公司创造了保守党政府的形象。这一地区显示出该公司对社会和环境缺少广泛的热情，更新虽以房地产为主导，但当地人民获利很少。物质更新与社会更新之间缺乏呼应，这一点在十年史无前例的投资热潮之后的今天很明显，职业训练、健康保险和社会住宅的用地至少在早些年就留给了当地政府，但建成的很少。

这样史无前例的速度和更新规模，鼓舞着道克兰开发公司将注意力移向90年代将要更新的地区。到1996年，道克兰开发公司在成立15年之后将解散，因为城市更新的任务确已完成。目前各界正在讨论道克兰区的城市设计和社区分割问题，这种态度的变化的原动力不是来自道克兰开发公司，而是来自开发者自身，像斯坦厄普不动产及罗斯豪格这样的大公司都已认识到他们的长期投资需要稳定的地方环境和杰出的环境质量。过去十年的教训使人们再一次对如何进行大规模规划和建设开始研究和反思。

本章将回顾道克兰区10年的再开发历程，主要针对建筑、景观及创造城市感等方面问题。因为没有正统的现代主义和政府控制，这一地区已开发成一个复合、破碎但激动人心的地方。英国从1947年开始进行的社会福利规划制度因1980年法案而中止，然后通过城市开发公司和计划区创造了另一种新的规划方向。道克兰区已发展出一种代表这种方向的新鲜、年青而富生机的城市化潮流，同时具有大城市的边缘城镇的缺点及其所处时代的矛盾，它是一种过渡的象征。

一、历史

道克兰区即伦敦码头区是18世纪伦敦中部商业贸易发展的结果。一开始货物露天堆放，直到18世纪90年代有关部门才提出建立码头，形成服务于伦敦正在成长的航运业和仓库的系统。伦敦在1700年贸易额为1300万英镑，1790年增至约3400万英镑，但在道克兰区却一直未增加任何建筑来顺应这一形势，此地区变得拥挤。在国会通过鼓励建设码头的议案后，该区于1800年建成了西印度码头，1802年建成伦敦码头，1804年建成萨里码头系统，至1828年建成了东印度码头和圣凯瑟林码头。当时码头的建筑形式简单，材料一般，规模都是纪念碑式的，主要功能是转运钢铁、烟草。几经发展，1959年码头区的繁荣达到顶点，当年码头转运1000万 t 货物（约占英国海上贸易量的1/3）。之后，其作用开始下降，60年代严重的经济衰退和社会萧条也影响到这里。当时政府就有意更新、开发此地，但因经济和财政原因无法实施，直到1980年按当时通过的法案成立了伦敦道克兰开发公司，负责开发道克兰地区，形势才有所改变。

从1981年起，往后的10年投入该区的公共建设资金共计8.5亿英镑。道克兰开发公司负责的地区为四个码头区：多格岛、萨里码头区、罗伊码头区和维平区，开发规模和密度都以多格岛为最，在许多方面多格岛标志着两个世纪以来英国传统城镇规划时代的结束。

图9-3是道克兰开发公司1981年至1991年的主要投资情况，公司用了约10亿英镑建设道路、轻轨、住宅和征用土地等，并吸引了约90亿英镑的私人投资，其中有一半来自加拿大投资商奥林匹亚和约克。

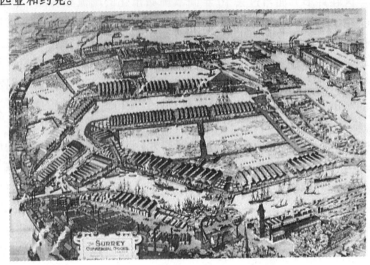

图9-1　萨里码头1906年的景象

资料来源：Museum of Docklands.

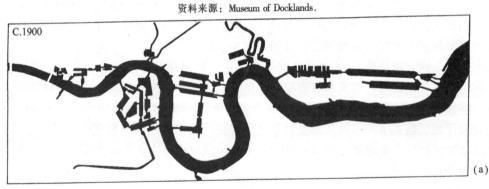

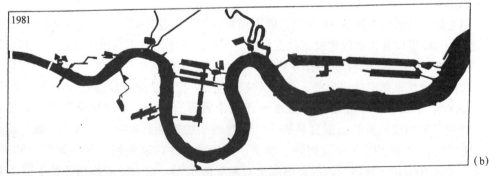

图9-2　道克兰区1900年和1981年水域形态比较

注：(a) 为1900年，(b) 为1981年。

资料来源：Brian Edwards, *London Docklands*: *Urban Design in an Age of Deregulation*,
　　　　　Butterworth Architecture (1992), Figure 1.9.

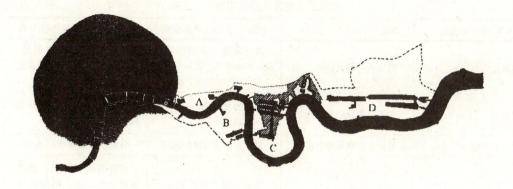

图 9-3 道克兰开发公司控制的道克兰区
注：A 为维平区，B 为萨里码头区，C 为多格岛，D 为罗伊码头区，
灰色部分为伦敦金融区，斜线部分为计划区。
资料来源：Brian Edwards, *London Docklands: Urban Design in an Age of Deregulation*,
Butterworth Architecture (1992), Figure 1.5.

60 年代，美国和欧洲航运货物运输方式的变化（使用集装箱）使许多传统的码头遭受废弃，从波士顿至汉堡，从利物浦至旧金山，从格拉斯格至伦敦，码头上成排的仓库和简单仓库大篷突然变得过剩。对这一变化，一般的解决办法是重新培训劳动力，整顿这些地区，发展旅游业，如在波士顿和旧金山，旅游业对码头地区更新的成功起了巨大作用。但是在伦敦和利物浦，虽然旅游业很重要，但由于废弃码头的规模太大，需要更综合的手段进行治理。

道克兰区两种主要的投资活动是建设办公楼和建设住宅，这两种活动创造了一种新的物质环境和一种乐观的气氛。办公建筑主要集中在多格岛上的主要码头边，许多办公建筑形象良好，围绕米尔沃码头的景观不是传统的总部大楼，而是专业化的办公空间。道克兰区产生了一种新型的视觉刺激，这主要是因为开发规模庞大，邻近水面。住宅的建设则针对满足市场经济、加强住宅出租率、扩大住宅种类和选择范围等需求。总的来说，这儿的居住建筑多少有点英国味，但是办公建筑却是国际式审美趣味，如在米尔沃码头，美国建筑师设计的办公建筑有些像曼哈顿的建筑。

二、设计百花齐放

道克兰区的设计风格百花齐放，每个码头的建筑设计手法各不相同，这创造了一种博览会式的环境。每一项开发都形成一个独立的世界，开发的主题各不相同，每一个部分在当今这个价值变化的时代都很贴切，但很少能见到整体组合良好的地区。

道克兰区的这种相互不联系是放弃传统规划，以及设计师之间缺乏审美平衡的结果。各项设计都远离其社会实用轴，而将风格及附加价值置于一种新的旋转轴上，设计产生的附加值使办公和住宅建筑的吸引力扩大了。建筑设计师们的选择受制于影响其设计的市场力，因此，想吸引美国公司的办公楼建造者很自然就会选择美国建筑师。

伦敦道克兰区的开发进程　　　　　　　　　　　　表 9-1

1981 年至 1984 年规划期	1985 年至 1987 年市场期	1988 年至 1991 年建设期	1992 年至 1996 年再修补期
基础设施供给	增加基础设施供给	许多重要开发项目的建设，如路透社、坎那瑞码头工程、每日电讯报大楼等	解决公共领域的问题，尤其是泰晤士河边及多格岛内部缺乏联系的问题
改善环境	加强开发项目的吸引力	突出建设规模与基础设施供给之间的差距	对社会住宅、教育和娱乐项目投资
保护历史遗迹	确定开发顾问和开发商	对社会福利方面的认可	将重点移到罗伊码头
英国的投资地区	国际性的投资地区	更密切地利用建筑设计竞争来提高设计水平	建造新的跨河桥，建设新的交通设施，将道克兰开发公司的模式用于下泰晤士河

资料来源：Brian Edwards, *London Docklands*: *Urban Design in an Age of Deregulation*, Butterworth Architecture (1992), Table 2.3.

三、伦敦的第三个经济活动中心

道克兰区在十年中建设的办公建筑是伦敦办公建筑总量的 15%，有关部门、公司在多格岛投入 40 亿英镑资金，创造了约 10 万个工作岗位，使居住地方当局营造的住宅的居民有 50% 迁入私人住宅，这些都是过去愚蠢的、昂贵的英国城镇规划所做不到的。市场研究表明，市场和开发动力实现了过去 40 年规划没有实现的事情。

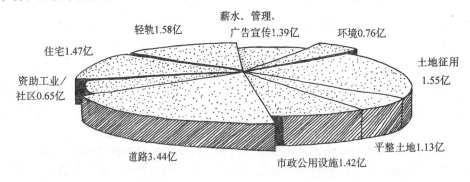

图 9-4　伦敦道克兰开发公司 1981 年至 1991 年的投资情况

注：投资额单位：英镑

资料来源：Brian Edwards, *London Docklands*: *Urban Design in an Age of Deregulation*,
Butterworth Architecture (1992), Figure 2.3.

四、码头区更新是一种世界现象

伦敦道克兰区是英国 20 世纪后期最大的城市更新项目。在英国和世界各国的其他城市也都遇到过废弃码头的问题，表 9-2 显示了这些城市是如何给这些废弃码头注入新的活力的。几乎所有滨水城市码头的废弃都是因为基础设施过时、新技术出现、集装箱装卸和航空运输的增长，使旧的内城码头对国家经济的贡献缩小而造成的，随着 60 至 70 年代经济变化步伐加快，传统码头上的大吊车、仓库和封闭的码头变得空空荡荡。像汉堡、利物浦这样的老工业城市首先感到了港口功能减弱的严重影响，第三世界的此类城市和某些区域中心也发现它们与提供给它们血液的贸易联系少多了。

使码头区复兴采用过的许多办法，都曾考虑用新的功能和新的方法来带动经济复苏。各

图 9-5 无控制开发的结果：各自为政
资料来源：Brian Edwards, *London Docklands*: *Urban Design in an Age of Deregulation*, Butterworth Architecture (1992), Figure 10.2 和 LDDC.

种更新活动一般都存在政府干涉，但干涉的内容差异很大。道克兰区可能是世界上废弃码头区更新计划中最以市场为导向的一个，而其他城市却都在力争各种码头更新的政策时讨价还价，但无论是赢家和输家都会窒息投资。例如丹麦哥本哈根港区的城市更新在整个70年代和80年代都遭受到因无法达成共识导致的失败，市政府方面的混乱和政策分歧使环境大臣丹尼士于1988年下令"冻结建设"。原来进行的设计竞赛未带来规划兴趣的高涨，而是加深了开发商与当地居民之间的矛盾。

在意大利热那亚的码头区复兴过程中存在相似的政策和社会矛盾，当时意大利建筑师伦佐·皮阿诺设计了一个综合了地铁扩建、剧场和展览建筑的项目，以庆祝哥伦布从该城出发航海500周年。规划完成后，美国建筑师和企业家约翰·波特曼应邀到该市设计一个旅馆和其他项目，两人的方案共同点很少，无论是对建设内容还是对社会目标，主要的看法都不一样。这就和哥本哈根一样，政策性的内部矛盾阻碍了更新活动。

几个码头区的复兴计划　　　　　　　　表 9-2

地点	面积 (km²)	是否有城市设计框架	方　式	财政来源	说　明
伦敦道克兰区	22.25	无	政府指派城市开发公司，规划控制很松散	绝大多数来自个人	世界上最大的码头区更新计划，有许多新商业建筑
利物浦码头区	6.48	无	政府指派城市开发公司	公共、个人都有	照顾丰富的风景遗产资源
格拉斯各码头区	5.18	无	政府贷款建设，对国有设施进行更新	绝大部分为公共投资	填平许多码头，建设展销建筑
曼彻斯特索尔福德码头	5.18	有	政府指派城市开发公司	公共、个人都有	主要建设住宅，有大型零售店群
美国巴尔的摩港	1.04	有	通过一个投资开发公司形成公共和私人合作关系	绝大部分为个人	主要是旅游和零售点
澳大利亚悉尼达令港	1.04	有	由政府机构开发，有松散的规划控制	绝大部分为公共/私人合作	建设风景公园，内设旅游、博物馆和展销建筑
西班牙巴塞罗那码头	7.77	有传统的总体规划	城市与地区政府发起城市开发公司	绝大部分为公共投资	奥林匹克体育设施为主，有空间结构规划
意大利热那亚码头	1.30	有	城市和港口当局发起	绝大部分为公共投资	旅游和展销中心为主

资料来源：Brian Edwards, *London Docklands*: *Urban Design in an Age of Deregulation*, Butterworth Architecture (1992), Table 2.4.

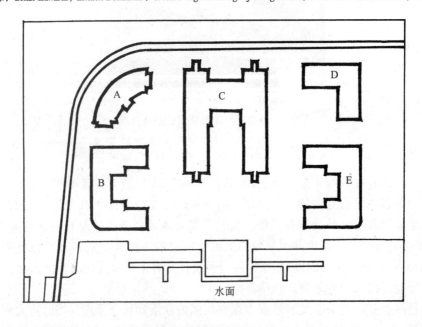

图 9-6　悉尼达令港更新
资料来源：编译者。

悉尼达令港采取了英国模式，即指派一家开发机构负责整个码头区的更新工作。政府支持开发公司的作法所形成的优势很明显，尤其当存在地方政治矛盾时更是这样。1984 年由达令港委员会发起成立一个投资开发公司,并给予一位美国开发商不受规划控制的豁免。开发前期规划为此地区投巨资建设文化和娱乐设施,随后则变成了混合的商业与公共建筑,但是完全保留了沿水边建设开放广场的设想。达令港显示了管理部门与委托开发商合作的重要性,因其早期的规划无法吸引商业设施(含购物、餐馆和娱乐设施)。当然,投资开发公司也带来了一些不好的东西,有些是人们不愿见到的,如炸毁历史建筑,把海事博物馆赶到边缘地区,但是其港口边的开放空间现在已建好,令人陶醉。总体规划可以协调投资和空间结构,但单体建筑仍不受控制。与伦敦和利物浦相比,悉尼的废弃码头区面积小,但它提供了另一种有效的模式,该模式良好地综合了私人利益与公共建筑,并建设了铺砌广场方便市民生活。

巴塞罗那采用了常规的总体规划。由建筑师马多尔、勃黑加斯和马开以该城具有长期传统的高度结构化的城市平面为基础,规划奥林匹克村和其他项目。海港边用地位于老巴塞罗那和地中海之间,部分正在使用,部分废弃。该地区的更新协调战略与伦敦道克兰区的有明显差别。巴塞罗那的投资主要是公共性质(绝大部分是城市开发公司提供的地区性财源),着眼于在1992年奥林匹克运动会期间取得美好印象和长期的社会发展效果。总体规划给运动村和其他的设施制定了一个框架,规划奥林匹克村有一条中央步行街,街上有修饰良好的城市街区,包括住宅和管理建筑——与道克兰区所拥有的城市形象大相径庭。城市中建设了许多新广场,旧的广场修缮一新,对社会住宅乏的外部空间也进行了整顿。

如果更新活动是要鼓励加速变化和商业活动的话,开发公司的影响是相当大的,失落者是当地居民,收获者是大公司和中央政府。在悉尼、巴尔的摩、伦敦等地,如果开发公司或投资机构不受总体规划的愚弄,不受常规的规划控制,最有可能大获成功。这样形成的环境可能不和谐(无论物质还是社会环境),但是更新却是迅速而综合性的,这种方法能将公共或政府资金与结构性开发规划联系起来,与社会、文化或社区良好的愿望一致。政策合法化将巩固每一种开发行为,但是单体建筑的潜在危害和城市设计充当某些政党政策的牺牲品可能会阻碍进步,正如在哥本哈根再开发中出现的情况那样。巴塞罗那则是通过奥林匹克运动会,在城市设计和地区性研究或加泰隆式的表达之间架起了桥梁。

第二节 道克兰区基础设施建设

至1987年,道克兰开发公司对道路和轻轨系统的投资逐渐基本上满足了被吸引到道克兰区的商务活动的需要。至1987年建成了从伦敦塔和斯特拉特福至多格岛的道克兰轻轨,建成了伦敦城市机场,并开始将英国高速公路网引进该区(至贝克顿的M11线)。这些基础设施还包括私人信息系统,如光导纤维网络和地面卫星回应站及延伸到圣凯瑟林码头的股票交易终端。

道克兰区建筑的密度和范围超过了预期规模,且没有一个规划框架可做参照,公共设施不能服务于这种急速增长,所以在建筑完成进度和提供的公共设施之间必然存在差距。在道克兰区小汽车已不是自由的象征,多格岛的办公室职员每天下午5点离开办公室,就陷入在马许沃地区的交通拥挤中,或拥挤在轻轨车厢里。甚至伦敦城市机场因为噪音和环境的限制,也无法提供真正的国际旅行服务。取消控制形成的环境发现它正在受自身赖以成功的手段的束缚,因为这种手段导致了过分拥挤。

规划至1995年道克兰区将有10万名办公人员,这儿将更拥挤,交通系统将更不合适。

只有当地铁银线从格林公园至滑铁卢,然后向坎那瑞码头和斯却佛德的延长线完成之后,才能有所缓解,那时地铁银线和轻轨的综合运输能力能每天将近10万乘客送进多格岛。

在多格岛上的工作人数将从1990年的4万增至1999年的13万人,其中5万人将在坎那瑞码头区上班。1990年多格岛上的工作人员有一半人乘私人小汽车或出租车上班,有40%的坐轻轨。90年代,公共交通将得到改进,届时将有60%的人乘轻轨上班,乘私人小汽车上班的人将下降到20%。在坎那瑞码头和其他大型开发项目中的停车面积仅能供10%的上班人员使用,公共交通能否按时建成及其可接受的程度仍有待观察。即使乘私人小汽车上班的人仅占全部工作人员的20%,在高峰时间进出多格岛的小汽车预计仍有2万辆。这一现实给交通部门增加了压力,尽管负责人在1990年就宣布已投入3亿英镑资金用于道克兰的交通基础设施建设。

因为道克兰区大部分地区主要的开发项目已经定位,城市空间的创造与现代交通系统的介入只能结合到建筑之间的空间或建筑物下面,因此道克兰开发区在90年代应改进公共服务设施(含基础设施),并将开始给现有开发项目之间的空间带来秩序和结构。

整个伦敦市越来越不能与巴黎比,后者投入巨资建设公共交通、市民空间和"宏伟计划"等,效果良好,伦敦却落后了。

一、轻轨

首期轻轨长12.872km,从伦敦塔引出,于1987年8月开通。1993年开通了经过罗伊码头至贝克顿的东延线。

道克兰轻轨是英国第一条轻轨,从站点设计至总体筹划都由德国人负责,由GEC和茂伦公司组成的合伙公司一共建设了3年,花费7700万英镑。线路利用了废弃的铁路线,基本上全线高架。道克兰轻轨为该区的更新创造了一种独特的景观,并已变成旅游环线的一部分,也是每天办公人员上下班的交通工具。这种无人驾驶的列车目前已不能满足高峰时的需要,最近道克兰公司又花了4亿英镑来改进轨道,增加列车的规模和发车频率。轻轨的设计标准为每天2万人次,现在在运送标准一般为每天3万人次,在高峰时列车运送的乘客比平时多3倍。

轻轨线路除了向东延伸外,还从伦敦塔边经过,在伦敦城的班克站右边的西侧,将一度废弃的轨道重新组合。经修整后,道克兰轻轨将是世界上最先进的城市公共运输系统。但从设计观点来看,它具有两个主要缺点:1)轻轨与现有铁路、公共汽车和地铁之间的联系较差。如在陶尔盖特韦站和地铁之间,乘客要弯路才能到达,在斯特拉特福站同样必须穿过隧道,令人不便。2)早期建设的站点几乎不能凭建筑形式来辨认,仅有花园岛站满足了市民的要求,其他站则要爬上许多楼梯,站台风很大,月台上缺乏合适的坐椅等。

目前有关部门正在计划改进车站设计。由贝聿铭在坎那瑞码头设计了一个很有想法的大车站,为了避免第一代车站的缺点,设计人员准备了三种站型,即高架或高层站,岛式月台或地面站,结合了道路与铁轨系统的中间类型。建筑师们相信利用这三种站型,效果会比第一代车站好。道克兰开发公司坚持车站必须使用做工精细的着色钢、不锈钢、加强玻璃和表面为深蓝色的工程砖。

虽然道克兰轻轨的规模不太合适,但它确实表现了将欧洲大陆轻轨系统引入伦敦的大胆努力。这在英国是第一次,这使其他英国城市,如曼彻斯特和爱丁堡开始计划建设相似的系统。一些年内道克兰轻轨将是伦敦东部更新的象征,其滚动车轴的亮蓝色和亮红色及无人驾驶列车的高技术将加强这一地区的形象,有时轻轨能让人有机会仔细查看建成的建筑(如南码头广场)、正在建的和规划要建的场地。乘坐轻轨的旅程很愉快,建筑飞快后退,绝对动感的快乐，飞越水面，从塔吊间挤过，这种经历对某些人来说比到达目的地更有意思。旅行的目的不再是坐在车厢里，从一个地点到另一个地点，而是注意更新的风景。

道克兰轻轨有升有降。快乐不光来自速度，也来自运动的美感。主要的快乐源泉是穿过建筑和水面，从开放或封闭的空间中越过，等等。在设计公共交通系统时一定要认识到这些品质，将开发城市景观的意识揉合进速度与方便这一首要目的中去。

二、道路建设

1986年道克兰开发公司的交通规划师、工程师霍华德·波特曾说过："任何雇主都允许职员选择自己的交通方式。"在道克兰区内，公共与私人交通的投入不甚平衡，轻轨仅投入7700万英镑，而码头区新建和改建道路则投入了5亿英镑。这种不平衡的结果是不鼓励使用公共交通，这反映了撒切尔政府领导下整个英国的投资重点。

高额道路投资是为了运送货物，为地下设施提供线路（尤其是光导纤维网络），并将道克兰区与整个国家的高速公路系统连接起来。道克兰区有些地方确实需要建设新路，尤其是罗伊码头区和至布莱克沃隧道的北端通道。泰晤士河在伦敦东部段需要架桥跨越。在道克兰区，通常谈到修路就指破坏环境，而且很昂贵（据说道克兰区有伦敦最昂贵的马路——莱玛豪斯至西弗里马戏团的连线）。

有的道路对开发是必需的，如至坎那瑞码头和黑龙码头的道路，但是其他线路则仅对促进边缘地区的开发有利。

道路无疑是一种促进变化的催化剂，但是它们也会变成孤立某些城市地区的物质屏障，许多主干道切断了某些城市物质环境，只简单装饰一下，这样使更广泛的环境受到破坏。对驾驶员和乘公共汽车的人来说，双向车道隧道几乎没有美感，这类道路与轻轨决然不同，但却以较少成本吸引了大量的投资。莱玛豪斯至多格岛的隧道长1.7km，四车道，1993年完成，其造价相当于道克兰轻轨一期工程。

城市高速公路是一种反社会的东西，在荷兰、法国和德国，目前正考虑在城市里放弃这种道路，取而代之的是环境更好的林荫大道。这种林荫大道同样是四车道，但是更具有居住邻里特征。林荫大道能补充道克兰区缺乏的两样东西：从战略角度上应考虑的仓库区和工业区与快车道系统的良好联系；给公共汽车、有轨电车或轨道系统提供适当的公共性补充，以便能吸引驾车上班族坐公交汽车。

三、伦敦城市机场

伦敦城市机场是整个道克兰区新的交通基础设施中的第三大投资项目。80年代早期有关部门曾在道克兰区规划了一个大型城市机场，但后来夭折了。有两大困难困扰现在的机场开发商茂伦：对机场的环境影响的关注正在增加；航空公司不愿使用这一机场，因为交通联系不便。

早期规划年运量为120万人次，使用短跑道起降飞机的想法没能实现。低噪音50座D7飞机对商务旅行很合适，但对度假市场可赚度较小。茂伦曾规划起降更大型、噪音更强的飞机，这一想法已遭到当地社区组织和市民的反对，另外，还存在笨重的飞机与多格岛高层建筑碰撞的危险。

伦敦城市机场位于令人羡慕的罗伊码头区的心脏部位，762m跑道使用的是罗伊——阿尔伯特与乔治五世国王码头之间的码头，但是两层的机场楼看来限制了机场的商业规模。茂伦投入了1800万英镑后，未来的机场将主要依赖噪音更大的飞机起降，前提是必须完成道克兰轻轨二期。缺乏综合处理的基础设施使开发商耽误了不少投资机会。

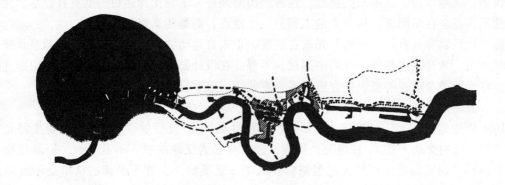

主要基础设施投资
----- 轻轨
--- 地铁银线延伸线
.... 主要道路
∥∥ 计划区

0 1/2 1 英里

图 9-7　道克兰区主要交通设施建设情况
注：西部为伦敦金融区。
资料来源：Brian Edwards, *London Docklands*: *Urban Design in an Age of Deregulation*,
Butterworth Architecture（1992）, Figure 3.4.

四、通讯设施

道克兰区拥有世界上最先进的光导纤维通讯网络，可通过卫星与世界各地产生联系，可以直接输送电脑数据、电传、电话、传真以及可视电话。目前已完成了 30km 通信用光纤的敷设，不列颠通信、墨利丽通信都在道克兰区分别设立了卫星通信基地。道克兰区作为一个新的商务区，可以保证与外界有迅速可靠的联系，形成了一个巨大的信息工厂，高度智慧型的环境。

五、水上公共汽车

水上公共汽车作为一种集公共交通、游览娱乐为一体的交通工具，是道克兰区特有的。水上公共汽车是拥有 62 个席位的双体机动船，每 20min 一班，东起城市机场沿泰晤士河在格林威治、塔桥城、天娥道、滑铁卢等码头停靠，直通市中心区的查灵——克罗斯码头。这种交通工具受到了市民的欢迎，也吸引了众多的游客。

六、私人开发与基础设施之间的平衡

道克兰区更新最显著的特点是逆转了正规的城市开发过程，一般说来，对基础设施的公共投资应早于私人对建筑的投资。但道克兰区看来是建筑先行开始，计划区的吸引力及政府在环境方面取消控制的行动，使之接受了双倍于伦敦城的外流资金，创造了建设高潮，而必须的道路和轻轨线则不是规模不足就是落后建设进程几年。撒切尔的革命将更新置于社会改革之前，将投资置于规划之前。1990 年前未出现过度拥挤，道克兰开发公司和政府部门的思想意识高度是相似的。像港口股票交易所和坎那瑞码头这类传统的开发项目的进展，因其所在地区不够通达而受阻，这样，在整个过程中对自由开发真正产生了限制。于是人们的思想开始更综合一些，更平衡一些，正如私人开发商提醒政府注重有关城镇规划利益一样，交通规划更是这样。道克兰 50% 的楼面面积在 90 年代早期都未租出，这表明对大伦敦规划当

局的指责是有合理根据的。

第三节 道克兰区的城市设计方法

1980年法案给城市更新带来了政策和管理方面的变化,道克兰开发公司所受压力巨大,要求取得迅速的结果。迅速开始城市更新建设意味着建筑而不是规划或开发框架将成为变化的视觉象征。开发公司希望用建筑来象征变化,并且在制定规划指导方针之前就进行了大量的类似努力。当道克兰开发公司正式成立时,1981年就有建筑在进行建设了。1982年开发公司提出过一些早期的城市设计和环境目标:

1) 不再填埋码头的水域;
2) 打破区内各地区间的封闭;
3) 在道克兰区与伦敦中心之间形成新的公共交通联系;
4) 每年建设2000套住宅,绝大部分投资由私人住宅建设商提供;
5) 保留该地区的主要历史性建筑(尤其是豪克斯姆教堂),建立新的保护区;
6) 对码头的墙和河岸进行整理或重建,对受污染的地区进行改造;
7) 为多格岛提供新的供水、供气、电力和排水等基础设施;
8) 新建道路要具有高质量的景观效果;
9) 开发场地一经确定,就要提出景观改进规划;
10) 艺术——尤其是雕塑、历史和考古学应扮演重要角色。

以上这些方针本身是可行的,但是指导方针缺乏任何相应的视觉形体控制措施,无法创造一种场所意识,几乎不能修整破碎的景观。后来的开发证实这些指导方针的操作方式不理想,指导方针被不负责任地实施着,给人留下的印象就是可以取消控制。因此沿泰晤士河及围绕码头的地区的各种最好位置被迅速占领完,常领先于城市设计指导方针一两步。原有目标之一是吸引传统的私人住宅建筑到此地,使新型服务业替代旧的制造业。不幸的是,道克兰区并未运用完整的城市设计,整个道克兰区的城市设计方法是零碎的、非正式的,仅在一些较重要的地点如突勒街、格林兰码头和罗伊码头等地编制了开发控制规划,多格岛的控制规划则太传统。一般总体规划都需要一个中心控制单位,在道克兰开发公司,非中心规划的设计自由哲学已成为一种流行趋势,因此当开发商要建设大型建筑或需要更多水域时,原来准备好的规划和指导方针被当即撤开。

每天道克兰区的规模都有变化,小规模碎片组成的城镇景色形成了一种新的天际线模式。就这些变化来说,道克兰开发公司的城市设计政策看来是不合适的,并导致在1985年更换公司的首席建筑师、规划师。

一、是总体规划还是开发框架

在道克兰区的城市更新过程中,由开发框架取代了总体规划来指导建设。除了少数例外(如SOM为坎那瑞码头所做规划),一般都取消了正规的总体规划图。这是因为道克兰开发公司大部分人怀疑各种规划的作用,进而怀疑政策的作用。道克兰开发公司使用了弹性的城市设计框架后,在公司的规划目标与建设单位的设计意图之间架设了必要的桥梁。总体规划❶与城市设计框架之间的差别不仅仅是语义学的,其内涵和外延均有较大差别,总体规

---

❶ 布里恩所用"总体规划"一词和我国的习惯用法有差别,其具体解释见下文。

划的传统作法包括规划城市的空间、建筑、土地使用、审美和交通系统，而城市设计或开发框架则处理形象和环境目标；总体规划是命令式的，而城市设计框架趋向于对开发采取建议式的态度，解说有关原理、观点和指导方针。在道克兰开发公司的文件中，"开发框架"一词比"总体规划"一词出现的频率更多，而在开发热点多格岛上，城市设计框架更为松散。

城市设计框架和总体规划都多少与"划地块"❶有关。"划地块"系指将大的地区再分成互不联系的小地块，以便其独立开发，但限制其与整体的关系。在总体规划中这类"小地块"通常精确地予以限定，包括限定详细的建筑体量、高度及建筑外缘等。例如坎那瑞码头，奥林匹亚和约克的私人开发总体规划要求各开发商沿主要街道建设骑楼，并坚持在朝向主要广场的建筑立面上使用磨石或大理石。

图 9-8　多格岛第一代与第二代开发阶段的对比

资料来源：Brian Edwards，*London Docklands*：*Urban Design in an Age of Deregulation*，Butterworth Architecture（1992），Figure 4.2.

图 9-9　SOM 为多格岛坎那瑞码头所做规划（一）

---

❶　划地块：parcelization，原义为"打包，分成小包"，这里按习惯译为"划地块"。

图 9-9　SOM 为多格岛坎那瑞码头所做规划（二）
注：开发商为奥林匹亚和约克。
资料来源：Olympia and York.

城市设计或开发框架则是一种更有弹性的工具。在罗伊码头区，尽管 1985 年罗杰斯事务所为该地区做了城市结构规划，但那主要是为了能先建设基础设施，未来的用地功能仍不很明确。小地块的开发框架几乎没有图解说明，但确定了它与公共设施有关的方面，提供了一种城市空间结构。小地块的规模通常反映相应的城市功能，如大型的小地块是办公，小型的小地块是住宅，因此，有关部门后来为罗伊阿尔伯特码头制定的开发框架，包括大、中、小型的城市小地块，及一个清楚的街道、广场、沿码头边缘的步行道系统，与整个规划有机地联系起来。

在制定总体规划和开发框架时，"划地块"是一个关键的步骤，走向市场是一个重要的目标。道克兰开发公司的各部门将开发项目和场地列成表格，并画出了柔和的蓝色水面及轮廓草图，更为专业化的开发规划还包括透视草图，表示环境建成后的形象和感觉。道克兰区的城市规划因此已变成了有助于走向市场的工具。如坎那瑞码头的草图，包括 12 张精彩的透视图，是分划土地、组织空间的文件的一部分。这些规划图提升了人们对该地区的期望值，并提高了土地价值，鼓励开发商投资建设高质量的建筑。总体规划和房地产文件一样，在用城市空间规划一样多的篇幅谈论投资。

二、填补传统规划的缺陷

鉴于上述原因，道克兰区的几个地区虽已受益于精确的总体规划图，而更多的是受益于更有弹性的开发框架。这两种方式都代表着与当代规划实践分离的趋势。英国的传统规划方法随着政府颁布越来越多的法令性指导方针而变得与现实相对立，成为一种官僚主义。由于观点陈旧，规划部门花在无价值的细节或过程上的工作时间太多。道克兰开发公司试图改变这种情况，一方面集中精力于开发，一方面创造一种有创造力的途径。开发框架或局部地块总体规划就能改变这种情况，道克兰开发公司最先采用这类规划形式，这些新式规划充满价值判断，不是通过一般的政策性过程生效（而正是这一政策性过程使一些开发商有所顾虑）。因此，开发框架和私人开发项目的总体规划填补了由传统城市设计向传统规划的倒退产生的缺陷。

各开发地区进一步的更新规划不是由道克兰公司而是由私人开发商聘请的建筑师、规划师制订。80年代出现了所谓城市设计的新技术基础,部分与伦敦道克兰这类地区提供的机会有关。这些规划的制定者与市政府的规划师截然不同,他们的技术市场对象是大型的开发公司,如斯坦厄普和罗斯豪格公司。因为开发商没有控制整个地区(这一点与传统的市政府规划师的规划对象不一样),所以这类总体规划只能与道克兰区中相对小的地区产生联系。

在道克兰区的开发框架中,道克兰开发公司创造了一种汇集构想、设计技巧和想象的环境(表9-3)。公司的工作很简单,只要从提供的方案中做出选择。这是一种与市政府相对立的、从公司实践中产生的思想方式,设计表现比设计结构对道克兰公司更重要,这种做法提高了开发商在对各自项目深入设计的重要性。不过,在取消城市框架时,忽略了一些别的东西,如交通没有和开发过程相结合,社会供给和环境保护常受到排挤等。道克兰开发公司的方法导致了迅速更新和一些令人激动的新建筑,但是有些重要问题经常被遗忘。

伦敦道克兰区:开发战略和重要的项目与设计方法　　　　　表9-3

地区	是否有整个地区的城市设计框架	专门地区的开发框架	专门地区的常规总体规划图	更新的方法和内容	重要项目			
					名称	开发商	设计师	风格
多格岛	没有	有,哥斯林、普罗克特和费格森制订了黑龙码头的开发框架	有,SOM制订了坎那瑞码头的总平面	市场为主,设计自由,计划区税收补贴,商业核带河边住宅。主要为单一功能的开发	坎那瑞码头	奥林匹亚和约克	SOM,西撒·佩里等	艺术现代派
					黑龙码头	塔马克	N·莱西	现代派威尼斯式
					南码头广场	马普勒斯公司	塞弗特公司	现代古典主义
					大东部	斯特德公司	HKP & A	30年代的现代派
					金融时报印刷厂	金融时报	N·格里姆肖	高技派现代派
					路透社大楼	路透社	R·罗克斯	现代派
					电话局	电话局	YRM	现代派
					水泵站	道克兰公司/泰晤士水运	约翰·奥全姆	波普古典派
					喀斯喀特	肯迪许家族	CZWG	现代派
					康巴斯点	道克兰开发公司/科斯特	丁·迪克森	乡土派
罗伊码头区	有,由罗杰斯事务所制订	有,罗杰斯事务所为罗伊阿尔伯特码头,TCW为维多利亚码头制订了开发框架	有,罗杰斯事务所为阿尔伯特港地制订了总平面图	基础设施先行,围绕开发项目,混合布置住宅、工业和零售	伦敦城机场	茂伦	塞弗特公司	现代派
					贝克顿的赛普斯	多家投资	沃勒姆住宅建设公司	主要是本土式
					水泵站	道克兰开发公司	罗杰斯事务所	现代派
					阿尔伯特港地,购物中心	罗斯豪格/斯坦厄普	罗杰斯事务所	现代巴洛克主义

续表

地区	是否有整个地区的城市设计框架	专门地区的开发框架	专门地区的常规总体规划图	更新的方法和内容	重要项目			
					名称	开发商	设计师	风格
萨里码头区	无	有,康拉·洛奇为格林兰码头,特威格·布朗为伦敦桥城一期、CA为南洼克地区等制订了开发框架	有,约翰·辛普森为伦敦桥城二期制订总平面图	以继承为主,在伦敦普尔地区建办公楼,在东部建住宅	伦敦桥城一期	圣马丁房地产公司	特威格·布朗	后现代
					伦敦桥城二期	同上	约翰·辛普森	现代派
					设计博物馆	巴特尔码头公司	康拉·洛奇	现代派
					豪塞林顿广场	伯克利房屋公司	威克汉事务所	后现代
					支那码头	雅各布斯岛公司	CZWG	折衷主义
					沃根工厂	罗斯汉格	米歇尔事务所	现代派
					芬兰码头	劳威尔	R·内德	理性主义
					瑞典码头	R·马尔克姆	普莱斯和克伦	艺术与手工派
					巴迪克码头	SPLC	LDHB	高技派
					劳伦斯码头	埃勒夫公司	K·R	理性主义
维平区	无	无	无	以继承为主,混合功能。在圣凯瑟林码头水边建住宅、办公楼,在别处建住宅	肖得威港地	森克丢里地方公司	R·马可克	本土式
					那罗街	罗伊房地产公司	伊思·里奇	理性主义
					烟草码头	烟草码头开发公司	T·F事务所	修复
					托马斯·摩尔法院	黑龙·哈姆斯	博耶设计所	本土式

注:港地指由陆地完全或部分围蔽的水域,可供停泊船只。

资料来源:Brian Edwards, *London Docklands: Urban Design in an Age of Deregulation*, Butterworth Architecture (1992), Table 4.1.

三、道克兰区城市设计的教训

20世纪80年代出现了有关在开发过程中如何建立城市设计框架的争论。在僵硬的总体规划(如SOM为坎那瑞码头作的规划)和目标放开的城市设计指导方针(如道克兰开发公司给多格岛制订的设计指导)这两个极端之间,人们提出了一系列别的方法。有关机构急于推进开发,自然不愿采用太命令式的城市规划,而是采用一种不需要负责整个地区城市设计的更实际的方式。传统用地功能规划并不在任何有意义的程度上建立城市设计指导方针,实际上,用地功能规划是造成某种城市混乱趋势的原因。最新的看法是放弃用地功能规划,采用城市设计框架,以鼓励建设,创造一个和协整体。目前的问题是这类规划采用何种形式。自从伦敦道克兰区致力于放弃几乎整个可行的严格的框架,运用整套的城市设计方法后,这一地区就是否定传统用地功能规划的最好地点。

规划师高斯林和卡伦对多格岛的城市设计研究,寻求在一个牢固的空间和物质框架内建立一系列开发选择。他们的方法基本上是制订不同的城市设计战略,致力于刺激开发的构想。高斯林后来宣称城市设计框架是组合现有社团而不是拆了再建的最好方式,并相信这是"在后工业社会时代重建衰退的内城区的首要方法"。

图 9-10　康拉·洛奇为格林兰码头所做规划的模型
资料来源：Lonran Roche.

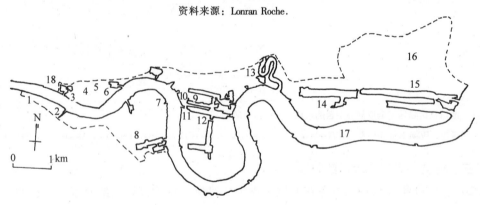

图 9-11　道克兰区的一些地名

1—上池；2—巴特尔码头；3—圣凯瑟林码头；4—海岸郊区；5—香草码头；
6—肖得威港地；7—罗瑟勒黑斯；8—格林兰码头；9—坎那瑞码头；10—黑龙码头；
11—喀斯喀特；12—南码头广场；13—金融时报印刷厂；14—罗伊/维多利亚码头；
15—罗伊/阿尔伯特码头；16—贝克顿；17—泰晤士河；18—伦敦塔

资料来源：Brian Edwards, *London Docklands: Urban Design in an Age of Deregulation*,
Butterworth Architecture (1992), Figure 5.1.

但是，采用能吸引自由投资的城市结构存在一些缺点，其结果很简单，即鼓励私人开发商制订这类计划，在政策的公平性和公众的良好愿望等方面有明显局限。

四、道克兰区需要整体景观设计

道克兰区投资建设了十年后，对它的普遍印象之一是缺乏绿地。在道克兰区有形象良好的开发项目和吸引人的绿化走廊，但是很少有人感到道克兰区各处的景观是整体设计的一部分。没有迹象表明道克兰开发公司将绿化作为一个设计目标，因为早期的想法是建设符合这一地区工业化质地的硬质景观特征，因此在水边常见到的是铺砌小路、铸铁墙及座椅。在多格岛或伦敦桥城，这些地区创造的是一种硬质的、健康的城市景观；在植物较多的地方（如贝克顿或俄国码头附近），因道克兰开发公司没有相应的战略规划，它们不与其他开放空间系统如维多利亚公园产生适当的联系。

道克兰区更新规划中景观设计的失败，可以认为是城市设计的失败，是不愿意完全运用综合规划的结果。如果采用了总体规划方法，就一定会制订景观控制框架。景观设计虽然存在于格林兰码头和罗伊码头，但若对景观设计史有所了解的话，将会迅速使人们想到这种方法的局限。

除了一些令人愉快的景观角落和公园外，道克兰区是一个明显的非绿化地区。道克兰开发公司控制用地为 22.25km²，仅有 1.25km² 开放空间，而且其中一些不是绿地。除了纽汉（大伦敦地区的自治地区）市政委员会规划的贝克顿区公园外，道克兰区的更新活动至今未建造一个新的公园，相反，有关官员们认为水面是这一地区的开放空间，进而认为此区不乏开放空间。确实道克兰区有 1.74km² 水面，长 37km 的码头墙和 27.4km 的河岸，但是水面不可能产生城市公园那样的效果。

按现代规划标准，现在在道克兰居住的 7 万居民需要 2.02km² 的开放空间（合人均 29m²），至 2000 年规划人口是 11.5 万人，则需要 3.24km² 开放空间，但是目前建设的开放空间大大低于一般标准，且没有场地能弥补这些不足。鉴于在道克兰区每 1 万 m² 土地需要花费 500～750 万英镑进行开发，开发动机只可能是进行建筑开发，而不是建公园。一般的开发项目是按高标准建设绿地，在细节上没有出任何错，只是问题出在缺乏战略性的统一的景观规划。

在目前这个阶段，仍有两种模式可以起弥补作用。一种是 1811 年约翰·纳什制订的从玛丽内本到波尔街的市民线路和公园的规划中使用的模式，在其规划中结合了一些伦敦最吸引人的地方，将波特兰大广场（1744 年建成）与街道建筑规划产生联系，通过仔细的景观设计，成功地设计出一条休闲景观走廊，该走廊穿过伦敦中部，北端为一座规划的新公园（雷杰公园），南端则利用现有的公园（圣詹姆斯公园）。另一种为 1903 年丹尼尔·伯纳姆为克里夫兰制订的规划中的模式，他创立了一个综合了公共空间和市民建筑的城市框架，不仅努力给这一钢城带来可测量的纪念性，也试图将铁路车站和专业建筑结合进一个更大的公园系统中。伯纳姆的规划只有部分实现，它也像纳什的规划那样，寻求建立建筑与景观设计之间、公共纪念物与私人开发项目之间的和谐关系。1982 年至 1985 年 IBA 为柏林所做的更新规划使用了相似的景观设计法，将城市各区的开发结合起来。但确应承认柏林的弗里德里西市具有一种历史遗留的城市连续性，与道克兰区大片荒废土地不同。

道克兰区布满旧墙及仓库的具有神秘感的长型街区被一批像曼哈顿那样的街区取代，这些街区底层为停车场，景观设计本应可以综合这些矛盾的景象，但是地面层的设计经常太过僵硬（全为硬质），无法调和。这一地区的非绿化现象可以通过未来的规划改进，但是今天给人的印象是如同置身于一种在混凝土和玻璃幕墙的沙漠中，本身设计较完美的各类开发项目仅以偶尔一片绿洲的形式创造出私有的休闲景观。在道克兰开发公司能介入的地方，正在通过景观设计改变视觉结构，将树木作为一种城市风景中与众不同的自然元素进行安排。这种树木与建筑缺乏恰当的比例，不过是作为一种点缀元素出现。

五、景观细部的质量

如果道克兰区有一个完整的景观设计，某些私人开发项目无论其自身还是其带来的影响都会给地方社区带来利益。多格岛的街道和小路铺以黄、红砖块（至少是着色水泥铺路材料）的做法，无疑是源自许多英国新镇经常的做法。铺路材料统一了根本不同的建筑，至少在步行者的经历上讲是这样，这给早期道克兰区的项目添加了一些色彩和乐观意识。铺路材料很有灵活性，可以呼应地下数不清的基础设施以及沿路两边的树木。它们本身虽然很小，但如果大面积铺砌，其整体效果将增加城市化而非郊区化感觉。不过，围绕办公楼停车场和步行路种植的玫瑰与有刺灌木减弱了城市与景观设计之间的某些重要关系。对这类"中心花园式"的景观建设方法，人们可以认为是源自一种生态学的原因，但是现实中有人指出缺乏想象、不愿支付高额维持费用才是种植这类有刺植物的真正原因。

仅在进行大规模开发时，围绕建筑的地面的质次才能有所升华。南码头广场铺砌的是大理石，并铺成一种几何形状反映其建筑形式，这儿的商店和餐馆都围绕塔楼的底层，建立了能形成植物种植秩序的线路和模式，矮墙和踏步仅做简易处理。同样，坎那瑞码头追求其围合空间的风格是城市型的、封闭的和纪念式的特征，它的美学顾问罗伊·斯强格爵士认为其街道小品应具有力度和质量，与大楼的细部相衬，就像乔治时代的伦敦不仅通过其建筑也通过铁路、铺砌小路和大门传播其影响那样。

在多格岛上，建筑之间的主要空间是道路路面和码头区的水面。通常，有丰富细部的街道是建筑的后入口，其前入口是水面，这样形成该地区主要的服务环境，街道则大部分属于服务性道路（与公共道路对应），并且不可避免地在到达建筑物入口前有路通向停车场。因此停车场是许多计划区的主要环境形象，一般都由它产生建筑的在街道上的前景。这种模式逆转了传统城市的模式，即停车场塞在花园后面或地下，建筑正面则正碰上街道。在这类地区，景观设计的任务就是如何安排停车场并使用景观性植物配置方法将人们导向建筑入口。道克兰开发公司已尝试一些做法，将多格岛的主要道路做成林荫道，在平行道路边缘有规律地种植树木，借此创造城市气氛。但是在道克兰区建筑正面是朝向水而非朝向道路这一基本事实（或至少在两者之间形成一个院子）削弱了创造城市气氛的效果。仅在像港口股票交易所这类大型项目中，街道、入口和外部景观之间的关系才能得到满意的协调。

六、水边的景观设计

在建筑物正面朝水的地方，建筑与景观设计能愉快地相容。各码头区的步行道连通了从建筑物升出的高架阳台，通往水边的船只碇泊处边上常设餐馆、酒吧和商店，为那些开设商店的人创造令人愉快的环境。建筑沿码头这一边，形式和细部都很丰富，而临街面则与之形成对比，形式和细部都缺少认真处理。

有人认为过长的水边步行道令人产生单调沉闷之感，并与码头私有和多样化的传统品质特征有出人。持这种意见的人认为应限制码头区的开放性和可达性，线路的单调不能通过细部、树木和建筑形式的多样化而减轻。道克兰区的水边缺乏一些统一的元素，该区景观被迫丧失秩序感，因为每个私人开发商都在准备以有差别的、手段更多的方法来建设各自的场所。街道不能给这一地区提供一种统一的城市结构（除了已完成的铺砌砖路之外），因此如果水边步行道再缺乏相互联系，将更进一步削弱道克兰区的整体感觉。目前，道克兰区的水边线路正在延伸，在烟草码头附近的维平区和萨里码头的加拿大水边地区完成的滨水建设质量是可以的，但这些步行道没有实在的作用，它们是内部线路，不是概念性框架的组成部分。

七、城市空间的处理

总的来说，过去几年吸引人们注意力的城市景观绝大多数是封闭空间。例如菲利浦·约翰逊设计的美国达拉斯感恩广场（1975年），虽然是三角形的，但由于被建筑物包围，产生了一种中心感吸引了大众的注意力。在欧洲，已出现了一种空间处理手法，它着重创造场所感和场所真实价值以入侵城市空间，如西班牙科尔多瓦的西班牙广场（1987年）和最近奥内里·布哈斯在巴塞罗那搞的一些引人入胜的城市空间改造等。这些项目有一点是共同的：通过物质秩序的再组合，建立更大的视觉条理性，具体做法是清除市民广场上的交通和装饰过分的街道小品，按与周围建筑的关系以纯几何模式重新铺装，并提供新型的照明、座椅和植树配置等。封闭空间能提供实施这种处理手法的机会，但是道克兰区的布局缺乏这类场所。道克兰区最接近公共封闭空间的地区是长方形的水港地，如格林兰码头，这些地方具有建成真正的市民广场的潜力，能提供一个兴趣点并形成长方形几何关系。1984年康拉·洛奇为格林兰码头做的总体规划运用的正是这种手法，其周边线有工整的植树、规则的铺砌路和由建筑形成的硬质码头边缘。虽然建筑相当工整（尤其是理查德·内德所做的芬兰码头开发项目），但缺乏必要的高度，不能围合空间，但是其意图是明显的。

绝大多数工整的空间处在办公开发项目形成的半私密空间中，如在坎那瑞码头。在这些地方，城市景观反映了建筑的风格和纪念性，但是道克兰区的景观建筑师们更偏爱迷人的英国风格植树法，而不是欧洲大陆式的纪念性铺砌石路和植物广场，这是因为在道路工程师和建筑设计师完成设计后景观建筑师处理发挥的余地很少，这也是他们不欣赏城市景观的传统品质的结果。在道克兰区很少能实现有助于创造场所、有助于缝合大型开发项目的景观设计的想法。在某种方式上，道克兰区的新景观就有点像建筑的景观，大都是多彩的、各不相同的和相当不和协的。虽然在维平区西码头和伦敦桥城等地铺石路和公共步行路的设计水平很高，但景观设计不能提高公共领域的品质，也无法将道克兰区交叉的开发项目和开放的水平线路综合起来。

对这些问题的认识虽滞后，但仍将鼓励道克兰开发公司的职员们制订更具战略性的景观设计目标并密切注意城市设计的新发现。公司最近已采用了更大胆的景观政策，提出了有关视觉美化、开发泰晤士河远景和绿化走廊等方面的新目标。除了多格岛外，这些复兴设想和目标都不太晚，但机会已失去近10年了。

第四节　多格岛实例研究

多格岛作为道克兰区先期开发的重点地区，与道克兰区的其他三个地区相比有许多突出之处：有最大的开发项目、目前总开发用地最大、办公建筑最多等；其开发过程最具代表性；城市设计的特点和矛盾最典型。研究多格岛的情况最有助于了解道克兰区，不过，在介绍多格岛之前，先简要介绍道克兰区的其他三个地区，以便有完整的了解。

1）萨里码头区

道克兰区的四个区中，萨里码头最具有社会结构的多样性和城镇景观的丰富性，它在泰晤士河南岸，西接伦敦塔桥。主要开发项目有伦敦桥城、格林兰码头项目、巴特勒码头等，开发的内容是靠近西部建设办公楼，东部建住宅和工业园，共创造2.5万个新的工作岗位（其中1.2万个在伦敦桥城和巴特勒码头），主要是金融服务、电脑业和零售业，只有不足3000人在轻工业和印刷厂工作。

2）维平区

在泰晤士河北岸，西接伦敦塔桥，东接多格岛，呈狭长分布，在四个区中它面积最小。开发以继承为主，主要项目集中在圣凯瑟林码头（建设住宅和办公楼）和烟草码头（建设住宅为主）。

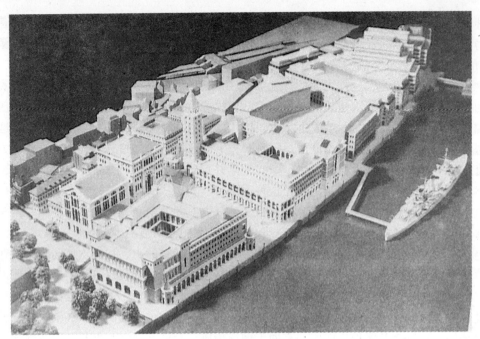

图 9-12 伦敦桥城
资料来源：John Simpson.

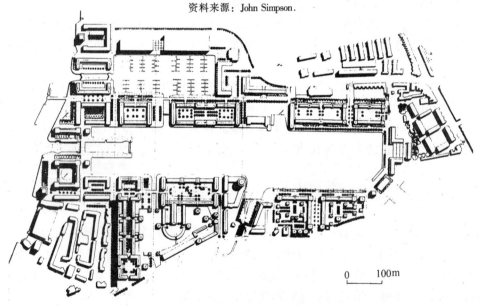

图 9-13 格林兰码头规划
资料来源：Conran Roche.

3) 罗伊码头区

在道克兰区最东部，其开发相对滞后（因距伦敦中心较远）。基础设施先行，仅道路建设就花费 1.5 亿英镑。目前主要的开发是建设住宅、工厂和商店，主要项目是伦敦城市机场、贝克顿和阿尔伯特港地等。

一、多格岛的开发背景

如果伦敦的码头能随意设计而无法通达以致消灭了小偷和走私的话，那么再没有什么地方比多格岛更明显了。坐落在该岛内部的米尔沃码头和西印度码头的巨大仓库由高高的砖砌围墙和有守卫的入口保护着，道路围绕这个岛的四周，在帕飘勒海街的缩颈处开口。这个地区是相当不通达的，在方圆大约 1.6km 的沿泰晤士河环内布满仓库的尽端路、货运设施和相互隔离的房屋和私有地产。

由道克兰开发公司确定的多格岛范围是：从西印度延伸到里河，从东印度码头路延伸到与格林威治相对的泰晤士河，它包括几个镇区，含在南部的古比特镇和北部的波普勒镇。这个地区的主要特点是因多格岛中心的直线型码头港地产生的，与此相对则是许多较小的、形状较不规则的码头以点状分布在整个地区，其中布莱克沃港地和东印度码头港地很典型。

古比特镇是该岛早先的后起之秀。当时已建立了造船厂和仓库，米尔沃地区形成一个经济中心。1858 年布鲁内尔的船"大东部"号就是在米尔沃码头下水的，当时该船是世界上最大的蒸汽船。1829 年有关部门对该岛做了第一次规划，1867 年修改并扩大了码头系统，19 世纪晚期绝大多数码头装卸了大批量货物如谷物、木材和水果。坎那瑞码头专门装卸从坎那瑞岛运来的香蕉，西印度码头北部则装卸食糖。1896 年建成的铁路进入码头系统，这促进了这一地区进一步工业化，建起了在内陆和靠近本地区边缘的住宅（绝大多数是工人阶层住宅）。

二、景观和特征

西费里路、曼彻斯特路和普列斯顿路等周边路，为泰晤士河在本岛急转时提供了泰晤士河少有的狭缝景观通道，这些景观一般在工厂和码头之间。在本岛西部有一个公园，名为约翰·麦克唐高爵士公园，是在南沃克的格林兰码头越过泰晤士河的对景，另外还有一个是岛上花园。泰晤士河边的工业化特征无任何美感可言，这两个公园是仅有的改善。道克兰开发公司已经从河岸边遗弃的狭缝中创造出景观，其中以由约翰逊·多道克产生的愉悦景观"短袍"（戏称）最为著名。

内港地提供了一种更有吸引力的景观：由码头边线围成的长指状，这些码头边线设施细部良好，沿边排列着气派宏大的塔吊。封闭的水面为维多利亚式砖砌仓库、现代化玻璃和大理石办公楼提供了优美的背景。

三、开发框架

1981 年 9 月，大卫·哥斯林和哥登·卡伦被指派协助爱德华·霍兰比制定多格岛的"设计和开发机会指南"。该指南有两个主要目标：改进该地区的现有特征；通过一系列草图演示说明该区的潜力。道克兰开发公司给设计师们提出的要求是强调弹性需求，以便能确保开发公司使这个岛的经济更新持续下去。爱德华·霍兰比作为公司的首席建筑师和规划师，负责指挥这两位有影响的城市设计师（开始只有哥斯林）制订更战略性的指南。他的报告为道克兰公司提供了开发这一地区的四种方式：高技术、以水为基础、城市结构、市场战略。后来的报告采纳了卡伦的意见，主要讨论了所选择的城市设计法的现实性。

当时伦敦道克兰开发公司仅在此五个月前组成，并急于建设服务于多格岛更新的基础设施，尤其是计划区内的设施。对开发公司来说，确定符合实际开发的道路、交通和地下设施（水、气和电力等都要改善）的投资很重要。霍兰比同样渴望确定足够大胆的规划概念和建筑构思，以便能发挥该地区的潜力，确定适当的基础设施规模，满足城市设计挑战。

后来，哥斯林、卡伦和霍兰比的研究集中在道克兰公司最能控制的那些地区——街道的"公共领域"、广场、公园、水面、码头边和水边地。设计者的目标是寻求将这些公共元素一方面与交通等市政设施结合，另一方面与风格、材料、远景和保护性场所等美学元素结合。他们的方法的中心点是"视觉结构"概念，将其作为一种在内部联系不同规划成分的方法来运用。这种视觉结构以按旧的周边路网形成的社区环路为基础，再细分各种活动结点。为了将周边联

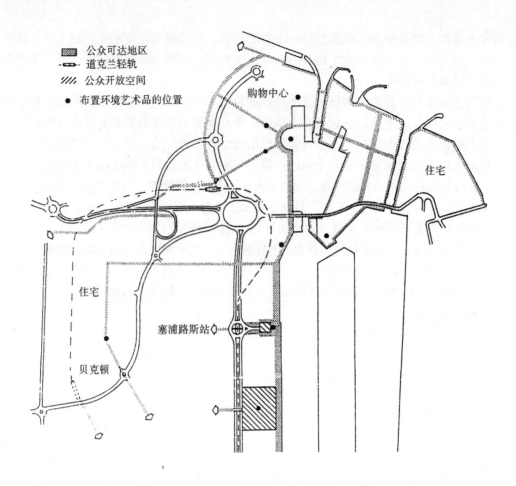

图 9-14（a） 为阿尔伯特码头的部分地区图解
注：由 R·罗杰斯事务所编制。

系起来，设计者提出在哥南哥桥形成一个新的中心结点，将米尔沃码头的北端作为一个现存的交叉点。这些形成基本知觉结构的结点和联系线路再与水边地区产生联系，设计者力求将其城镇景观的动人情节扩到最大，目标是形成以穿过水面的封闭或开放远景为基础的所谓"气氛的浓缩与放松"。在编制的开发框架中，三位设计者提出了一条景观与旅游线路，这一线路比实际的更知觉化一些，力求与经过哥南哥桥至西费里码头的码头入口的格林威治轴线产生联系。

  这一开发框架产生的结果是有些地方比其他地方多继承了一些东西，并赋予开发商和道克兰开发公司一定的公共责任。尽管设计者认识到公司的委员会已针对"一种不同寻常的弹性规划政策"制定了城市设计指导方针，他们还是用草图画出了一系列的可能性，显示出他们对那些地方应该如何开发的设想。人们应记得报告的时间（1982 年），几乎无人再提出能与此一样实在、大胆的开发设想。报告提出了一种城市而非郊区模式，一种与开放相对立的密集的空间网络，以此促进城市设计的传播。他们报告中最吸引人的是他们提出构思的方式，结合了卡伦有特点的清楚明了的速写透视图和一系列规划表现手法，简练明了。

  该报告未被道克兰开发公司采用。该报告提出的开发设想作为多格岛的设计和开发机会的指导性政策，对某家过分要求对其目的有一定弹性的公司来说，有点太命令式。不过，人们在仔细阅读报告后，可以发现它提出了一些正在道克兰区流行的构思。首先，他们的指导方针提倡对长方形码头港地做工整的处理，画中的构思布置了严格的几何形和随意的对称。

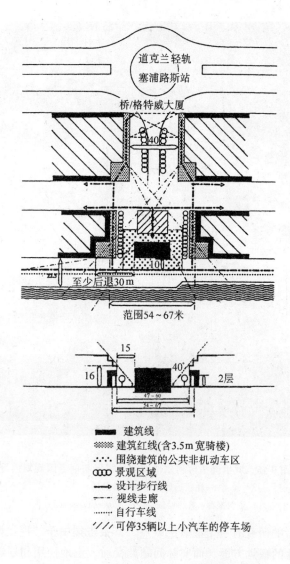

图 9-14（b） 为塞浦路斯站一带的详细图解

卡伦的早期研究，尤其在他的专著《简明城镇景观》的分析中就提出了一种英国式的城市设计方法（尽管在多格岛上城市格局都是工整的，以欧洲大陆式为主），这次提出的指导方针是这种方法的延续。其二，他们的指导方针运用了一些围绕建筑基础的骑楼，并将这些骑楼与商店、餐馆和画廊联系起来（如米尔沃骑楼）。坎那瑞码头采用了与格林兰码头区瑞典码头相似的骑楼，只是规模大不一样。第三，报告强调保护历史性构筑物、重要景观的作用，提到历史性建筑的罕见价值在确定和维持多格岛的完整性方面扮演重要角色。在道克兰区更新中，保护已成为一个重要方面，甚至保护的规模都有确切定义。设计者的指导方针将保护作为一种维持场所完整性、为未来空间结构的重组提供元素的事物来看待。

1981 年至 1985 年在道克兰区进行了完全的自由开发后，公司采用的政策接近哥斯林、卡伦和霍兰比所提出的政策。具讽刺意味的是，正是开发商们自己采用了这份被遗弃了的报告中的一些城市设计作法，如 1985 年 G·W·特拉斯特得为坎那瑞码头制定的方案就是一种封闭的模式，并开放水边空间；罗杰斯为罗伊维多利亚码头做的总体规划中，运用了良好定义的结点和一条联系周围的线，等等。

图9-15 罗伊码头区阿尔伯特港地零售与商务园规划模型
注：远处为伦敦城市机场。
资料来源：E. O'Mahong/R. Rogers Partnership.

不过，三位设计者的研究有一个显著的缺点，其报告集中于"视觉评价"和"城镇结构"，强调的重点是城市设计的视觉方面，而实际问题如交通、土地使用和划地块等没有涉及。虽然哥斯林的早期研究在很大程度上涉及了这些问题，但后来的报告明显不愿涉及这些主要问题，它既不谈社会问题也不谈文化性建筑。多格岛显然缺少学校、图书馆、医院和剧院。

四、没有控制框架的开发

道克兰开发公司的城市设计政策变成了多格岛开发控制的基础，实际上这些指导方针常常被忽视，尤其在形成这一地区核心的计划区内。自由市场美学观自然而然地导致减少有关公共领域的城市设计，使产生连续性的首要元素不再是城市元素，而是如红砖街道和植树区的景观细部。尽管有哥斯林和卡伦的努力，但城市设计作为协调开发和建设质量标准的一种方式，无法将自身推到政策议程的最前沿，这就造成了后来私人投资者利益至上及有关公司侵占公共领域的后果。

一些评论家已注意到，道克兰开发公司对有关城市设计需要太多的弹性这一认识缺乏了解，道克兰开发公司对坎那瑞码头主要关心的是有多少开发项目、何种开发项目将被吸引来。评论家们曾提出一系列能应用于该地区的城市设计战略，其中彼得·戴维的观点引起了一定注意。戴维的建议是在美国学者大卫·克兰提出的"投资网"一词基础上提出的，通过对公共设施(道路、公共交通和公共建筑等)的投资来理顺各私人开发项目之间的关系。投

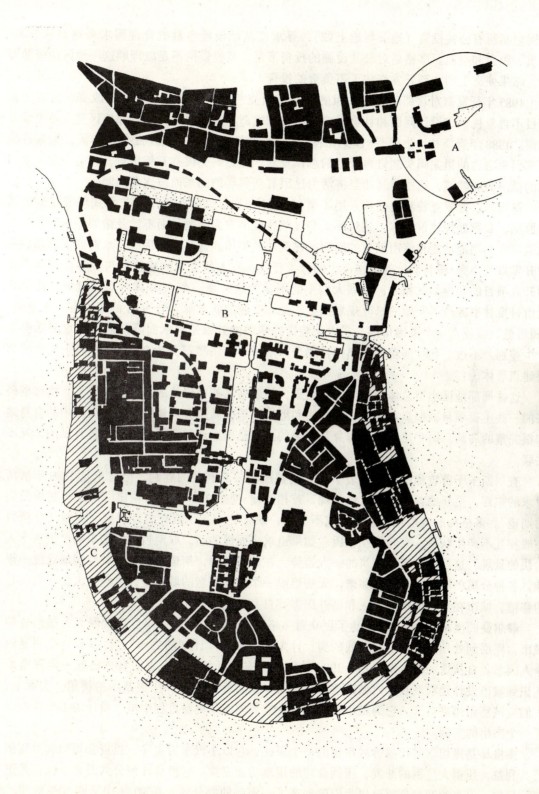

图 9-16 多格岛平面

注：A—高技术园；B—办公区；C—沿泰晤士河的中档住宅。

资料来源：Brian Edwards, *London Docklands: Urban Design in an Age of Deregulation*, Butterworth Architecture (1992), Figure 5.2.

资网包括所有公共投资（地下与地上的），寻求按基础设施容量的合理需求来建设停车场、建筑、街道和空间。多格岛对公共设施的投资不足，其投资网不足以理顺这一地区的分散开发，结果使岛上的大型开发变成了不负责的投资。

1985年开发商对坎那瑞码头大胆的设想使道克兰开发公司的态度有所改变，这类开发项目不再忽视城市设计问题和社会影响，而且开发商本身希望能为其相邻地区建立城市设计指南。1988年哥斯林、史蒂芬·普罗克特和约翰·费格森被道克兰开发公司指派，为靠近坎那瑞码头南边的黑龙码头制订再开发的总体规划。黑龙码头仅有五年历史，拥有一群丰富多彩的低层商业建筑，这些建筑的经济活力已因其新邻居的到来而被逐渐削弱。

哥斯林、普罗克特和费格森采用了类似SOM在坎那瑞码头采用的艺术式场所规划的基本原则，着重处理建筑群体、建筑形式和日照角度等方面问题，而不涉及诸如停车和步行者通道等有关用地功能和使用细节的问题。建筑物的群体和迭落式屋顶线与水对面坎那瑞码头的开发以及西撒·佩利设计的塔楼产生的背景呼应。三人所规划的建筑群与奥林匹亚和约克的开发项目的精神如此相近，以致人们不能不认为这又是一个SOM式的总体规划。几个月后由哥斯林事务所等所做的修改规划提出了受人欢迎的新方案，与SOM的风格有一定差别，"圆形鼓"被放在一个关键角落，艺术化装饰的庙塔的效果是将水面降低以便与坎那瑞码头产生差别。不过，和坎那瑞码头那样，那个深层平台（塔楼部分为900m²）有碍于优美的高层建筑形体。

这些局部地区小型总体规划产生的结果，使多格岛能在碎片的基础上再开发。坎那瑞码头的一些主要项目，如黑龙码头、南码头和港口股票交易所有点像在随意的海洋中的自身结构很完整的岛屿。每个建筑项目本身是完美的，但是出发点和意图都基本上是自私的，互不关联。

查尔斯王子曾宣称多格岛代表了商业利益压倒公共利益的胜利，但这正是1980年法所寻求的东西。更新的首要任务已经实现，首相约翰·梅杰在1991年曾指出"结果远超出我们的期望"。多格岛的城市化不甚和谐或不清楚，缺乏统一，建筑有多种风格，大型开发项目一般相互不产生联系，有时相互矛盾。如果追求多元性的话，取消控制的结果确产生了令人愉快的景观，这可能是当代建筑的一大趋势。在计划区内，街道形成的公共空间缺乏统一规律，各种分离的城市元素互不和谐，无法形成一个令人满意的城市整体。经过大型开发项目的移植，城市在更大范围内缺乏和谐并损害其自身的利益。

赫尔曼的漫画"狗地[①]"表达了民众对多格岛的看法。这是一座后现代摩天大楼组成的城市，底层到处是安全警卫和好战的狗，计划区被称作"计划动物园"，许多事情很明显地令人厌恶。自从这一漫画发表后，1989年官方的态度开始改变，表明官方已经一定程度地认识到城市设计是联系政府内城区政策与建筑开发目标之间的一座很基本的桥梁。实际上，人们应该感谢道克兰区，它为城市设计的指导性和内城区更新过程中城市设计的必要性提供了一个杰出的实例。

多格岛是撒切尔时代损害城市化的一个象征，它以小汽车为主导，投资公司的利益压倒公共利益，压倒大范围的开发，压倒合理的用地功能安排。它没有任何公共眼光，仅仅是更新。目前，道克兰开发公司仅仅为伦敦创造了一座新的办公城。在90年代早期50%的房产空着，创造的就业机会中只有10%提供给了当地人民，对道路的投资超过了对住宅与环境

[①] 狗地：英文为Doglands，与道克兰区的英文"Docklands"和多格岛的英文名"Isle of Dogs"相谐。

图 9-17 多格岛开发图
注：A—坎那瑞码头；B—喀斯喀特；C—南码头广场；D—港口股票交易所；
E—哥南哥桥；F—康巴斯点；G—路透社；H—金融时报大楼。
资料来源：Brian Edwards, *London Docklands: Urban Design in an Age of Deregulation*,
Butterworth Architecture (1992), Figure 5.4.

两者的投资，这都表明更新活动对当地人民不直接有利。

五、坎那瑞码头项目

坎那瑞码头项目是道克兰开发公司促成实现的最大的开发项目，如今作为更新的一个象征矗立在多格岛的中央。1987 年奥林匹亚和约克同意在此建设总计 111.48 万 m^2 的办公塔楼及低层的零售和其他商业性建筑，几乎在一夜间改变了道克兰区的感觉，以前的多格岛有些轻工业建筑，类似洛杉矶的玻璃办公街区的郊区。除了当时到达那儿不大方便外，坎那瑞

图 9-18 路易斯·赫尔曼所作"狗地"漫画

注:此漫画将"道克兰开发公司"讥讽为"狗地开发公司",将"计划区"称为"计划动物园",
将道克兰区的建筑称为后现代派的"狗屋"。该画作者认为道克兰区缺乏人情味和人文主义风格,
下图中打无线电话的狗为"保安狗",隐喻道克兰区的建筑四周布满安全栅栏和看门狗。

资料来源:Louis Hellman.

码头使该地区立即城市化并充满希望,这一项目是道克兰区最近几个开发项目中最大的一个,令道克兰开发公司有希望使道克兰区成为一条"水上的华尔街"。当时有人批评这一项目将有关城市更新的新权力法歪曲为将开发投资行为高高置于规则命令之上。

坎那瑞码头项目跨骑在西印度码头的旧水港地上,并以大致的东西向轴线向西佛里马戏团处的泰晤士河延伸。它享受了 1982 年在此设立计划区的所有优惠,即政府给予奥林匹亚和约克 10 年期低税优惠并免去 10 年的财产税,这些减免使道克兰公司本应征收的公共基金费用减少了 1.33 亿英镑(预算建设费是 4 亿英镑,公司的税是 33%)。撇开这些财政考虑外,50 层的坎那瑞码头项目看来更像是政府对内城区政策的剖白。这个项目在社会、环境和交通供给方面产生了巨大的效果,其结果可能会被政府所关注,并可能会扩张政府推广这种开发方式的热情。如果用城市标志性建筑物来象征城市更新,多格岛是最合适的。

奥林匹亚和约克并不是第一个看准西印度码头开发机会的人,更早到的开发商是 G·W·特拉斯特得,他在 1985 年带着第一波士顿国际财团就曾对这一地区做出了一个大胆的规划,建设商业综合体,但他没有成功。现在,奥林匹亚和约克所实现的坎那瑞码头计划已成为整

图 9-19 坎那瑞码头项目
资料来源：LDDC.

个伦敦道克兰区成功的一种公开的视觉象征，其塔楼可作为这一象征的证明——道克兰区更新的一种物质宣言。在坎那瑞码头项目之前，有关部门曾期望在多格岛上建设 74.32 万 m^2 的办公面积，有了坎那瑞码头这一项目之后，鼓励了其他投资者，办公面积一下子增至 232.25 万 m^2，这一变化使伦敦总的办公面积增加了 20%。

单就坎那瑞码头项目而言，它将创造 5 万个就业岗位，这最终将使多格岛的用地功能多样化，并有助于减少对这一地区的公共住宅的过分依赖。单就改善当地环境来说，这两点（创造就业和功能多样化）都是道克兰开发公司政策与期望目标的基石。大型的单一用地功能是其周围产生多样化活动的支柱，这将导致在大型建筑周围产生更多样化、更有趣的建筑。坎那瑞码头项目认识到这种形势，并决定在此地区建设总面积约为 6.97 万 m^2 的商店、剧院和餐馆，这符合 111.48 万 m^2 办公面积的需求。不过坎那瑞码头项目显然缺乏将这些功能进行竖向结合的努力，且在这一项目中没有住宅，因此 5 万名工作人员将每天来往于区外的住所与公司所在地之间，这造成了交通阻塞、轻轨列车拥挤及现代伦敦典型的能源利用率不高等问题。

为了使坎那瑞码头形成用地功能多样化模式，奥林匹亚和约克 1989 年要求征用紧靠其南部的黑龙码头的东半部，他们最初的设想是建造一个旅馆和 100 套住宅，但是 1991 年修改后的规划几乎全部是办公楼，平面由美国波士顿建筑师克特·金设计，计划建设三栋塔楼，与水面正在减少的西印度码头连接起来。尽管现在在东港（北面）和面对泰晤士河规划了住宅，但是靠近坎那瑞码头中心缺少居住用地将导致这一中心下班后变得冷清而充满危险。

结合不同活动和不同建筑形式的综合开发设想显然从未被奥林匹亚和约克或道克兰开发公司认真考虑过，从这一点上讲，坎那瑞码头是一个后期现代主义城市街区的实例，它与后工业化时代出现的新"绿色"综合开发哲学是对立的，坎那瑞码头可能是对典型的 20 世纪建筑类型的最后一击，而非打开进入 21 世纪的城市化之门。

（一）坎那瑞码头总体规划

在欧洲，因为交通不便和互不关联的城镇产生的问题，使人们很难在这类城镇地带为一个大型开发项目找到一处较好的场地。西印度码头有一块夹在两片水之间的半岛形土地，这块地在东边延伸向泰晤士河（早期的规划却没有考虑要使之与河流建立正常的联系），在那儿河流正好转向朝着伦敦塔桥和后面的伦敦城。此处地势平坦，被水包围，有大批的塔吊和仓库，远处为住宅街区和豪克斯姆教堂。对于城市更新，在伦敦很难再找到这样能提供创造建设潜力的场地。

坎那瑞码头项目各方面规模都较大：用地面积为 28.73 万 m^2，比伦敦的格林公园还大，111.48 万 m^2 的办公面积被分配到 24 栋独立的建筑中，每一栋建筑都由不同的建筑师设计，但都受到芝加哥 SOM 事务所编制的规划和立面构思的控制。因为开发不需要正规的规划许可（政府特许开发商有此特权），故对各开发项目没有进行任何效果评估，但是奥林匹亚和约克（以前是特拉斯特得）提出了一系列综合的规划和观点，确定了开发的性质。这些建筑在道克兰区非常漂亮，以求赢得潜在租主的青睐。

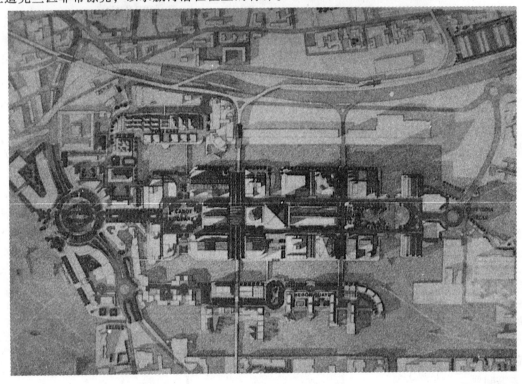

图 9-20　坎那瑞码头项目总平面图（SOM 设计）

资料来源：Olympia and York.

为了确定开发的一致性，开发商的设计指南确定了雕花柱廊、骑楼、规模确定的院子、后退和材料以及临街道的墙面接合方式等内容。实际上，奥林匹亚和约克已变成了规划当局，他们试图保护他们自己的投资并创造一种能使公众满意的方法。这些加拿大开发商规划建设的艺术式的城市化地区使他们的公司产生了良好的形象。

（二）总体规划方法的局限

SOM 的作品在别处几乎不大有持久的艺术式布局的痕迹，但是它对空间组合和美学组成的严谨处理手法却标志着英国城市化的一个新方向。在坎那瑞码头的规划平面中有一条豪斯曼式的大街，由它连接一个圆环广场、一个方形广场、一个双广场和一个半圆广场，分别命名为西费里圆形广场、卡伯特广场、加拿大广场和丘吉尔广场，几何形状严格得像乔治时代最严格的规划。更为有趣的处理可能是各街区间挤压出空间的线路只能在某个广场处放开,围合感是首要目标,这通过近乎巴洛克似的构图得以实现。在某些恰当的角度可以看到有框的水景,这些景观主要对准北部的老贵特仓库及南部的黑龙码头。除了这些开放之处,一般来说坎那瑞码头是封闭的、内视的,因此具有欧洲的城市传统。

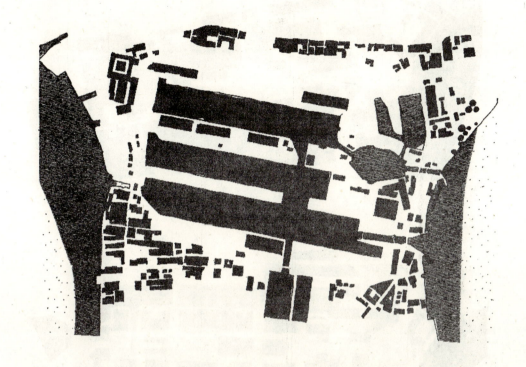

(a)

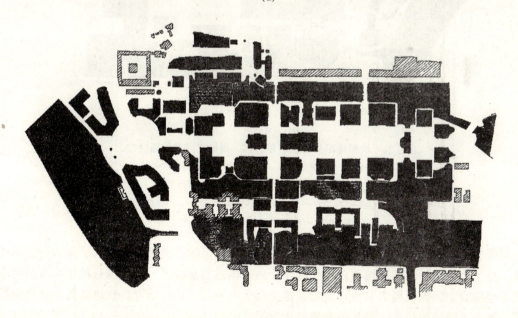

(b)

图 9-21 坎那瑞码头首层建筑、水、用地之间的关系(一)
(a)为 1981 年时情景;(b)为 G·W·特拉斯特得 1985 年的规划

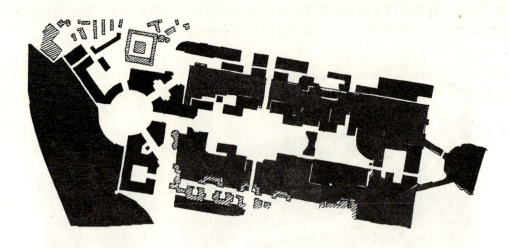

(c)

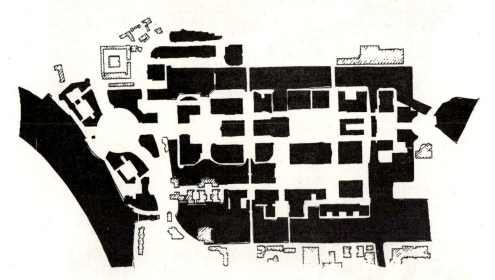

(d)

图 9-21 坎那瑞码头首层建筑、水、用地之间的关系（二）
(c) 为 1987 年奥林匹亚和约克的平面；(d) 为 1991 年奥林匹亚和约克的平面。
阴影建筑为现状建筑，粗黑线为规划建筑
资料来源：Brian Edwards, *London Docklands: Urban Design in an Age of Deregulation*,
Butterworth Architecture (1992), Figure 5.9.

  尽管中心塔楼通过其绝对体量维护了自身的地位，但坎那瑞码头项目几乎像两种分离的开发，摩天大楼世界和图形地面让步行者体会到立体感和空虚感。整个项目的中心没有与塔楼很好地结合，因为规模太宏伟，使之在这里几乎不可能成功地结合，且塔楼的主导形象损坏了一些令人愉快的角落，尤其是菲舍曼步行区。

  坎那瑞码头项目空间的复杂性表现了 SOM 将一个大型开发项目分成许多有趣的小规模部分的能力有一定缺陷，人们同样还认为该项目主楼的建筑立面的美感存在问题。除了材料有明显的变化外，这是一个令人失望的似曾相识的立面处理，大理石、石灰石、砖、钢和玻璃是这个建筑的材料，在整个开发中也渗透了类似的处理手法。在整个项目中，主要设计元素不断重复——塔楼的入口和广场、正对泰晤士河正面上方的三角墙立面、窗户网格框架以及顶层的后退。虽然别的建筑使用了不同的材料，但并未产生适当的平衡和变化。

图 9-22　坎那瑞项目
资料来源：编译者。

（三）坎那瑞码头和天际线

坎那瑞码头总体规划的意图（包括三位开发商的意图）都是创造一个综合的摩天大楼中心，而不是一栋孤立的塔楼。虽然经济条件可能使奥林匹亚和约克放弃其他副楼，但是项目的长期成功主要依靠以西撒·佩里设计的 50 层 240m 高的大楼为中心的塔楼群。而人们认为这栋大楼缺乏趣味，不能作为道克兰区更新的惟一象征，其形象相当沉闷，颜色使用了令人惊异的土褐色。与世界上其他最近建成的摩天大楼相比，如和仅有 32 层由菲利浦·约翰逊设计的纽约 AT&T 大楼以及同一城市由 KPF 设计的哥特式玻璃塔楼相比，坎那瑞码头的塔楼群没有任何创新，缺乏戏剧性的顶部和塔身形象的处理，造就了又一个乏味的后期现代主义的玻璃和大理石容器，与后现代主义偏爱创造激动人心的摩天大楼的哲学对立。

坎那瑞码头项目的副楼建成后，景观将有所不同，使天际线产生变化。在一定范围内佩里的塔楼占据了整个东部伦敦，在 M25 线公路上 24km 之外就可以看到，它像一座独立的纪念碑矗立在一个平台和水边上。坎那瑞码头项目因此像是一个巨大的已经失去了的机会。建筑技术的改进和电信革命既产生了全世界无法区别的玻璃网格盒子，也创造了坎那瑞码头项目这类建筑。如果在道克兰区的舍得泰晤士这一密集地区先实施设计革命，再按当代思想进行建设的话，沿河景观会无与伦比。坎那瑞码头项目作为一种新式天际线的象征无疑令人失望，人们因此对因设计自由而产生的纪念碑式的建筑提出了疑问。

塔楼的对称形象来自租赁者的需求，开发商的目标是吸引大银行、保险公司或政府部门租用一栋所有活动可以在一个屋顶下完成的大楼，每个楼层都提供了有效的、生产率高的工作空间，具有最大的弹性以满足未来职员人数和办公技术的变化。相对自由的柱网平面、大比例的服务核、加高的楼层、整体做成吊顶的天花板以及光导纤维的开通，使坎那瑞塔楼成为伦敦最昂贵的现代建筑，大进深、高天花和大内部容量的商业要求不可避免地创造出一栋大体量的建筑，只剩下高度、屋顶形式和颜色等元素给设计师提供了将这一建筑处理得更加优美精制的机会。

图 9-23　从格林威治远眺坎那瑞码头
注：佩里设计的塔楼成了多格岛乃至道克兰区的主宰建筑，它忽视了与某些景观轴线的关系，太独立。
资料来源：编译者。

坎那瑞码头项目首先寻求给伦敦的新型电子贸易设施提供高技术的楼层空间，这一建筑很自然地被人认为像在纽约和东京这两个世界金融中心的办公建筑，因此它可能被认为是进行国际贸易的摩天大楼，而不是伦敦西部需求很少的典型办公街区。应该将它与纽约世界贸易中心这类开发项目相比，而不是与像百老格特和伦敦华尔这类地方项目相比。当把这一项目放入适当环境中进行比较评论时，其成就可以提高。

（四）总体规划和公共领域

如果坎那瑞塔楼看起来缺乏这类重要开发项目的必要自信的话，剩下的开发项目则要以更大的责任意识实现某种公共目的。已经形成的空间和周边街区骑楼丰富了多格岛的环境，但却造成了某种城堡式的感觉，大型商业街区的半私密世界的感觉是由圆形广场、方形广场和种植行道树的大街产生的。空间的个性一定程度地存在，因为不同街区拥有不同的建筑。

坎那瑞码头项目的规模与复杂性在英国所有城市化地区是空前的。为了维护开发控制，有关部门确立了两个战略决定，第一，采用局部地区总体规划方法，因为这有助于协调空间、美学和基础设施的要求；第二，奥林匹亚和约克在某个交叉位置上扮演开发商、项目管理者和后来的建筑拥有者的角色，由此可见开发商对质量感兴趣，不是因为其投资在规模上的短期利益，而是因为需要长期确保这一项目能吸引租赁者。总体规划从一开始创造了信心，使奥林匹亚和约克能借贷投资这个项目，并为后来的开发奠定事实基础，同时它也为各地区提供了一种使环境有连续感的手段。

当前，城市主义者关心质量和多样性问题。坎那瑞码头总体规划尽管显得僵硬，但仍存在一些变化，街区完成后，从砖到石头，从玻璃到钢材，其特色或纪念性都有所不同。但是坎那瑞码头看来不像是产生在要进行更新换代的地方，它看起来更像一座非永久的临时性城市。城市结构中使用了永恒的街道和广场元素，而建筑却具有古典主义的三段式划分，这既不是乔治国王也不是爱德华时代的伦敦，而是电信革命时代的新伦敦，这令人感到很矛盾。力求纯正的人可能会提出像商业贸易和银行服务这类现代功能需要某种恰当的建筑（如罗杰斯设计的劳埃得大厦，它在城市中心自由地表达当代技术），而不是坎那瑞码头这种保守形象。这个项目的建筑品味无疑瞄准潜在的顾主，而正是这些人认为他们在劳埃得大厦中难以得到满足。坎那瑞码头的建筑是纪念式的，运用了不太有才情并且缺乏创造力的古典主义。

在该项目的周围，步行道形成了通往西印度码头旧广场的公共通道，在那儿建筑直接建到码头外，产生了某种接近水边的威尼斯式风格。虽然水边地区已受到坎那瑞码头项目扩展的挤压，但是周围地区的不规则形式变化对城市设计明显有利。平行的建筑外墙减少了，码头上产生了各种岬角和水缝，这使规划产生了复杂性，鼓励立面出现差别。虽然总体规划图指定了一种整体秩序，但局部的丰富性仍是可能的，尤其当别的建筑师参加进来时更是如此。后来的建筑设计事务所大都注重其作品对城市的介入，在坎那瑞码头设计了各不相同的水边建筑，不同性因此有可能在 SOM 总体规划的空间及立面控制中发展出来。奥林匹亚和约克的开发主管托尼·库珀斯是位澳大利亚建筑师，并曾是多伦多的前城市规划官员，他认为坎那瑞码头的成功主要在于创造城市整体感，这种整体感要精心构筑，并创造精细的不同性来平衡和丰富城市空间。

对不同性的需求使奥林匹亚和约克最终同意了 1990 年由弗雷得·克特修改的总体规划。克特与科林·罗合著的《拼贴城市》一书曾讨论了非正常的、偶然的和抽象关系基础上的城市复杂性。通常，历史进程导致了视觉分化，但是当一项大型开发从破坏中开始时，这一分化将倾向竞争和单调。克特无疑在寻求更大范围的用地功能分化，建立打破总体规划僵硬几何图形的斜线，使城市建筑立面更丰富多彩，尤其在地面层。可供开发的因素之一是道克兰区的历史建筑或大型工业制品等，将这些历史碎片移入坎那瑞码头广场可以打破这里巨大的规模，打破网格形的立面。拼贴的基础是愉快的碰撞和丰富的层面，不过这种基础无法在一个预先确定的平面中很容易地确定下来。

（五）坎那瑞码头的开发过程

坎那瑞码头项目的形成过程包含在总体规划和奥林匹亚和约克与道克兰开发公司的开发协议中。开发分为 24 个单元，每一个单元都制订了一系列城市设计指导方针，包括控制功能、高度、体量、与公共空间相接的墙体的关系等。符合指导方针的开发无需道克兰开发公司的同意，但是与之有出入或需要调整之处则必须得到道克兰公司的同意，无疑，照此规定设计的建筑仅有很少的创作自由。

奥林匹亚和约克在坎那瑞码头的开发规划可以作为一种分区规划，是一种由私人提出的框架，是按凯文·林奇《城市的印象》一书中的思想意识来创造一个新区，以不同的建筑创造街道和广场的公共（或半公共）网络。城市学者库珀斯曾研究比较过18世纪伦敦中部形成的过程，他发现那个时代一般首先建设广场，以此来创造房地产业的质量和可信度。在坎那瑞码头，摩天大楼的关键元素（高度、体量和中心性）、中心巷街道、广场和河边弦月状广场是这一项目的关键，开发商期望靠这些东西创造一种巨型的商业视觉形象，以使整个计划得以完成。

坎那瑞码头的形象反映了其建造过程的精确性。奥林匹亚和约克公司的第一个项目是在多伦多的加拿大广场，包括两栋72层塔楼，当时初创了一种他们自己称为"快速轨道"的建造方式，之后在纽约的世界金融中心项目中充实完善。这种方式是一种简洁的建设过程，将吊车和起重机的提升任务进行规范化的分段，如在建设过程中，某类指定的吊车专门起吊钢材，加上运转灵活，因此建设过程中从来不缺钢材，同时，将厕所和饮食部在建筑过程中搬到工地上，这样减少了工时的延误。

在施工的垂直面上，工地工程小队为4000个，有的工人还专门受过奥林匹亚和约克公司的训练，这样，坎那瑞码头项目既是一群建筑，又是一次现代建筑工程管理的教育课。这些建筑使用的材料来自100多个国家，如大理石来自意大利，石头来自加拿大，厕所吊箱来自荷兰，镶板来自比利时和美国等。国际化的设计队伍（开发商为加拿大人，建筑师和工程师为美国、意大利和英国人）更能满足该建筑的材料供应和劳动力的世界性特点。如果某一天没有进行施工，或工期被延误，这一天只能是星期五日落后至星期六日落前的犹太人安息日，这种方式反映了坎那瑞码头的精神——高技术的现代风格及一个世界上最大的商业房地产拥有者的传统价值观。

坎那瑞码头项目突出了两种城市设计方法之间的矛盾。街道、广场是正规的传统欧洲城镇规划模式，而建筑尤其是自我中心式的摩天大楼是美国式的，法国式的古典主义城市设计（传统的欧洲城镇规划模式）似乎不能简单地用曼哈顿风格的办公街区来补充。西方建筑的两大传统——广场和摩天大楼——显然寻求能在坎那瑞码头结合，而结果表明了这两种方法之间存在固有的不和协性：广场是城市群体形成的空间，而摩天大楼则是空间中的一个客体。

六、黑龙码头

在道克兰区更新的前两次浪潮中，因为开发规模不当产生的矛盾没有比在黑龙码头更明显的了。1982年由N·莱西设计的办公楼（用熟悉的红色斜钢和玻璃建造）在仅存10年之后，便面临被炸毁的命运。河岸对面坎那瑞码头项目的出现，提高了这一位置的土地价格，也提高了对建筑的期望值，莱西的大楼在此显得规模太小。这类小规模建筑具有令人愉快和处理娴熟的细部，但即将被由SBT设计的雕塑式塔楼取代。

SBT设计的塔楼将使相当保守的天际线产生一些令人欢迎的变化，这更多的是通过公司的经济实力而非设计技巧产生的，这也将标志着多格岛的更新。这一双帆状的塔楼底层相连，集中了办公、购物和餐馆的五层高台伸到西印度码头的水面上。奥威拉普事务所发展了这一塔楼设计，牛津大学风工程研究小组对建筑进行了论证，他们这些非同寻常的工作搅乱了建筑评论界的形势，尤其是皇家美术委员会，他们担心失去莱西的红色大篷，担心新建筑对伦敦天际线产生不良的影响。

塔楼的设计要求在底层做空气叶形饰柱，以便使步行者免受上升风之苦，这一要求使设

图 9-24 SBT 设计的帆状大楼位于黑龙码头
资料来源：Scott Brownrigg and Turner.

计方案有理由将建筑大胆地跨越在水面上，这使 SBT 能开发水边作为航行和其他之用，并使这一计划有一种令人欢迎的船舶气氛。实际上，方案通过靠近地面的许多钢索的组合，使鹅翼形状更像帆那样。像悉尼歌剧院（也是由奥威拉普事务所设计的结构）的壳形顶一样，这组建筑将比附近其他建筑更能变成道克兰区更新的一个符号。

SBT 的方案比坎那瑞码头佩里设计的大楼低一点，为 180m 高。它同样扩大了多格岛计划区内的设计自由度，风格更大胆。方案的结构复杂性无需讳言，但方案没有设计有趣的垂直运动，钢绳索本来计划能联系帆的边缘，以提供某种戏剧性效果，但这一设想最终被取消了。

这一方案至今仍是一个令人争论的方案，两栋塔楼——一栋 46 层、一栋 36 层及一个高台总面积将达 25.0 万 m²。虽然它比坎那瑞码头项目的规模小很多，但建成后会增加西费里路的拥挤。

七、南码头广场

位于南码头广场的《每日电讯报》办公楼为现代古典主义风格，是第一个在道克兰区的大型开发项目。现代古典主义风格由美国建筑师罗伯特·斯特恩等人推广，目前正受到欧洲大陆越来越多的公司雇主的欢迎，因为这种风格代表着尖锐的、新鲜的、进步的建筑与传统价值的正确结合。现代古典主义建筑的形式有别于许多不知名公司建筑的玻璃网格立面，主张个性的再表现。

由塞弗特事务所设计的古典主义建筑使用了抽象语言，而不是用明显的古典柱式顶部和飞檐等古典元素，场地布局为几何形，经过良好人工处理的建筑入口和一个主楼层❶ 使人很容易产生古典的视觉印象。底层布局是对称的，柱廊放在稍偏中心的位置，使建筑产生一

---

❶ 主楼层：piano nobile，有正式接待室的楼层。

些差别和趣味。建筑外墙重复使用了类似于河湾蓝色的玻璃、抛光大理石和钢材。

在底层、中间段和顶部之间创造明显的区别是现代古典主义风格中绝大多数设计的出发点，古典主义语言被广泛运用，对句法的规范性要求仍然很严格。宽大的石头基座底层为餐馆、酒吧和商店提供了场所，上面的办公楼层外墙是玻璃和钢的重复网格，阁楼层退缩在一个很深的抛光花岗岩带后面，形成了飞檐。整个建筑可看做是一群建筑，由正面三角墙形成视觉的主体元素，这种形象使人觉得这群建筑是多格岛的"广场"（类似于古希腊用于贸易及集会的那种），每栋塔楼可看做是庙宇，广场之间的空间至少在理论上可以供公众聚会，并且因为广场向码头开放，并连接了在水边步行道的踏步，令人感觉这儿更像一个公共场所，而不是一个纯私有领地。

停车场在地下层，在包围咖啡厅和餐馆的后部基座内。像道克兰区的其他地方一样，建筑底部的骑楼为行人提供了某种乐趣，但目前人群活动不够充足，无法给骑楼带来真正的生机。蓝色工程砖铺砌、花岗岩边缘和着色玻璃立面产生了与在市政当局控制下的地区效果相反的令人愉快的感觉。

道克兰轻轨高架在此建筑边上绕过，轻轨在西印度码头和米尔沃码头之间转了一个几乎直角的弯，因此为乘客提供了在不同视点观察此建筑物外观的机会。

南码头广场的风格是一种广泛组合的古典主义，因此它缺乏充足的不同性，不能承受长期的考验。该方案的成功在于其谦虚的美德——在细部、体量和场地组织上的成功。三座塔楼已成为伦敦东部天际线的一部分，且在坎那瑞码头项目未出现之前它们在道克兰区一直是主要建筑物。

八、喀斯喀特

喀斯喀特是道克兰区一栋非同寻常的建筑，它在泰晤士河边占据了一个很好的位置，建筑形式奇特。它超越了塔楼街区的一般美学局限，该建筑由 CZWG 开发，试图对 70 年代不受欢迎的塔楼街区进行再探索。目前，各种评论都指出内城区高层居住建筑应就这个在社会和美学方面都成功的项目进行深入思考。

基地被水包围，有水上公共汽车来往于泰晤士河上。喀斯喀特大厦看起来像有些残破的海洋班船的船首，西南面从楼顶公寓向下层的体育设施下斜 45°，CZWG 通过这一做法使建筑都面向阳光，在平面上和立面上都是如此。直接面对斜坡的住宅有长的车厢型房间。

图 9-25（a） 南码头广场
资料来源：Seifert Ltd.

图 9-25（b）

(a)

(b)

(c)

图 9-26 多格岛其他风格各异的建筑
(a) 喀斯喀特大厦；(b) 路透社大楼；(c) 水泵站

第五节 成 败 论

一、道克兰区的设计价值

直到 1990 年夏天的经济不景气到来之前，伦敦道克兰区一直是英国发展最快的地区，并可能是西欧城市更新最大的一次实践。约 22.25km² 荒废的景观、将要废弃和无法维持的公共住宅仅 10 年的功夫就变成了一个动人的办公区、一个色彩浮华的商业园和荷兰式水边山墙公寓街区。更新的规模和速度令人印象深刻，不同开发项目之间的风格、空间和技术的对立使有的观察者感觉到它们不像是在同一世纪建造的，更别说是在 10 年间了。但如果深入细致地考察每一栋建筑，就会发觉它们都采用了相似的建筑元素，如砖、瓦来自同一个制造商，玻璃、墙和窗户的细部、建筑覆面组合几乎像乔治王时代的伦敦那样有连续性。不同的是（这对了解道克兰区的建筑很重要）参与的设计师缺乏一种共同意识，没有考虑到一方面形式与功能之间存在某种呼应，另一方面在技术与社会之间也存在某种呼应。因此有些建筑师把道克兰区作为表现 90 年代建筑的尖端技术和制造过程的机会，而另一些人则为满足业主口味和服务业经济的浅薄利益来塑造他们的建筑。在撒切尔年代的政治气候中，道克兰开发公司几乎不可避免地不能维护这种取消控制的环境中的美学连续性。

10 年建设使道克兰区形成了一种建筑的多元性———种混合了不同价值观、不同形式和不同意味的城镇景观。"复杂性"是一个可用来描述建成环境的词，但在此又不能用它来描述道克兰区的建成环境，因为复杂性的产生需要用秩序元素来修饰许多近期开发项目中的双重代码和规模及细部的随意操作行为，而在道克兰区并非如此。罗伯特·文丘里认为复杂性和矛盾性比简洁性在形成城市的过程中更为重要，但它们确实需要复杂性代码的知觉的认同层（如街道与立面）和共同价值手段。不过，因为道克兰区的更新时间处在现代与后现代时代之间，不可避免地在自由风格折衷主义和主流派纯粹主义之间会发生一场建筑学的战斗，折衷主义的代表是皮尔斯·高戈和杰里米·迪克森，纯粹主义的代表是尼古拉·格里姆肖与罗杰斯。罗杰斯在某种程度上揭示了一种困境：他在道克兰区的作品比在其他地方的作品更彬彬有礼，且更受欧洲理性主义者所热衷的几何学的影响。但是在一个变化的时代，一个设计品味不可预见的时代，道克兰区提供了一种少有的机会，使人能仔细考查这些建筑设计。道克兰区创造的这种景观对我们时代提出了两个重要问题：首先，城市仅靠多元化能生存下去吗？第二，如果每栋建筑的设计都反映某种不同的立场或理论，结果是否就是形成一座城市的或大型的水边设计博物馆？

在某些方面，伦敦道克兰区处在传统造船工业和仓库的经济崩溃后，新型金融服务、设计和信息技术这种由撒切尔政府支持的经济正在形成之时是幸运的。码头区的衰退和更新是一种世界性趋势，伦敦道克兰区的新建筑代表着 80 年代的乐观主义，有人赞扬，但有人认为如果建筑师把伦敦道克兰区的新建筑放入别的相关的商业圈中，他的设计方法将从运用材料和技术来强调清净感和真诚转向更开放地将建筑作为广告和私人展示。若认识到这种改变的话，人们就会了解道克兰区更热衷于建设私人城堡而不是公共纪念碑的原因。

（一）总体规划的地位

道克兰开发公司在创建之初的一个困境是确定道克兰区的哪些地区应在总体规划的帮助下开发。总体规划在英国已存在至少 300 年了，1666 年伦敦大火之后，克里斯多弗·雷恩爵士为重建该城制定了高度严格的控制规划，雷恩未实现的规划将新的公共建筑放在关键道路的交叉口或轴线的尽端，试图建立一种围绕现有纪念物如伦敦塔和新规划的圣保罗大教堂等的街道等级体制。18世纪约翰·伍兹和罗伯特·亚当为巴斯城制订了优美的街道规划，建立了涉及城市发展的视觉、功能和空间结构。1769年当爱丁堡开始从其肮脏的老城向外扩展时，市政委员会制订了一份外围的新城总体规划。19世纪的城市更新，从1866年格拉斯各的重建至1875年的伯明翰都采用了总体规划，这两者都受1855年至1870年豪斯曼重建巴黎中心的灵感的启发，豪斯曼曾成功地协调了卫生、美观和商业改革之间的矛盾。

进入20世纪，总体规划仍是英国城市规划的一种基本方法。1903年雷蒙德·昂温对利契沃斯的规划激发了从哈罗到坎伯芬德等全英国新镇建设的灵感。虽然街道的组织功能和城镇中心的布局大不相同，但对总体规划的要求都未减少。在米尔顿凯恩斯，总体规划是通过一个大约一公里标准网格形成的道路布局，结合广泛的设计原理而形成的，规划通过结合城市、景观和建筑设计的各种控制技巧，借以产生弹性和秩序。

从规模和投资量来说，道克兰区比20世纪绝大多数英国新镇都大，但没有采用总体规划。虽然已进行了多种努力来组织道克兰区内各不同地区的规划，但整个开发区在用地功能、空间组织和外部联系上都自由于限制之外。不过，随着总体规划重新占据支配地位，伦敦道克兰区将成为欧洲自由投资和大范围无规划控制城市更新活动中仅剩的最佳实例。道克兰区的神话当然也可能会证实以市场导向解决内城区困难的城市设计方法存在缺陷。

在道克兰区10年完全自由地开发之后，英国皇家建筑协会主席马克斯·哈钦森用"动态的文脉主义"来描述多格岛的情况，因为人们现在可以看到伦敦道克兰又开始回归到传统的总体规划上来。道克兰区取消控制后建设的浮华建筑现在正遇上一股艺术式地进行城市建设的风气，这种风气远在柏林IBA、巴黎莱哈雷和波士顿的水边地区都曾形成更新实践浪潮。道克兰区10年史无前例的建设之后，经济形势暴跌，经济下降的影响力和传统的回归折断了城市化实验中新权力之翼。

道克兰开发公司不愿意制定总体规划已导致了许多问题，并可能会削弱投资的价值。如果总体规划指导了开发的美学导向并建立了空间原则，就会对开发商的利益进行有利的保护。这对自由市场城市主义者是一种嘲弄，因为按他们的哲学建成的建筑与公共空间和城市交通缺乏很好的联系，对不合适或不友善的邻居缺乏保护。

就其规模和现状而言，坎那瑞码头项目的长期成功依赖于制定政策保护其后方用地免于无价值开发之害，并确保其工作人员能不费力地到达工作场所。如果公共交通线不合理，或某个公寓街区打破了泰晤士河景观的话，奥林匹亚和约克的投资将受到伤害。在经历10年建设后，正是开发商本人强调要用传统城市规划手段来保护他们庞大的投资。

但是在一半建筑街区已经定位后，总体规划仍然可行吗？伦敦道克兰区这种狂热的开发势头能在总体规划控制中残存下来吗？而且，如果道克兰区的多中心模式能维持的话，未来的结构会反映出基础投资是针对地铁银线的延伸而非现存结构模式吗？人们认为，如果能在道路形式和交通系统中确立未来的活动和城市空间模式的话，则需要一个中心机构来协调建筑和市政工程的要求。

（二）现在可以实施何种总体规划

任何城市地区都具有两种主要的美学的当务之急：第一，如何保护并扩大其继承下来的，反映该地区文化和社会历史的纪念物；第二，如何创造好的新建筑和城市空间来满足当代社会的需求。在过去的纪念物和未来建造的构筑物之间存在的大量建筑可以留给市场力量和时间来维持或抛弃。总体规划可以强调这两个极端，并给旧建筑和新的建设行为带来某种

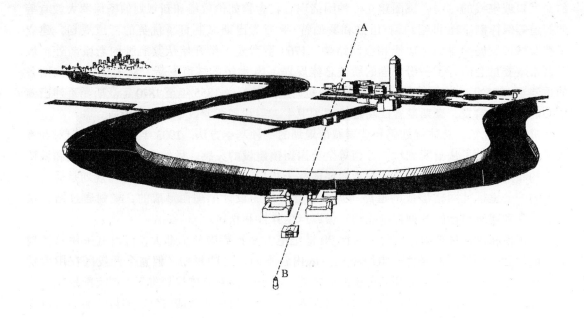

图 9-27 雷恩——格林威治轴线
注：D—C 轴线为伦敦城和坎那瑞码头轴线；B—A 轴线为坎那瑞码头和格林威治轴线。
资料来源：Brian Edwards, *London Docklands: Urban Design in an Age of Deregulation*,
Butterworth Architecture (1992), Figure 9.2.

连续意识。在这一点上道克兰开发公司最执拗：因为总体规划已经被抛开，从 1981 年起建设的建筑和纪念物、工程设施之间就很少存在呼应。例如：精彩的豪克斯姆教堂被放逐到水边，削弱了穿过这一地区的视觉走廊。1982 年哥斯林和卡伦在他们的规划中试图延伸越过泰晤士河进入多格岛的雷恩——格林威治轴线，使开发可以围绕伦敦的一种主要城市形态进行组织，这类作为开发轴线的视觉走廊可以切断该地区的正在恶化的建筑联系，并因此在旧与新、公共与私有、纪念性与家庭乐趣之间建立等级意识，但该规划未被道克兰公司采用。

目前，泰晤士河沿岸仍保持了过多的私有领地，除了在威斯敏斯特有一段短距离的河边步行道外，缺乏可看之处。绝大多数欧洲地区都将其主要河边处理成公共领域，成为一个散步和观赏城市景色的地方。在 19 世纪，河岸为污水系统提供了方便的线路，同时通过建设铺砌步行道和种植花园使之转化为公共领域。伦敦道克兰区不关心这类公共领域，尽管码头港地比泰晤士河一般处理得更好，更通达。缺少总体规划是无法归还这类公共债务的一个主要原因。

可以认为在城市更新时拒绝总体规划或城市设计框架是一个判断错误。拒绝的原因是害怕开发所需投资和规划所创造的城市结构将对开发集团没有弹性或缺乏吸引力，但是结果几乎更差，现在伦敦道克兰区拥有的是需要拼装在一起的城市语言碎片。

（三）城市设计还是城市拼贴

对传统的欧洲式总体规划还存在一种相对立的理论，即由科林·罗和弗雷得·克特提出的城市拼贴概念，他们认为现代城市包含与历史相遇的机会，在不同状况下纪念物之间稀奇古怪的关系所提示的有秩序的和可预言的布局不再值得向往或甚至不可能。他们的城市拼贴看法现在已大大理论化，道克兰区可能是这种城市理论的一种最好例子。他们所著《拼贴城市》一书讨论了纪念物、花园、街道及广场能愉快相撞的现代城市现象，这种碰撞至少会发生在允许"建设性幻灭"能与永久性城市并肩共存的地方。这种城市景观在道克兰区有一定的表现，因为它是从秩序与非秩序之间、创新与传统之间的相互复杂作用中成长出来的。道克兰区没有传统城镇规划的基础，它已成长为一个特别的城市化地区，其"肌理的困境"呼应了现代情形和政治权术，比秩序和控制更为有效和公正。

《拼贴城市》一书写于1978年，谈到了当代社会的价值与知觉。当时现代主义受到广泛的攻击，两位作者试图结合美国和欧洲的城市传统进行论证，他们通过用波普时代的隽语着色的景象来深入考查城市设计历史，所得出的结论对道克兰区很适用，因为罗和克特的议论出发点是一种失败的现代主义式乌托邦意识，而道克兰公司从一开始就一直明确地标明了这种意识。拼贴城市和多格岛以不同方式形成了一种城市景观———一种公司进行愉快的协调和个体自由未受某种统一的社会价值结构的牵制而产生的景观。

私人开发商被许可规划处理孤立的道克兰区美观及其空间结构的自我封闭元素的时间越长，就有越多的地区产生拼贴城市效果。因为开发商也认识到了广场和历史性街道的世界性，并利用这些文化参照物在自我围合的开发中创造私有的健康环境。他们甚至走得更远，因为某些项目通过采用文化认知形式，如伦敦桥城的圣马可广场，或坎那瑞码头的协和广场，借此遮盖在新的建设项目与具有历史意义的现实的关系。文化遗产于是变成了理智地吸收的一部分，处于某种波普艺术家所钟爱的位置，语言被改变，含义被新的稀奇古怪关系夸张。因此人们可以认为在道克兰区，拼贴城市变成了一种现实。人们必须接受这种必然。

（四）规划的工程基础

如果有关城市设计的总体规划被道克兰开发公司完全拒绝，或公司发现运用起来太笨拙（如罗杰斯对罗伊码头所作的开发框架）的话，那么组织该区更新的责任就落到了交通或市政工程师肩上。采用工程来组合新地区的开发是一种长期的传统，从美国殖民地工程师所做网格形城市布局到伦敦、利物浦和格拉斯各等地用铁路来指导街道布局的作法都是如此，人们无法拒绝市政工程对城市的影响。

交通工程的设计依赖参与机构的合作，建筑开发商需要了解提供基础设施的投资量，如果开发商开始怀疑公共机构保护其投资目标的愿望的话，那么基础设施设计和建筑设计之间的基本关系将被打破。历史的教训是基础设施一方（街道、铁路、桥梁等）必须先于建筑开发商一步，如果位置反了，不仅开发商要被迫为公共服务设施掏钱，而且联系者与被联系者之间的基本逻辑将不复存在。就城市设计而言，在这两者之间存在一种相关的呼应，基础设施表明了开发的强度及其空间分布。除了在道路上的投资外，道克兰区在这场决定性的试验中失败了，如轻轨就其致命弱点，其操作运行的规模偏小显示了在建筑使用功能和轻轨运量之间缺乏严肃的对话（即无法满足办公建筑带来的大量人流）。

基础设施是城市设计的基础，并且能产生一定的功效。例如，地铁站可以变成市民活动结点，在其周围将有成群的商店和咖啡屋等建筑和支持类活动。设计师不能让顾客下台阶或在有风的高层月台上等候，应让他们发现站台已结合到一群建筑中，建筑本身可以扮演一种象征，并提供周转空间，这类建筑可以布置一个广场来服务于这些站台，人们可以在有顶空间内等车时遇到自己的朋友或商务伙伴，进入某个室外咖啡屋享受某种气氛，这类站台可以作为主宰大型建筑的结点，为整个地区建立某些视觉和协。道克兰区仅在坎那瑞码头出现了这种模式，但主要是因为开发商的动机，而不是基础设施规划的成果。

基础设施工程也可使道路系统变得清晰。道克兰区的道路是惟一不会使行人、车辆的运动产生视觉享受的交通通道，人们没有从道路上欣赏道克兰新建筑的机会，规划师没有开发在小汽车或公共汽车上欣赏景观、天际线的机会。道克兰区建筑的规模、很光亮的颜色和显然是比较随意的位置显示出仅在快速运动时它们才真正可以被欣赏，而道路系统却疏于应用之字形路线或方向上的变化来开发动态审美的可能性。

相反，水上公共汽车沿泰晤士河航行能使观赏者欣赏到一种完整的建筑正面景观。较典型的是CZWG，他们那栋热衷自我展示的建筑在有红色山墙的支那码头成为一种河边公共展览品，沿河向下喀斯喀特将作为西印度码头的标志，而洛奇的设计博物馆的白色立方体外形更为认真地强调河流本身而非其内涵。但道克兰主要道路和轻轨并不像泰晤士河，它们从建筑夹缝中拥挤而过，设计师并没有力求使之成为一种有美学机会的交通系统。道克兰区既定的展示意识和用户第一主义的盛行，是10年来建设中最令人失望的一面。

罗伯特·文丘里等人所著《向拉斯维加斯学习》一书，及凯文·林奇所著《城市的印象》一书，都以不同的方式认识到街道和主干道具有统一的长廊的作用，虽然他们的结论更适用于美国而非欧洲城市，但是将街道作为城市控制元素和印象产生元素的理论，看来仍未渗入到为道克兰建筑工作的多数建筑师和道克兰开发公司的规划师的思想中，例如，金融时报大厦在繁忙的东印度码头路（AB路）上竖起安全栅栏，入口设在边上，如果市民对城市的印象来自道路和地铁，那么在取消控制和私有化正在增加的道克兰区，市民的感觉就是安全栅栏、空白的墙和有警卫的尽头路。

二、取消控制和城市设计的失败

伦敦道克兰区的麻烦在于没有城市网格或确切的开发框架将建筑的多元化维系在一起。传统城市的街道和广场对后来可能产生的风格变化来说是一种联系性结构模式，但道克兰区将街道处理得像建筑一样不变贯。20世纪的英国新镇中，街道和具有现代外观的公共广场在空间和建筑的等级组织中仍是重要的元素；在昌迪加尔和巴西利亚等20世纪新城建设实践中，在城市空间和城市建筑之间存在清晰的关系。建筑形式与风格的多元化需要一种基本结构——一种可以将不同元素嵌入人们可以认知和欣赏的环境中的街道网格或广场框架。

在维平区或码头港地这样已由道克兰区继承了街道布局的地方，就能提供一种强烈的统一元素，城市设计相当成功。这里的动态文脉主义具有一种能在美学限制下保护竞争元素的强有力的空间框架，但如果没有这样的框架，视觉竞争就会压倒一切且令人生厌。在道克兰区虽然存在某种模式语言的组合元素，但更为一般的形势是规模、颜色、形状和用地功能相互矛盾。相互竞争的建筑都呈现一种不可否认的激动状态，一种引人注目和使人消除敌意的张力，这些问题不是在建筑美学上，而是在城市设计实践中存在。

对上述问题有两种解决方法。一种方法是创造能维系所有不同规模和建筑种类于一处的框架，这可能必需重新确立街道的传统主导地位，将码头港地和河边地区作为一种有更多作用的统一元素，在围绕新地铁站处建设各类建筑以形成活动结点，并用关键性街道来联系这些结点。由当今所有建设活动形成的新区将进一步需要用景观和城市手段来进行修饰，人们不能希望真正的城市化会自发地发展。

另一方法是对道克兰区重新城市化❶。在道克兰区，建筑之间的空间在商务园内缺乏水准，从高建筑到低建筑过渡陡然，许多建筑在许多方面上对街道意义不大，所有的建筑都是郊区化而非城市化，实际上这是一种美国式的郊区化特征而非英国式的。伦敦对道克兰的次

---

❶ 意指利用城市元素对城市化水平不高（本文主要针对城市空间方面）的地区重新改造，提高其城市化水平。

中心化好像是在肤浅地缅怀洛杉矶的作法。道克兰区更新的第一个10年期间,城市设计作为一种独特的原理重新出现在英国,道克兰区是这种认识复苏的一个原因。这一地区城市设计的失败主要是因为设计者们的思想局限于仅仅用建筑来创造城市。

设计多元化在创造新城市时毫无疑问存在局限。有人可能会认为现有城市因拥有一种强烈的特征意识,如巴黎、巴塞罗那或波士顿,可以很适当地吸收新的和令人不能容忍的结构进入其现成组织中,但是新城市或实在的城市移植如伦敦道克兰区就不能仅靠多元化生存。伦敦道克兰区能告诉世界的是必须针对城市更新制订总体规划,设计不能被市场力量控制。

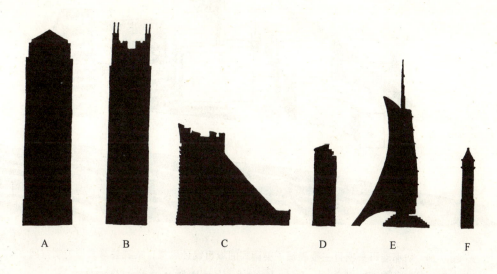

图9-28 道克兰区高层建筑外轮廓线
注:A—坎那瑞码头中心塔,佩里1987年设计;B—坎那瑞码头中心塔,KPF1986年设计;
C—喀斯喀特,CZWG1988年设计;D—沃根斯工厂,米歇尔1990年设计;
E—黑龙码头,SB&T1990年设计,未建;F—伦敦桥城二期,辛普森设计。
资料来源:Brian Edwards, *London Docklands: Urban Design in an Age of Deregulation*,
Butterworth Architecture (1992), Figure 9.5.

三、天际线是私有化的战利品

纽约是最影响道克兰区开发的城市,有人认为道克兰区的规模、与水临近和加强天际线的愿望都与曼哈顿而不是伦敦市有关。就像帝国州大厦或世界金融中心(由西撒·佩里设计)寻求通过操纵曼哈顿的轮廓而成为城市知觉的标志那样,坎那瑞码头项目也在寻求重塑伦敦的天际线。今天有许多人认为天际线代表公共价值的精华,并仅能通过有公共意义的建筑来改变,但是伦敦的轮廓线长期以来象征私有财富而不是公共价值。安东尼·卡那雷托的著名观点显示在过去伦敦圣保罗的雷恩纪念碑和格林威治医院(两者都是公共建筑)主导其他的地区,但20世纪中期伦敦的中、高层办公大楼和西部的公寓街区已经对这两者的超然地位提出了挑战。不久以后,公共住宅和私营银行塔楼会将圣保罗教堂挤到一种很不合适的地位。

道克兰区最曼哈顿化的建筑是临水塔楼,底层建筑面积较小,塔楼从码头边不受限制地矗立起来,这种特征使这些建筑比起其欧洲味的侧面或三角墙顶部看起来更像北美式。在欧洲,塔楼和绝大多数欧洲城市的摩天大楼一般是从基础很好的6、7层建筑上生长出来,在

图 9-29　坎那瑞码头项目主楼表现了美国式的城市设计思想，唯我独尊式地控制空间
资料来源：Brian Edwards, *London Docklands: Urban Design in an Age of Deregulation*,
Butterworth Architecture (1992), Figure 9.6.

道克兰区则反过来，塔楼从停车场或自用路上直接矗立起来，与云层相撞，顶部和底层之间近 40 层可能是同一平面，外墙一般是快速刨光大理石和玻璃幕墙。

道克兰区的另一个曼哈顿特征是中心塔楼与建筑群体竞争的方式。伦敦其他地方的塔楼几乎是孤立的，视觉形象较笨拙，对首都的视觉风尚未做任何贡献。仅在伦敦的某一部分，以及今天的多格岛，塔楼开始形成像大都市那样的关系，它们吸引的注意力越多，它们代表财富和优雅的功能就越大。

有人认为道克兰区通过坎那瑞码头的新天际线产生了它的可识别性，如果是这样的话，建筑的象征是用神奇的马克笔而非自来水笔绘出的，坎那瑞码头项目预兆了伦敦高层办公大楼的新纪元，它对伦敦绝大多数以前建筑的规模、体量及屋顶形象提出了质问。不幸的是，它目前仅是一座孤立的纪念碑矗立在米尔沃码头的水边上，周围仅有 CZWG 的喀斯喀特大楼。在建设了更多的塔楼后，多格岛的城镇景观将变得更为丰富，因为新塔楼将形成坎那瑞码头"高大山峰下的小丘"，如果每一栋楼都在城市的天际线中竞争到一个位置，那么将出现一个真正的摩天大楼中心。

以下两种情况会对天际线产生不良影响。第一，目前强加的高度控制，它会摧毁天际线应有的集合效果，这将使坎那瑞码头项目孤立地成为伦敦的高层建筑群；第二，高层建筑在水边产生间断，在道克兰的部分地区低层建筑应被挤到码头边上，因为这些低层建筑摧毁了城市大型建筑聚集的规模，并无助于高层建筑在关键的水边位置上成为有意义的纪念物。

在美国城市中，摩天大楼与街道有一种特殊的关系，典型的方格网街道平面迫使摩天大楼具有平行的外形，因此它们的朝向不自由，但能共享同一平行线和街道边。同样，最好的塔楼通常位于主要大街的十字交叉口上或在穿过僵硬几何网格的斜切部分。街道布局决定的首要秩序是将摩天大楼安排成整齐的群体，建筑师能表现的主要自由是在铺砌路附近或屋顶上。在道克兰区不存在方格网街道布局所确定的首要秩序，只有建设路和主干道，道克兰区没有组织性的几何形街道和城市街区，摩天大楼已从公共领域分离出来，这使它们比起纽约第五大街的同伴们更像私有建筑战利品的标志。

在道克兰区的私有塔楼中，尚存少数高层社会住宅时期的遗物，这些系统建造的平板街区就和这一难以形容的英国建筑时期一样毫无特征，因维护不足和很少受其居住者热爱，某些塔楼街区变成了时下简陋的私人住宅区，它们封闭了道克兰区观赏开放景观的视线缝隙（尤其在围绕南洼克和布莱克沃的地区）。如果城市的天际线真正代表文化历史的话，那么必须使90年代道克兰区的摩天大楼仍然合乎文脉。

四、被忽视的泰晤士河岸

道克兰开发公司的责任地区应包括泰晤士河，它是道克兰区变化的最有力象征之一，不过公司未采用任何有关处理河岸走廊的指导方针，道克兰开发公司允许开发商有权决定这一重要地区的用地功能、空间和美学形象，结果使泰晤士河没能在道克兰开发公司的捍卫下成为一个公共领域，而且长期存在的跨河联系问题未得到解决。1981年公司继承的是由河边仓库、码头和工厂混合成的私有景观，泰晤士河仍是一个私有的和大部分河岸地区不可达的世界。

道克兰开发公司如果控制了沿河两岸的更新，本可以拥有一种极好的机会来将泰晤士河处理成一个很有特点的地区。在忽视了十年之后，伦敦东部的衰退创造了一个建设休闲区走廊的机会，可以给新公园、特色建筑和甚至新大桥留出位置，维平区和萨里码头区之间、多格岛和格林威治之间原本缺乏的联系可以得到解决。人们同样可以在拓宽的泰晤士河中填出新的小岛，作为免税天堂为更新活动提供经济动力。道克兰开发公司早年缺乏城市设计思想的表现没有比忽视泰晤士河边的建设更明显的了。

泰晤士河边没有进行景观规划，它已经以一种特别的方式进行了再开发，因此在伦敦最大的被忽视的环境中创造一个美丽场所的机会被失去了。1988年英国皇家美术委员会出版了一份名为"对伦敦的新考查"的报告，其中一章谈到了由整个泰晤士河岸线提供的造景机会，这份报告和后来的"泰晤士研究展览"扩大了由道克兰开发公司在第一个十年开发中丧失的机会的范围。就像许多公司早期尝试的更新手段一样，害怕过分控制会制约投资的结果是失去了许多开发机会，泰晤士河是开发自由权的意识斗争中的主要受害者。

现有场地可用来建设新桥或在泥泞河床中建岛，但是因为50%的办公面积仍未租出，许多公寓未卖出，经济形势不再有利于进行这类建设。人们对道克兰开发公司所期望的是在未来年月中将不同的水边开发或兴趣点组合起来，如以河边步行道的形式，或使泰晤士河对道克兰区的陆地更具景观效果等。

对河边仓库的更新问题已经在困扰泰晤士河，在道克兰区这类建筑很多，人们可以接受一个仓库面朝封闭的码头进行更新的逻辑，但不愿接受它在宽阔而优美的泰晤士河边的事实。在泰晤士河沿岸，华美的维多利亚式大桥、伦敦塔、萨默塞特大楼和格林威治海军医院产生了美妙的景观，令人伤心的是在道克兰区沿泰晤士河边几乎没有这类建筑，缺乏这种景观主要是道克兰开发公司不愿意使泰晤士河具有实用以外的其他用途的结果。

目前正式在下泰晤士经营运行的水上公共汽车使公众能看到沿河边的建筑前景，河道已

图 9-30　泰晤士河岸：私有的世界

资料来源：Brian Edwards, *London Docklands: Urban Design in an Age of Deregulation*,
Butterworth Architecture (1992), Figure 9.8.

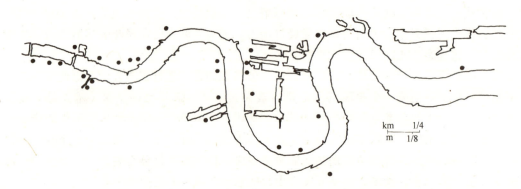

图 9-31　泰晤士在道克兰区沿岸的兴趣点

注：黑点为兴趣点所在。

资料来源：Brian Edwards, *London Docklands: Urban Design in an Age of Deregulation*,
Butterworth Architecture (1992), Figure 9.9.

变成一个"观光通道"。从康提大厦开始向东航行，乘客将发现泰晤士河上的桥梁划分出明显的旅行趣味段，在各桥之间，漂亮建筑的立面形成了重要的趣味点。在伦敦塔桥以下，河面变宽，景观突然变得带有工业化味道，地标开始消失。新的公寓街区、办公楼和偶然几栋塔楼矗立在废弃的陆地上，没有什么地标，泰晤士河上也没有桥梁能将沿河两岸划分为可认知的小段。从背景中突出的是支那码头，它标志着进入圣塞威沃码头的入口，仅从那以下才有至东圣乔治教堂和圣詹姆斯教堂的景观缝。再沿河向下，坎那瑞码头占据了全景。

如果泰晤士河能被作为某种设计指南控制的一种主体的话，那么可有规律地将地标放在各小段中。设计指南也可以保护泰晤士河边教堂的景色，并确保沿河的建筑与其新邻居有一种相当周到的关系，设计指南同样能建立一种空间框架，将高层建筑结合进泰晤士河的视觉景观系统中。

五、非英国的道克兰区

尼古拉·彼甫斯涅尔在他的著作《英国艺术的英国味》中，指出从18世纪开始，在英格兰的景观设计和城市规划方法中存在一些带有基本的英国性的东西，他将这些东西联系气候的原因和别致的韵律这两种影响进行分析。他指出，别致的韵律产生的影响应归功于有关文字争论和由亚历山大·波普及洛德·布林顿创立的住宅及造园学。在英国，最具有英国味的地区是特威肖汉和契斯威克，它们受上述两种因素的影响，经过100多年时间才形成了英国味。英国味的关键元素是惊奇、非期望的远景和层次的变化、愉快的对比及接近建筑的朴素特征。彼甫斯涅尔列举的20世纪的伦敦实例是威廉广场和巴比肯再开发及莱思李房地产公司的高层公共住宅，这些项目具有英国味的原因显然是它们故意回避直的轴线和人工化对称的立面，并采用那种对城市规模及植物的多品种、惊奇和娴熟的处理方法。按这种标准，在伦敦道克兰区几乎没有真正的英国味，可能除了CZWG所做的弯曲的住宅规划（尤其是在巴特尔码头后面的那些），以及多格岛的康巴斯点和围绕史特夫山的朴素花园之外。

有人认为道克兰区的许多项目是故意地创造非英国式印象，如采用轴线规划、组织严密的植树法以及某些水边港地的规划处理，令人想起这是欧洲式而非英国式的实践。更有甚者，大型项目的纪念性提示的是美国式的英雄主义城市化，而不是精巧的英国式的景色如画的组织或欧洲式理性主义。

道克兰开发公司于1981年在操作运行开始时，着力听取国际性的意见，并追求北美式的金融味及城市设计方法，故意避开英国味。道克兰区的国际化已经形成了一种明显的非英国式景观。

坎那瑞码头项目在这点上是一个最好的例子，但是无疑是仅有的例子。该项目由加拿大奥林匹亚和约克公司开发，采用美国建筑师如西撒·佩里和SOM的方案，投资来自东京和纽约的国际银行，这种大型计划在地理特征方面自然就不是当地的。方形广场加弦月形广场的艺术轴线布局在精神上是法国式的，塔楼设计令人想起曼哈顿，大理石和玻璃幕墙的网络美学可从匹斯堡至达拉斯等任何北美城市中看到，景观设计使人想起意大利文艺复兴时期的规范。另外，坎那瑞码头上漂亮的道克兰地铁站具有莫斯科地铁的富裕豪华感，而且已经结合了意大利未来主义的开发风格。坎那瑞码头的复杂性超出了英国式的角度及层次的多种多样、惊奇和出人意料的变化效果。因为在此出现了建筑形象的竞争，因为有关部门和人士集中精力于理性主义，反对对基地布局的自然景色如画的组织原则，坎那瑞码头不可避免地缺乏英国味。

整个道克兰区看来像是英国最没有英国味的地区，这就是传统城市主义者对此区景观感到不快的原因。低层工厂、住宅及摩天大楼之间的尖锐对立使人想起这是没有任何控制的城市地区，道克兰区变成一个经济活动次中心的方式使人认为不像是欧洲城市，而像是洛杉矶的某些地方。道克兰区的这种模式与彼甫斯涅尔所列的英国味的城市模式相去甚远。仅在道克兰区的边缘，在旧城市地区的影响产生了某种文脉的地方，才继续了某些英国传统。

主要参考书目

1. Jürgen Friedrichs and Allen C. Goodman (1987): The Changing Downtown. Walter de Gruyter Press. 240P.
2. Council of the City of Sydney (1981): 1980 City of Sydney Strategic Plan. 254P.
3. Edgar M. Horwood and Ronald R. Boyce (1959): Studies of the Central Business District and Urban Freeway Development. University of Washington Press. 184P.
4. Brian Edwards (1992): London Docklands -Urban Design in An Age of Deregulation. Part of Reed International Books. 188P.
5. Raymond E. Murphy (1972): The Central Business District. Aldine·Atherton, Inc. 193P.
6. H. V. Savitch (1988): Post-Industrial Cities. Princeton University Press. 366P.
7. W. G. Roeseler (1982): Successful American Urban Plans. Lexington Books. 198P.
8. Marc A. Weiss (1992): Skyscraper Zoning. Journal of the American Planning Association, Vol. 58: P201-210.
9. David T. Herbert and Colin J. Thomas (1982): Urban Geography. John Wiley & Sons. 508P.

人名、地名中英文对照表

人名：

A. E. Parkins	A·E·帕金斯	Edward Ullman	爱德华·乌尔曼
Allen C. Goodman	艾伦·C·古德曼	Ernest Burgess	欧内斯特·伯吉斯
Alexander Pope	亚历山大·波普	Fernand Leger	费尔南德·莱热
Alonso	阿隆索	Ferguson	弗格森
Bartholomew	巴塞洛缪	Fourastie	弗雷斯泰
Beaubi	比奥比	Fred Koetter	弗雷得·克特
Bohigas	勃黑加斯	George Hartman	乔治·哈特曼
Bowden	鲍登	Gerald W. Breese	杰拉尔德·W·布雷斯
Boyer	博耶	Gordon Cullen	哥登·卡伦
Brian Berry	布赖恩·贝里	G. Rowley	G·罗利
Brunel	布鲁内尔	G. W. Travelstead	G·W·特拉斯特得
B. S. Young	B·S·杨	Harg	黑格
Canaletto	卡那雷托	Hans Carol	汉斯·卡罗尔
C. D. Harris	C·D·哈里斯	Harland Bartholomew	哈兰德·巴斯隆梅
Cesar Pell	西撒·佩里	Harm de Blij	哈姆·德比利
Charles Downe	查尔斯·唐纳	H. Carter	H·卡特
Chauncy Harris	昌西·哈里斯	Homer Hoyt	霍默·霍伊特
Christopher Wren	克里斯多弗·雷恩	Howard Potter	霍华德·波特
Colin J. Thomas	科林·J·托马斯	Ian Ritchie	伊恩·理奇
Colin Rowe	科林·罗	I. M. Pei	贝聿铭
Conran Roche	康拉·洛奇	James E. Vance	詹姆斯·E·范斯
C. T. Jonasson	C·T·乔纳森	Janne Sandahl	乔纳·森德尔
Daniel Burnham	丹尼尔·伯纳姆	J. Dixon	J·迪克森
David Crame	大卫·克兰	Jeremy Dixon	杰里米·迪克森
David Goslig	大卫·哥斯林	J. F. McDonald	J·F·麦克唐纳
David T. Herbert	大卫·T·赫伯特	J. K. Galbraith	J·K·加尔布雷思
David Ward	大卫·沃德	John Major	约翰·梅杰
D. Hywel Davies	D·海威尔·戴维斯	John Nash	约翰·纳许
Donald Foley	唐纳德·福利	John Outram	约翰·奥全姆
Donald Griffin	唐纳德·格里芬	John Portman	约翰·波特曼
Dorrance	多兰斯	John Rannells	约翰·雷那尔斯
Earl Johnson	厄尔·约翰逊	John Simpson	约翰·辛普森
Edgar M. Hoover	埃德加·M·胡佛	John Woods	约翰·伍兹
Edger M. Horwood	埃德加·M·荷乌德	Jürgen Friedrichs	久贡·弗雷德里克斯
Edward Burnham	爱德华·贝内特	Kevin Lynch	凯文·林奇
Edward Hollamby	爱德华·霍兰比	Koetter Kim	克特·金
		Lorne Russwurm	罗恩·拉思沃姆

Lord Burlington	洛德·伯林顿	Seifert	塞弗特
Mackay	马开	Stanhope	斯坦厄普
Malcolm Proudfoot	马尔克姆·普劳弗德	Stephen Proctor	史蒂芬·普罗克特
Martin Percivall	马丁·珀西沃	Tenement	泰勒曼
Martorell	马多尔	Thomas Adams	托马斯·亚当斯
Max Hutchinson	马克斯·哈钦森	Thomas Weir	托马斯·威尔
Michaewl Heseltime	米歇尔·贺塞尔廷	Tony Coombs	托尼·库珀斯
Mills	米勒斯	Twigg Brown	格威格·布朗
Milton Keynes	米尔顿·凯恩斯	Van Cleef	冯·克里夫
Murphy	墨菲	Ward	沃德
Nicholas Grimshaw	尼古拉·格里姆肖	W. A. V. Clark	W·A·V·克拉克
Nikolaus Pevsner	尼古拉·彼甫斯涅尔	W. G. Roeseler	W·G·罗塞拉
N. Lacey	N·莱西	Wickham	威克汉
Olympia	奥林匹亚	W. William-Olsson	W·威廉·奥尔逊
Oriole Bohigas	奥内里·布哈斯	York	约克
Ove Arup	奥威拉普		
Park	帕克		
Paul Mattingly	保罗·马丁利	**地名：**	
Peter Davey	彼得·戴维	**一、世界城市名和地名：**	
Peter Scott	彼得·斯科特	Adelaide	阿德雷德（澳大利亚城市）
Philip Johnson	菲利浦 约翰逊	Albany	奥尔巴尼（美国城市）
Piers Gough	皮尔斯·高戈	Alexandria	亚历山大里亚（美国城市）
Prince Charles	查尔斯王子	Allentown	艾伦敦（美国宾州城市）
Ranborn	桑伯恩	Bay City	海湾市（贝城，美国密歇根州城市）
Randolph	伦道夫	Bellevue	比尔夫
Raymond Unwin	雷蒙德·昂温	Birmingham	伯明翰（英国中部城市）
Raymond Vernon	雷蒙德·弗农	Brisbane	布里斯班（澳大利亚东北部城市）
R. D. Mckenzie	R·D·麦肯齐	Bucks	白金汉郡（英国英格兰南部）
Renzo Piano	伦佐·皮阿诺	Bristol	布里斯托尔（英国南部城市）
Richard McCormack	理查德·麦科马克	Cardiff	加的夫市（威尔士东南部城市）
Richard Preston	理查德·普雷斯顿	Cardiff Bay	加的夫湾
Richard Reid	理查德·内德	Charleston	查尔斯顿（美国城市）
Richard U. Ratcliff	理查德·U·雷特克里夫	Charlotte	夏洛特（美国北卡罗来纳州城市）
R. J. Davies	R·J·戴维斯	Clayton	克莱顿（美国密苏里州城市）
Robert Adam	罗伯特·亚当	Cleveland	克里夫兰（美国俄亥俄州首府）
Robert Dickinson	罗伯特·迪金森	Columbus	哥伦布（美国城市）
Robert Reynolds	罗伯特·雷诺兹	Copenhagen	哥本哈根（丹麦首都）
Robert Stern	罗伯特·斯特恩	Córdoba	科尔多瓦（西班牙城市）
Robert Venturi	罗伯特·文丘里	Cumbernauld	坎伯劳德
Ronald Boyce	罗纳德·博伊斯	Delagon	德拉贡（莫桑比克地名）
Roosevelt	罗斯福	Detroit	底特律（美国城市）
Rosehaugh	罗斯豪格	Duluth	德卢斯（美国明尼苏达州城市）
R. Rogers	R·罗杰斯	Durban	德班（南非城市）
Roy Strong	罗伊·斯强格	Edinburgh	爱丁堡（苏格兰首府）

El Paso	帕索（美国德州城市）	Toledo	托莱多（西班牙中部城市）
Emeryville	爱莫威利（美国城市）	Tulsa	塔尔萨（美国城市）
Emporia	恩波里亚（美国城市）	Wichita	威奇托（美国城市）
Evanston	埃文斯顿（美国伊利诺州城市）	Willamette	威拉米特（美国地名）
Fort Worth	沃斯堡（美国城市）	Winnipey	温尼伯（加拿大城市）
Genoa	热那亚（意大利西北部城市）	Youngstown	杨斯顿（美国城市）
Glasgow	格拉斯哥（苏格兰中南部城市）		
Grand Rapids	大急流城（美国城市）	二、各地区的地名：	
Harbor	哈勃	Adderly Street	爱德丽街（开普敦市）
Harlow	哈罗（英国城市）	Algoa Bay	阿尔高湾（伊丽莎白港）
Harrisburg	哈里斯堡（美国城市）	Back	贝克（波士顿）
Hartford	哈特福德（美国康乃狄格州首府）	Beacon Hill	比肯山（波士顿）
Hobart	霍巴特（澳大利亚塔斯罗尼亚首府）	Chestnut St	彻斯纽特街（哥伦布市）
Houston	休斯敦（美国城市）	Common	公地（波士顿）
Indianapolis	印第安纳波利斯（美国印第安纳州首府）	Delagoa	德拉高湾（伊丽莎白港）
		Donkin	东金（伊丽莎白港）
Largo	拉苟	Fort Hill	弗特希尔（波士顿）
Leeds	利兹（苏格兰北部城市）	Front Street	佛朗特街（哥伦布市）（哈里斯堡）
Letchworth	利契沃斯（英国城市）		
Louisville	路易斯维尔（美国城市）	Gruen	格鲁恩（沃斯堡）
Madison	麦迪逊（美国城市）	Hilltop	希尔托普（哈里斯堡市）
Manchester	曼彻斯特（苏格兰西部城市）	Long Warf	朗华夫（波士顿）
Maputo	马普托（莫桑比克首都）	Loop	卢普地区（芝加哥）
Melbourne	墨尔本（澳大利亚区东南部城市）	Main Street	缅因街（哥伦布市）
Milwaukee	密尔沃基（美国威斯康辛州城市）	Mulbery Street	缪尔堡街（哈里斯堡市）
Mobile	莫比尔（美国阿拉巴马州城市）	Mill Pond	弥尔旁（波士顿）
Nashville	纳什维尔（美国城市）	Northgate	诺斯各特（西雅图）
Oklahoma	俄克拉何马（美国州名）	St May Street	圣梅街（加的夫市）
Orebro	厄勒布鲁（瑞典）	South Court	南科特（哈里斯堡市）
Providence	普罗威登斯（美国罗得岛首府）	South Cove	南科务（波士顿市）
Reading	雷丁（美国城市）	Susqueh'anna River	萨斯昆罕纳河（哈里斯堡市）
Richmond	理士满（美国弗吉尼亚州首府）	Taff River	塔夫河（加的夫市）
Roanoke	罗阿诺克（美国纽约州城市）	Tremont	崔孟特（波士顿）
Rochester	罗彻斯特（美国弗吉尼亚州城市）	Walnut Street	沃纽特街（哈里斯堡市）
Sacramento	萨克拉门托（美国加州首府）		
Salford	索尔福德（苏格兰西北部城市）	三、悉尼地名：	
San Diego	圣迭戈（美国加州城市）	Alfred Street	阿尔弗里德街
Santa Monica	圣莫尼卡（美国城市）	Argyle Street	阿基利街
Scranton	斯克南顿（美国城市）	Artarmon	阿塔默
Sheffield	谢菲尔德（英格兰北部城市）	Bathurst Street	巴苏斯特街
Spokane	斯普肯（美国城市）	Botanic Gardens	波特尼克花园
Stratford	斯特拉特福（英格兰城市）	Campbells Cove	坎贝尔斯考夫
St Jose	圣宙斯	Campbell Street	坎贝尔街
Tacoma	塔克马（美国城市）	Castlereagh Street	卡斯特里夫街

Cenotaph Block	塞若特街区	St. James	圣詹姆斯
Centre Point	中点	St. Leonards	圣莱昂那斯
Chalmers Street	查莫斯街	Strand	斯金德
Circular Quay	塞库勒码头	Surry Hills	萨里山
Darling hurst	达令豪斯特	Tank Stream Precinct	坦克斯却地区
Dawes Points	多威斯旁	Waltons	沃尔顿
Day Street	德依街	Walsh Bay	沃尔许湾
Druitt Street	多威特街	Warringah Peninsula	瓦林格半岛
Domain	多曼	Wentworth Street	温特沃斯街
East George Street	东乔治街	Wynyard	威尼亚德
Eddy Street	爱迪街		
Elizabeth	伊丽莎白街	**四、巴尔的摩地名：**	
Farrer Place	费罗广场	Charles Center	查尔斯中心
Gateway Site	格特威地区	Fallsway	弗斯威
Gore Hill	科黑	Harbor Place	港口广场
Grosvenor Street	格里斯威罗街	Howard Street	霍华德街
Haymarket	海马克特	Inner Harbor	内港
Hunter Street	亨特街	Janes Falls	琼斯弗斯
Hyde Park	海德公园	Martin Luther King Boulevard	马丁·路德·金大道
Illawarra Line	依拉娃拉线	St. Palll Street	圣保罗街
Imperial Arcade	英普里拱廊	Towson	陶森地区
Jamison Street	詹米逊街		
King Cross	金科罗斯	**五、大伦敦地区地名：**	
King Street	金街	Barbican	马比肯
Loftus Street	卢浮土斯街	Baltic Quay	巴迪克码头
Lows	路威斯	Bank	班克
Leichhard	莱彻哈德	Beckton	贝克顿
Macquarie	马葵里街	Black Country	布莱克地区
Margaret Street	玛格丽特街	Broadgate	百老格特
Market Street	马克特街	Butlers Wharf	巴特尔码头
Midtoun Hab	中城中心区	Cabot Square	卡伯特广场
Millers Points	米勒斯旁	Camden	卡顿
Moore Park	莫里公园	Canada Square	加拿大广场
Myers Street	米耶街	Canary Warf	坎那瑞码头
Paddy's Market	帕迪市场	Cascades	喀斯喀特
Paddington	帕丁顿	Central Manchester	曼彻斯特中心
Pitt Street	皮特街	China Warf	支那码头
Qantas Site	昆特斯	Charing Cross	查灵—克罗斯
Reiby Place	内比广场	Chiswick	契斯威克
Rocks Street	罗克斯街	Churchill Place	丘吉尔广场
Rowe Street	罗威街	City	伦敦城（西蒂区）
Royal	罗伊	Compass Point	康巴斯点
Russex Street	萨斯萨克斯街	Cubit Town	古比特镇
Showground	肖古让德	Cutty Sark	"短袍"

East India Dock	东印度码头	Southwark	南洼克
Finland Quay	芬兰码头	Stave Hill	史特夫山
Fisherman	菲舍曼	St. James' Park	圣詹姆斯公园
Glengall Bridge	哥南哥桥	St. Katharine Dock	圣凯瑟林码头
Greeland Dock	格林兰码头	St. Saviour	圣塞威沃
Green Park	格林公园	Surrey Dock	萨里码头
Hackney	汉克尼	Swedish Quay	瑞典码头
Hawksmoor	豪克斯姆	Tate Gallery	塔特画廊
Heron Quays	黑龙码头	Teesside	提斯德（河边）
Horselydown Square	豪塞林顿广场	Thomas More Court	托马斯·摩尔法院
Isle of Dogs	多格岛	Tobacco Dock	烟草码头
Island Gardens	花园岛	Tooley Street	涂勒街
John McDougal Garden	约翰·麦克唐高公园	Trafford Park	特拉法德公园
Johnson's Drawdock	约翰逊·多道克	Tower Hamelets	哈姆雷特塔
Jubilee Line	朱比利线	Twickenham	特威肯汉
Kensington-Chelsea	金辛顿-彻拉西	Tyne and Wear	泰恩和威尔
King George V Docks	乔治五世国王码头	Vogan's Mill	沃根工厂
Lambeth	兰姆贝斯	Westminster	威斯敏斯特
Lawrence Wharf	劳伦斯码头	West India Dock	西印度码头
Limehouse	莱玛豪斯	West Ferry Road	西费里路
London Bridge City	伦敦桥城	Wapping	维平区
London Wall	伦敦华尔	William Square	威廉广场
Marylebone	玛丽内本		
Marshwall	马许沃		
Merseyside	默西塞德（河边）	六、汉堡地名：	
Millwall Dock	米尔沃码头	Altona	奥多纳
Narrow Street	那罗街	Altstadt	奥特市
Newham	纽汉	Ballindamn	波林荡姆
Old Gwilt Warchouse	老贵特仓库	Binnenalster	宾嫩奥斯特
Pall Mall	波尔街	Colonnaden	廊伦耐登
Piazza San Marco	圣马可广场	Eimsbuttel	爱姆斯布托
Pool of London	伦敦普尔地区	Einkanfszentrum	商业中心
Popular High Street	帕飘勒海街	Fallsways	富尔仕韦斯
Poplar Town	波普勒镇	Friedrichstadt	弗里德里西市
Portland Place	波特兰大广场	Herold	荷若德
Preston Road	普列斯顿路	Hohenfelde	豪伦高地
Regent's Park	雷杰公园	Jones Falls	琼仕·富尔仕
River Lea	里河	Jüngfernstieg	疆符斯帝哥
Royal Albert	罗伊·阿尔伯特	King	金
Royal Albert dock	罗伊·阿尔伯特码头	Luther	路德
Shadwell Basin	肖得威港地	Monckebergstraße	蒙克巴格大街
Shad Thames	舍得泰晤士	Neustadt	新市
Somerset	萨默塞特	Nordertadt	北市
South Quay	南码头	Osterstraße	奥斯特大街

Poststraße	波斯特大街	Courbevoje	科伯沃热
Rathaus	市政府、市议会	Etoile	埃图瓦尔
Rathousmarkt	若瑟市场	La Ville	拉威勒
Rotherbaum	偌泽堡姆	Les Halles	莱哈雷
Spitalerstraße	斯彼戴勒大街	Montparnassa	蒙帕拉萨
Stadtreikultur	市文化馆	Nanterre	南特尔省
St. Pauli	圣·鲍立	Notre-Dame	巴黎圣母院
		Port Maillot	马若港
		Puteaux	坡托
		Sscteur Seine Sud-Est Nanterre	赛纳东南南特尔地区

七、巴黎地名：

Champs Elysées	香榭丽舍大街	Seine-St. Denis	赛纳-圣德尼省
Concorde	康加尔	Val-de-Marue	瓦尔德马恩省

致　　谢

感谢张锡麟、蒋大卫、叶绪镁、李秋棠、林勇、韦克威、傅英杰、张兵、易翔等人士在本书编译工作中所提供的帮助。

感谢易业萍、易辉球、林小芳、王琳、胡毅、陈平、林峰及贺凤娟等人士在本书编译后期给予的帮助。

王朝晖　李秋实

2001 年 10 月于北京

图书在版编目（CIP）数据

现代国外城市中心商务区研究与规划/王朝晖，李秋实编译．—北京：中国建筑工业出版社，2002

ISBN 7-112-04912-1

Ⅰ．现… Ⅱ．①王… ②李… Ⅲ．中央商业区—城市规划—研究—国外 Ⅳ．TU984.13

中国版本图书馆 CIP 数据核字（2002）第 001993 号

本书叙述了近几十年来国外学者对城市中心商务区（CBD）的研究情况和成果，较全面地阐明了中心商务区在规模、内外部结构、形状、用地功能等方面的基本特征，介绍了近年来国外城市中心商务区在城市郊区化、交通、分区法规和发展趋势等方面呈现的问题和特点，同时重点介绍了几个中心商务区的研究和规划设计实例。

本书可供城市规划师、建筑师、城市管理人员及大专院校有关专业师生学习、研究、参考之用。

* * *

责任编辑：吴宇江

现代国外城市中心商务区
研究与规划

王朝晖　李秋实　编译

吴庆洲　校

*

中国建筑工业出版社出版、发行（北京西郊百万庄）
新 华 书 店 经 销
北京建筑工业印刷厂印刷

*

开本：787×1092毫米　1/16　印张：20¾　字数：510千字
2002年4月第一版　2002年4月第一次印刷
印数：1—3,000册　定价：43.00元
ISBN 7-112-04912-1
TU·4381（10415）

版权所有　翻印必究
如有印装质量问题，可寄本社退换
（邮政编码　100037）

本社网址：http://www.china-abp.com.cn
网上书店：http://www.china-building.com.cn